KB149648

3판

주사전자현미경 분석과 X선 미세분석

주사전자현미경 분석과 X선 미세분석

SCANNING ELECTRON MICROSCOPY AND X-RAY MICROANALYSIS

윤존도 · 양철웅 · 김종렬 · 이석훈 · 박용범 · 권희석 지음

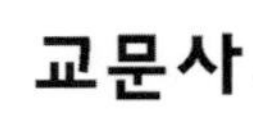

3판

머리말

1999년 경남대학교에서 제1회 주사전자현미경분석 워크샵이 열린 이후로 성균관대학교, 경남대학교, 한양대학교, 재료연구소, 기초과학지원연구원을 순회하며 매년 전자현미경학회 재료분과위원회 주최의 주사전자현미경 워크샵을 개최해온 지 20년이 넘었다. 저자들은 주사전자현미경 분석학과 X선 미세분석학을 전공한 전문가로서 우리나라의 전자현미경 분석 과학기술의 발전과 전파에 힘을 쓰며 워크샵을 기획하고 강의해왔다. 저자들이 공동으로 교과서를 집필하고 발간한 것이 2005년이고 10년 뒤 2015년 분석기술과 장비의 발전 내용을 반영하고 무기재료뿐만 아니라 의생물 재료를 포함하여 개정 2판을 발간한 바 있다. 이제 다시 5년이 지나며 갈수록 빨라지는 과학기술의 발전 속도에 맞추어 새로이 개정 3판을 내고자 한다.

본 저서는 주사전자현미경을 직접 다루며 나노 및 미세구조영상을 관찰하고 분석하는 운용자를 위하여 쓰였다. 또한 금속, 세라믹, 고분자, 반도체, 천연광물, 섬유, 생물, 의학, 바이오, 화학, 물리, 환경, 기계, 전기전자 등 연구를 수행하며 재료와 물질의 미세구조, 결함구조, 내부구조, 표면구조, 성분, 불순물 등을 분석하려는 연구자들의 연구에 도움이 되도록 쓰였다. 소재 부품의 품질과 결함을 관찰하고 혹시 있을 파괴 원인을 분석하는 품질관리 담당자이거나 수질 석면 등 환경 오염 원인을 분석하는 환경관리 담당자들에게도 도움이 될 것이다.

전자현미경과 X선 미세분석을 수행하려는 사람들이 본 저서를 통하여 분석학의 원리적 내용과 실무적 내용을 가능한 한 낱낱이 이해할 수 있도록 했다. 본 저서는 모두 9개 장으로 구성되어 있다. 1장에서 5장까지는 주사전자현미경 분석에 관한 내용이고, 6, 7, 8장은 X선 미세분석에 관한 내용이며, 9장은 시료와 진공 관련 내용이다. 1장에서는 주사전자현미경의 개요와 특징을 서술하여 주사전자현미경에 입문할 수 있도록 하였고, 2장에서는 전자빔을 만들고 프로브를 만드는 전자광학을 서술하였고, 3장에서는 시편에 입사한 전자와 시편과의 상호작용과 그 결과 발생하는 신호에 대하여 서술하였다. 4장에서는 발생하는 신호를 어떻게 수집하고 처리하여 영상으로 만들 것인지에 대해 논의하였고, 5장에서는 주사전자현미경에서 추가적으로 발휘할 수 있는 여러 가지 고급 기능과 환경SEM, EBSD, STEM 등 최신기술을 소개하였다. 6장에서는 X선 미세분석의 개요를 설명하였고, 7장에서는 정성분석, 8장에서는 정량분석과 그 응용 방법을 설명하였다. 9장에서는 금속, 세라믹, 생물체 시편 제작에 관한 내용과 전자현미경의 중요한 부분인 진공장치와 코팅방법에 대하여 설명하였다.

본 개정 3판에서는 최신 업계의 동향을 추가하고 최근 신호검출 방식의 다변화에 맞추어 검출기 위치 변화 및 에너지 필터 채용 등을 추가하였으며 최근 주목받는 전압 콘트라스트, EBIC, 전자채널링 등 특수 콘트라스트 기술과 환경 SEM, 에어 SEM 내용을 추가하였다. EBSD 내용을 크게 보강하여 인접 결정립들의 방위 차이를 다루는 KAM 방위편차분포도에 대한 설명과 EBSD 관찰이 어려운 극박판 형태의 재료와 용융합금도금 강판의 시편 제작부터 결과의 해석까지 응용 사례도 추가하였다. X선 분석 부분에서는 가장 중요한 부분인 EDS 분석에 대한 설명을 추가하였고 특히 최근 활용도가 높아진 SDD를 이용한 분석사례를 추가하였다. 시편제작 과정에 플라즈마 화학증착법을 추가하고 최신 진공펌프로 드라이 펌프 내용을 더하였다.

용어는 통일된 전문용어를 사용하였으며 외국어는 모두 우리말로 바꾸었다. 외국인의 이름을 원음 그대로 옮기는 것은 쉽지 않은 일이었지만 가능한 한 그 사람의 모국어를 파악하여 그 발음을 근거로 하여 우리말로 바꾸도록 노력하였다. 본 교재가 발간될 수 있도록 도움을 준 교문사 여러분께 깊이 감사를 드린다.

2021년 2월

윤존도, 양철웅, 김종렬, 이석훈, 박용범, 권희석

차 례

3장.

전자빔과 시편의 상호작용

4장.

신호처리 및 영상 형성의 원리

5장.

특수 콘트라스트 및 영상 기법

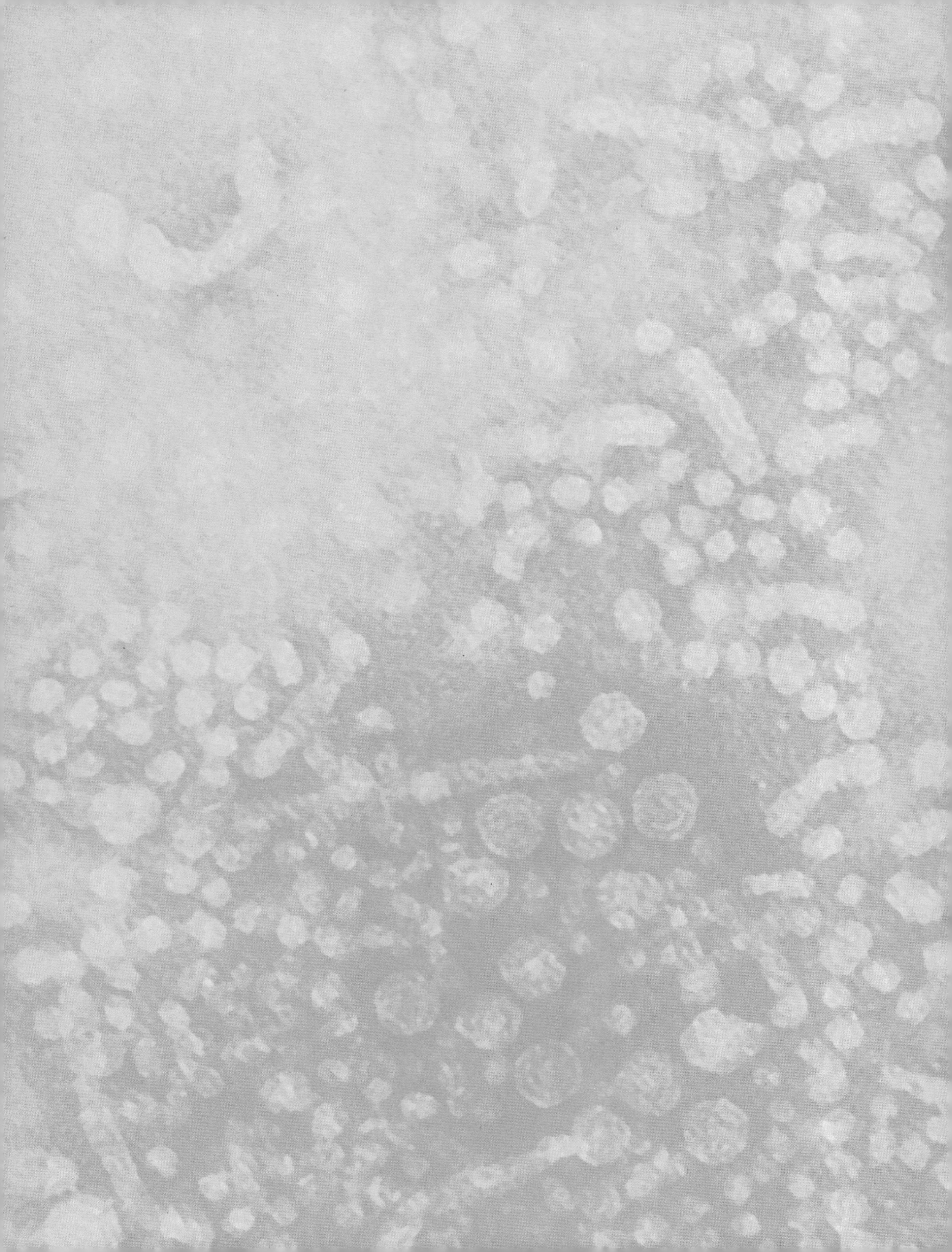

Scanning
Electron
Microscope

1 장

주사전자현미경 입문

1. 현미경의 분해능
2. 주사전자현미경의 구조와 특징
3. 주사전자현미경의 간단한 역사

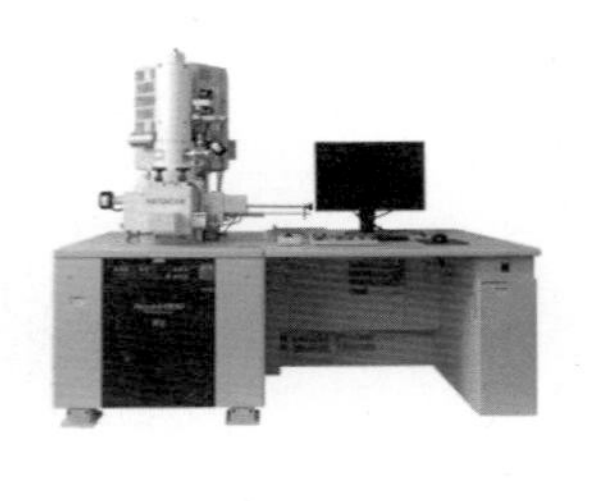

Scanning Electron Microscope

주사전자현미경(走査電子顯微鏡, scanning electron microscope)은 재료, 부품, 생체 등 관찰 대상물의 미세한 부분을 확대하여 관찰하고 분석하는 데 사용된다. 약 1,000배 정도까지의 배율로 관찰할 수 있는 광학현미경에 비하여 주사전자현미경은 100만 배의 높은 배율로 관찰할 수 있어서 적용 범위가 넓다. 주사전자현미경의 원리에 대하여 알아보고 특징과 역사에 대해 살펴본다.

1 현미경의 분해능

1) 광학현미경과 전자현미경의 비교

20세기에 들어서 발명된 전자현미경은 그보다 훨씬 전인 17세기부터 개발되어 사용해오던 광학현미경과 그 구조가 매우 흡사하다.

그림 1.1에서 보면 광학현미경에는

- 맨 위에 가시광선인 빛을 만들어내는 광원이 존재하고,
- 그 빛을 모으는 집속렌즈가 있고,
- 시편을 통과한 빛을 확대하여 영상을 만들어내는 대물렌즈와 대안렌즈가 있고,
- 만들어진 영상을 눈으로 관찰할 수 있도록 투사하는 스크린이 있다.

한편, 전자현미경은

- 맨 위에 전자파를 만들어내는 전자총이 존재하고,
- 전자총에서 만들어진 전자파를 작게 모으는 집속렌즈가 있고,

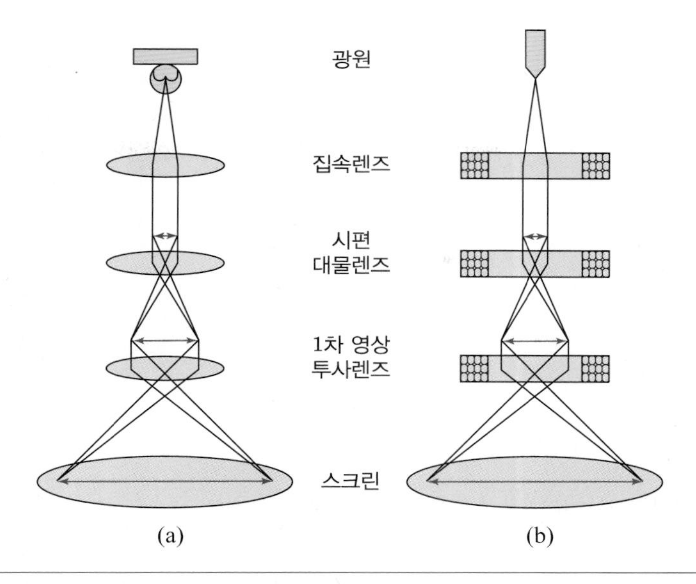

그림 1.1 (a) 광학현미경과 (b) 투과전자현미경의 구조

- 시편을 통과한 전자파를 확대하여 영상을 만들어내는 대물렌즈와 투사렌즈가 있고,
- 만들어진 확대 영상을 눈으로 관찰할 수 있도록 투사하는 형광스크린으로 구성되어 그 구조가 광학현미경과 매우 비슷하다는 것을 알 수 있다.

반면에 두 현미경은 관찰의 매체로 광학현미경이 가시광선을 이용하는 데 반하여 전자현미경은 전자파를 사용한다는 점에서 다르다. 대상물을 관찰하려면 그 대상물이 갖고 있는 정보를 사람의 감각기관인 눈까지 전달할 수 있는 매체가 필요한데 광학현미경은 가시광선인 빛을 사용하고 전자현미경은 전자파를 사용한다. 램프 등으로 손쉽게 만들어낼 수 있는 가시광선에 비하여 전자파를 사용하려면 전자파를 만들어내고 집속하는 특별한 장치가 필요한데 이 때문에 전자현미경은 값비싼 장비가 될 수밖에 없다. 하지만 전자파를 사용하면 가시광선을 사용하는 경우보다 분해능을 대단히 높일 수 있고 고배율로 관찰할 수 있기 때문에 고가임에도 불구하고 전자현미경을 사용하는 것이다.

2) 분해능의 정의

시편 또는 대상물에서 출발하여 렌즈를 통과한 빛은 스크린에 도달하여 영상을 형성한다. 그림 1.2에서 보는 바와 같이 시편 위의 A점에서 출발한 여러 개의 빛은 서로 다른 경로를 통하여 스크린상의 A′점에 도달하는데 그 경로에 따라 지나간 거리가 다르므로 동일한 위상으

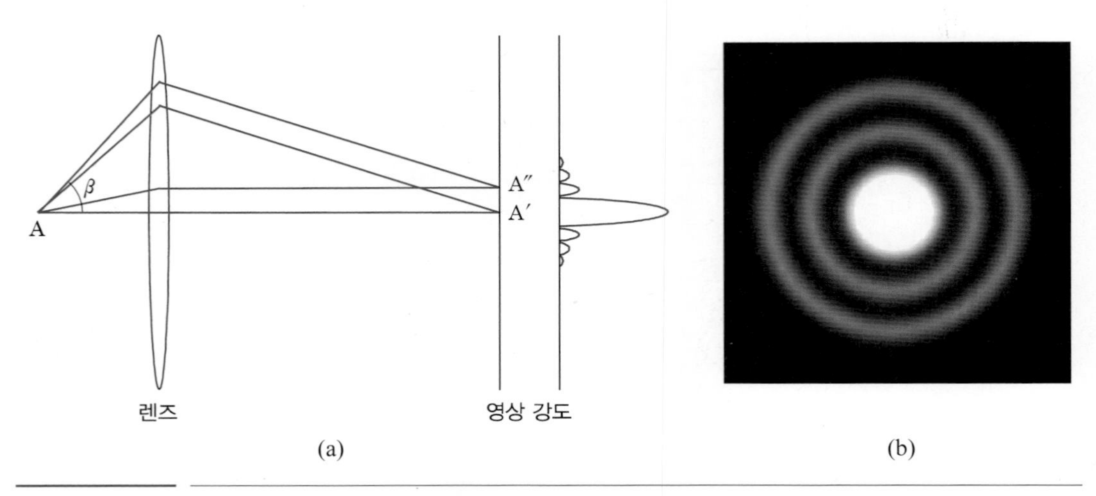

그림 1.2 (a) 렌즈에서의 빛의 회절현상과 그에 따라서 만들어지는 간섭무늬인 (b) 에어리 원반

로 출발하여도 A′점에 도달할 때는 서로 위상 차이가 생길 수밖에 없다. 그래서 A′점에서의 빛의 세기는 여러 경로로 도달한 여러 개의 빛들의 복소수 합으로 나타난다. 스크린상에서 A′점이 아닌 다른 위치인 예를 들어 A″점에 도달하는 빛은 A′점의 경우와 다른 복소수 합을 갖게 된다. 따라서 스크린상의 위치에 따라서 다른 빛의 세기가 만들어지고 결국 밝고 어두운 환상(環狀)의 무늬가 형성되는데[그림 1.2(b)] 이를 에어리(Airy) 원반이라고 부른다.

시편 상에 일정 거리를 두고 있는 두 점에서 출발한 빛은 렌즈를 통과하면 스크린상에 두 개의 영상을 만드는데 이것은 점이 아니라 일정 크기의 원반이므로 시편 상의 두 점의 거리가 가까워지면 두 원반도 서로 근접하여 겹쳐 보이게 된다. 그림 1.3에서와 같이 두 원반이 근접하면 겹쳐져서 만들어지는 두 개의 밝기 프로필 간의 골의 깊이가 점점 얕아지는데 피크 높이의 19% 이하(레일리 한계, Rayleigh's criterion)로 얕아지면 두 원반이 상당히 중복되어 두 점인지 한 점인지 구분하기 힘든 한계에 도달하며 이 이상 근접하면 관찰자는 두 점을 더 이상 두 점으로 분해하지 못하고 한 점으로 인식하게 된다. 이 한계 상황에서 시편상의 두 점 사이의 거리를 분해능(分解能, resolution)이라 부르고 그 단위로는 마이크로미터(μm), 나노미터(nm) 등의 길이 단위를 사용한다.

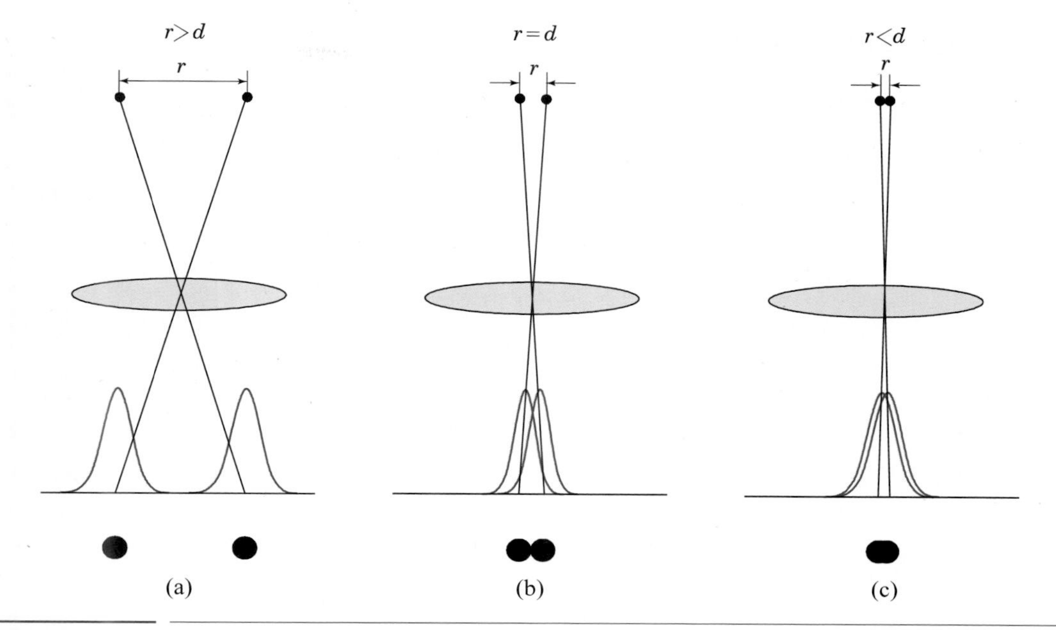

그림 1.3 시편상의 두 점 사이의 간격 r이 분해능 한계 d보다 (a) 클 때, (b) 같을 때, (c) 작을 때의 세 경우에 확대 영상에서 분해가 (a) 가능, (b) 모호, (c) 불가능함을 보여주는 모식도

3) 현미경의 분해능

현미경의 분해능은 관찰의 매체로 사용하는 파가 어떤 크기의 파장을 갖고 있는가에 따라 달라진다. 아베(Abbe, 1873)의 법칙에 의하면 분해능 d의 크기는 식 (1.1)과 같이 파장 λ의 크기에 비례한다. 여기서 n은 굴절률, α는 개구각(開口角)이다. 파장이 짧으면 짧을수록 분해능의 크기는 작아지고 분해능은 좋아지게 된다. 광학현미경에 사용되는 가시광선의 파장은 최하 2000에서 최대 7000 옹스트롬의 범위 안에 있으므로 광학현미경에서 가장 짧은 파장의 빛을 사용하여도 그 분해능은 0.1 마이크로미터보다 좋아질 수가 없게 된다. 그러나 우리가 관찰하려는 대상물인 재료 내부의 입자, 석출물은 나노미터 크기이고 원자의 격자 간격은 옹스트롬 크기이므로 광학현미경의 분해능으로는 배율을 아무리 확대하여도 우리가 원하는 대상물을 관찰할 수 없는 것이다.

$$d = \frac{0.61\,\lambda}{n\ \sin\alpha} \tag{1.1}$$

4) 전자현미경의 분해능

전자현미경에서 사용하는 전자파의 파장은 광학현미경에서 사용하는 가시광선의 파장보다 훨씬 짧으므로 전자현미경의 분해능이 훨씬 좋을 수밖에 없다.

전자파의 파장은 전자가 갖는 에너지의 함수이고 전자의 에너지는 전자총에서 가속할 때 가해주는 가속전압의 함수이다. 가속전압을 높이면 전자총에서의 전자의 위치에너지가 높아지고 그 위치에너지는 가속할 때 운동에너지로 변환되므로 결국 전자파의 에너지가 높아진다. 전자파의 파장, λ는 식 (1.2)에서와 같이 가속전압, V의 1/2승에 반비례한다. 이 식에서 가속전압 V와 파장 λ의 단위는 각각 볼트(V)와 나노미터(nm)이다. 이 식에 의하면 가속전압이 20, 40, 또는 100 kV일 때 전자파의 파장은 각각 0.086, 0.060, 0.037 옹스트롬(Å)이 되고 이론적 분해능은 4.3, 3.3, 2.3 Å이 된다. 이 값은 광학현미경의 분해능 0.1 마이크로미터(μm)보다 250~400배 더 좋은 값이므로 나노미터 크기의 석출물이나 결정핵은 물론 옹스트롬 크기의 원자 배열을 관찰할 수 있는 것이다.

$$\lambda = \frac{1.23}{\sqrt{V}} \tag{1.2}$$

2 주사전자현미경의 구조와 특징

위에서 광학현미경과 비교할 때 언급한 투과전자현미경과는 달리 주사전자현미경은 전자파로 시편을 투과하지 않고 표면을 주사(走査, scan)하여 관찰한다. 2장 이후에서 자세히 설명하겠지만 본 절에서는 간단히 그 구조와 원리를 기술한다.

1) 주사전자현미경의 구조

전자현미경은 그림 1.4(a)에서 보는 바와 같이 왼쪽 탁자에 기둥처럼 생긴 광학계 본체와 오른쪽 탁자에 모니터를 포함하는 제어계로 이루어져 있다. 기둥은 컬럼이라 부르며 그 안에 전자총과 전자기 렌즈가 들어 있고 밑 부분에 시편실이 있다. 그 내부 구조는 그림 1.4(b)에서 보는 바와 같이 컬럼 맨 위쪽에 전자총이 있고 그 아래 집속렌즈와 대물렌즈가 있으며 대물렌즈 내부에 편향 코일이 들어 있다. 전자총에서 만든 전자파는 전자총을 나서면서 전자빔을 형성하고 전자빔은 여러 개의 렌즈를 통과하면서 집속되어 매우 작은 프로브가 되며 프로브는 대물렌즈 내의 편향코일에 의하여 시편 표면의 일정 면 부위에 주사된다.

프로브로 시편 표면을 쪼이면서 주사하면 시편 표면에서는 표면의 높낮이 정보를 갖는 미세한 전자 신호가 나오고 이 신호를 검출기로 검출하고 증폭하여 모니터에 주사점과 동기(同期, syncronized)로 주사하면 표면의 높낮이를 나타내는 영상이 만들어지게 된다. 시편 표면의 매우 작은 면적 부위가 큰 모니터에 영상으로 나타나므로 높은 배율로 확대되는 것이다.

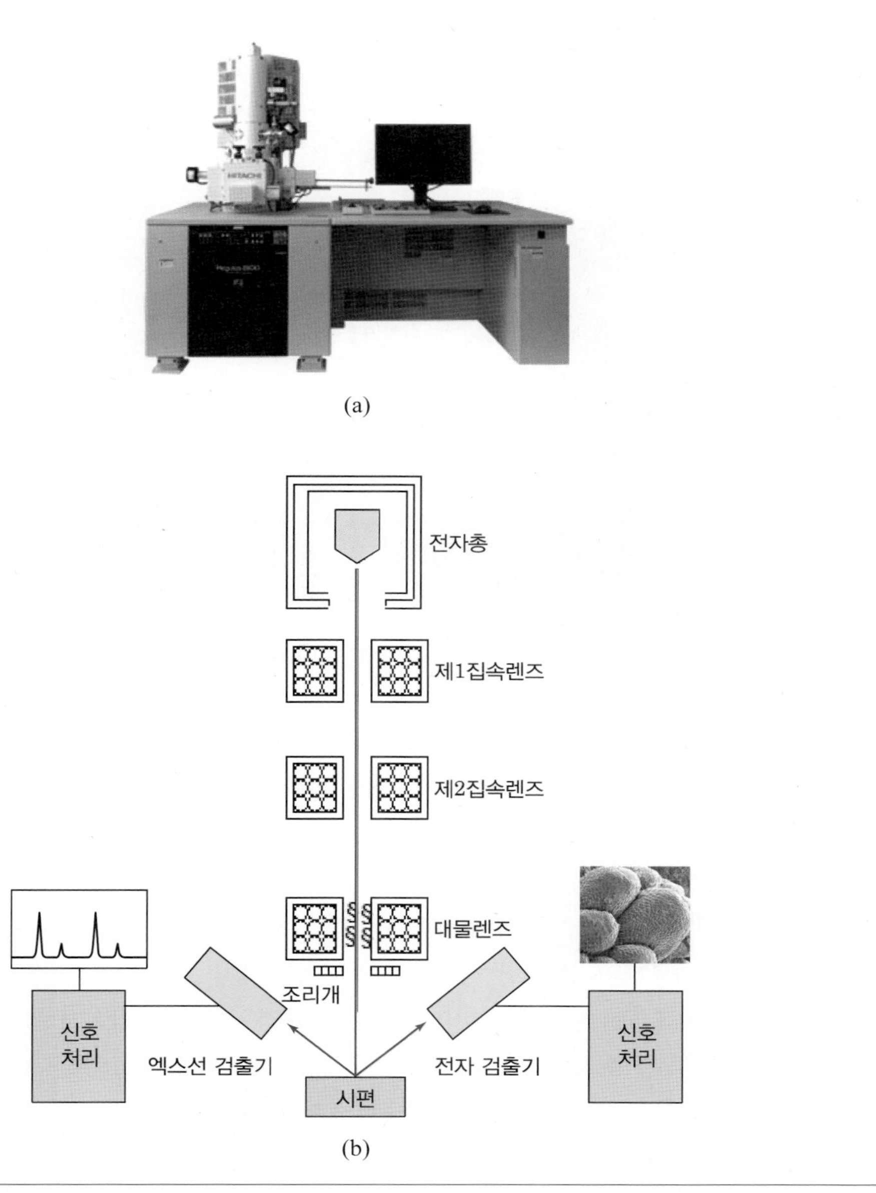

그림 1.4 주사전자현미경의 (a) 외형(사진제공: 히타치)과 (b) 내부 구조

2) 주사전자현미경의 특징

주사전자현미경은 여러 가지 특징을 갖고 있다. 첫째로, 주사전자현미경은 매우 높은 분해능을 갖고 있어서 고배율로 대상물을 관찰할 수 있다. 주사전자현미경의 분해능은 전자총의 종류에 따라서 5～10nm(열방사형), 또는 0.4～2 nm(전계방사형)에 달하고 이 때문에 주사전자현미경은 300만 배까지의 높은 배율로 대상물을 관찰할 수 있다. 그림 1.5에 주사전자현미경으로 관찰한 80만 배 사진을 실었는데 수 나노미터의 작은 입자도 분명하게 잘 보이는 것을 확인할 수 있다.

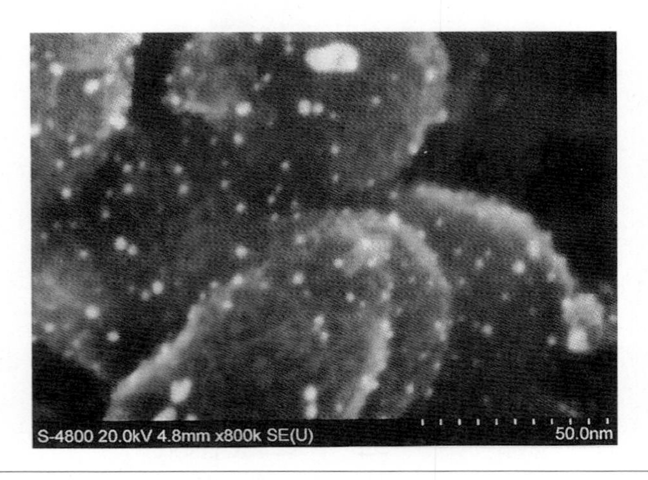

그림 1.5　주사전자현미경으로 관찰한 고분해능 고배율(80만 배) 사진(사진제공: 히타치)

둘째로, 주사전자현미경은 고배율뿐만 아니라 10배 까지의 저배율 관찰에도 사용할 수 있다. 고배율에서는 물체가 크게 확대되어 좋은 반면 시야가 좁아지는 단점이 있는데 저배율에서는 시야가 넓어서 대상물 전체를 파악하는 데 유용하다. 그림 1.6에 주사전자현미경으로 관찰한 10배 사진을 실었는데 손목시계 내부의 모습을 한눈에 볼 수 있다.

셋째로, 주사전자현미경은 광학현미경과는 달리 피사계심도가 깊어서 높낮이가 큰 대상물을 관찰할 수 있다. 피사계심도는 관찰 대상물의 확대 영상에서 초점이 맞는 깊이 범위를 말한다. 광학현미경은 그림 1.7(a)에서 보는 바와 같이 피사계심도가 매우 얕아서 높낮이가 있는 대상물을 관찰할 때 일부만 초점이 맞고 다른 부분은 거의 초점이 맞지 않는다. 반면에 전자현미경은 그림 1.7(b)에서 보는 바와 같이 피사계심도가 깊어서 높은 꼭대기에서부터 낮은 바닥까지 대상물 전체를 초점이 맞은 상태로 관찰할 수 있고 따라서 3차원적인 영상을 얻을 수 있다.

그림 1.6 주사전자현미경으로 관찰한 저배율(10배) 사진(사진제공: 에프이아이)

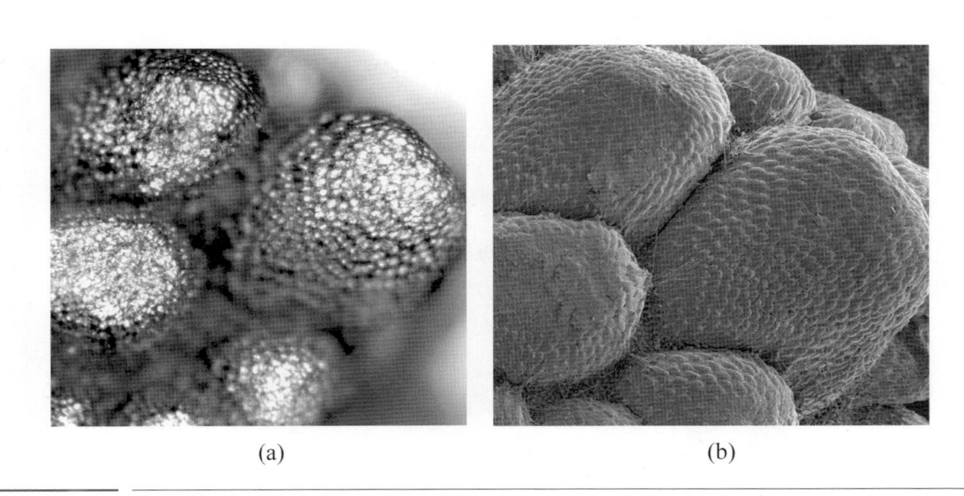

그림 1.7 높낮이를 갖는 동일한 물체(꽃가루)에 대한 (a) 광학현미경 사진과 (b) 주사전자현미경 사진. 피사계심도의 차이에 주목할 것(사진제공: 이홍림)

넷째로, 주사전자현미경의 영상은 쉽게 영상처리분석을 할 수 있다. 주사전자현미경은 프로브의 주사와 신호 검출을 통하여 영상을 만들어내기 때문에 주사전자현미경 영상은 아날로그 또는 디지털의 분해된 신호로 구성된다. 따라서 그대로 또는 영상분석기로 옮겨서 영상처리분석을 할 수 있다.

다섯째, 주사전자현미경에 X선 분광분석기(EDS, 또는 WDS)를 장착할 경우 마이크로미터 크기의 미세한 부분에서의 성분분석을 겸할 수 있고 대상물에 대한 영상정보뿐만 아니라 화학정보도 얻을 수 있다. 게다가 시편상의 한 점에서의 성분 분석과 더불어 선을 따라서 화학성분의 변화를 보는 라인프로필 분석과 화학성분의 공간분포를 알 수 있는 매핑 분석도 가능하다.

그림 1.8에 X선 분광분석으로 얻은 스펙트럼과 매핑 분석 결과를 실었다.

여섯째, 주사전자현미경은 투과전자현미경 등 타 분석에 비하여 시편제작 과정이 크게 간단하다는 장점을 갖고 있다.

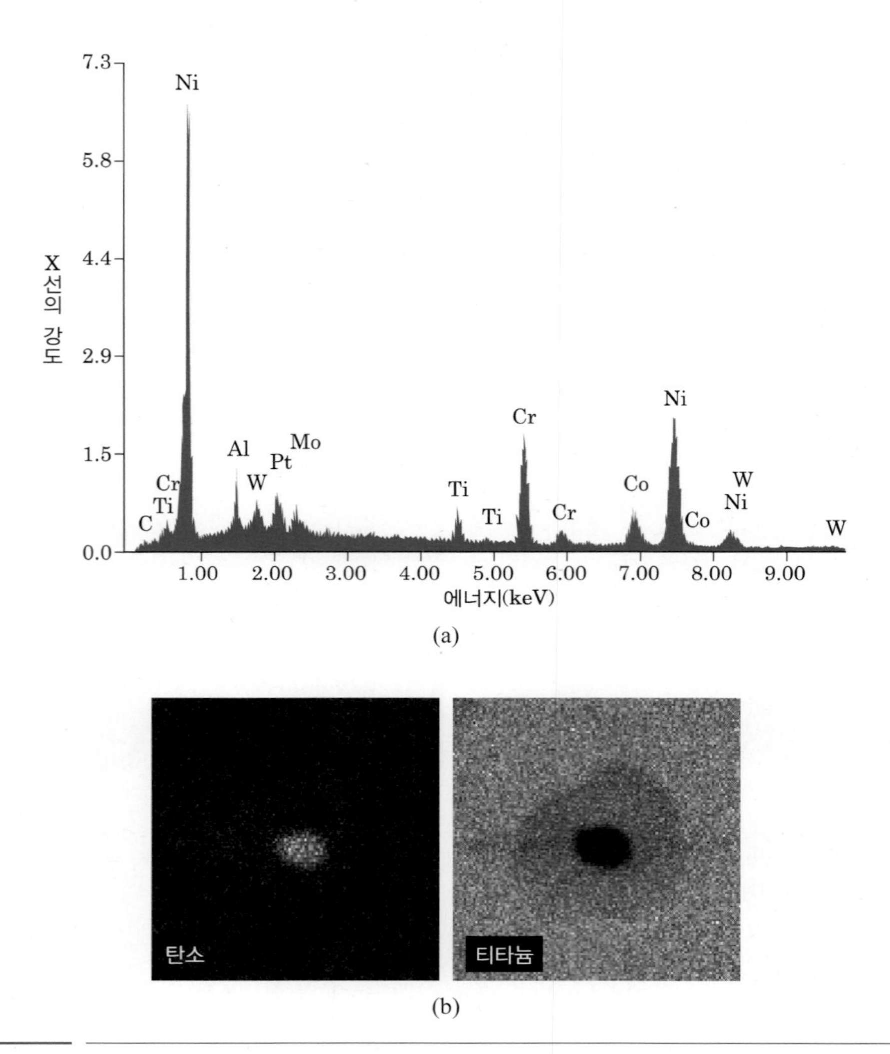

그림 1.8 (a) 니켈기 초합금 시편에 대한 X선 분광분석(EDS) 스펙트럼, (b) TiC-C 시편의 탄소와 티타늄 성분 각각에 대한 매핑분석 결과

3 주사전자현미경의 간단한 역사

주사전자현미경은 1942년에 미국 RCA 연구소의 즈워리킨(V. K. Zworykin), 힐러(J. Hiller), 스나이더(R. L. Snyder)의 세 사람에 의하여 최초로 발명되었다. 독일의 크놀(M. Knoll)과 루스카(E. Ruska)에 의하여 투과전자현미경이 발명된 시기에 비하면 10년이나 느린데 주사전자현미경은 빔의 주사기술 등 전자 제어 계측기술이 개발될 때까지 그 발명은 늦어질 수밖에 없었다. 초기의 주사전자현미경은 검출기의 검출효율이 매우 나빠서 화질이 좋지 않았기에 크게 주목받지 못하였지만 전자빔으로 표면의 굴곡을 관찰할 수 있다는 가능성을 최초로 보여준 발명이었다.

현대적 의미의 주사전자현미경은 영국 케임브리지 대학의 오우틀리(C. W. Oatley) 교수와 대학원생들에 의하여 개발되었다. 맥멀란(D. McMullan)은 저속주사 시스템을 개발하고 빔 크기를 20 nm까지 낮추었으며 스미스(C. A. Smith)는 정전기 렌즈를 전자기 렌즈로 교체하고 이중 편향코일과 스티그메이터를 개발하였으며, 에버하트(T. E. Everhart)와 톤리(R. F. M. Thornley)가 잡음도를 대폭 낮춘 신틸레이터형 검출기를 개발하여 주사전자현미경의 쓸모를 크게 높여 놓았다. 곧이어 1965년에 영국의 케임브리지 인스트루먼트사(Cambridge Instrument Co.)에서 최초로 상용 주사전자현미경인 스테레오스캔 MK1을 개발하였으며 그 뒤 SEM은 널리 사용되게 되었다.

육붕화란타늄(LaB6) 전자총과 X선 분광분석기(EDS)는 1960년대에 개발되었으며 저진공하에서도 영상을 관찰할 수 있는 환경 주사전자현미경(ESEM)이 개발되어 생명공학과 의학 분야에서 많이 이용되고 있다. X선 분광분석기(EDS, WDS)를 장착하여 성분분석을 하고 전자 후방산란 회절분석기(EBSD)를 장착하여 시편상의 결정립에 대한 결정학적 방향 분석이 가능해졌다. 개인용 컴퓨터와 연결한 PC기반 SEM이 일반화되었고, 원격 조정을 할 수 있는 네트워크 SEM이 교육용으로 개발되었다. 최근 인공지능(AI) 기술의 발달과 더불어 AI로 자동제어하는 SEM이 개발 중이다.

우리나라에는 1956년에 일본 히타치 사의 투과전자현미경(HM-3)이 경북대학교에 최초로 도입되었고(그림 1.9), 초기에는 의과대학과 생물학 연구용으로 사용되었으나 이후에는 금속, 세라믹, 반도체 등 사용 범위가 넓어졌으며, 최근에는 박물관, 소방방재본부, 과학고등학교 등에서도 전자현미경을 보유하는 등 2,000대 이상의 전자현미경이 국내에 도입되어 사용되고 있다.

주사전자현미경의 생산 판매는 외국의 경우 히타치(Hitachi, 일본), 지올(JEOL, 일본), 서모사이언티픽(Thermo Scientific, 미국), 자이스(Zeiss, 독일), 테스칸(Tescan, 체코) 등에서 하고

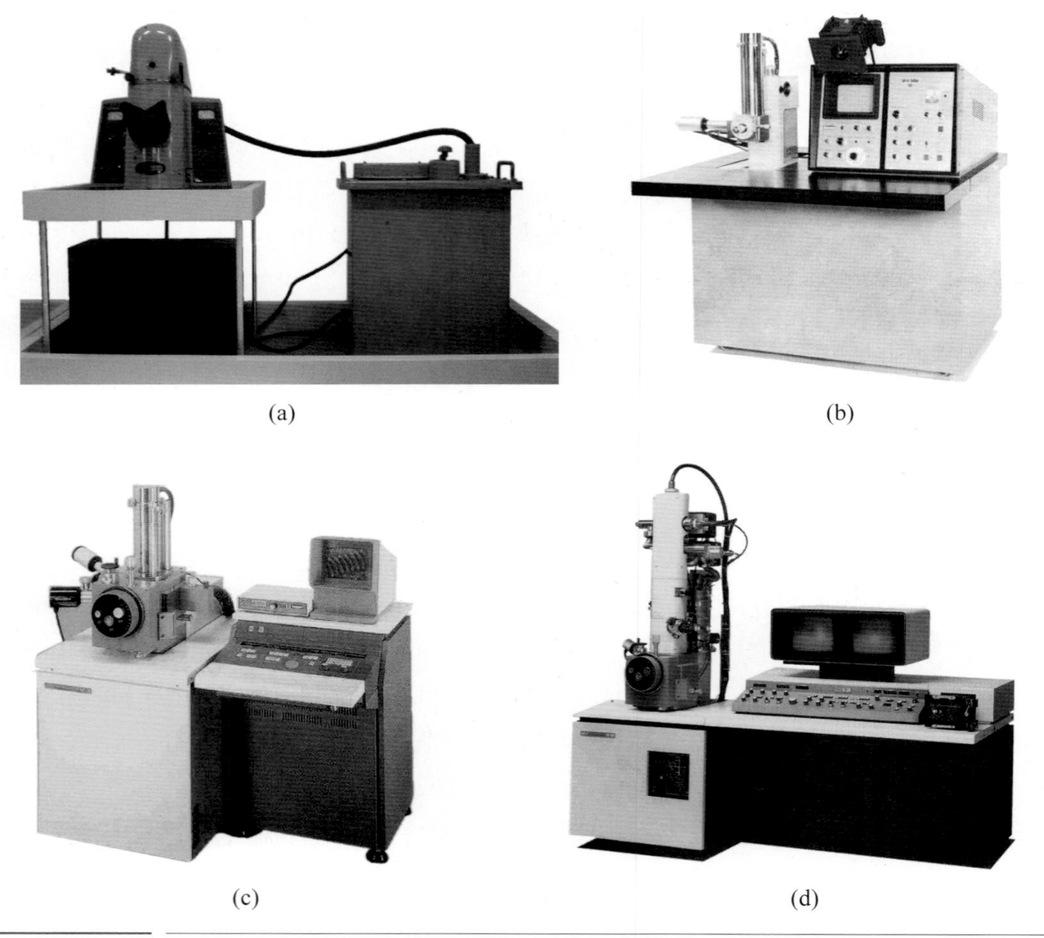

그림 1.9 (a) 한국에 최초로 도입된 투과전자현미경 HM−3(한국기초과학지원연구원 소장)과 1970년대 마산 수출자유지역 내 한국ISI사에서 생산한 메이드인코리아의 (b) 미니 SEM M−9, (c) 일반 SEM ABT−32, (d) 전계방사형 SEM, DS−130F.

있다. 국내에서는 1977년 3월에 마산의 수출자유지역에 일본의 아카시 사가 투자하여 한국ISI 사가 설립되었고, 메이드 인 코리아의 '아카시' 주사전자현미경을 생산하기 시작하였다. 최초 제조 판매한 장비로는 2~3만 배 배율의 미니 SEM이 있었고 그 뒤 수십여 종의 장비가 개발되어 1980년대 중반까지 연 수백 대의 전자현미경을 생산하는 등 왕성한 생산 활동을 하였다. 1989년 일본 도시바 그룹의 탑콘사와 합작으로 현미경 이름을 '탑콘(Topcon)'으로 바꾸어 생산하다가 1992년 6월경 마산수출자유지역에서 철수함으로써 국내의 전자현미경 생산은 중단되었다. 초기 모델은 새한전자, 삼양사, 한국과학기술원, 금성반도체, 수산대학교 등에 설치되었으며 총 150여 대의 장비가 국내 설치된 것으로 파악된다.

얼마간의 공백기를 거치고 15년간의 생산 활동으로 축적된 기술을 바탕으로 국내 제작 SEM이 개발 생산되기 시작했다. 2002년 초 (주)미래로시스템에서 분해능 약 5 nm의 국산 주사전자현미경 IS2000을 개발하였고 2004년 다시 러시아와 기술 제휴하여 분해능 3.5 nm의 AIS2000을 개발하여 생산 판매하였다. 국책과제 연구를 통하여 한국표준과학연구원 조양구 박사는 2006년 국내 기술로 주사전자현미경을 개발하였고 이를 기술 이전하여 (주)코셈에서 2007년부터 생산 판매하고 있다. 또한, (주)펨트론, (주)쎄크, (주)새론테크놀로지, (주)엠크래프츠, (주)아이에스피 등에서도 국산 주사전자현미경을 개발하여 생산판매하고 있다. 최근 소형화 추세에 따라 책상 위에 놓고 쓸 수 있는 미니 주사전자현미경이 개발되었으며 서모사이언티픽(피놈 Phenom), 히타치(TM), 지올(네오스코프), 등의 외국회사와 쎄크, 코셈, 새론테크놀로지, 엠크래프츠 등의 국내 회사에서 생산·판매되고 있다.

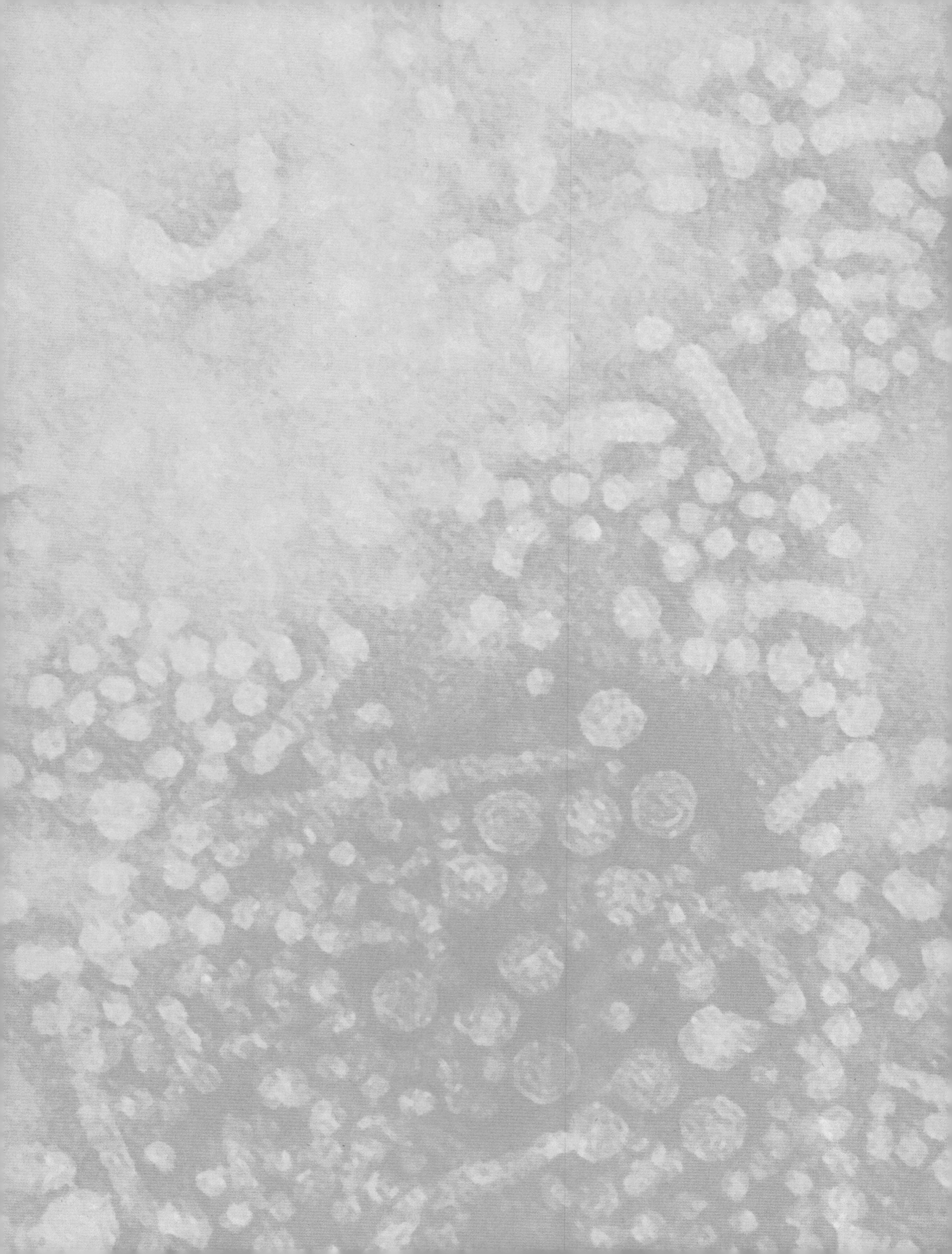

Scanning
Electron
Microscope

2장

주사전자현미경의 전자 광학

1. 전자총
2. 전자기 렌즈
3. 프로브의 형성

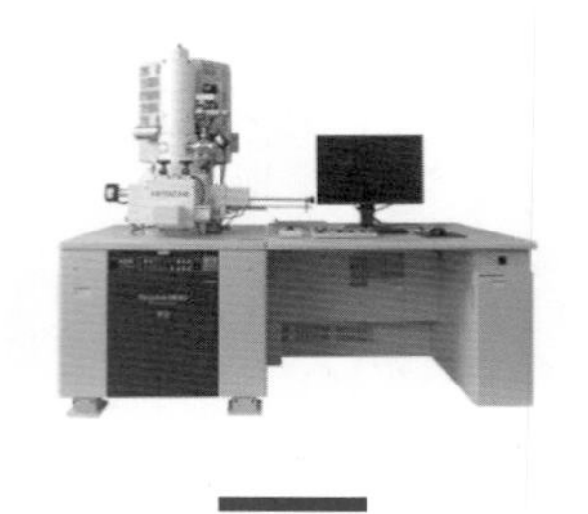

Scanning Electron Microscope

가시광선을 이용하는 광학현미경에서 빛의 굴절, 반사, 회절 등 빛의 움직임을 해석하는 광학이 필요하듯이 전자파를 이용하는 전자현미경에서도 전자파의 굴절, 수렴, 회절 등 전자파의 움직임을 해석하는 전자광학이 필요하다. 주사전자현미경에서는 전자총으로 전자파를 만들고 전자기 렌즈로 이를 수렴하여 미세한 크기의 프로브를 만들고 이를 시편 표면에 주사하여 분석한다. 전자현미경의 분해능과 화질은 프로브의 크기와 세기(전류량)에 의하여 결정된다. 본 장에서는 전자총에서 전자파가 만들어지는 원리, 전자기 렌즈로 전자파를 수렴하는 과정, 그에 따라 만들어지는 프로브의 크기와 세기에 대하여 자세히 설명하고자 한다.

1 전자총

1) 열방사형 전자총

전자현미경에서 사용하는 전자파 또는 전자빔은 전자총으로 만들어 낸다. 전자총에서 전자빔을 만들려면 일단 고체 물질 내에 들어 있는 전자를 공중으로 띄워내야 한다. 전자를 띄워낼 때는 열을 이용하는 열방사형 전자총(熱放射型 電子銃, thermionic electron gun)과 전계를 이용하는 전계방사형 전자총(電界放射型 電子銃, field emission electron gun)의 두 가지가 있다.

(1) 전자의 방출

물질 내에는 원자가 존재하며 원자 내의 전자는 원자핵과의 전기력 작용에 의하여 특정 위치에서 특정 에너지를 갖고 존재하고 있다. 원자 내의 전자들은 각각의 위치에 따라서 다른 에너지 준위를 갖고 있는데 그중 가장 높은 준위의 에너지를 페르미 에너지라고 한다.

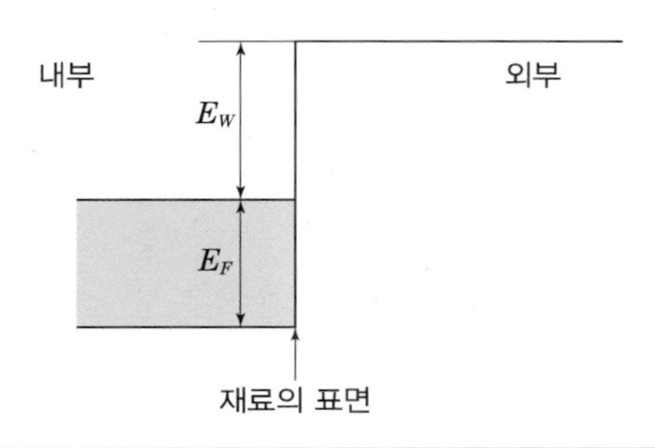

그림 2.1 재료 내부 전자의 에너지 모식도. 전자는 페르미 에너지(E_F) 이하의 에너지를 갖는 영역에서만 존재한다.

전자가 상온에서 스스로 자기 위치를 벗어나 공중으로 방출되는 일은 거의 일어나지 않지만 전자를 가두고 있는 에너지 장벽의 높이에 해당하는 일정량의 에너지가 주어진다면 전자는 자기 위치를 벗어나 공중으로 나올 수 있다. 이 일정량의 에너지는 원자로부터 멀리 떨어져 있는 진공에서의 에너지 준위와 페르미 에너지와의 차이에 해당하며 이 에너지를 일함수(work function)라고 한다(그림 2.1). 물질에 열을 가하여 일함수 이상의 에너지를 제공하면 전자는 고유의 위치로부터 벗어나 공중으로 방출된다.

공중으로 방출되는 전자의 개수는 물질 온도에 의해 결정된다. 단위시간당 단위면적당 공중으로 방출되는 전자의 개수를 전류밀도, J_c(단위 C/cm^2/sec 또는 A/cm^2)로 정의하며 식 (2.1)의 리처드슨 법칙(Richardson's law)에 의하여 J_c는 물질의 온도 T의 지수함수로 주어진다.

$$J_c = A T^2 e^{-E_w/kT} \tag{2.1}$$

여기서 A는 물질에 따라 달라지는 상수이고 E_w는 일함수(단위 eV)이다. 온도가 증가하면 J_c는 지수함수이기 때문에 매우 빠른 속도로 높아지며 같은 온도라 하더라도 그 값은 물질 상수인 A값이 클수록, 또는 일함수 E_w가 작을수록 커진다.

(2) 전자총의 구조

일단, 고체 물질로부터 벗어난 전자는 10,000~30,000 V의 고전압을 걸어서 가속시킨다. 그림 2.2는 열방사형 전자총의 구조 모식도이다. 윗부분에 필라멘트 전원과 필라멘트가 있고 아랫부분에 구멍이 뚫려 있는 양극판(anode plate)이 있고 필라멘트 주위를 감싸는 웨넬트 실린더(Wehnelt cylinder)라고 불리는 그리드 캡(grid cap)이 있다. 필라멘트는 필라멘트 전원에 의하여 고온으로 가열되어 전자를 방출하는 역할을 하며 또한 음극(cathode) 역할을 한다. 음극인 필라멘트와 양극판 사이에 가해지는 전압을 가속 전압이라고 한다. 이 전압에 의하여 필라

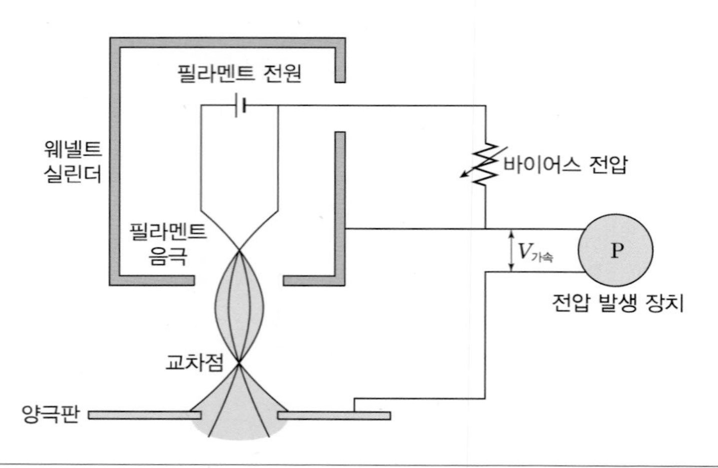

그림 2.2　　열방사형 전자총의 구조 모식도

멘트에서 방출된 전자는 양극판 방향으로 가속되고 가속된 전자는 양극판 가운데에 뚫린 구멍을 통하여 아래 방향으로 방사되어 전자빔을 형성한다.

웨넬트 실린더는 필라멘트에서 방출된 전자를 모으는 일종의 정전기 렌즈 역할을 한다. 웨넬트 실린더에는 그림의 오른쪽에 위치한 바이어스 저항에 의하여 0~2,700 V 범위의 바이어스 전압을 가할 수 있다. 바이어스 전압이 가해지면 웨넬트 실린더는 음극인 필라멘트보다 상대적으로 더 음으로 대전된 전압을 띠게 된다. 필라멘트에서 방출된 전자는 웨넬트 실린더가 갖는 음의 전압 때문에 척력을 받게 되며 가운데로 집속이 되고 버츄얼 광원 역할을 하는 교차점 또는 크로스오버 점을 형성한다.

(3) 포화

시편까지 도달하는 전자의 개수 또는 전류량은 시발점인 전자총에서의 방사 전류량에 따라 달라지므로 전자총에서 최대 효율로 전자를 방사하여야 한다. 그러기 위해서는 필라멘트에서 전자 방출량을 최대로 해야 하는데 이를 위하여 저항체인 필라멘트에 전기를 가하여 필라멘트를 저항가열하고 그 온도를 약 2700 K까지 올려서 최적화한다. 온도가 증가하면 그림 2.3에 나타난 바와 같이 프로브에 도달하는 빔전류가 증가하는데 어느 이상 증가하여도 빔전류는 더 이상 증가하지 않는 포화점(saturation point)에 도달하게 된다. 빔전류가 포화되는 이유는 빔전류가 증가하면 웨넬트 실린더를 통한 바이어스 전류가 증가하고 바이어스 전압이 자연히 증가하여 빔전류 증가를 억제하게 되는데 이 효과가 빔전류 증가 효과를 상쇄하기 때문이다.

포화점에서는 빔전류가 가장 안정되며 그 이상으로 온도를 올려도 빔 전류가 증가하지 않으므로 이 포화점이 주사전자현미경의 최적 작업조건이 된다. 포화점에 도달하기 전에는 필라멘트

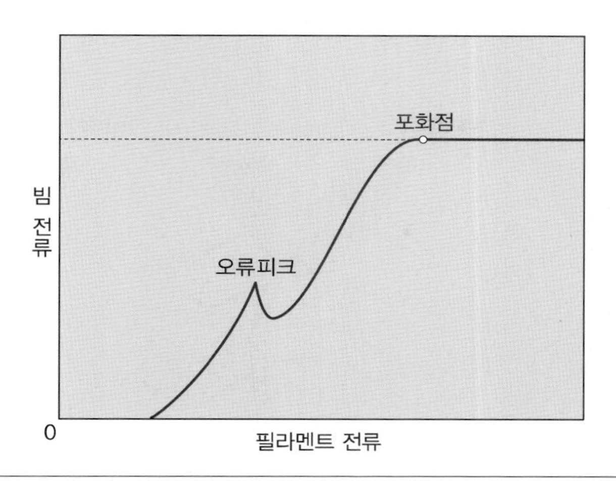

그림 2.3 필라멘트 전류 변화에 따른 빔 전류의 변화 그래프. 전자총의 포화점과 오류피크를 보여준다.

전류를 증가시키면 빔 전류가 증가하며 영상이 밝아지지만 포화점에 도달한 이후 그 이상 필라멘트 전류를 증가시켜도 영상은 더 이상 밝아지지 않으면서 필라멘트의 수명이 급격히 줄어들기 때문에 포화점에서 작업을 하는 것이 가장 이익이 된다.

포화점은 최근의 주사전자현미경에서 자동으로 찾게 되어 있지만 수동으로는 모니터에 시편의 영상 대신 검출 신호의 파형(wave form)을 띄워 놓고 필라멘트 전류를 서서히 증가시키면서 검출 신호 파형의 변화를 관찰하며 찾을 수 있다. 검출 신호 파형이 최대가 되어 더 이상 올라가지 않는 점이 포화점이다. 간혹 신호가 최대가 되었다가 감소하는 현상이 관찰되기도 하는데 이는 전자총의 정렬이 불량할 때 나타난다. 포화점에 도달하지 않았음에도 불구하고 빔 전류가 중간에 일시적으로 감소하는 오류피크(false peak)가 관찰되기도 한다. 오류피크는 필라멘트에 비정상적으로 돌출된 부분에서 국부적으로 전자 방출량이 증가하는 경우에 발생하는데, 이는 필라멘트 전류를 의도적으로 잠시 동안 과전류를 흘려보아 빔 전류의 변화양상이 어떠한지를 보면 쉽게 알 수 있다.

(4) 바이어스 전압

바이어스 전압(bias voltage)은 앞에서 설명한 대로 웨넬트 실린더에 가해지는 음의 전압이다. 바이어스 전압이 0이거나 낮은 값이면 필라멘트에서 방출되는 전자의 양은 많지만 큰 각도 범위로 퍼져나가므로 그림 2.4(a)에서 보는 바와 같이 집속이 되지 않아서 휘도가 낮아진다. 반면에 바이어스 전압이 너무 높으면[그림 2.4(c)] 필라멘트에 가해지는 음 전압이 너무 강하여 필라멘트에서 방출되는 전자의 양을 감소시킨다. 두 가지 중 어느 경우든 전자총에서 방사되는 전류량을 감소시키고 전자현미경의 휘도(밝기, brightness)를 낮추게 되므로 중간 바이어스 전압[그림 2.4(b)]을 선택하여 휘도를 극대화해야 한다[그림 2.5].

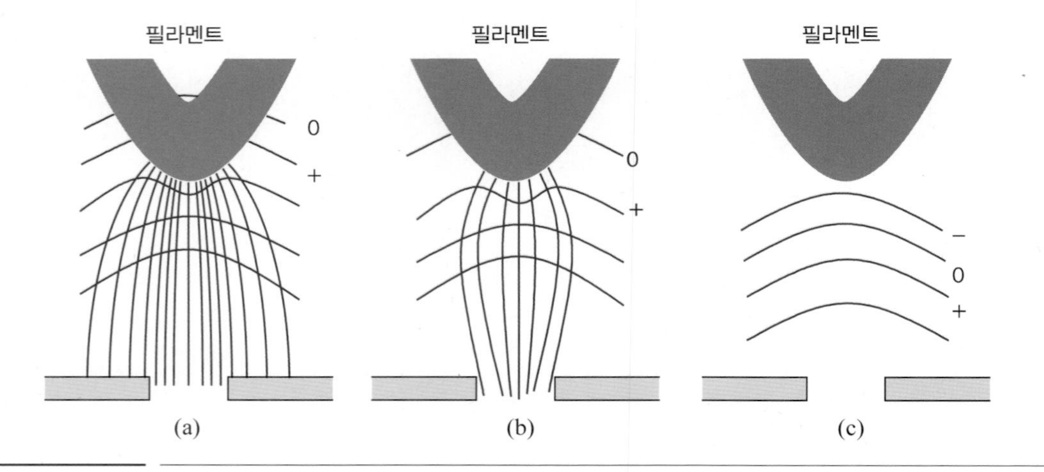

그림 2.4 (a)낮은 (b)중간 (c)높은 바이어스 전압에서의 전자빔 발생 양상

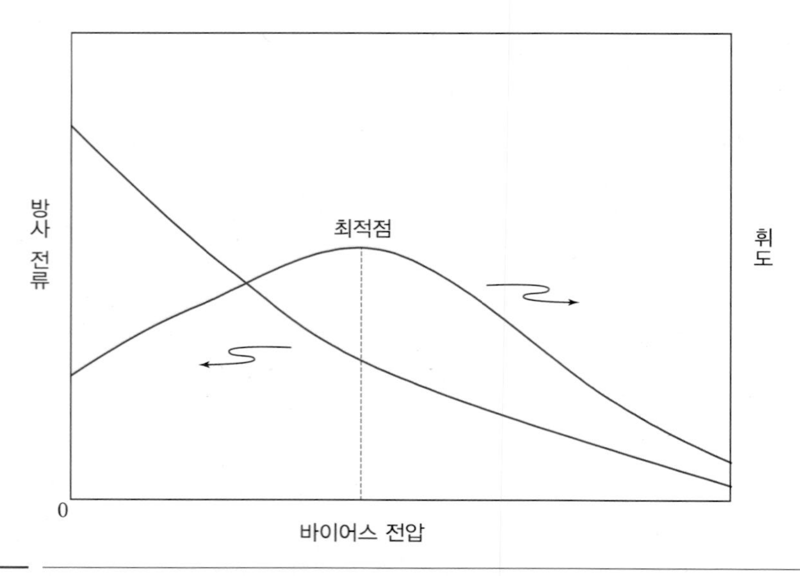

그림 2.5 바이어스 전압에 따른 방사 전류와 휘도의 변화

(5) 웨넬트 실린더와 필라멘트와의 거리

필라멘트 음극과 양극판 간의 거리는 고정되어 있으나 웨넬트 실린더와 필라멘트 음극과의 거리는 가변적으로 조정할 수 있다. 필라멘트를 새것으로 교환할 때 웨넬트 실린더 나사를 돌려 거리를 조정한다. 거리가 가까우면 필라멘트에서 방출된 전자는 바이어스 전압에 의한 전기장의 영향을 크게 받으므로 빔 전류를 포화시키기 위하여 보다 높은 필라멘트 전류가 필요하다. 하지만 필라멘트로부터 웨넬트 실린더 구멍의 분산각이 크므로 높은 빔전류가 얻어진다. 웨넬트 실린더와 필라멘트와의 거리가 멀 경우에는 작은 필라멘트 전류에서도 포화가 이루어지고 낮은 온도에서 전자총이 작동한다. 그러나 분산각이 작아서 웨넬트 실린더를 통과하는 전자의 양은 줄어들고 낮은 빔전류가 얻어진다. 이 거리는 최적값을 미리 알아놓고 매번 일정하게 사용하는 것이 좋다.

2) 전계방사형 전자총

전자를 음극 재료 밖으로 띄우는 에너지를 열로 공급하는 열방사형 전자총과는 달리 전계방사형 전자총은 전계(電界, electric field)로 공급한다. 전자총 재료에 10^8 V/cm 정도의 높은 전계를 가하면 에너지 장벽이 낮아져서 전자가 재료를 쉽게 벗어날 수 있다. 전계의 크기는 모양이 뾰족할수록 커지므로 끝부분 곡률 지름이 100 nm 정도의 매우 날카로운 팁을 사용한다. 그림 2.6(b)에 팁 끝 부분의 확대 사진이 나와 있다.

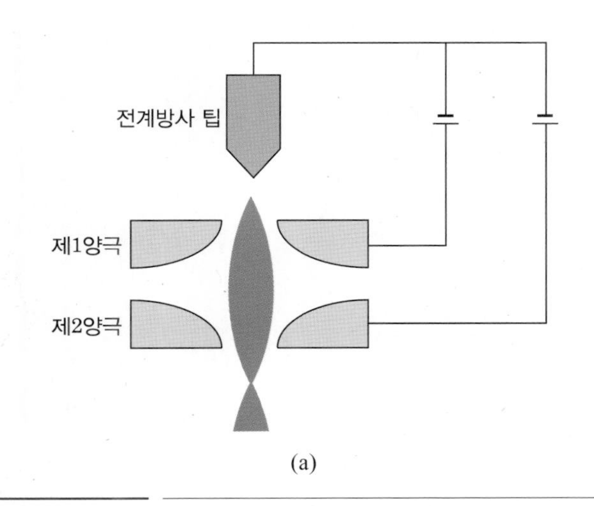

(a)

(b)

그림 2.6 전계방사형 전자총의 (a) 구조와 (b) 팁의 모양

전계방사형 전자총은 그림 2.6(a)에서 보는 바와 같이 제1양극과 제2양극으로 구성된다. 제1양극은 3～5 kV의 전압을 가하여 팁으로부터 전자를 빼내는 역할을 하며 제2양극은 전자를 가속시키는 역할을 한다. 제2양극은 그라운드에 해당하는 영전위를 갖는데 제2양극과 팁 사이에 수백～30,000 V의 가속전압이 가해지게 된다. 두 양극은 정전기 렌즈 역할을 하여 전자빔을 모으는 역할을 하는데 10 nm 이하 크기의 교차점(크로스오버)이 형성된다.

3) 여러 가지 전자총의 비교

열방사형 전자총의 음극에 사용되는 재료는 식 (2.1)에서의 일함수 Ew값이 작아야 하고 재료상수 A값이 커야 한다. 또한 고온에서 필라멘트의 형상을 유지할 수 있도록 고온강도, 내크리프성, 내식성 등 고온물성이 우수하여야 한다. 텅스텐(중석, tungsten)은 일함수 값이 4.5 eV로 작고, 융점이 3,650 K로 매우 높아서 위 조건을 만족시키는 우수한 물질이므로 필라멘트 재료로 널리 사용되고 있다. 텅스텐을 약 100 마이크론 지름의 가느다란 선으로 뽑아서 그림 2.7(a)에서 보는 바와 같이 V자형으로 성형하고 직접 전류를 가하는 방식으로 저항 가열하여 약 2,700 K의 고온에서 사용한다.

육붕화란타늄(lanthanium hexaboride, LaB_6)은 일함수가 2.4 eV로 매우 낮고 고온 물성도 좋아서 고급 전자현미경의 열방사형 전자총에 사용되고 있다. 이 물질은 필라멘트 형태로 가공하지는 않으나 그림 2.7(b)와 같이 끝을 뾰족하게 가공하고 1,900 K의 온도로 가열하여 사용한

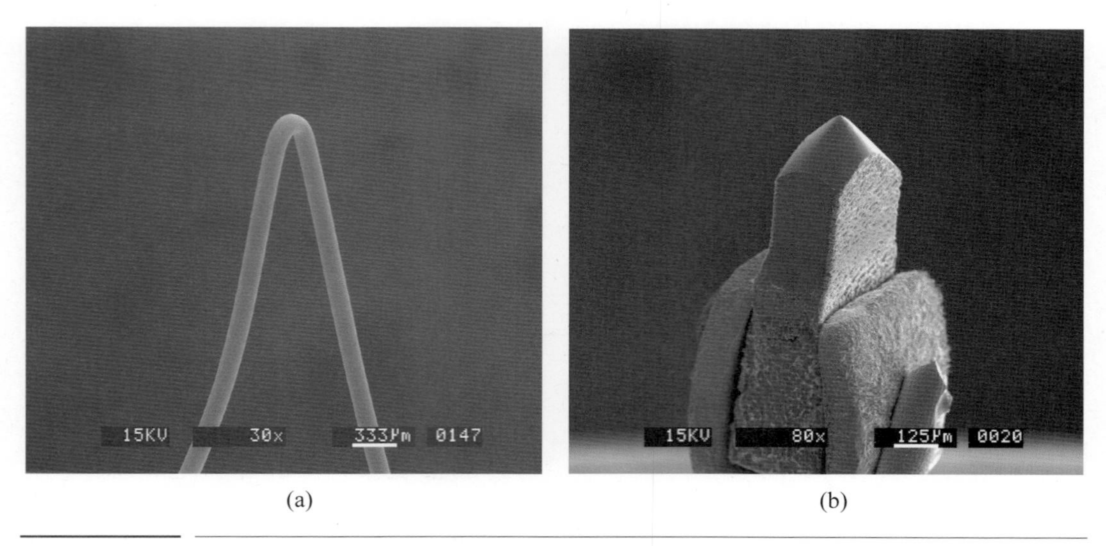

(a) (b)

그림 2.7 열방사형 전자총에 사용되는 (a) 텅스텐 필라멘트와 (b) 육붕화란타늄의 SEM 사진(사진제공: 고철호)

다. 이 물질은 표면 원자흡착에 의하여 전자 방출성이 현저하게 떨어지는 문제가 있으므로 고진공을 유지하여야 한다. 그 밖에 육붕화세륨(CeB_6), 산화토륨첨가 텅스텐, 산화물 표면코팅 니켈, 등이 전자총 재료로 사용되기도 한다.

전계방사형 전자총에는 열을 전혀 가하지 않는 상온형(CFE; Cold Field Emitter)이 있는 반면에 열을 가하는 고온형(TFE; Thermal Field Emitter)과 쇼트키형(SFE; Schottky Field Emitter)이 있다. 상온형은 단결정의 텅스텐 재료를 사용하는데 전자방출 효율이 높은 (310)이나 (111) 결정면을 전자 방출면으로 사용한다. 표면이 오염되면 방출효율이 급격히 떨어지므로 고진공을 요구하며 하루 한 번씩 2,000도 고온으로 수초 동안 가열하여 오염물을 제거하는 플래시 과정이 필요하다. 고온형은 상온형과 동일한 특성을 갖고 있으나 항상 가열상태에서 작동하여 팁의 표면이 청정하게 유지되며 안정성이 좋다. 쇼트키형은 표면에 산화지르코늄을 증착시켜 전자 방출효율을 증가시킨다.

표 2.1에 열방사형 텅스텐 필라멘트와 육붕화란타늄 전자총, 그리고 전계방사형전자총의 특성을 비교하였다. 휘도는 텅스텐의 10^5 A/cm^{2}sr에 비하여 육붕화란타늄이 10^6, 전계방사형이 10^8 값으로 전계방사형 전자총을 사용할 경우 열방사형에 비하여 100배에서 1,000배 더 밝은 것을 알 수 있다. 열방사형 텅스텐 전자총은 많이 사용할 경우 약 1주일의 수명을 갖고 있지만 육붕화란타늄 전자총은 1,000시간까지, 전계방사형 전자총은 1,000시간 이상의 긴 수명을 갖고 있다. 방사원의 크기는 최종 프로브의 크기를 결정하고 분해능에 영향을 미치는 중요한 요소이다. 텅스텐 열방사형 전자총은 100 마이크론 굵기의 필라멘트로 이루어져 있어서 방사원의 크기도 수십 마이크론인 데 반하여 육붕화란타늄은 뾰족하게 가공되어 50 마이크로미터 이하의 작은 크기를 갖고 전계방사형은 날카로운 팁으로 구성되어 방사원의 크기가 훨씬 작아서 5 나노미터 이하의 크기를 갖고 있다.

전자총에서 만들어내는 전자빔의 에너지는 각각의 전자마다 다를 수 있는데 에너지 분산도는 전자빔 에너지가 얼마나 균일한가를 나타내는 지표이다. 에너지 분산도는 색수차에 영향을

표 2.1 여러 가지 전자총의 특성 비교

방사원	휘도 (A/cm^{2}sr)	수명 (시간)	방사원의 크기	에너지 분산 (eV)	전류 안정도 (%)	진공도 (Pa)
열방사형			(μm)			
텅스텐	10^5	40~100	30~100	1	1	10^{-3}
LaB_6	10^6	200~100	5~50	1	1	10^{-5}
전계방사형			(nm)			
상온형	10^8	>1000	<5	0.3	5	10^{-7}
고온형	10^8	>1000	<5	1	5	10^{-6}
쇼트키형	10^8	>1000	15~30	0.3~1	2	

휘도

전자빔의 휘도는 전자현미경에서 영상의 밝기를 나타내는 지표로 단위 입체각당의 전류밀도로 표시한다. 전류밀도 J_b는 전자빔의 단위면적당 전류값을 의미하므로 식 (2.2)가 성립하고, 여기서 i_b는 전자빔의 전류, d는 전자빔의 지름, π는 원주율이다.

$$J_b = \frac{i_b}{\pi\left(\frac{d}{2}\right)^2} = \frac{4i_b}{\pi d^2} \tag{2.2}$$

라디안(rad)의 단위를 사용하는 (평면)각은 반지름이 1인 원의 원주 상에 그 각에 해당하는 원주의 길이로 표시하는 것과는 달리, 스테라디안(st) 단위를 사용하는 입체각은 반지름이 1인 구의 표면에 그 각에 해당하는 표면적으로 표시한다. 따라서 입체각은 근사식으로 평면각 α를 반지름으로 하는 원의 면적인 $\pi\alpha^2$으로 표시할 수 있다. 따라서, 전자빔의 휘도 β는 전류밀도를 입체각으로 나눈 값인 식 (2.3)으로 표시되고 단위는 A/cm^{2}sr이 된다.

$$\beta = \frac{J_b}{\text{입체각}} = \frac{4i_b}{\pi^2 d^2 \alpha^2} \tag{2.3}$$

미치는데 그 값이 작을수록 색수차 값이 작아서 분해능이 좋아진다. 전계방사형의 에너지 분산도는 0.3 eV로 열방사형의 1 eV보다 3배 이상 좋다. 전류안정도는 전자총에서 나오는 전자빔의 전류가 시간이 경과하며 얼마나 일정하게 유지되는가를 나타내는 값이다. 전계방사형은 상온형이 5%로 열방사형 1%보다 5배 높은 값을 가져 불안정한데 이는 전계방사형의 팁이 날카로워 표면적이 넓고 표면에 약간의 흡착만 일어나도 방출효율이 변화하기 때문이다. 이러한 이유로 인하여 정밀한 정량 분석을 요구하는 X선 분광분석용으로는 상온형 전계방사형 전자총은 적당하지 않다. 그러나 전계방사형의 하나인 쇼트키 형은 전류 안정도가 2%로 비교적 안정한 값을 갖고 있어서 고분해능과 성분 분석 능력 두 가지를 취하는 절충형으로 활용되고 있다.

전계방사형 전자총은 팁 표면의 청결이 중요하므로 높은 진공도를 요구한다. 열방사형의 10^{-3}, 10^{-5} Pa에 비하여 전계방사형은 10^{-7} Pa이 필요하고 전계방사형 전자총을 장착한 전자현미경은 고도의 진공 시스템을 갖추고 있어야 하므로 고가의 장비가 될 수밖에 없다.

전계방사형 전자현미경은 위에서 서술한대로 휘도가 열방사형에 비하여 1,000배 정도 높고 방사원의 크기가 나노 스케일로 작으며 에너지 분산도가 0.3%로 낮기 때문에 다음의 두 가지 중요한 특징을 갖는다. 첫째, 분해능이 1 nm 이하로 매우 높고 10만~300만 배의 고배율 관찰을 할 수 있다. 둘째로, 전압을 낮추어도 충분히 밝으므로 5 kV 이하의 낮은 가속 전압으로도 시편을 관찰할 수 있다. 낮은 가속전압을 사용하면 부도체 시편을 코팅 없이 관찰할 수 있고 상호작용 부피가 작아서 표면의 상세 구조를 정밀하게 관찰할 수 있다는 이점이 있다. 이 부분은 4장에서 상세히 다룰 것이다.

2 전자기 렌즈

광학 렌즈에서 가시광선은 렌즈 물질을 통과할 때 속도의 차이로 굴절시켜 한 점에 모을 수 있지만, 전자현미경에서 전자파는 전자기 렌즈의 자장으로 굴절시켜 모을 수 있다. 전자현미경 발명 초기에는 쿨롱 힘을 이용한 정전기 렌즈를 사용하였으나 후에는 더 효과적인 자장을 이용한 전자기 렌즈를 사용하게 되었다.

1) 전자기 렌즈의 원리

자장 내에서 전자가 이동할 때 그 전자는 힘을 받아 이동 방향이 휘어지게 된다. 그 힘 F의 방향은 식 (2.4)와 그림 2.8에서 보는 바와 같이 속도 벡터 v와 자기장 벡터 B에 수직인 방향이고 크기는 외적 $v \times B$와 전하량 $(-e)$의 곱으로 나타낸다.

$$\boldsymbol{F} = -e(\boldsymbol{v} \times \boldsymbol{B}) \tag{2.4}$$

그림 2.8(b)에서 보는 바와 같이 원통형 렌즈 내의 자력선은 곡선을 이루며 P점에서의 자기

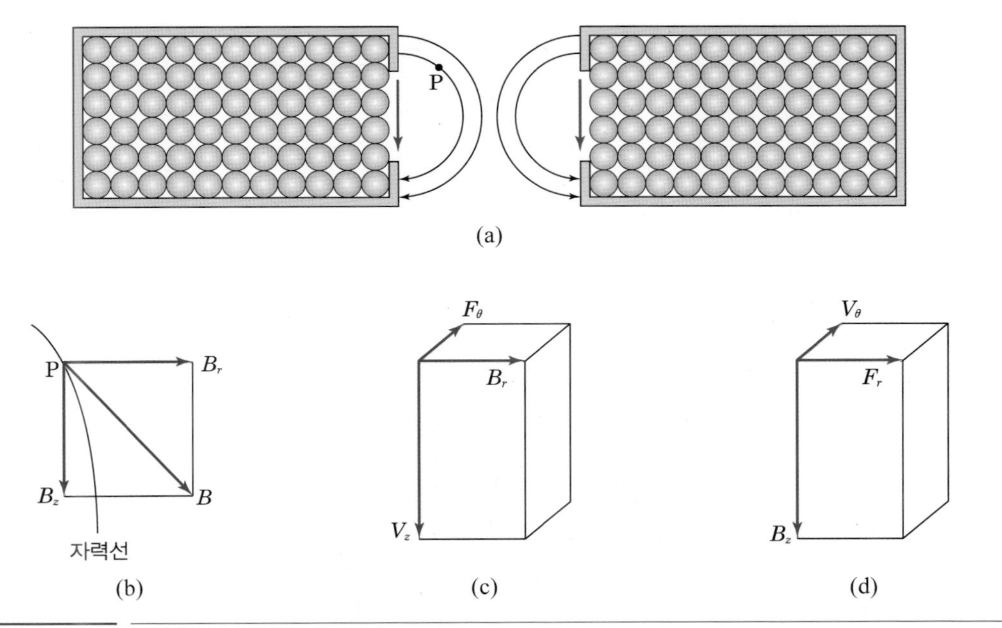

그림 2.8 (a) 전자기 렌즈의 모식도, P점에서의 (b) 자기장, (c) 축방향으로 이동하는 전자에 작용하는 힘, (d) 원주방향으로 이동하는 전자에 작용하는 힘

장 벡터 B는 지름 방향 자기장 B_r과 축 방향 자기장 B_z로 이루어진다. 그림 2.8(c)에서 보는 바와 같이 축방향의 전자 이동 벡터 V_z를 갖고 전자가 이동할 때 지름 방향의 자기장 벡터 B_r에 의하여 원주 방향으로 회전하는 힘 F_θ가 작용하게 된다. 전자가 원주 방향의 전자 이동 벡터 V_θ를 갖고 이동할 때 축 방향 자기장 Bz에 의하여 지름방향으로 중심쪽으로 향하는 힘 F_r이 생기게 된다. 이 같은 수렴작용을 하는 힘이 작용하면 전자는 나선운동을 하며 모였다가 초점을 지나면 다시 나선운동을 하며 퍼져 나간다.

2) 반확대

광학현미경에서는 렌즈에 의하여 대상물의 크기가 확대되는 데 반하여 전자현미경에서는 렌즈에 의하여 전자빔의 크기가 축소되는데, 이를 반확대(反擴大, demagnification)라고 한다. 그림 2.9에서 보는 바와 같이 반확대되기 전후의 전자빔의 크기를 각각 d_0, d_1이라 하고, 렌즈로부터 대상물과 영상까지의 거리를 각각 l_0, l_1이라 하고, 렌즈의 초점거리를 f 라 하면 식 (2.5)가 성

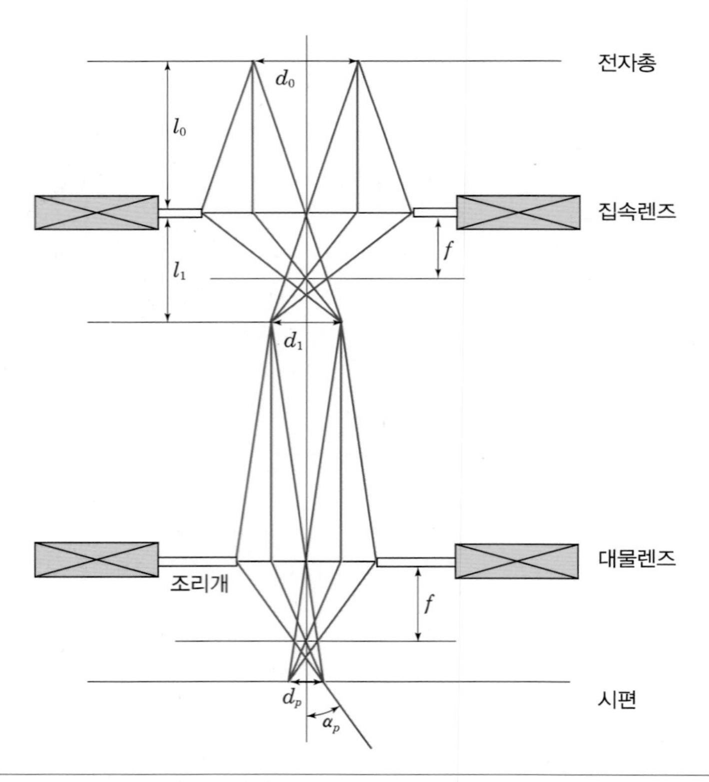

그림 2.9 주사전자현미경의 집속렌즈와 대물렌즈 시스템에서 광진행 경로 모식도. 각 렌즈에서 전자빔의 지름이 d_0에서 d_1으로, d_1에서 d_2로 반확대되는 것에 주목

립한다. 전자빔이 반확대되는 배율 m은 식 (2.6)과 같이 거리 관계에 의하여 결정된다. 렌즈에 흐르는 전류를 증가시키면 자기장의 크기가 증가하고 초점거리가 짧아진다. 초점거리가 짧아지면 영상까지의 거리 l이 짧아지고 렌즈 배율이 증가한다.

$$\frac{1}{f}=\frac{1}{l_0}+\frac{1}{l_1} \tag{2.5}$$

$$m=\frac{d_0}{d_1}=\frac{l_0}{l_1} \tag{2.6}$$

전자총에서 만들어진 d_0 지름의 광원은 집속렌즈에 의하여 d_1 지름 크기로 작아지고 이는 다시 대물렌즈에 의하여 d_p 지름 크기로 작아져 최종 프로브를 형성한다. 결국 집속렌즈의 세기와 대물렌즈의 세기가 프로브의 크기를 결정한다.

3) 집속렌즈 세기의 효과

집속렌즈의 세기가 강하면 그림 2.10(a)의 광 경로도에서 보는 바와 같이 반확대 배율이 커져서 프로브가 작아지고 전자현미경의 분해능이 높아진다. 반면에 집속렌즈 수렴각(또는 분산각)

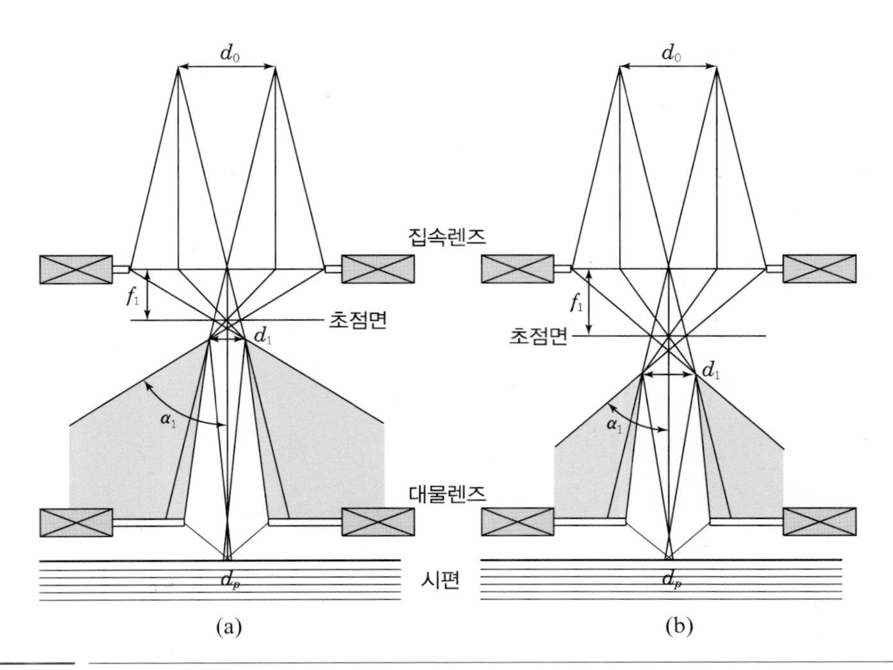

그림 2.10 집속렌즈와 대물렌즈 시스템에서의 광경로도. 집속렌즈의 세기가 (a) 강한 경우와 (b) 약한 경우에 전자가 후자보다 d_1이 더 작고 따라서 d_p도 더 작다.

α_1이 커져서 대물렌즈에 부착된 조리개를 통과하여 최종 프로브에 도달하는 전류량은 작아지고 화질은 나빠진다. 반대로 집속렌즈의 세기가 약하면[그림 2.10(b)] 프로브가 커져서 분해능은 나빠지지만, 프로브 전류량이 커져서 화질은 좋아진다.

4) 대물렌즈 세기의 효과

집속렌즈의 아래에 위치하고 있는 대물렌즈는 전자빔을 반확대하는 역할을 하고 또 한편 시편의 바로 위에 위치하기 때문에 시편 상에 초점을 맞추는 역할을 한다. 초점 맞추기는 대물렌즈의 세기를 조절하여 시편 상에 가장 작은 프로브가 만들어지도록 하는 것이다. 시편의 위치에 따라 초점 맞추기가 결정되므로 대물렌즈의 세기는 집속렌즈처럼 임의로 결정할 수 없고 시편의 위치에 따라 결정된다. 즉, 대물렌즈의 가장 아래부분인 폴피스와 시편 사이의 거리인 작동거리(working distance)의 크기에 따라 대물렌즈의 세기가 결정된다.

그림 2.11(a)에서와 같이 작동거리 W가 짧으면 대물렌즈의 세기가 세고 렌즈의 반확대 배율이 높기 때문에 프로브의 크기가 작아지므로 분해능은 좋아진다. 프로브 전류량은 집속렌즈

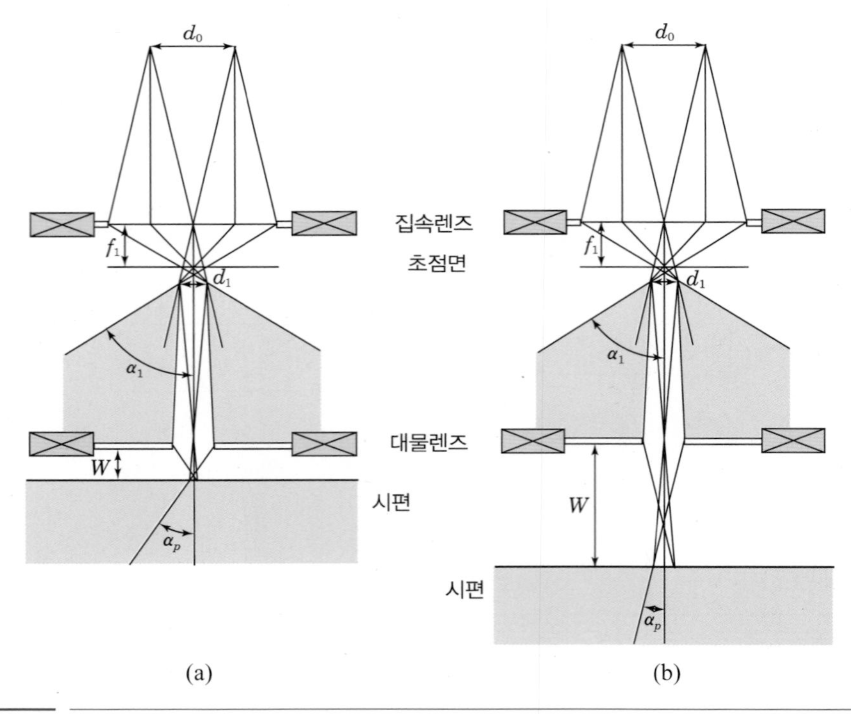

그림 2.11 집속렌즈와 대물렌즈 시스템에서의 광경로도. 대물렌즈의 세기가 (a) 강한 경우와 (b) 약한 경우. 전자의 경우에 프로브가 작지만 분산각이 크다.

에 의하여 이미 결정이 되었으므로 대물렌즈의 세기에 따라서 변하지는 않는다. 반면에 대물렌즈 수렴각(또는 분산각) α_p가 커지므로 시편상의 수직 방향으로 초점이 맞는 범위에 해당하는 피사계심도가 얕아진다. 작동거리 W가 길면 대물렌즈의 세기가 약하고 프로브의 크기가 커져서 분해능은 나빠지지만 수렴각 α_p가 작아서 피사계심도는 깊어진다. 피사계심도는 4장에서 자세히 다루게 될 것이다.

3 프로브의 형성

전자렌즈의 작용에 의하여 미세한 전자빔 형태인 프로브가 만들어지고 이 프로브는 시편 표면에 조사되어 영상 구성에 사용되는 신호를 발생시킨다. 따라서 프로브의 크기에 의해 분해능이 결정되고 프로브 전류량의 크기에 의해 신호 발생량이 결정되며 그에 따라 화질이 결정된다. 프로브의 크기와 전류량은 전자광학에서 중요한 계수이며 주사전자현미경 영상 형성 과정에서 긴밀히 제어되어야 한다. 프로브의 크기를 결정하는 요소로는 회절 효과와 렌즈의 수차가 있다. 회절 효과는 앞 장에서 언급한 바와 같이 렌즈 통과 후 만들어지는 에어리 원반 때문에 분해능의 저하가 생기는 것을 말하는데 전자파의 파장의 함수로 결정되며 원천적인 분해능 한계를 형성한다. 렌즈의 수차는 구면수차, 색수차 및 비점수차의 세 가지가 있으며 전자광학계의 결함에 의하여 발생한다. 렌즈의 수차가 존재하면 프로브의 크기가 커져서 분해능이 저하된다.

1) 구면수차

구면수차(球面收差, spherical aberration)는 렌즈의 모양이 완벽한 구형을 이루지 못할 때 발생한다. 그림 2.12(a)에서 보는 바와 같이 구면수차가 없을 때에는 렌즈의 어느 부위를 통과하든 모두 한 점으로 모여야 할 전자파가 그림 2.12(b)에서 보는 바와 같이 구면수차가 존재할 경우에는 렌즈의 중심을 통과하는 파와 주변을 통과하는 파의 굴절하는 정도가 서로 달라서 한 점에서 만나지 못한다. 렌즈에 의하여 형성되는 프로브의 크기는 구면수차 효과에 의하여 다음의 d_s만큼 증가하게 된다.

$$d_s = \frac{1}{2} C_s \alpha^3 \tag{2.7}$$

여기에서 C_s는 구면수차계수이고 α는 수렴각 또는 분산각이다. 이 식에 의하면 구면수차 효과는 C_s 값이 클수록 증가하며 수렴각이 클수록 3차 함수로 빠르게 증가한다.

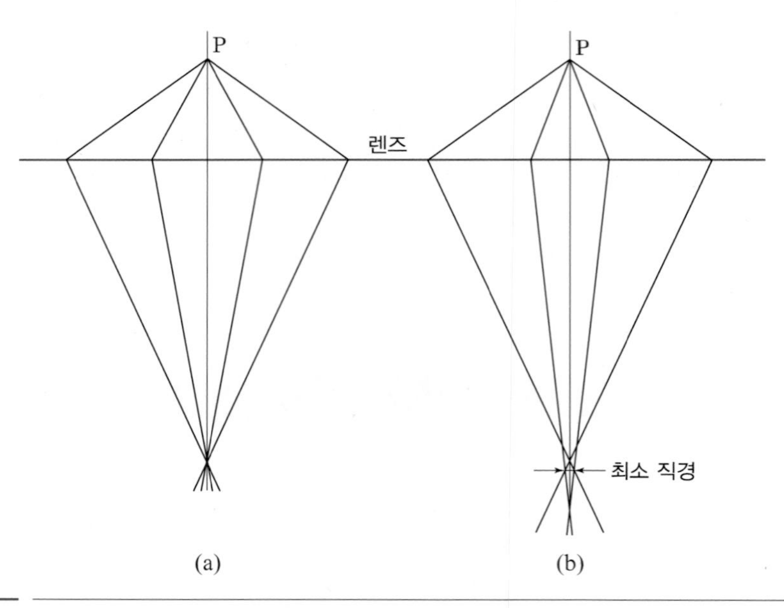

그림 2.12 구면수차가 (a) 존재하지 않는 경우와 (b) 존재하는 경우의 광 경로의 차이

2) 색수차

색수차(色收差, chromatic aberration)는 그림 2.13(a)와 같이 렌즈를 통과한 후 한 점에 모여야 할 전자빔이, 전자들의 에너지가 다를 경우 그림 2.13(b)와 같이 렌즈 내에서 굴절하는 정도가 달라서 한 점에 모이지 않고 어긋나 퍼지는 현상을 말한다. 전자총에서 만들어지는 전자는 필라멘트로부터 방출시의 속도차이, 가속전압의 불균일성, 렌즈세기의 불균일성 등의 이유로 인하여 0.3～3 eV 정도의 에너지 변동량을 갖고 있다. 에너지가 서로 다른 전자들은 렌즈 자기장 내에서 굴절하는 정도가 다르므로 한 점에서 모이지 않고 서로 다른 곳에 모이게 되어 일정 크기의 디스크를 형성한다.

색수차에 의하여 프로브의 크기는 (2.8)식의 d_c만큼 커지게 된다. 여기에서 E는 전자 에너지, ΔE는 전자 에너지 변동량을 말하며 C_c는 색수차 계수이다. 색수차는 전자에너지 변동량이 클수록, 수렴각이 클수록, 그리고 색수차 계수가 클수록 크다. 가속전압이 클 때에는 색수차 효과가 크지 않으나 가속전압이 작을 때에는 색수차 효과가 커지며 구면수차보다 중요해져서 전자현미경의 분해능을 결정하게 된다.

$$d_c = \frac{\Delta E}{E} C_c \alpha \tag{2.8}$$

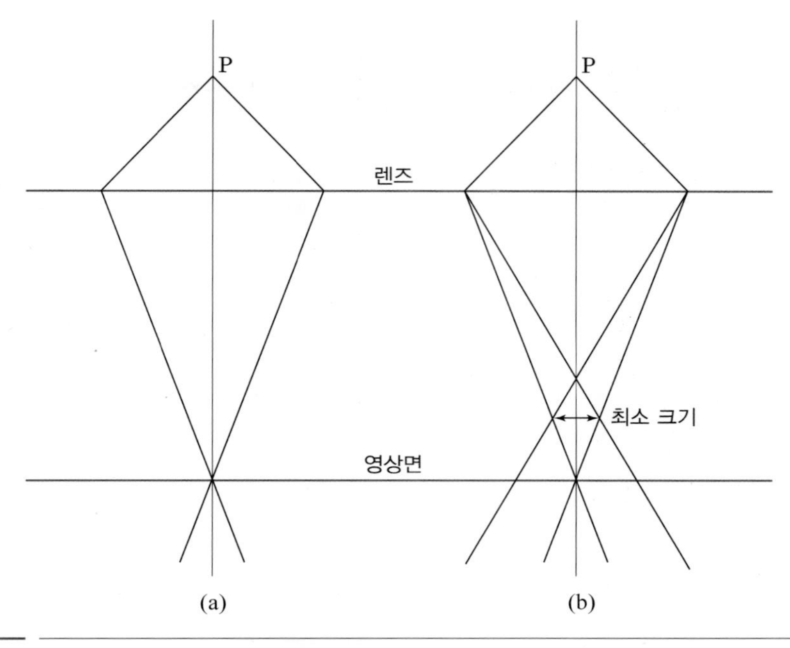

그림 2.13 색수차가 (a) 존재하지 않을 경우와 (b) 존재할 경우의 광 경로 차이

3) 비점수차

비점수차(非點收差, astigmatism)는 그림 2.14와 같이 렌즈의 세기가 광축을 중심으로 비대칭일 때 렌즈를 통과한 전자빔이 한 점에 모이지 않고 길쭉한 모양을 하는 것을 말한다. 렌즈의 비대칭성은 렌즈 제작이 완벽하지 못할 때 발생하며 조리개, 렌즈 등에 오염물질이 퇴적할 때에도 발생한다. 렌즈를 광축 방향에서 바라볼 때 좌우 방향을 x축, 상하 방향을 y축이라 하면, x와 y 방향으로의 렌즈의 세기가 서로 달라서 초점이 서로 다르고, 그에 따라 전자빔이 한 점에서 만나지 못하고 어긋나게 된다. 그러면 프로브의 크기가 커질 뿐만 아니라 위치에 따라서 프로브의 모양이 대칭적이지 않고 x 방향으로 길거나 y 방향으로 긴 타원 모양이 만들어진다.

렌즈의 세기를 세게 했다가 약하게 했다가 하면 영상면에서의 타원형 프로브가 x축 방향으로 길어졌다가 y축 방향으로 길어졌다가 변화한다(그림 2.15). 렌즈의 구면수차나 색수차의 경우에는 프로브의 크기가 커지더라도 모양은 원형을 유지하지만 비점수차의 경우에는 프로브의 모양이 커질 뿐만 아니라 타원형으로 찌그러진다는 점이 다르다.

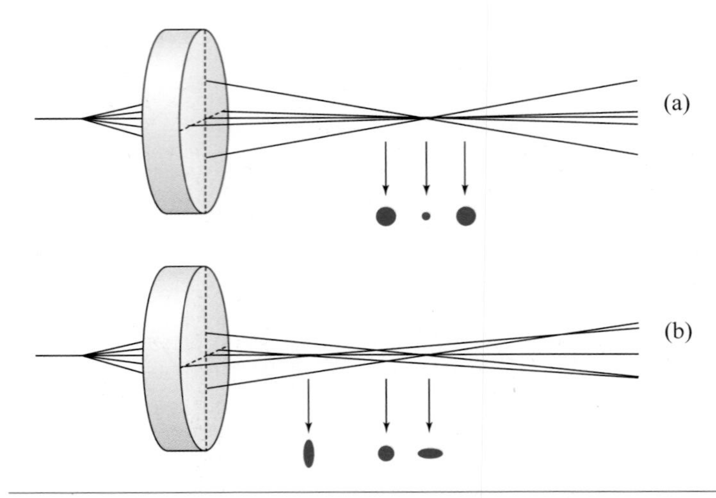

그림 2.14　렌즈에 비점수차가 (a) 없는 경우와 (b) 있는 경우의 광경로와 프로브 모양의 변화

그림 2.15　비점수차가 존재할 때 렌즈의 세기 변화에 의하여 만들어지는 프로브의 모습 (a) 아초점, (b) 정초점, (c) 과초점, 그리고 (d) 비점수차를 수정하였을 때 만들어지는 프로브의 모습

프로브의 모양이 찌그러지면 그에 따라 형성되는 영상도 찌그러진다. 만일 프로브가 x축 방향으로 길쭉하면 영상도 x축 방향으로 길쭉한 모양을 하게 된다. 영상작업에서 비점수차가 존재하는지의 여부는 초점 맞추기 놉으로 정초점을 중심으로 하여 과초점까지 올렸다가 아초점까지 내렸다가 할 때 영상이 한 방향으로 늘어났다가 다음 수직 방향으로 늘어났다가 하는지의 여부로 확인한다. 비점수차가 존재할 때는 영상이 찌그러질 뿐만 아니라[그림 2.16(a), 2.16(c)], 초점을 정확히 맞추어도 프로브 크기가 커져 있기 때문에 그림 2.16(b)와 같이 초점이 정확히 맞지 않게 된다. 비점수차를 적절히 수정하면 그림 2.16(d), 2.16(f)에서 보는 바와 같이 영상이 찌그러지지도 않고 초점이 맞았을 때에는 프로브 크기가 작아져서 그림 2.16(e)와 같이 초점이 잘 맞는 분명한 영상을 얻을 수 있다.

비점수차의 수정은 그림 2.17과 같이 렌즈 내에 부착된 옥터폴(octupole)이라고 부르는 8개로 분할된 전자석으로 구성된 스티그메이터(stigmator)로 해결한다. 각각의 전자석에 선별적으로 자기장을 부가하여 렌즈의 원래 자장 크기의 비대칭성을 교정한다.

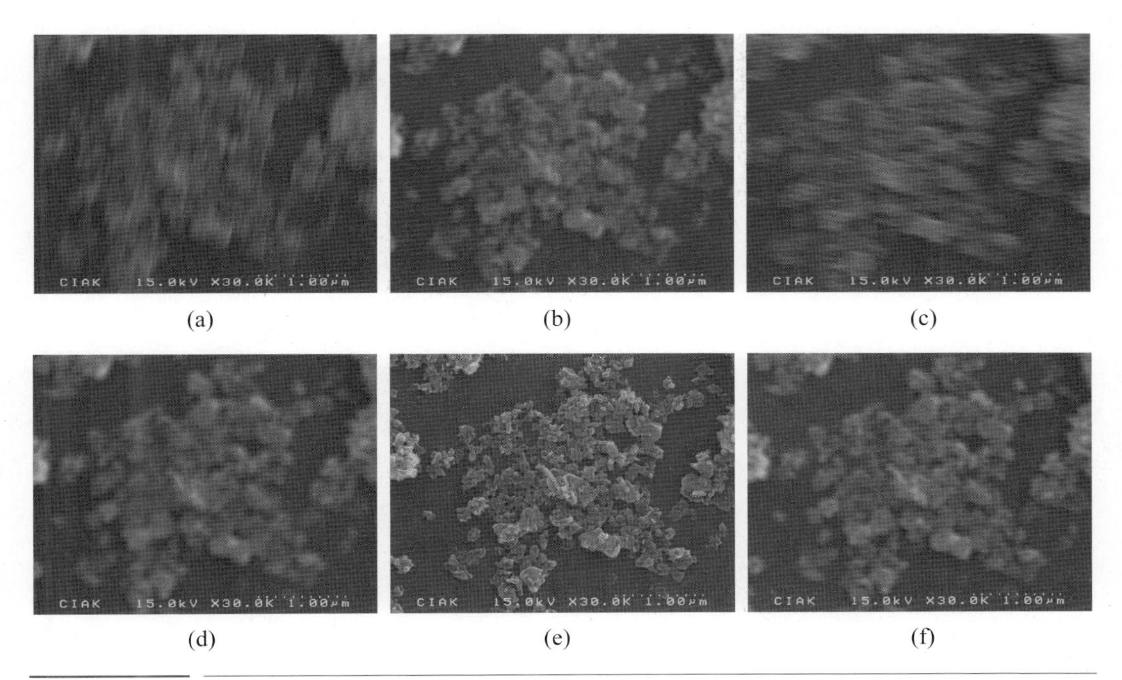

그림 2.16　비점수차가 존재할 때의 (a) 아초점, (b) 정초점, (c) 과초점에서의 영상과 비점수차가 수정된 후의 (d) 아초점, (e) 정초점, (f) 과초점에서의 영상(사진제공 고철호)

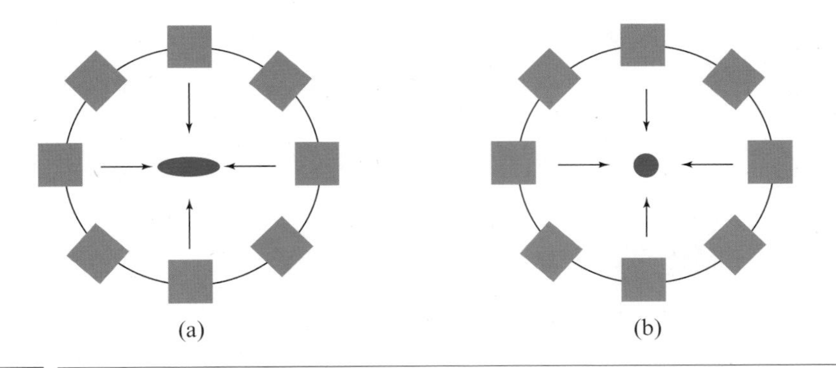

그림 2.17　비점수차를 수정할 수 있도록 고안된 옥터폴 스티그메이터. 8개의 전자석으로 구성되어 있다. (a) 수정 전, (b) 수정 후

4) 프로브 크기와 전류

프로브 크기는 렌즈의 반확대에 의하여 만들어지는 원천적 크기에 회절에 의한 효과와 렌즈의 수차에 의한 효과가 합산되어 결정된다. 반확대에 의하여 만들어지는 프로브 지름을 d_g, 색수차에 의한 프로브 지름을 d_c, 구면수차에 의한 프로브 지름을 d_s, 회절에 의한 프로브 지름

을 d_d 라고 한다면 최종으로 만들어지는 프로브 지름 d_p 는 이들을 식 (2.9)와 같이 합산하여 만들어진다.

$$d_p = (d_g^2 + d_c^2 + d_s^2 + d_d^2)^{\frac{1}{2}}$$

$$= \left[\frac{4i_p}{\beta\pi^2\alpha^2} + \left(\frac{1}{2} C_s\right)^2 \alpha^6 + \frac{(0.61\lambda)^2}{\alpha^2} + \left(\frac{\Delta E}{E} C_c\right)^2 \alpha^2 \right]^{\frac{1}{2}} \tag{2.9}$$

수렴각 α 의 함수인 프로브 지름 d_p 는 그림 2.18과 같이 수렴각이 작을 때에는 회절 효과 (d_d)에 의존하다가 수렴각이 클 때는 구면수차 효과(d_s)에 의존하며 중간 어딘가에 최솟값을 가진다. 이 최솟값은 식을 α 에 대하여 미분함으로써 구할 수 있다. 수렴각이 식 (2.10)과 같은 값을 가질 때 프로브 지름은 식 (2.11)과 같이 최솟값을 가지며 이때의 수렴각이 프로브를 최소로 할 수 있는 최적값이다. 이때의 프로브 전류는 식 (2.12)와 같다.

$$\alpha = \left(\frac{d_p}{C_s}\right)^{1/3} \tag{2.10}$$

$$d_p = K C_s^{1/4} \lambda^{3/4} \left(\frac{i_p}{\beta\lambda^2} + 1\right)^{3/8} \tag{2.11}$$

$$i_p = \frac{3\pi^2}{16} \beta \frac{d_p^{8/3}}{C_s^{2/3}} \tag{2.12}$$

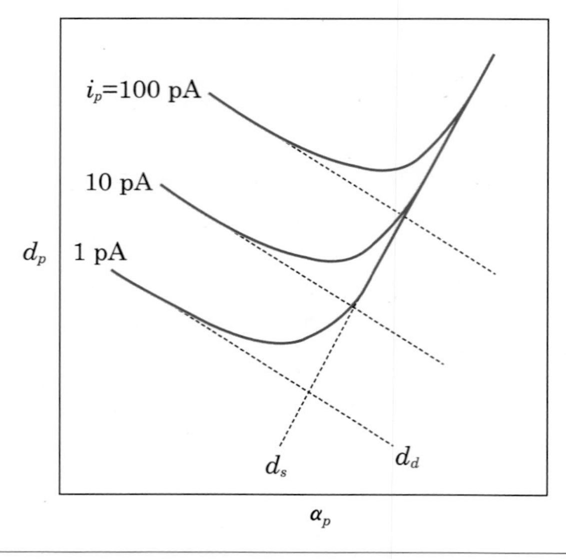

그림 2.18 수렴각(α_p)에 따라 변하는 프로브 지름(d_p) 그래프. 구면수차효과(d_s)와 회절효과(d_d) 의존성에 주목

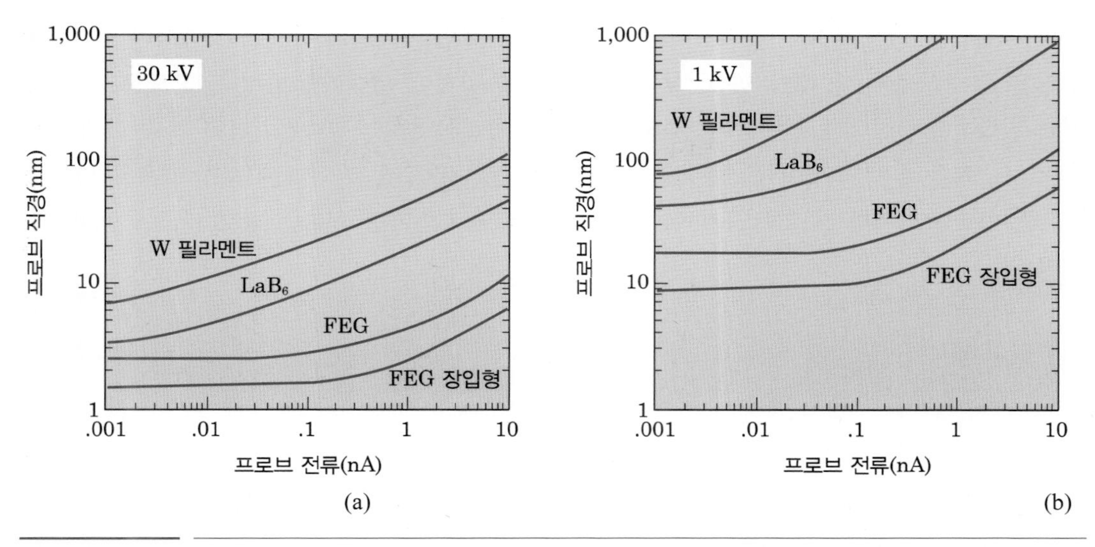

그림 2.19 가속전압이 (a) 30 kV와 (b) 1 kV일 때 텅스텐(W) 필라멘트, 육붕화란타늄(LaB_6) 전자총, 전계방사형(FEG) 전자총에 대한 프로브 직경과 프로브 전류와의 관계 그래프(참고문헌: 골드스틴)

프로브 지름은 프로브 전류의 단조증가 함수로 표현된다. 이는 집속렌즈의 세기가 세면 프로브 크기가 작아지며 프로브 전류 또한 감소하기 때문이다. 프로브 크기와 전류를 그래프로 나타내면 그림 2.19와 같다. 프로브 전류량은 전자현미경의 휘도와 관계가 되기 때문에 전자총의 종류에 따라서 그래프의 위치가 달라진다. 텅스텐 필라멘트보다는 육붕화란타늄 전자총이, 또한 육붕화란타늄보다는 전계방사형 전자총이 더 휘도가 높기 때문에 그래프가 더 아래쪽 또는 오른쪽에 위치하고 따라서 같은 프로브 지름에 대하여 더 높은 전류량이 확보된다.

프로브 지름과 전류량과의 관계는 또한 가속전압에 따라 달라지는데 그림 2.19(b)와 같이 저전압에서는 그래프의 위치가 위쪽 또는 왼쪽으로 이동하고 따라서 같은 프로브 지름에 대하여 낮은 전류량이 얻어지며 또한 같은 전류량의 확보를 위하여 더 큰 지름의 프로브를 사용하여야 한다. 이러한 그래프는 원하는 프로브 전류량을 얻기 위하여 필요한 최소 프로브 지름의 예측에 유용하며 또한 원하는 프로브 지름으로 얻을 수 있는 프로브 전류량을 예측하는 데 유용하다.

5) 전자현미경의 세 가지 모드

이미 언급한 바와 같이 프로브의 크기와 전류량은 연동되어 있어서 분해능 향상을 위하여 프로브 크기를 줄이면 전류량이 낮아져서 화질이 나빠지고 화질을 높이려고 전류량을 높이면 프로브 크기가 커져서 분해능이 낮아진다. 전자현미경의 능력 범위 내에서 적절한 분해능과

적절한 화질을 얻으면 되지만 목표하는 관찰과 분석 작업에 따라 분해능을 극대화하거나 또는 화질을 극대화해야 할 때가 있다. 분해능과 화질을 동시에 극대화할 수는 없으므로 이 경우 분해능이냐 화질이냐를 선택하여 전자현미경을 운용해야 한다. 전자현미경의 기능 한계 내에서 '어느 쪽을 우선할 것이냐' 하는 점을 전자현미경의 용도에 따라서 세 가지 경우로 나누고, 이 세 가지 모드에서 프로브 크기, 전류, 수렴각 등 전자현미경 계수를 서로 다르게 적용하여 사용한다.

(1) 고분해능 모드

나노물질 등 매우 작은 물체를 높은 배율로 관찰하려 할 때에는 분해능이 좋아야 하며 전자현미경의 영상 화질을 약간 희생하더라도 분해능을 극대화시켜야 한다. 이를 위하여 작은 프로브를 사용하고 작동거리를 최대한 짧게 하고 조리개의 크기를 적절히 작은 것을 사용하여야 한다. 작은 프로브는 집속렌즈를 세게 하여 얻을 수 있고 실제 전자현미경에서는 작은 스팟사이즈(spot size)를 선택하면 된다. 작동거리는 연마 시편의 경우 10 mm 이하로 짧게 하고 조리개는 가장 작은 것을 선택하도록 한다.

(2) 피사계 심도 모드

파괴된 기계 부품, 작은 동식물, 파단면, 입체 구조물 등 높낮이가 있는 시편을 관찰하려 할 때에는 분해능을 약간 희생하더라도 피사계 심도가 깊어야 한다. 깊은 피사계심도는 전자빔의 수렴각이 작을 때 얻을 수 있으므로 30 mm 이상의 큰 작동거리를 사용하고 작은 대물렌즈 조리개를 사용하여야 한다. 배율은 꼭 필요한 경우가 아니라면 과도하게 높이지 말고 적절하게 낮은 배율에서 관찰하는 것이 좋다.

(3) 저배율 성분분석 모드

대상물을 1,000배 이하의 저배율로 관찰하고자 하거나 영상 보다는 성분 분석이 필요할 때에는 분해능보다 화질과 신호량이 좋아야 한다. 프로브의 크기는 커도 되며 프로브 전류가 높아야 하므로 이를 위하여 집속렌즈를 약하게 하여 큰 프로브(큰 스팟사이즈)를 사용하고 대물렌즈 조리개도 큰 것을 사용하도록 한다.

Scanning
Electron
Microscope

3장

전자빔과 시편의 상호작용

1. 서론
2. 원자의 구조
3. 산란
4. 상호작용 부피
5. 산란에 의하여 생성되는 신호의 종류 및 특성

Scanning Electron Microscope

1 서론

최근의 산업 발전은 전자현미경 등 분석 장비들이 제공하는 부품 소재의 형상, 구조, 조성, 결함 등 미세분석 정보에 크게 의존하고 있다. 주사전자현미경은 1990년대에 들어 보편화되기 시작한 전계방사형 전자총에 의한 분해능의 향상과 컴퓨터 기술의 발전 덕택으로 사용자에게 다양한 정보를 쉽고 정확하게 전달할 수 있게 되었고, 따라서 그 활용도가 과거에 비하여 매우 높아 졌다. 그러나 이러한 기술 발전이 오히려 사용자의 주사전자현미경에 대한 이해를 어렵게 하여 왜곡된 정보를 제공하는 역기능을 나타내기도 한다.

따라서 이 장에서는 주사전자현미경 내에서 시편으로부터 다양한 정보를 제공해주는 여러 가지 신호의 생성 원리, 특징, 상호작용 부피 등을 설명함으로써 그에 대한 이해를 높이고 주사전자현미경으로부터의 정보를 정확히 읽어낼 수 있는 기반을 제공하고자 한다. 이를 위하여 우선 원자의 구조에 대한 설명을 하고 산란 과정을 통하여 만들어지는 신호의 종류와 특징을 설명한다.

2 원자의 구조

주사전자현미경은 전자총에서 전자파를 만들어 가속하고 가속된 전자를 시료에 조사하여 신호를 발생시키고 이를 검출하여 시료에 대한 정보를 얻는 것이다. 가속된 전자가 시료에 입사하여 원자들과 충돌할 때 전자기 작용에 의하여 이차전자, 후방산란 전자, X선 등 여러 가지 신호가 발생한다. 그러므로 전자와 원자 사이의 전자기적 힘의 상호작용에 대한 구체적 이해가 필요하며 또한 전자의 에너지 상태, 특히 가속된 전자에 의한 원자 내 전자의 여기 현상에 대한 이해가 필요하다. 시료를 구성하고 있는 전자들의 에너지 상태는 양자 역학적인 지배를 받고 있는데, 기초적 개념을 다음에 정리하였다.

1) 러더퍼드 산란

1911년 한스 가이거와 어네스트 마덴은 원자의 구조를 조사하기 위하여 러더퍼드가 제안한 가속된 입자를 금속 박편에 주사하여 입자의 산란 분포를 정밀하게 측정하였다. 그림 3.1(a)는 러더퍼드 산란 실험에 대한 간단한 모식도이다. 그는 약 2×10^{7} m/s로 가속된 알파 입자(헬륨 이온)를 시준기를 이용하여 집속하고 금 박편에 주사하여 투과 및 산란된 입자를 검출하였다. 그 결과 대부분의 알파 입자는 큰 궤적의 변화 없이 시편을 통과하였으나 극히 일부는 매우 큰 각으로 산란함을 발견하였다. 산란각에 따라서 측정된 알파 입자 수의 변화는 그림 3.1(b)와 같았다. 계속된 실험 결과, 알파 입자의 산란 분포는 원자번호와 초기 운동 에너지에 의하여 지배되고 있음이 확인되었다.

알파 입자는 전자 질량의 약 8,000배에 달하며 또한 그 속도가 매우 크므로 알파 입자의 운동 에너지는 매우 크다. 알파 입자를 큰 각으로 산란시키기 위해서는 이에 상응할 수 있는

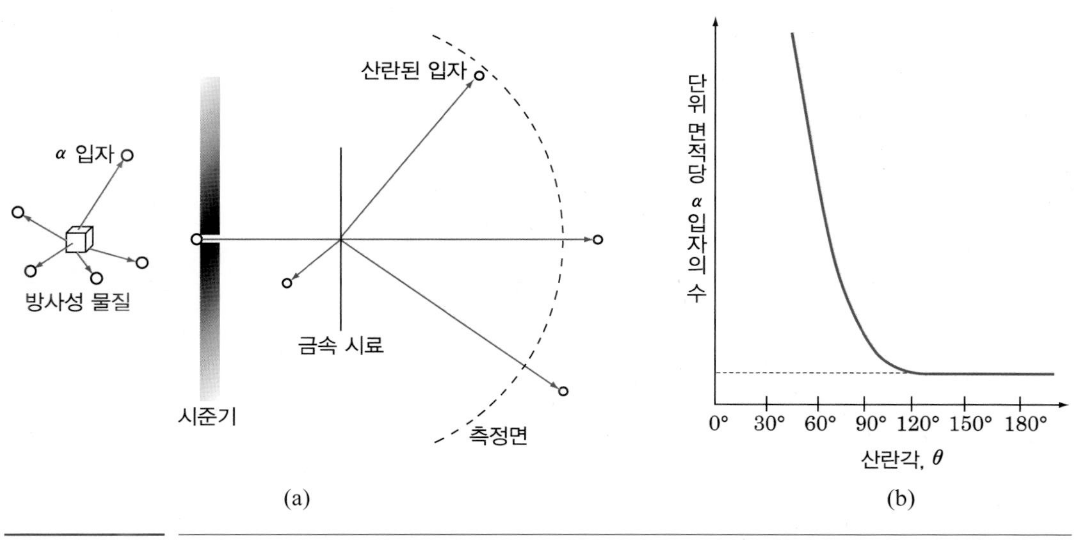

그림 3.1 (a) 러더퍼드 산란 실험, (b) 러더퍼드 산란 결과: N(θ)은 산란각 θ로 산란하였을 때 측정면에 도달하는 단위 면적당 알파 입자의 수이며, N(180°)은 후방산란을 하는 입자의 수이다. 실험 결과는 원자의 핵 모델에 기초를 둔 이 곡선을 잘 따른다.

큰 전하량과 무게를 갖는 입자가 존재해야 함을 의미한다. 또한 제한된 일부 입자만이 큰 산란각을 나타내므로, 러더퍼드는 원자의 구조가 대부분의 질량을 갖지만 매우 작은 부피를 차지하는 양전하와 대부분의 부피를 차지하는 전자로 이루어져 있다고 제안하였다. 러더퍼드는 이러한 원자의 구조를 증명하기 위하여 점전하와 질량으로 구성된 알파 입자와 핵은 쿨롱 반발이 있으며, 핵은 입자에 비하여 매우 무거워 충돌에 의한 움직임이 없다고 가정하여 알파 입자의 산란 분포를 계산하였다. 이 결과는 훗날의 정밀한 실험 결과와 일치하는 것으로 판명되어 현재 우리가 생각하는 원자의 기본 구조가 완성되었다.

그림 3.2는 러더퍼드의 가설을 바탕으로 알파 입자와 핵의 반응 시 나타나는 입자의 궤적 변화에 대한 모식도이다. 충돌 시 핵의 움직임은 없다고 가정하면 입자의 초기 운동량(P_1)과 최종 운동량(P_2)의 절댓값은 같다. 운동량의 절댓값이 변하지 않으므로 운동 에너지도 변화가 없다. 하지만 운동량의 방향은 달라지므로 운동량의 변화량(ΔP)은 $P_2 - P_1$이 되고 이를 삼각함수로 표시하면 다음과 같다. 여기서, m과 v는 각각 알파 입자의 질량과 속도이다.

$$\frac{\Delta P}{\sin\theta} = \frac{mv}{\sin\frac{\pi - \theta}{2}} \tag{3.1}$$

이 식을 다시 정리하면

$$\Delta P = 2mv\ \sin\frac{\theta}{2} \tag{3.2}$$

이러한 운동량의 변화는 충돌량의 변화$\left(\int Fdt\right)$와 같은 방향으로 정렬된다. 또한 알파 입자에 미치는 힘 $F\left(F = \frac{1}{4\pi\varepsilon_0}\frac{2Ze^2}{r^2}\right)$는 핵에 의하여 발생하는 쿨롱 힘이고, 이로 인하여 토크를 받게 됨으로써 발생하는 각운동량$\left(m\omega_r^2 = mr^2\frac{d\phi}{dt} = mvb\right)$은 일정한 값을 갖게 된다. 이를 이용하여 운동량의 변화를 표시하면 다음과 같다.

$$2mv\sin\frac{\theta}{2} = \int_{-(\pi-\theta)/2}^{(\pi-\theta)/2} F\cos\phi\frac{dt}{d}\phi\, d\phi \tag{3.3}$$

$$= \int_{-(\pi-\theta)/2}^{(\pi-\theta)/2} \frac{1}{4\pi\epsilon_0}\frac{2Ze^2}{r^2}\frac{r^2}{mv}cos\phi d\phi$$

위 식을 정리하면 다음과 같은 산란각에 대한 관계식을 유도할 수 있다.

$$\cot\frac{\theta}{2} = \frac{2\pi\varepsilon_0}{Ze^2}mv^2b = \frac{4\pi\varepsilon_2}{Ze^2}bKE \tag{3.4}$$

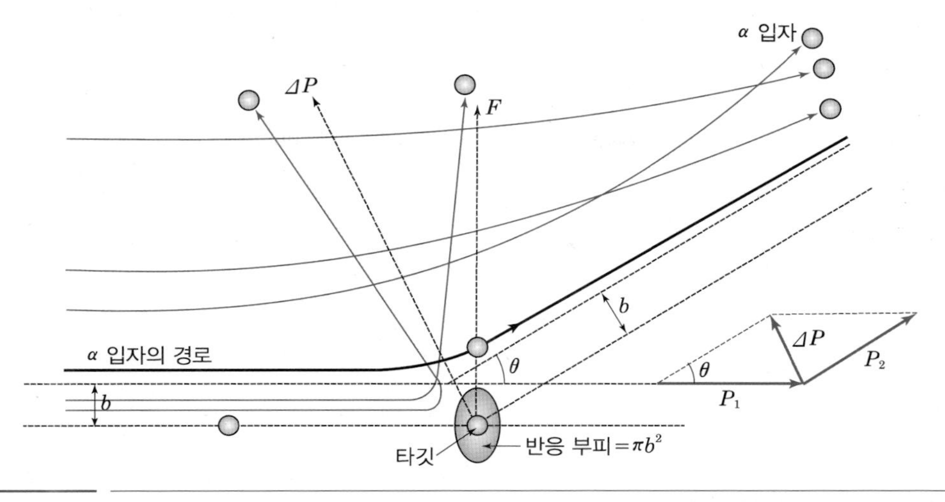

그림 3.2 러더퍼드 산란에서의 기하학적 관계. 산란각은 충돌 매개 변수가 증가함에 따라 감소한다.

여기서 KE는 알파 입자의 운동 에너지이다. 이 관계식으로부터 산란각은 입자의 운동 에너지와 타깃의 원자번호 등에 의하여 지배되고 있으나 정량화를 위해서는 b(입자와 핵 간의 거리)를 포함한 입사 변수에 대한 정량화 작업이 필요하다.

식 (3.4)와 같이 가속된 입자는 핵과의 거리에 의하여 산란각이 결정된다. 그림 3.2는 산란각과 입자의 핵의 접근 거리에 대한 관계를 모식적으로 나타낸 것으로, 핵과 입자의 거리가 b 이하로 접근할 경우 입자는 커다란 쿨롱 힘에 의하여 산란각이 θ 이상으로 커지는 것을 나타낸다. 즉 접근하는 알파 입자가 하나의 원자와 반응 시 산란각을 θ 이상으로 갖기 위해서는 단면적 πb^2인 핵 주변으로 접근해야만 한다. 이는 특정 원자와 반응에 의하여 산란각의 크기가 단면적과 비례하는 확률함수로서 접근할 수 있음을 나타낸다. 단면적(πb^2)을 산란 단면 σ로 표시하며[Consine, 1976], 입자의 산란 시 특정 산란각 이상을 갖는 입자 수와 연관이 있는 변수로서 다음과 같이 정의된다.

$$\sigma = \frac{N}{n_i n_t} \tag{3.5}$$

여기서 N은 단위 체적당 특정 산란이 일어나는 횟수, n_i는 단위 면적당 입사되는 입자의 수, 그리고 n_t는 단위 체적당 산란을 일으키는 시료의 원자 수를 나타낸다.

알파 입자가 단위 체적당 n개의 원자를 갖는 두께 t의 시료에 조사 면적 A를 갖고 수직으로 입사될 경우의 산란 확률을 고려해보자. 만약 시료의 두께가 충분히 얇아 산란이 1회만 일어난다면 입사되는 입자가 시료에서 만날 수 있는 원자의 개수는 ntA로 표시될 수 있다. 입자가 특정 시료의 원자와 산란각(θ) 이상의 각도로 산란할 때 산란 단면을 고려하여 입자의 전체적

산란 확률을 표현하면 다음과 같다.

$$f = \frac{ntA\sigma}{A} = nt\pi b^2 \tag{3.6}$$

b와 산란각, 입자의 운동 에너지, 그리고 원자번호와의 관계를 나타낸 식 (3.4)를 이용하여 식 (3.6)에 치환하면 다음과 같다.

$$f = \pi nt\left(\frac{Ze^2}{4\pi\varepsilon_0 KE}\right)^2 \cot^2\frac{\theta}{2} \tag{3.7}$$

식 (3.7)로 표시되는 입자의 산란은 산란 단면에 대하여 대칭적으로 일어나므로 실질적인 산란 실험 시 산란 분포는 그림 3.3과 같을 것이다. 이때 특정 각(θ)에서의 산란 확률의 변화는 다음과 같이 표시할 수 있다.

$$df = -\pi nt\left(\frac{Ze^2}{4\pi\varepsilon_0 KE}\right)^2 \cot\frac{\theta}{2} csc^2\frac{\theta}{2} d\theta \tag{3.8}$$

따라서 단위 면적당 n_i의 알파 입자가 주사될 경우 관찰되는 입자의 수[$n(\theta)$]는 다음 식 (3.9)로 표시되며, 이를 러더퍼드의 산란방정식이라고 한다.

$$n(\theta) = \frac{n_i|df|}{dA} = \frac{n_i \mathrm{nt} \mathrm{Z}^2 \mathrm{e}^4}{(8\pi\varepsilon_0)^2 r^2 KE^2 \sin^4(\theta/2)} \tag{3.9}$$

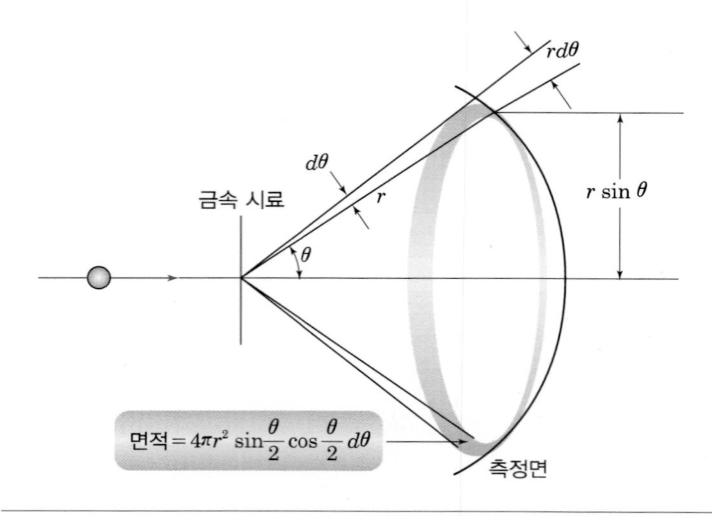

그림 3.3 러더퍼드 실험에서는 θ와 $\theta + d\theta$ 사이로 산란된 입자를 검출한다.

러더퍼드의 산란방정식은 고전 역학 개념으로 입자의 산란을 표시한 식으로 입자와 시료 사이에 에너지의 주고받음이 없는, 즉 탄성산란이라는 가정하에서 특정 산란각을 갖는 입자의 수를 정량화한 것이다. 이 식은 실험식과 매우 잘 일치하며 앞으로 전개될 전자와 시료의 상호 반응 관계를 규정하는 매우 중요한 식이다. 이 식에서 보는 바와 같이 산란 확률은 원자번호 및 밀도가 클수록, 입자의 운동 에너지가 작을수록 커짐을 알 수 있으며 시료의 특성을 파악할 수 있는 유익한 식으로 이 장에서 폭넓게 이용될 것이다.

2) 원자의 구조

원자의 구조는 러더퍼드의 산란에서 관찰하였듯이 (+) 전하를 띠며 작은 공간을 차지하고 있는 핵이라고 불리는 입자와, (−) 전하를 띠며 원자 내 대부분의 공간에 존재하는 전자로 구성되어 있으므로, 고전 역학 관점에서 두 개의 다른 전하를 갖는 입자가 서로 흡착되지 않고 존재할 수 있는 방법으로 전자가 핵 주위를 선회하는 행성적 운동 모델이 러더퍼드에 의하여 제안되었다.

그러나 전자의 궤도 운동은 전류를 발생하게 되며, 이러한 전류는 전자기파를 발생하게 되므로 점차 운동 에너지를 손실하여 전자와 핵이 결합할 수밖에 없는 구조적 모순을 가지고 있다. 또한, 분광학적 연구의 결과 시료로부터의 광학적 흡수 및 발산 스펙트럼은 구성된 원소에 따라 특정한 값을 나타내는 띄엄띄엄한(양자화된) 구조를 가지고 있음을 발견하였다. 대표적인 수소, 헬륨 및 수은의 발산 스펙트럼을 그림 3.4에 제시하였다[Beiser, 2003].

러더퍼드 모델의 단점과 상기 스펙트럼의 결과를 설명할 수 있는 새로운 원자 구조가 1913년 보어에 의하여 제시되었다. 그 후 고전 역학 개념으로 설명할 수 없는 다양한 물리 현상들이 발견되어, 광자 또는 물질의 특성을 단순히 파동 또는 입자론적 입장에 의해서만 설명하기

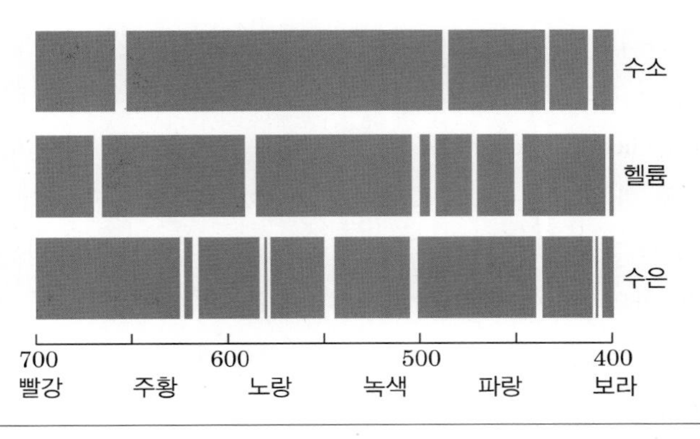

그림 3.4 수소, 헬륨, 수은의 발산 스펙트럼(단위: nm)

는 불가능하고 두 가지 특성을 모두 가지고 있다는 이론적 논거들이 계속 제시되었다.

특히 1924년 드브로이가 움직이는 입자는 파동적 특성을 가지고 있으며, 그 파장(λ)은 다음과 같이 표시된다고 주장하였다.

$$\lambda = \frac{h}{p} = \frac{h\sqrt{1-(v/c)^2}}{m_0 v} \tag{3.10}$$

$$\cong \frac{h}{m_0 v} \ (\text{단}, \ v \ll c)$$

여기에서 h는 플랑크 상수, p는 운동량, m_0는 정지 질량, v는 입자의 속도, 그리고 c는 광속이다. 이러한 물질파의 개념은 전자현미경에서 일상적으로 사용된다. 물질파의 개념에서 보어 모델은 전자가 핵 주변을 회전할 때 회전 궤도가 파장의 정수 배이고, 전자는 정지파를 이룸으로써 에너지 손실 문제를 피할 수 있게 된다. 보어 모델에서 수소 원자 내 전자의 운동은 다음과 같이 기술된다.

$$n\lambda = 2\pi r_n, \ n = 1, 2, 3, \cdots .$$

$$\frac{nh}{e}\sqrt{\frac{4\pi\varepsilon_0 r_n}{m_0}} = 2\pi r_n, \ \left(\theta \frac{m_0 \nu^2}{r_n} = \frac{1}{4\pi\epsilon_0}\frac{e^2}{r_n^2}\right)$$

$$r_n = \frac{n^2 h^2 \epsilon_0}{\pi n_0 e^2}, \ E_n = -\frac{e^4 m_0}{8\varepsilon_0^2 h^2}\frac{1}{n^2} \tag{3.11}$$

$$\left(\because \ E = KE + PE = \frac{m_0 v^2}{2} - \frac{e^2}{4\pi\varepsilon_0}\right)$$

이 식은 전자들이 각각 다른 에너지 및 반지름을 갖는 양자화된 상태에 있음을 표시하며, 이는 수소 원자의 흡수 스펙트럼 관찰 결과와도 일치한다. 그러나 발산 스펙트럼에서는 위의 에너지 외에도 흡수 스펙트럼의 분리가 발생하는 현상이 관찰된다. 이에 대한 정확한 해석은 슈뢰딩거 방정식과 여러 개의 전자가 모이는 다중의 전자계에서의 파울리 금칙, 훈트 규칙 등을 이용하면 가능하다[Gasiorowicz, 1996]. 이에 의하면 원자에서 전자의 분포는 단순히 지름 방향의 성분 외에도 두 개의 각운동량과 스핀 운동량이 추가로 존재한다. 또한 전자는 각각의 양자화된 상태에서 오직 한 개의 전자만 존재할 수 있다. 이들의 양자화된 상태는 일반적으로 주양자 수(n, 지름 방향의 운동 에너지), 부양자 수(l, 각운동량), 자기 양자 수(m_l, z 방향의 각운동량)와 스핀 양자 수(s, z 방향의 스핀 각운동량)로 나타낸다. 각각의 양자 수는 제한된 관계를 가지고 있으며, 이를 표 3.1에 나타내었다.

표 3.1 원자에서의 양자수의 관계

종류	표시	가능한 양자 수	비고
주양자 수	n	$1, 2, 3, \cdots$	전자의 에너지 $E_n = -\frac{e^4 m_0}{8\varepsilon_0^2 h^2}\frac{1}{n^2}$
부양자 수	l	$0(s), 1(p), 2(d), 3(f), \cdots, n-1$	각운동량 $L = \sqrt{l(l+1)}\, h/2\pi$
자기 양자 수	m_l	$-1, \cdots, 0, \cdots, 1$	각운동량의 방향 $L_z = m_l\, h/2\pi$
스핀 양자 수	s	$\pm\frac{1}{2}$	스핀 운동량의 방향 $S_z = \pm\frac{1}{2}\frac{h}{2\pi}$

원자에 속한 전자는 표 3.1에 나타난 각각의 양자 상태 중 가장 에너지가 낮은 하나의 상태만을 점할 수 있고 파울리 금칙과 훈트 규칙에 따라 배열하게 된다. 예를 들어, 산소의 경우 $1s$ 및 $2s$ 궤도에 각각 두 개씩의 전자가 지름 방향의 에너지와 각운동량을 최소화하기 위해 배열되고, $2p$ 궤도에 훈트 규칙을 따라 상호간 쿨롱의 척력을 최소화하기 위하여 +1/2의 스핀이 서로 다른 자기 양자 수를 갖는 위치를 점하여 파동 함수가 반 대칭이 되도록 정렬한다. 마지막 한 개의 전자는 각운동량이 최대인 위치(공공에 의한 척력의 최소화)에 존재하게 된다. 만약 에너지의 흡수에 의하여 전자가 들뜨게(여기)되면 정해진 높은 에너지를 갖는 상태로 이동되며, 이후 에너지를 낮추기 위하여 전자기파를 발생하고 다시 안정한 상태로 돌아가는 과정에서 다양한 스펙트럼의 형성이 가능한 것이다.

이와 같이 전자가 여기되었다가 돌아가는 과정에서 전자기파를 발생하는 것을 내비침 현상이라고 한다. 전자기파의 내비침 현상은 시간에 의존하는 함수로서 이에 대한 해는 시간 의존 건드림 이론에 의하여 계산될 수 있으나, 1차원 공간의 전자의 위치에 대한 기댓값으로도 그 의미를 전달할 수 있다. 즉 전자가 두 개의 양자 상태 i와 f에서 천이한다면 전자의 확률 함수는 각각 상태의 시간의존 확률 함수의 선형 연결로서 표현되며, 다음 식 (3.12)와 같은 관계를 유지할 것이다.

$$\begin{aligned} < x > &= \int (a^* \Psi_i^* + b^* \Psi_f^*) x (a\Psi_i + b\Psi_f) dx \\ &= a^2 \int x \Psi_i^* \Psi_i dx + b^2 \int x \Psi_f^* \Psi_f \, dx \\ &\quad + b^* a \int x \Psi_f^* \Psi_i \exp(2\pi i (E_f - E_i/h) t) dx \\ &\quad + a^* b \int x \Psi_i^* \Psi_f \exp(-2\pi i (E_f - E_i/h) t) dx \end{aligned} \tag{3.12}$$

전자가 두 개의 에너지 준위에 공존한다면 위 식의 실수부는 $\cos(2t)$를 갖게 되어 결국 에너지 보존을 위한 다음과 같은 관계를 유지한다.

$$h\nu = E_i - E_f \tag{3.13}$$

여기서 E_i는 여기된 에너지, E_f는 천이 후 에너지, ν는 전자기파의 진동수이다. 즉, 전자가 천이에 의한 내비침 현상을 나타낸다면 그 원자 고유의 특정 에너지 준위를 갖게 될 것이며, 또한 식 (3.12)와 같이 만약 $\int x\Psi_i^*\Psi_f\,dx$항이 0이라면 그와 같은 내비침 현상은 존재하지 않는다. 이와 같이 제한된 내비침 현상을 선택 규칙이라 한다. 위와 같은 내비침 현상은 천이 과정 중 반드시 $l=1$, $m_l=0$, 1을 만족해야만 한다(주의: 단전자가 아닌 경우는 각운동량과 스핀 운동량과의 상호 반응이 있어 각운동량 및 스핀 운동량에 의한 선택 규칙이 있다). 그림 3.5는 내비침 현상이 관찰되는 수소 원자에서 에너지 준위를 도식화한 것으로, 재료의 화학적 성분 분석에 매우 중요한 정보를 포함한다.

전자현미경에서 우리가 다루는 일반적 시료는 장범위 또는 단범위의 규칙성을 가지고 있는 고체이다. 이러한 고체는 원자로 이루어져 있고 원자의 결합은 원자 외곽에 존재하는 전자들의 상호 반응에 의하여 그 형태가 좌우되며 공유 결합, 이온 결합, 금속 결합, 반데르발스 결합 등으로 구분한다[Kittel, 1996]. 이렇게 원자가 결합할 때에는 필수적으로 전자가 겹치게 되는데, 파울리 금칙에 의하여 같은 에너지 준위를 갖는 전자가 동시에 존재할 수 없어서 에너지 밴드 형태를 가지게 된다. 에너지 밴드의 형상에 따라 각기 다른 특징이 나타나게 되는데, 특

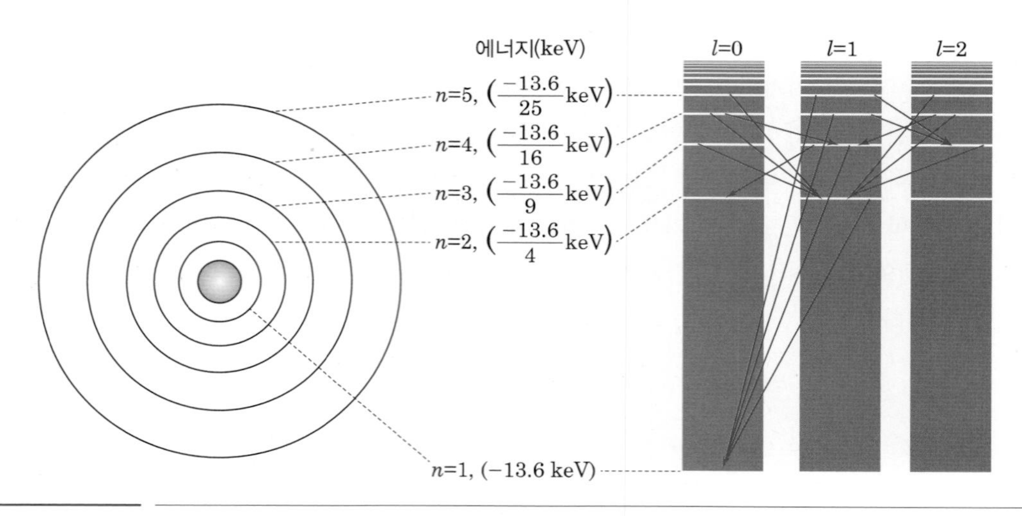

그림 3.5 선택 규칙 $\Delta l=\pm1$에 의해 허용되는 전이를 보여주는 수소 원자의 에너지 준위. 그림에서 수직축은 바닥상태 위의 여기 에너지를 나타낸다.

히 가전자대와 전도대로 구분되는 에너지 밴드의 상호 산란 반응에 따라 외곽 전자의 반응 형태가 결정된다. 외곽 전자의 반응은 다음 절에서 기술할 '이차전자의 종류'에서 상세히 다루기로 한다.

3 산란

가속된 전자가 시편에 입사하면 시편 내부에 존재하는 원자의 핵, 그 주변에 놓인 결합된 전자, 그리고 외곽에 있는 느슨한 결합을 한 전자들과의 상호 반응으로 인하여 입사 전자의 에너지와 방향이 바뀌게 된다. 이러한 가속 전자와 시료의 반응을 산란이라고 정의한다. 산란 과정에서 가속 전자가 가지고 있던 에너지가 시료에 전달되면서 핵에 묶여 있던 전자가 축출되거나 여기 현상에 의하여 전자기파가 방출하거나 한다. 이러한 일련의 산란 과정은 일반적으로 식 (3.5)에서 표현한 산란 단면의 개념으로 정량화한다. 즉 특정 산란 반응을 일으키는 원자의 유효 크기를 정량화하는 것이다. 또 다른 방법은 평균 자유 경로 개념을 이용하는 것이다. 평균 자유 경로는 가속된 전자가 산란을 일으키지 않고 자유로이 진행할 수 있는 이동 거리의 평균값으로 정의된다. 평균 자유 경로 λ를 수식적으로 기술하면 다음과 같다.

$$1/\lambda(\text{회/cm}) = \sigma(\text{회cm}^2/\text{원자}) \times N_0(\text{원자/mole}) \times 1/\mathrm{A}(\text{mole/g}) \times \rho(\text{g/cm}^3)$$

또는 $$\lambda = A/\sigma N_0 \rho \tag{3.14}$$

여기에서, N_0는 아보가드로수, A는 원자량, ρ는 밀도이다. 복수 개의 산란이 발생할 경우, 만일 각 산란이 서로 관계하지 않고 독립적으로 일어난다면 평균 자유 경로는 병렬적 관계로 표시할 수 있으므로, 총합의 평균 자유 경로의 역수는 각각의 산란의 평균 자유 경로의 역수의 합과 같게 된다. 그러므로, 각 산란에 관한 정보를 가지고 있으면 시편 전체에 걸쳐 일어나는 산란 과정의 정량화가 가능하다.

산란은 입사 전자가 충돌 시 에너지를 전달하는 여부에 따라 탄성산란과 비탄성산란으로 구분하며, 이 분류 방법은 산란 현상의 전반적 상황을 이해하는 데 편리하므로 이 장에서도 이를 따라 탄성산란과 비탄성산란에 대하여 각각 설명한다.

1) 탄성산란

탄성산란은 입사 전자가 원자핵이나 원자 내 전자의 쿨롱 힘에 의하여 에너지 손실 없이 운동 방향을 바꾸는 반응이다. 일반적으로 에너지 손실이 1 eV 보다 작은 경우에 탄성산란이라고 하는데, 1 eV는 가속 전자의 에너지에 비하여 무시할 수 있을 정도로 작은 양이다. 탄성산란에는 저각 산란과 고각 산란이 있다. 저각 산란의 경우, 브래그 회절 조건이 만족되면 상호 보강 간섭이 발생하여 회절이 일어난다. 저각 산란의 회절 현상을 이용하면 결정 구조를 분석할 수 있다. 이 현상은 투과전자현미경 교재 등에 상세히 기술되어 있으므로 여기에서는 자세한 설명은 생략한다[Reimer, 1993], [Williams, 1996].

고각 탄성산란은 0~180°까지의 산란각에서 일어날 수 있지만 전형적인 산란각은 10 keV의 에너지에서 대략 5° 정도이다. 식 (3.7)에서 표시한 바와 같이 러더퍼드의 모델에 의한 탄성산란의 산란 단면은 원자 질량 및 $\cot\left(\frac{\theta}{2}\right)$의 제곱에 비례하며, 가속 전자 운동 에너지의 제곱에 반비례한다. 그러나 러더퍼드의 모델은 탄성산란이 단순히 핵과 가속 입자의 고전 역학 관계만으로 정리한 것이며, 보다 정확한 모델은 웬첼(Wentzel), 모트(Mott), 매시(Massey) 등에 의하여 제시되었다. 이들은 상대론적 개념 및 내각 전자에 의한 쿨롱 차단 효과 등을 고려하여 식 (3.7)을 보정하여 식 (3.15)를 제시하였다. 보정된 산란 단면의 관계식은 러더퍼드의 모델에 의하여 제시된 변수의 의존성은 같았으며, 그림 3.6은 원자 질량 및 가속 전압의 변화에 대한 산란 단면에 대한 변화를 도식화한 것이다[Newbury, 1986].

$$\sigma(>\theta) = 1.62 \times 10^{-20}\frac{Z^2}{KE^2}cot^2\left(\frac{\theta}{2}\right) \tag{3.15}$$

가속 전자가 평균 자유 경로보다 두꺼운 시료에 입사될 경우 여러 번의 탄성산란이 일어나고 그 진행 방향이 입사 방향에서 벗어나게 되면 복잡한 형태의 궤적을 갖게 될 것이다. 산란

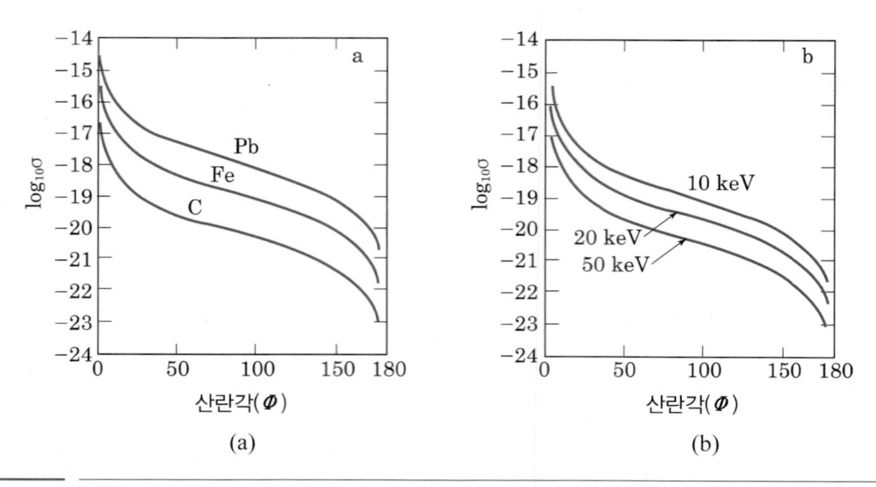

그림 3.6 (a) 가속 전자 에너지가 10 keV일 때, (b) 시료가 철(Fe)일 때의 산란 단면적

각의 증가량은 미약한 쿨롱 차단 효과를 무시한 식 (3.9)에 의하여 정량적으로 결정할 수 있다. 시료의 두께(t)가 증가할 때 산란각은 $\sqrt{t}$ 로 증가할 것을 예측할 수 있다. 또한 같은 두께의 시료에서 원자 질량이 클수록 산란각도 크다. 탄성산란이 일어나면 입사 전자의 궤적이 바뀌므로 전자와 시편과의 상호작용 범위의 크기에 큰 영향을 미친다. 따라서 주사전자현미경에서 사용되는 신호의 발생 위치를 평가하기 위해서는 탄성산란에 대하여 이해해야 한다.

2) 비탄성산란

탄성산란과는 달리 비탄성산란이 일어날 때에는 입사 전자의 운동 에너지 및 운동량이 보존되지 않고 시편에 전달되어 감소한다. 비탄성산란 도중에는 입사 전자와 시편 내 전자가 단독 또는 집단적으로 반응하여 전자현미경의 분석에 유용한 정보를 갖는 에너지의 집합체, 즉 신호를 발산한다. 대표적인 형태로는 이차전자, 오제전자, 특성 X선, 음극 냉광, 전자-공공쌍 등의 신호가 있으며 플라스몬 손실, 연속 X선, 포논 산란 등 일반적으로 노이즈로 인식되는 신호도 있다. 이들을 시료에 대한 정보로 활용하기 위해서는 신호의 발생 기구와 특성을 잘 이해해야 한다.

발생 기구별로 나누어 비탄성산란을 분류하면 다음과 같다.

첫째, 전자 여기에 의한 반응으로 속박 전자가 원자 밖으로 방출되는 경우이다. 이는 입사된 가속 전자가 시편 내 전자와 충돌하여 에너지를 전달하여 원자의 속박을 이기고 시편 내 전자를 방출시키는 경우로 일반적으로 세 가지가 있다. ① 강하게 속박되어 있는 내각 전자가 방출되는 경우, 입사 전자가 가지고 있던 운동 에너지에 근접할 수도 있으나 일반적으로 입사 전자의 약 50% 크기의 에너지를 갖는 빠른 이차전자가 방출되는 경우, ② 오제전자가 방출되는 경우, 그리고 ③ 약하게 결합되어 있는 전도대 또는 가전자대의 전자가 축출되며 1~50 eV의 작은 에너지를 갖는 이차전자가 방출되는 경우이다. 이러한 약한 이차전자는 에너지가 낮기 때문에 표면 부위에서 발생하는 것만 검출되므로 주사전자현미경에서 시료의 표면 상태 관찰에 이용되고 있다.

둘째, 특성 X선이 방출되는 경우이다. 특성 X선은 내각 전자의 방출과 이에 따른 원자의 이온화, 그리고 이를 회복하기 위한 전자의 천이 현상으로 발생한다. 천이 현상으로 발생하는 특성 X선은 원자의 종류에 따라 특정의 에너지를 가지고 있어 주사전자현미경의 화학 조성 분석에 활용할 수 있는 중요한 신호이다.

셋째, 입사 전자와 다량의 시편 내 전자 또는 포논 등과의 반응에 의하여 연속 X선, 플라스몬 손실, 포논 손실 등이 방출하는 경우이다. 연속 X선은 입사 전자가 시편 내 전자의 쿨롱 힘과 연속적으로 반응하면서 에너지를 잃어버릴 때 발생하며 플라스몬 손실은 전도대 전자와 반응하여 발생하고 포논 손실은 핵과의 반응에 의하여 발생한다.

비탄성산란의 경우 입사 전자의 산란각은 탄성산란의 경우보다 작으나 연속 충돌에 의하여 에너지를 잃어버리므로 시료와의 상호작용 부피를 결정하는 중요한 요소이다. 입사 전자가 시료 원자와의 충돌에 의하여 에너지를 전달할 경우 입사 전자의 에너지와 시료 속 원자의 전자 결합에너지가 비슷할 경우 산란 활동이 매우 활발하다[파인만, Feynman, 1964]. 즉 공명 현상이 발생할 경우 매우 활발해지므로 입사 전자 에너지와 시료 전자 결합 에너지에 따라 민감하게 산란 단면적이 변화함을 의미한다.

그림 3.7의 시미즈 등이 제시한 알루미늄의 탄성 및 비탄성산란의 산란 단면적[Shimizu, 1976] 그래프를 보면 산란 단면적은 산란 기구에 따라 변화하며 또한 가속 전자의 에너지에 따라 변화함을 알 수 있다. 주목해야 할 점은 이차전자나 X선 발생의 산란 단면적은 입사 전자 에너지가 특정값을 넘지 못할 경우 급격히 감소한다는 것이다. 이것은 입사 전자의 에너지가 시료 내 전자를 원자로부터 분리할 수 있을 정도로 충분히 크지 못하면 신호 발생 자체가 일어날 수 없음을 의미한다.

주사전자현미경에서 이용하는 다양한 신호의 전반적인 이해를 위해서는 각각의 산란을 비교하여 나열하는 것보다는 통합적인 비탄성산란의 산란 단면 및 에너지 상실의 과정을 종합하여 표현하는 것이, 즉 이들을 통합한 연속 에너지 상실의 개념으로 종합하여 표기하는 것이 보다 효과적이며 일반적이다. 이러한 개념은 베테[Bethe, 1933]에 의하여 식 (3.16)과 같이 입사 전자의 시편 내 이동 거리당 에너지 감소량으로 제시되었다.

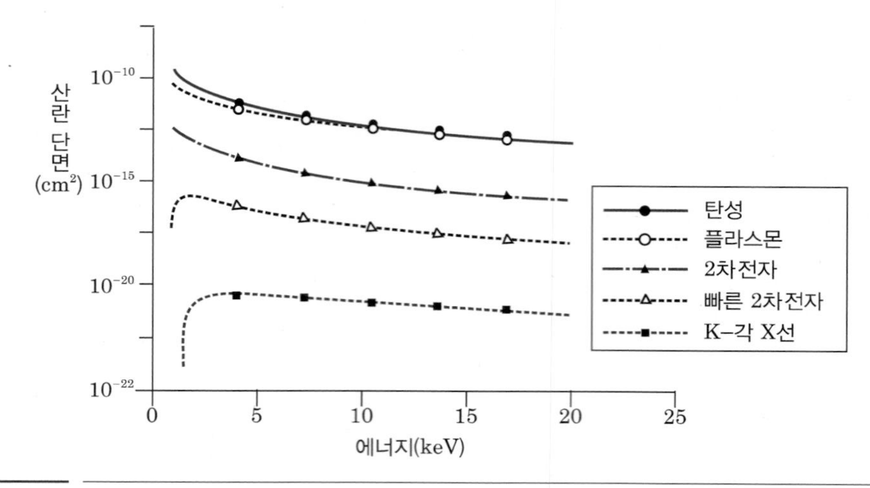

그림 3.7 가속 전자의 에너지 변화에 따른 알루미늄의 탄성산란 및 비탄성산란의 산란 단면의 변화

$$\frac{dE}{dx} = -2\pi e^4 N_0 \frac{Z\rho}{AE_m} ln(1.166E_m/J) \tag{3.16}$$

여기에서, e : 전하량　　　　N_0 : 아보가드로수
Z : 원자번호　　　　A : 원자 질량
ρ : 비중　　　　E_m : 평균 가속 전자 에너지
J : 원자의 평균 이온화 에너지

평균 이온화 에너지는 모든 비탄성산란을 고려한 평균적인 에너지 손실량을 의미하며 버거와 셀저에 의하여 다음 식 (3.17)로 제시되었다[Berger, 1966].

$$J = (9.76Z + 58.5Z^{-0.19})10^{-3}(\mathrm{keV}) \tag{3.17}$$

식 (3.16)은 비탄성산란에 의한 에너지 변환을 표시하여 전자가 시편을 통과하면서 잃어버리는 에너지를 정량화하였으나, 실제의 전자 경로는 탄성 충돌로 인하여 경로가 변경되므로 이를 고려해야 정확한 에너지 전달 과정과 가속 전자의 행로를 표시할 수 있다.

4 상호작용 부피

주사전자현미경에서 검출되는 신호에 의한 상의 형성 및 미세분석을 정확하게 실행하기 위해서는 전자가 시료와 반응하여 신호를 발생하는 공간상 범위에 대한 정보가 필요하다. 전자가 시편에 입사할 경우 탄성산란에 의한 경로의 변경과 비탄성산란에 의한 에너지의 손실이 일어나며, 이로 인하여 입사 전자는 계속 경로를 변경하며 이동하면서 에너지를 상실하여 결국 정지한다. 입사 전자의 이동 경로는 주사전자현미경에서 사용되는 신호 정보의 발생 위치를 결정하는 중요한 요소이다. 이와 같은 전자의 반응 및 소멸이 이루어지는 시편 내 공간적 범위를 상호작용 부피(interaction volume)라고 한다.

상호작용 부피의 실험적 관찰은 매우 제한된 시편에서만 가능하다. 폴리메틸메타크릴레이트(PMMA)는 가속 전자와 반응하여 화학적 결합 상태가 변화하며 손상되는데, 손상의 정도는 입사 가속 전자의 에너지에 비례하므로 단면을 에칭하면 전자의 상호작용 부피를 관찰할 수 있다. 그림 3.8은 PMMA에 20 keV 에너지의 전자를 0.5 μm의 지름을 갖는 크기로 조사하였을 경우의 에너지 전달량을 에칭 처리하여 측정한 실험 결과와 전산모사로 예측한 결과를 비교한 것이다[Henoc, 1976]. 실험 결과에서 보여주는 중요한 결론은 매우 좁은 지역에 전자를 조사하였음에도 불구하고 전자의 상호작용 부피는 매우 크며 그 모양은 서양배 또는 백열전

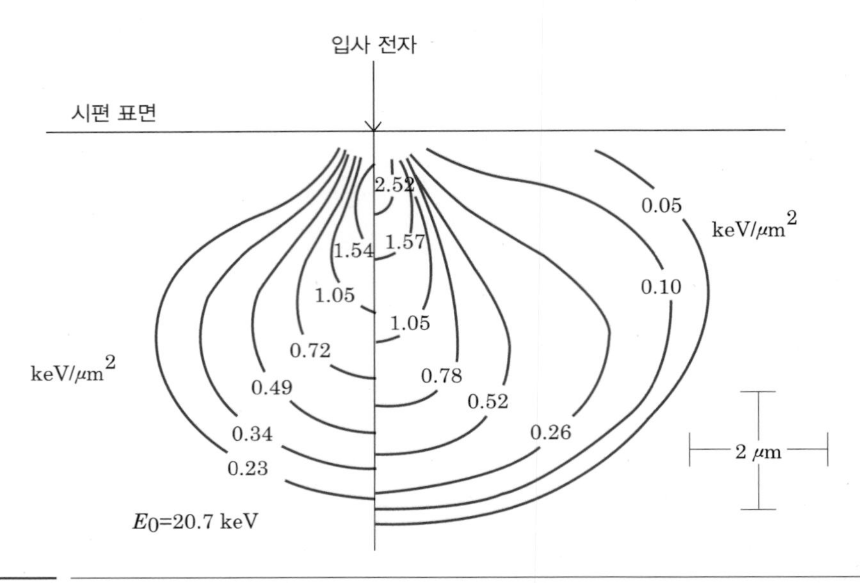

그림 3.8 PMMA 물질에 전자가 위로부터 수직으로 입사하여 탄성 충돌과 비탄성 충돌을 반복하고 정지할 때까지의 위치에 따른 에너지 전달량을 측정한 실험 결과(중심선 오른쪽) 및 이에 대한 전산모사 결과(중심선 왼쪽)

구 형태를 하고 있다는 점이다. 또한 전자의 방향이 바뀌었고 에너지가 점차 감소하고 있음을 알 수 있다.

전자가 입사한 초기에는 전자의 움직임이 상대적으로 직선적임이 관찰되었다. 이는 상호작용 부피가 전자의 에너지와 밀접한 관계를 가지고 있음을 의미하는데, 이는 산란 반응에서 가속 전자의 에너지와의 연관에서 쉽게 추론할 수 있다. 따라서 산란에 매우 큰 영향을 미치는 시편의 화학적 구성과도 밀접한 연관성이 있음을 의미한다.

정확한 정보의 해석을 위해서는 가속 전자의 에너지 및 시편 성분의 함수로서의 상호작용 부피를 예측하는 것이 필요하다. 상호작용 부피에 대한 실험적 관찰이 제한되므로 전산모사를 이용하여 상호작용 부피를 예측하는 것이 일반적이다. 전산모사를 이용하여 상호 반응 부피에 미치는 인자들과 이를 간단히 정량화한 개념들을 아래에 정리하였다.

1) 몬테카를로 전산모사

PMMA 고분자 물질을 이용한 상호작용 부피 실험은 매우 효과적으로 시편의 부위별로 전자의 이동 경로 및 에너지 전달 현상을 관찰할 수 있으나, 이 방법을 원자번호가 큰 금속 물질에 적용하기는 어렵다. 금속 시편에서의 반응을 이해하기 위해서는 전산모사가 널리 사용되고 있는데 가장 대표적인 방법이 몬테카를로 전산모사이다[Heinrich, 1991]. 기본적 개념은 탄성 및 비탄성산란에 의한 전자의 궤적 변화와 에너지 천이의 수학적 모델을 선택하고, 이를 이용하여 전자가 시편 밖으로 튀어나오거나 완전히 에너지를 잃고 시편에 남는 동안의 변화를 난보법을 이용하여 계산하는 것이다. 전자의 궤적 및 에너지 천이에 대한 몬테카를로 전산모사 방법을 단계적으로 기술하면 다음과 같다.

전자가 탄성산란을 일으키는 평균 자유 경로는 전자의 에너지에 의하여 결정된다. 가속 전자가 시편에 도착 후 다음 탄성산란을 일으키는 동안은 평균 자유 경로의 길이만큼 이동한다. 이동 거리 동안 비탄성산란에 의한 에너지 손실을 베테가 제시한 식 (3.16) 또는 다른 연구자들이 제시한 방법으로 결정한다.

다음 산란의 지점에서 변화된 전자의 에너지를 이용하여 다시 전자의 산란각 및 평균 자유 경로를 식 (3.15)를 이용하여 결정한다. 이 과정에서 전자의 산란각에 미치는 비탄성산란에 의한 효과는 일반적으로 탄성산란에 비하여 매우 작으므로 고려하지 않는다. 또한 산란각은 확률함수로 표현된 수치를 가중치를 가하여 난수를 이용하여 결정한다. 같은 방법을 반복하여 다음의 탄성산란 지점까지의 전자 궤적을 계산한다.

이 과정에서 비탄성산란에 의한 이차적인 산란 전자의 발생 및 X선 발생을 비탄성산란에 대한 산란 단면의 확률을 이용한 난수의 발생으로 결정할 수 있으며, 발생된 신호는 같은 방법으로 궤적을 결정할 수 있다. 따라서 이 계산 방법은 매우 간단하면서도 효과적인 정보를 제공한다.

그림 3.9는 몬테카를로 전산모사로 계산된 전자의 궤적을 보여주고 있다. 그림에서 보듯이 몬테카를로 전산모사는 개별적인 난수 발생에 의하여 전자의 궤적이 결정되므로 실제 궤적에

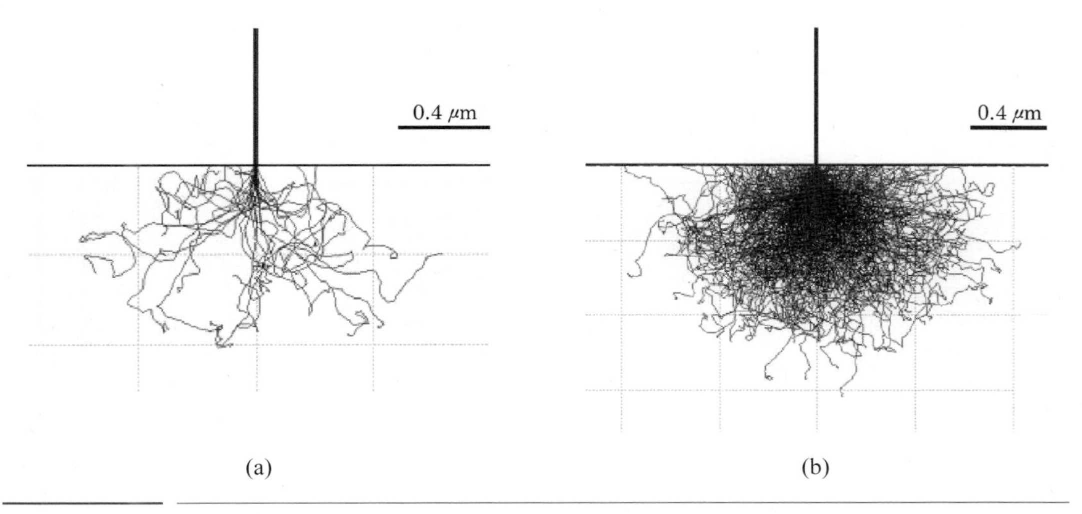

그림 3.9 몬테카를로 전산모사로 계산한 전자의 궤적(구리 시료, 입사 전자 에너지 20 keV). (a) 25개 전자의 궤적, (b) 500개 전자의 궤적

접근하려면 많은 수의 전자 궤적을 계산해야 하며, 일반적으로 약 10,000개 이상이 필요하다. 이 방법은 상호작용 부피에 대한 정확한 정량값을 제공하지 못하지만 정성분석에는 효과적으로 널리 이용되고 있다. 보다 구체적인 내용은 참고문헌을 참고하기 바란다[Heinrich, 1991].

2) 전자의 에너지와 상호작용 부피의 관계

가속 전자의 에너지는 식 (3.15)와 같이 탄성산란의 산란 단면의 제곱근에 반비례한다. 즉 가속 전자의 에너지가 증가할수록 전자는 보다 직선 방향으로 움직일 것이며, 보다 많은 거리를 침투할 것이다.

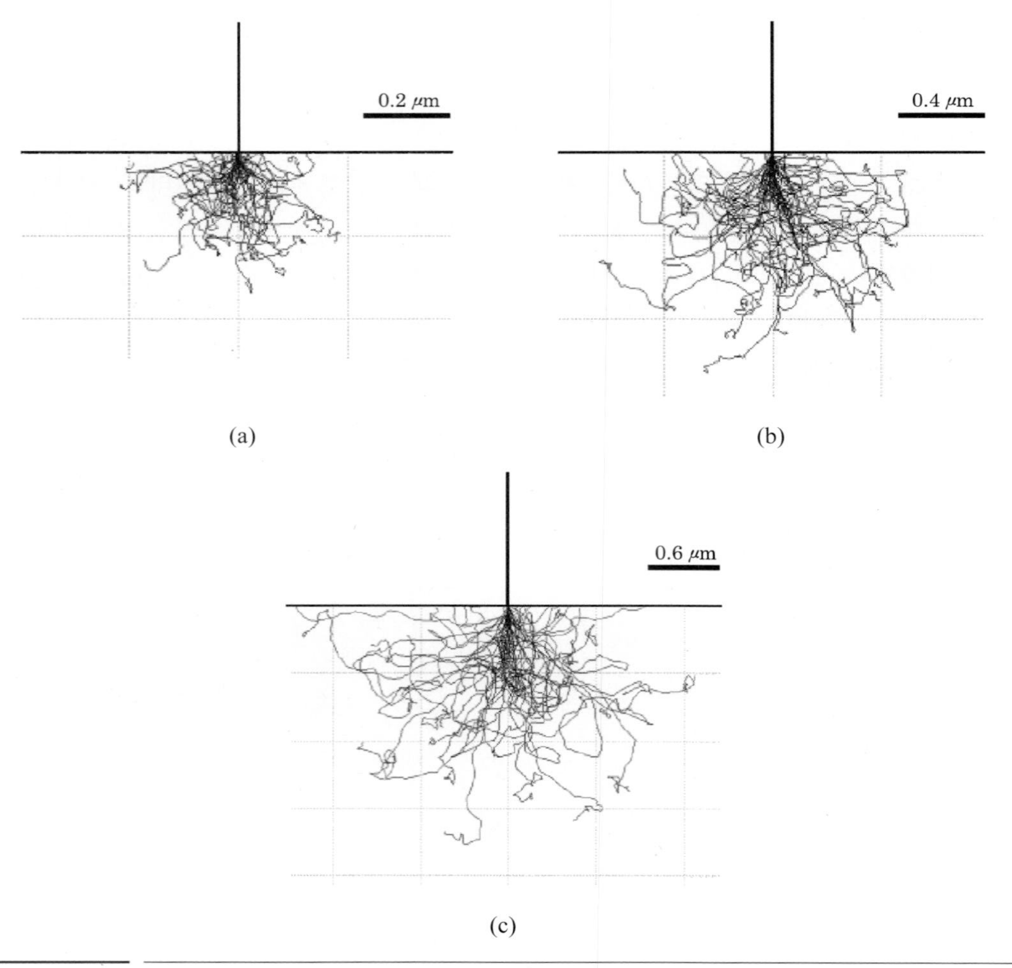

그림 3.10 에너지가 (a) 10 keV, (b) 20 keV (c) 30 keV일 때 구리 시편 내에 입사한 전자의 상호작용 부피에 대한 몬테카를로 전산모사 계산 결과

또한 식 (3.16)과 같이 전자의 이동 거리에 따른 에너지 손실률은 전자 에너지의 역수에 비례하므로 가속 전자 에너지가 증가하면 에너지 손실이 감소하게 되어 더욱 깊이 침투할 것이다. 큰 에너지를 갖는 전자의 산란 분포는 횡 방향으로도 같은 크기만큼 증가하기 때문에 작은 에너지를 갖는 전자의 산란 분포와 같은 모양을 나타낼 것이다. 이 결과는 그림 3.10에 표시하였다.

3) 시편의 원자번호와 상호작용 부피의 관계

식 (3.15) 및 (3.16)에 나타낸 바와 같이 시편의 원자번호가 증가할수록 탄성 및 비탄성산란의 산란 단면 및 에너지 손실은 증가한다. 따라서 상호작용 부피는 시편의 원자번호가 증가할수록 빠르게 감소할 것이며, 또한 시료 표면에서의 탄성산란의 증가와 단위 거리당 에너지 손실의 증가로 상호작용 부피의 형태가 서양배 모양에서 둥근 공 모양으로 변화할 것이다. 이와 같은 변화를 탄소(원자번호 6), 티타늄(원자번호 22), 은(원자번호 47), 금(원자번호 79) 시편에 대한 몬테카를로 전산모사 결과(그림 3.11)에서 확인할 수 있다.

그림 3.11 (a) 탄소(C 6번), (b) 티타늄(Ti 22번), (c) 은(Ag 47번), (d) 금(Au 79번) 시편에 30 keV의 에너지를 갖는 전자 2,000개가 입사하였을 때의 상호작용 부피를 몬테카를로 전산모사로 계산한 결과. 크기와 모양의 변화에 주의

4) 가속 전자의 입사 각도와 상호작용 부피의 관계

가속 전자는 시편의 경사에 의하여 또는 시편의 표면에 존재하는 요철에 의하여 일정한 각을 가지고 입사하게 된다. 전자의 산란은 일반적으로 직진성이 매우 강하므로 가속 전자가 시편에 수직이 아닌 일정한 각을 가지고 입사하면 산란 도중 일부가 시편 밖으로 방출될 가능성이 증가하게 될 것이다.

그림 3.12는 전자가 시편에 일정한 각(θ)으로 입사하였을 때의 현상을 나타낸 것이다. 그림과 같이 가속 전자의 입사 각도가 시편과 직각이 아닌 경우 산란된 전자가 쉽게 시편 밖으로 방출되고 더 이상의 시편 내의 산란이 불가능하여 상호작용 부피가 변화한다.

그림 3.13은 입사각의 변화에 따른 상호작용 부피의 변화를 몬테카를로 전산모사를 이용하여 정량화한 결과이다. 입사각이 직각에서 벗어남에 따라서 상호작용 부피가 감소하고 있음을 알 수 있다. 특히 산란의 직진성으로 인해 깊이 방향으로의 투과 깊이가 감소하며, 이에 따라 표면 부위에서의 반응 면적이 증가하나 가속 전자의 입사각에서 본 측면 부위의 크기는 산란의 직진성으로 인하여 크게 변화하지 않는다.

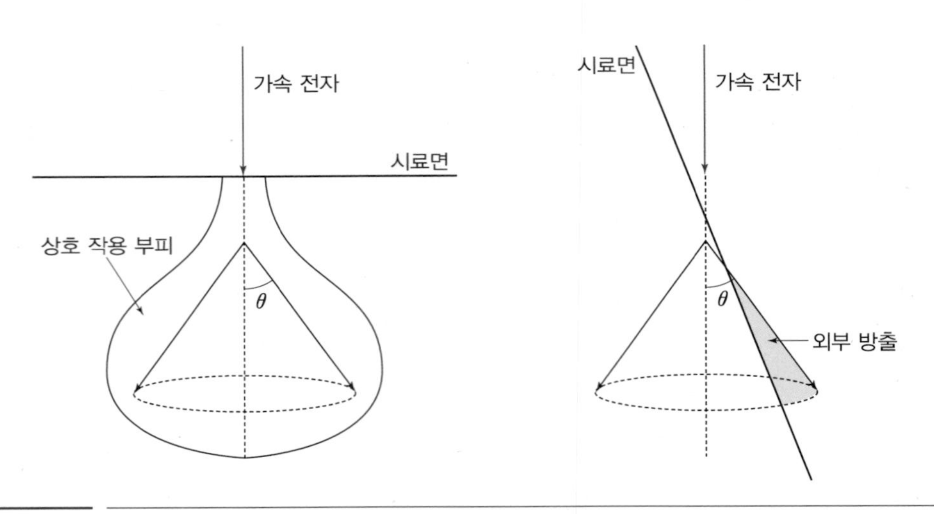

그림 3.12　기울어진 시편에서 가속 전자의 탈출 확률의 변화 모식도. 특정 탄성산란각(θ)으로 산란된 전자의 경우 원뿔 형태의 각으로 산란 확률이 같고 직진성을 가지므로 그 원뿔이 시료면에 접촉할 경우 더 이상의 산란 반응 없이 외부로 방출된다.

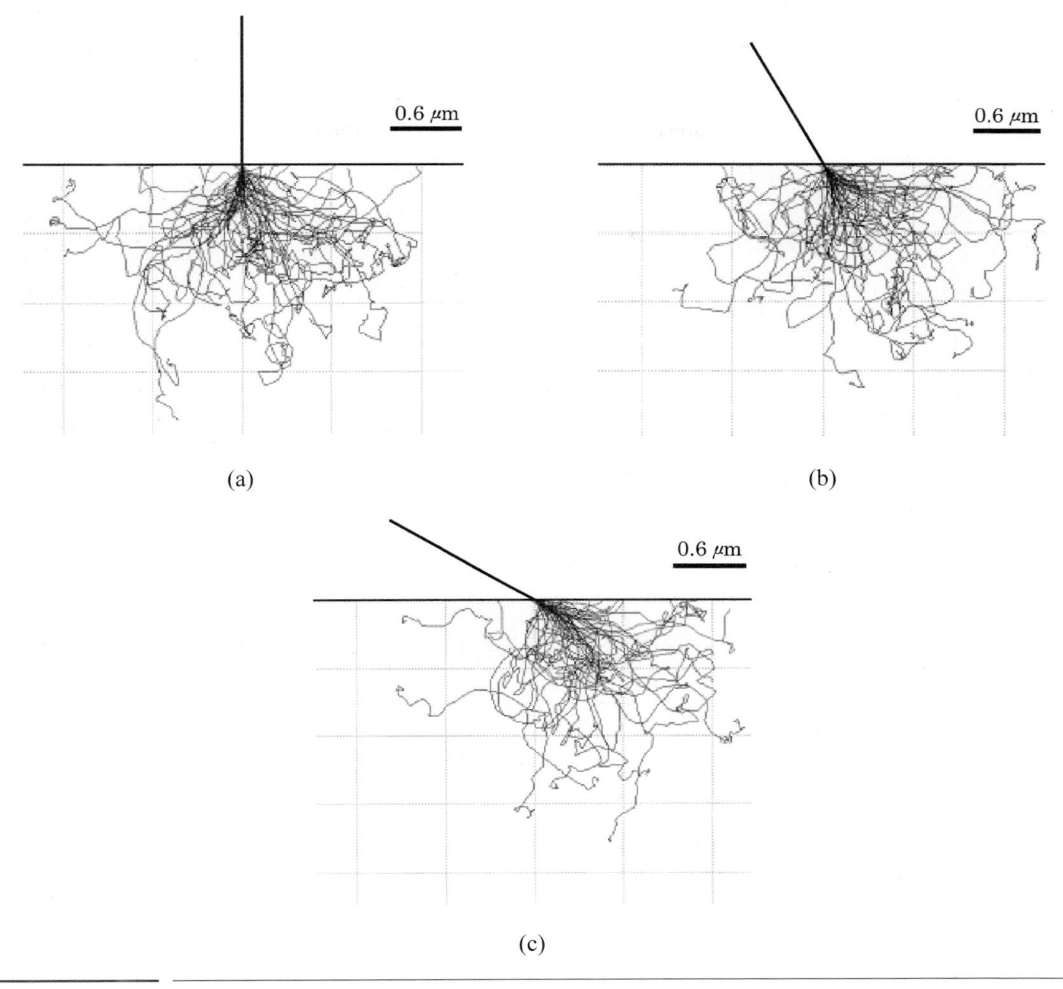

그림 3.13 (a) 0°, (b) 30°, (c) 60°의 각도로 구리 시편에 30 keV의 에너지로 입사한 전자의 상호작용 부피에 대한 몬테카를로 전산모사 계산 결과

5) 산란 범위

시편의 표면 상태, 성분, 구조 등의 정보는 전자와 시편의 상호작용으로 생성된 신호를 이용하여 또는 전자의 산란 시 모멘트나 에너지의 변화량을 이용하여 얻을 수 있다. 예를 들어 다층막 시료의 경우, 신호가 어디에서 발생되었는가 하는 점은 각 층에 대한 정보를 결정하는 중요한 요소이다. 상호작용 부피 및 상호작용 부피 내에서의 다양한 에너지 변화는 중요한 요소이나, 앞에서 서술한 것과 같이 다양한 요소에 의하여 결정되므로 보다 간단한 정량적 기준

이 필요하다. 이러한 기준은 여러 가지가 있으나 일반적으로 활용되고 있는 두 가지 방법을 거론하고자 한다. 그 하나는 X선 생성 정보에 널리 사용되고 있는 베테 범위이고, 다른 하나는 전체적인 상호작용 부피를 결정하는 데 유용한 카나야－오카야마 범위(K－O range)이다.

(1) 베테 범위

가속 전자가 시편 내에서 이동한 전체 거리는 베테가 제시한 식 (3.16)의 단위 길이당 전자의 에너지 손실이 누적되어 전자의 에너지가 모두 손실될 때까지의 거리의 총합으로 표현할 수 있는데, 이를 베테 범위(Bethe range)라고 한다. 즉 전자의 전체 이동 거리(R)는 다음과 같은 적분식으로 표현된다.

$$R = \int_{E_0}^{E=0} \frac{1}{dE/dx} dE \tag{3.18}$$

따라서 가속 전자의 이동 범위는 식 (3.16) 및 (3.17)에 표현된 식을 (3.18)에 치환하여 이를 적분함으로써 구할 수 있다. 적분식에 포함된 $E/\ln(kE)$항은 헤녹과 모리스가 수치 해석 방법으로 구하여 다음 식 (3.19)로 제시하였다[Goldstein, 1992].

$$R(\mathrm{cm}) = \frac{\mathrm{J}^2\mathrm{A}}{7.85 \times 10^4 \rho \mathrm{Z}} \left[\mathrm{EI}\left(2\ln\frac{1.166E_0}{J}\right) - EI\left(2\ln\frac{1.166E_i}{J}\right) \right] \tag{3.19}$$

여기에서, Z : 원자번호

A : 원자 질량(g/mol)

ρ : 밀도(g/cm^3)

E_0 : 초기 가속 전자의 에너지(keV)

J : 평균 이온화 에너지

$E_i = 1.03j$

$EI(x) = 0.5722 + \ln(x) + \sum_{n=1}^{\infty} x^n/(nn)!$

베테 범위는 가속 전자가 에너지를 전부 잃을 때까지의 전체 이동 거리만을 산출함으로써 탄성산란에 의한 경로의 변환이 고려되어 있지 않으므로, 시편이 원자번호가 큰 중량 원소로 구성될 경우 탄성산란이 증가하여 실제 전자의 상호작용 부피에 비하여 과장된 값을 제시한다는 단점이 있다. 그러나 이온화 에너지를 X선의 내각 전자의 이온화 에너지로 치환할 경우, X선에 의한 X선 산란 깊이에 대한 정확한 정보를 얻을 수 있어 X선 생성 깊이를 결정할 때 많이 활용되고 있다.

(2) 카나야 - 오카야마 범위

앞에서 서술한 베테 범위의 단점을 극복하기 위하여 탄성산란과 비탄성산란을 모두 고려하여 카나야와 오카야마는 다음과 같은 식을 제시하였으며, 이를 카나야-오카야마 범위 또는 K-O 범위라고 부른다[Kanaya, 1972].

$$R = \frac{0.0276 A E_0^{1.67}}{\rho Z^{0.89}} \tag{3.20}$$

K-O 범위는 전자의 시료 표면 입사 부위에서 상호작용 부피의 최대 깊이까지의 지름과 일치한다. 가속 전자가 시편에 직각의 각도(0)에서 경사각 θ로 입사할 경우 몬테카를로 전산모사 결과 다음과 같은 관계가 형성된다.

$$R(\theta) = R(0)\cos\theta \tag{3.21}$$

K-O 범위는 베테 범위와 비교하여 탄성산란을 고려하였으므로 그 산란 범위가 작다. 원자번호, 가속 전자의 에너지에 의하여 탄성산란이 영향을 받으므로 원자번호와 가속 전자 에너지에 따른 K-O 범위를 베테 범위와 비교하여 표 3.2에 나타내었다. 원자번호가 큰 경우에는 탄성산란의 효과가 극대화되어 두 범위 사이에 큰 차이가 있음을 알 수 있다.

표 3.2 베테 범위와 카나야 오카야마 범위의 상호 비교

시편 원소	베테 범위(μm)			K-O 범위(μm)		
	가속 전압(kV)			가속 전압(kV)		
	5	10	30	5	10	30
C	0.61	2.1	13.0	0.52	1.7	10.4
Al	0.52	1.8	12.4	0.41	1.3	8.2
Cu	0.21	0.69	4.6	0.14	0.46	2.9
Au	0.19	0.54	3.2	0.085	0.27	1.7

5 산란에 의하여 생성되는 신호의 종류 및 특성

가속 전자와 시편의 탄성산란 및 비탄성산란에 의하여 다양한 신호가 발생하고 외부에 방출된다. 그림 3.14는 생성되는 신호의 모식도이다. 이차전자, 후방산란 전자, 오제전자, 가시광선, 특성 X선, 연속 X선, 포논, 플라스몬, 등의 신호가 발생하며 이들을 검출기로 검출하여 원하는

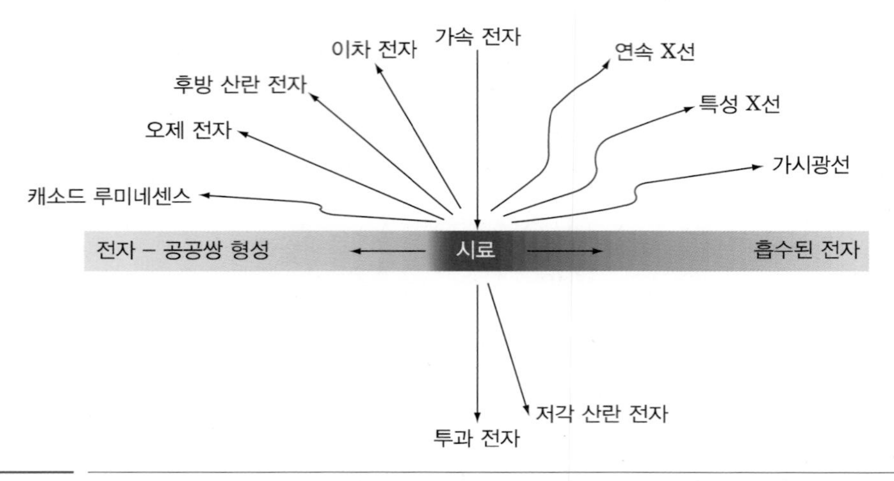

그림 3.14 시편에 전자가 입사할 경우 발생하는 여러 종류의 신호

정보를 획득할 수 있다. 발생하는 신호 중에서 주사전자현미경에서 널리 쓰이는 후방산란 전자, 이차전자 및 특성 X선의 세 가지 신호에 대하여 자세히 정리하였다.

1) 후방산란 전자

가속된 전자가 시편에 입사하였다가 외부로 되돌아 나오는 현상이 관찰된다. 예를 들어 구리 시편에 전자가 입사할 경우 약 70% 정도의 전자만이 시편에 잔류하며 나머지 30% 정도는 외부로 방출된다. 되돌아 나오는 전자를 후방산란 전자(BSE; back scattered electron)라고 한다. 후방산란 전자는 일반적으로 산란각이 커야 되돌아 나올 수 있으므로 탄성산란에 의하여 발생하지만 되돌아오는 경로가 긴 경우에는 비탄성산란에 의해서도 일어난다. 가속 전자는 직진성이 강하므로 단 한 번의 산란으로 외부로 전자가 되돌아오는 경우보다는 여러 번의 탄성산란(다중 산란)에 의하여 후방산란 전자가 발생할 가능성이 높다. 후방산란 전자는 탄성산란에 의하여 발생하지만 또한 비탄성산란에 의한 신호 발생과도 밀접한 연관성을 가지고 있으므로 충분한 이해가 요구된다.

후방산란 전자는 주사전자현미경에서 영상 형성, 성분 분석, 구조 분석, 자성체의 자구 분석 등에서 중요한 역할을 하며 또한, 이차전자 및 X선 발생 등에 관여하고 있다. 이와 같은 다양한 역할에 대한 이해를 위해서 후방산란 전자의 발생에 영향을 미치는 여러 요소들에 대하여 간략히 소개하고자 한다.

(1) 후방산란 전자의 에너지 분포

입사 전자는 시편 원자와의 비탄성산란으로 인하여 점차적으로 에너지를 잃는다. 에너지 손실은 구리의 경우 대략 10 eV/nm이다. 몬테카를로 전산모사에서 관찰한 바와 같이 전자가 후방으로 방출되기 전 다중 산란이 일어나고 그 과정에서 에너지 손실이 발생한다. 따라서 후방산란 전자가 갖는 에너지의 분포는 산란 경로와 밀접한 관계가 있으며, 시편의 원자번호와 가속 전자의 입사각에도 영향을 받는다. 그림 3.15는 시편의 종류에 따른 후방산란 전자의 에너지 분포를 실험적으로 측정한 결과이다[Goldstein, 1992].

관찰된 후방산란 전자의 에너지 분포의 특성은 다음과 같이 요약할 수 있다.

- 후방산란 전자의 에너지 분포는 입사 전자가 가지고 있는 에너지로부터 0 에너지까지 넓은 범위에 연속적으로 나타난다. 이는 산란이 큰 각으로 발생하여 전자가 초기에 외부로 방출되거나 또는 긴 경로를 거치며 다중 산란으로 방출되는 경우 모두를 포함하기 때문이다. 따라서 후방산란 전자를 이용하여 분석할 경우 비탄성산란에 의한 효과를 고려해야 한다.

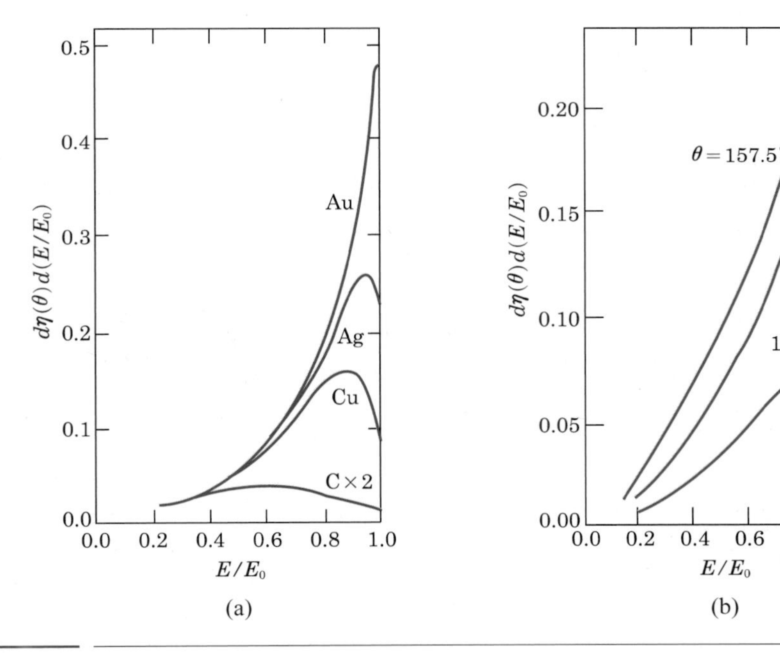

그림 3.15 30 keV의 전자가 입사할 경우 검출된 후방산란 전자의 에너지 분포. (a) 여러 재료들에서 45°의 탈출각으로 검출한 에너지 분포, (b) Cu에서 다양한 탈출각으로 검출한 에너지 분포. 그림에 표시한 각도는 입사빔 벡터와 관계가 있고, 22.5°, 45°, 67.5°의 탈출각과 부합한다.

- 후방산란 전자의 에너지 분포는 입사 전자의 에너지와 비슷한 범위에서 최대를 이루고, $0.5E_0$ 이하에서는 서서히 감소한다. 특히 최대 빈도의 에너지는 시편 원자번호가 커짐에 따라서 E_0에 접근한다. 즉 원자번호가 큰 금(Au)의 경우에는 후방산란 전자 에너지가 약 $0.95E_0$에서 최대를 나타내지만, 경량 원소인 탄소(C)의 경우에는 최대점이 약 $0.5E_0$이고 그 분포가 매우 넓다.
- 후방산란 전자의 에너지 분포는 검출기의 방향과 밀접한 관계를 가지고 있다. 낮은 각도로 빔을 조사할 경우 에너지 손실이 감소된다.

(2) 원자번호의 영향

후방산란 전자의 영향을 정량화하기 위하여 후방산란 계수(η)를 다음과 같이 정의한다.

$$\eta = \frac{n_{BSE}}{n_B} = \frac{i_{BSE}}{i_B} \tag{3.22}$$

여기에서, n_{BSE} : 후방산란 전자 개수

n_B : 입사 전자 개수

i_{BSE} : 후방산란 전자 전류

i_B : 빔 전류

후방산란 계수는 탄성산란의 식 (3.15)에 표시된 것과 같이 원자번호의 제곱에 비례한다. 즉 원자번호가 증가함에 따라서 후방산란 계수가 증가함을 의미한다. 그러나 이러한 관계는 다른 요인들, 비탄성산란에 의한 전자의 에너지 손실 및 발생된 위치에 따른 전자의 시편으로부터의 탈출 가능성 등에 의하여 영향을 받아 단순히 제곱에 비례하는 관계를 유지하지 않는다. 이러한 원자번호의 영향은 후방산란 계수의 변화에서(그림 3.16) 읽을 수 있는데[Goldstein, 1992], 원자번호가 작은 영역에서는 빠르게 증가하나 원자번호가 50 이상 커질 경우 변화가 작아진다.

이와 같은 원자번호에 의한 후방산란 전자 계수의 변화는 효과적으로 성분분석에 활용할 수 있다. 이러한 원자번호에 의한 콘트라스트를 조성 콘트라스트(Z 콘트라스트)라고 한다. 간혹 천이 금속 일부에서는 후방산란 전자 계수가 원자번호에 따라 증가하지 않는 경우도 있으므로 주의해야 한다.

로이터에 의하여 제시된 후방산란 전자 계수 η의 원자번호 의존성은 다음과 같다[Reuter, 1972].

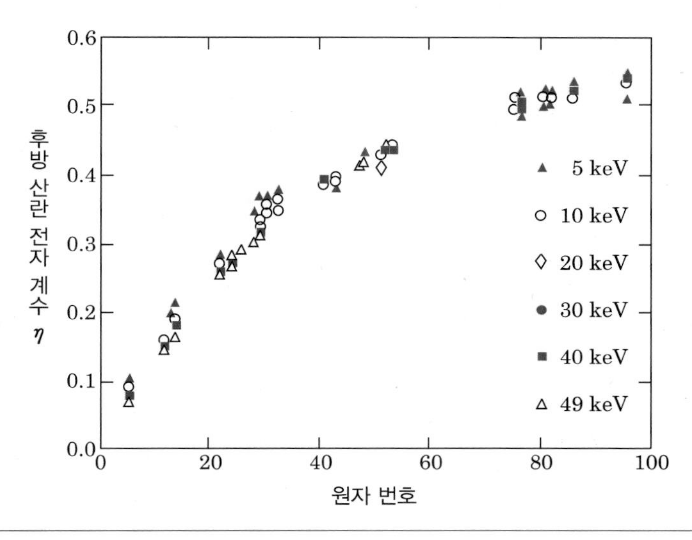

그림 3.16 5 − 49 keV의 빔에너지 범위에서 원자번호의 함수로 나타낸 후방산란 전자 계수

$$\eta = -0.0254 + 0.016Z - 1.86 \times 10^{-4}Z^2 + 8.3 \times 10^{-7}Z^3 \tag{3.23}$$

이 식은 순수 원소 물질에 해당하는 것인 데 반하여 여러 원소 물질이 혼합되어 있는 합금이나 화합물의 경우에는 혼합 법칙으로 물질의 후방산란 전자 계수를 계산할 수 있다. 즉, 혼합물을 구성하는 각각의 원소의 후방산란 전자 계수에 무게 분율을 곱한 양을 총합한 값이 혼합물의 후방산란 전자 계수이다.

(3) 가속 전압의 영향

가속 전압이 증가하면 탄성산란의 산란 단면을 낮추어 전자가 시편 내부로 깊숙이 침투한다. 가속 전압이 변화하면 후방산란 전자 계수도 변화할 것으로 예상되나, 그림 3.16에서와 같이 주사전자현미경에서 사용되는 5～50 keV 가속 전압에서는 그 영향이 10% 이하로 미미함을 실험적으로 확인할 수 있다. 이는 가속 전압의 증가로 인한 탄성산란의 확률 감소와 비탄성산란 확률 증가의 상반된 효과에 기인한다. 한편 가속 전압이 5 keV 이하로 낮은 경우에는 후방산란 전자 계수가 증가하는 것으로 알려져 있다.

(4) 경사각의 영향

그림 3.17은 시편에 입사된 전자의 기울기(θ)에 따른 후방산란 계수의 변화를 나타낸 것이다. 기울기가 증가함에 따라 점진적으로 η가 증가한다. 특히, 작은 기울기에서는 그 변화율이 작으나 기울기가 커짐에 따라서 변화율이 증가함을 보여주며, 시편 표면에 거의 평행하게 입사

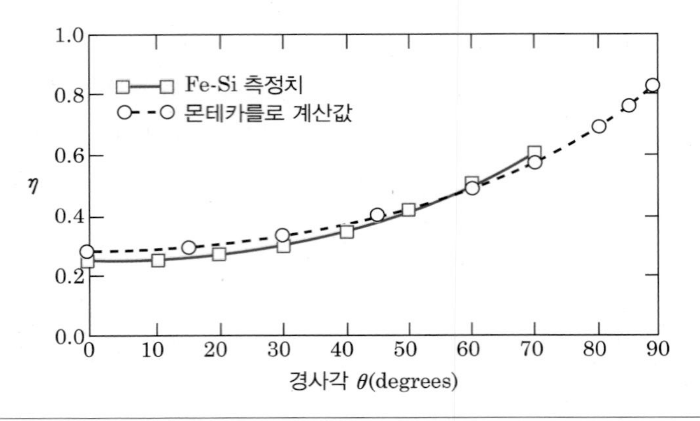

그림 3.17 Fe－Si 시편에서 몬테카를로 전산모사에 의해 계산된 기울기의 함수로서 나타낸 후방산란 전자 계수와 그 실제 측정값

할 경우 η는 1에 가까워지고 있다. 이러한 η의 변화율은 시편의 종류에 상관없이 관찰되고 있다. 이러한 변화는 몬테카를로 전산모사에서 나타낸 바와 같이, 탄성산란의 직진성에 의하여 시편이 경사될수록 보다 많은 수의 후방산란 전자가 시편의 표면 부위에 존재하게 되므로 η의 증가를 초래하기 때문이다. 이와 같은 관계는 후방산란 전자의 원자번호 의존성에 의한 시편 조성의 분석 시 시편의 경사도에 세심한 고려를 해야 하며, 이외에도 시편의 요철에 따른 표면 요철 콘트라스트의 가능성이 있음을 보여주고 있다. 이 두 가지 요소를 결합하여 η의 의존성을 아날 등은 수식적으로 다음과 같이 제시하였다[Arnal, 1969].

$$\eta(\theta) = \frac{1}{(1+\cos\theta)^{9/\sqrt{Z}}} \tag{3.24}$$

후방산란 전자의 경우 에너지가 높아 직진성이 매우 높다. 이러한 이유로 후방산란 전자의 방향성은 표면 요철 또는 Z 콘트라스트 등을 사용하여 시편의 정보를 결정할 경우 반드시 고려되어야 한다. 만약 전자가 시편에 수직으로 입사될 경우 입사 방향과 특정한 각(ϕ)만큼 경사된 지점에서의 후방산란 계수의 값은 대략 다음과 같은 관계식으로 표현할 수 있다.

$$\eta(\phi) = \eta(0)\cos\phi \tag{3.25}$$

여기에서, $\eta(0)$: 수직 방향으로의 후방산란 전자 계수

식 (3.25)의 관계를 그림 3.18을 이용하여 정성적으로 설명할 수 있다. 즉 산란이 특정 깊이, P_o에서 발생하고 산란된 전자가 P의 경로를 따라 외부로 방출될 경우 그 방향으로 산란된 전자의 방출 확률은 거리에 반비례한다. P_o와 P의 관계는 $P_o = P\cos\phi$이므로 식 (3.25)의 관

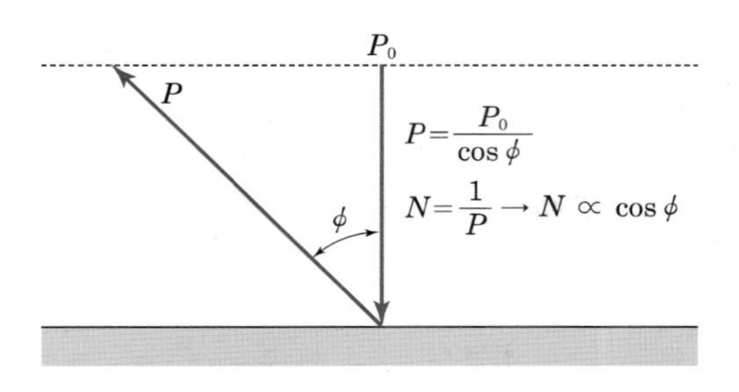

그림 3.18 후방산란 전자의 방출 경로의 모식도. 길이 P와 각도 ϕ의 관계가 표시된다.

계식으로 표현될 수 있다. 그러나 실제적인 전자의 움직임은 산란각에 따라 산란 단면이 변화하며, 또한 다중 산란 현상이 발생하므로 복잡한 관계식이 필요하나 이 또한 산란각의 함수로 그와 같은 현상이 중복되어 실제 변화는 크지 않다.

입사 전자가 시편에 경사하여 입사할 경우 후방산란 전자의 상호작용 부피는 입사 전자의 방향에서 대칭의 형태를 이루지 못한다. 이는 입사 전자가 시편의 표면을 벗어나 후방산란 전자로 방출되었기 때문이다. 그림 3.19는 입사 전자가 시편에 수직(0°)으로 입사한 경우와 45°의 경사를 가지고 입사한 경우의 후방산란 전자의 공간 분포를 몬테카를로 전산모사로 도식화한 그림이다. 즉 수직으로 입사한 경우 후방산란 전자의 분포는 직후방으로 최댓값을 이루며 입사빔의 방향에 대하여 원형 대칭으로 분포되어 있다. 그러나 경사져서 입사된 전자빔의 경우 입사된 반대 방향으로 후방산란 전자가 집중된 비대칭적인 형태를 가지고 있음을 알 수 있다. 이와 같은 후방산란 전자의 분포는 표면의 요철 또는 후방산란 전자의 검출기의 위치에 따른 강도 변화를 야기할 것이므로, 이에 대한 이해는 정보 분석 및 검출기의 위치에 대한 설계에 중요한 역할을 할 것이다.

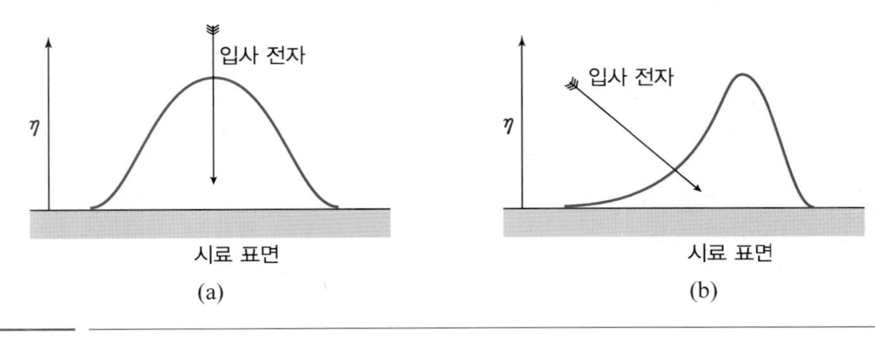

그림 3.19 입사 전자의 각도 변화에 의한 후방산란 전자의 단면 공간 분포. (a) O°, (b) 45°

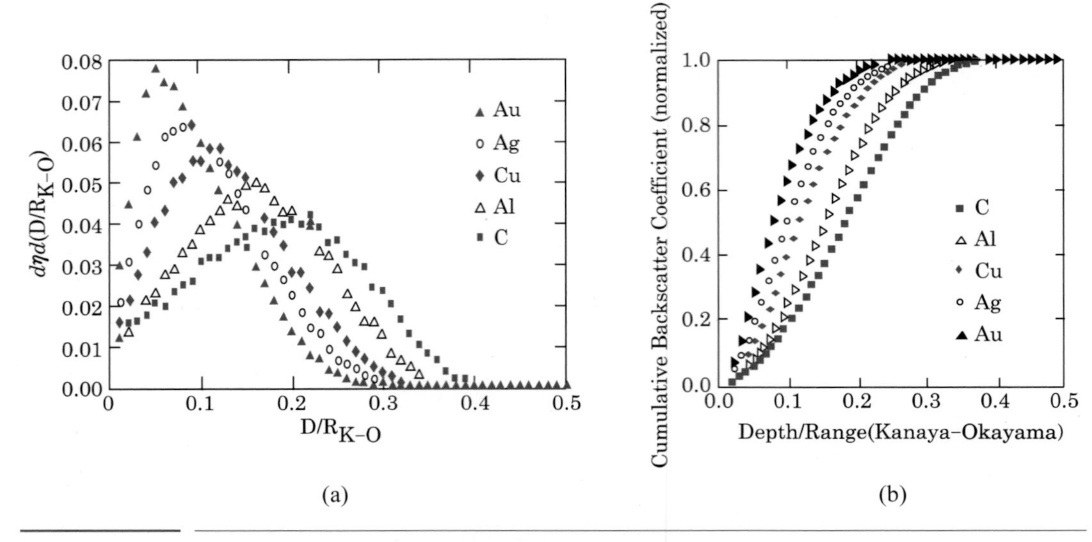

그림 3.20 (a) 몬테카를로 전산모사로 계산된, 표면으로 되돌아오기 전에 빠져나간 전자빔에 의해 도달한 최고 깊이의 분포, (b) (a)로부터 유도한 길이의 함수로 누적한 후방산란 전자 계수값, $E_0 = 20$ keV.

(5) 발생 깊이

그림 3.20은 원소에 따른 후방산란 전자의 발생 깊이에 대한 전산모사의 결과이다. 원자번호가 증가함에 따라 반응 깊이가 표면에 집중되고 있음을 알 수 있다. 이와 같은 분포는 전술한 상호작용 부피의 개념과 일치한다.

2) 이차전자

비탄성산란 과정에서는 가속된 전자의 에너지가 시편의 원자에 전달된다. 에너지를 전달받은 원자는 평형 상태에서 벗어나 여기된(들뜬) 상태로 갔다가 바닥상태로 되돌아오게 된다. 이러한 과정 중에서 이차전자, 오제전자, 연속 및 특성 X선, 음극 냉광, 포논 등의 신호가 발생한다. 이 중 전자현미경에서 주로 사용되는 이차전자에 대하여 자세히 기술하고자 한다.

그림 3.21은 가속 전자를 시편에 조사한 후 표면으로 방출되는 모든 전자의 에너지 분포를 나타낸 것이다. 그림에서 표시된 지역 1은 후방산란 전자에 해당한다. 후방산란 전자의 경우 에너지가 낮아짐에 따라서 전자의 개수는 점차 감소하여 거의 0으로 줄어든다. 그러나 전자의 에너지가 50 eV 이하의 지역 3에서는 매우 강한 전자의 산란 분포를 나타내고 있다. 이와 같이

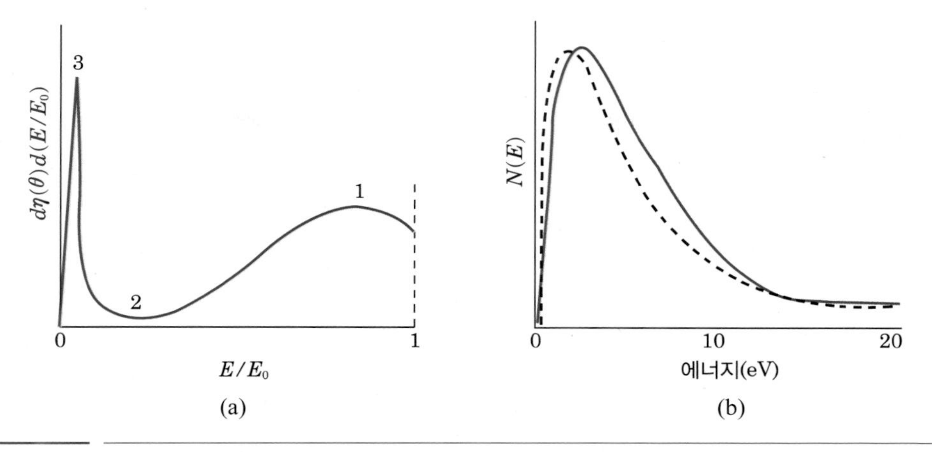

그림 3.21 (a) 시편으로부터 방출된 후방산란 전자(지역 1)와 이차전자(지역 3)를 포함하는 전체 방출 전자의 에너지 분포. 지역 3의 너비는 과장되었다. (b) 확대된 이차전자의 에너지 분포.

지역 3의 에너지 영역을 갖는 산란 전자를 이차전자(secondary electron)라고 한다. 이차전자는 입사 전자와의 비탄성 충돌에 의하여 전도대 또는 가전자대 전자가 방출하는 것으로 알려져 있다[Bruining, 1954]. 이차전자의 에너지는 대략 50 eV 이하이며 90% 정도가 10 eV 이하이다. 이차전자의 방출량을 나타내는 이차전자 계수(δ)는 다음과 같이 정의한다.

$$\delta = \frac{n_{SE}}{n_B} = \frac{i_{SE}}{i_B} \tag{3.26}$$

여기에서, n_{SE}와 n_B는 각각 이차전자 개수와 입사 전자 개수를 나타내며, i_{SE}와 i_B는 각각 이차전자 전류와 빔 전류를 의미한다.

그림 3.22는 이차전자 발생 기구를 모식적으로 나타낸 것이다. 가속된 전자가 시편에 입사하며 시편 내의 전자를 축출하여 이차전자를 발생시키며, 또한 후방산란 전자가 시편의 표면에서 다시 시편 내의 전자를 축출하여 이차전자를 발생시키는 두 가지의 주된 발생 기구를 나타내고 있다. 이차전자에 대한 후방산란 전자의 영향은 매우 중요하다. 이차전자의 에너지는 매우 낮으므로 시편의 깊은 곳에서 발생한 이차전자는 외부로 나오지 못하고 표면 부위에서 발생한 것만 나온다. 따라서 이차전자는 시편의 표면 형상을 감지하는 데 사용되는 가장 중요한 신호이다. 다음은 이차전자 계수 δ에 영향을 주는 인자들에 대하여 자세히 설명하고자 한다.

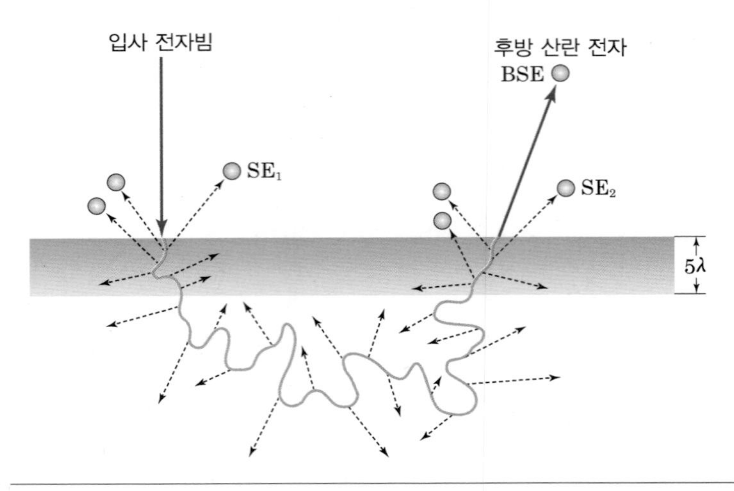

그림 3.22 시편에서 이차전자의 발생 기구 모식도. 입사 전자가 시편에 입사하여 이차전자(SE_1)를 발생시킨다. 후방산란된 전자(BSE)는 시편을 나오면서 추가적으로 이차전자(SE_2)를 발생시킨다. λ는 이차전자의 평균 자유 경로이다.

(1) 원자번호의 영향

그림 3.23은 30 keV로 가속된 전자를 원자번호가 다른 여러 가지 시편에 쪼였을 때 이차전자 계수 δ를 조사한 결과이다. 후방산란 전자의 경우 원자번호가 증가함에 따라 η값이 상승하는 것에 비하여 δ는 원자번호에 의존하지 않고 대략 0.1 정도의 값을 가지고 있음을 알 수 있다. 하지만 최근 초고진공하에서 즉석(in-situ) 실험한 결과, δ의 원자번호 의존성이 존재한다는 연구 결과도 있다[Seiler, 1983]. 이차전자의 에너지는 50 eV 이하로 매우 낮으므로 방출 깊이가 매우 얕아서 표면에 존재하는 이물질의 영향을 크게 받게 된다. 일반적인 주사전자현미경의 진공 조건(10^{-5}~10^{-6} Pa)하에서는 시편 표면에서의 탄화수소 물질의 분해(cracking)에 의한 탄소의 증착을 피할 수 없으므로 δ에 영향을 줄 것이다.

그림 3.23은 일반 주사전자현미경의 진공 조건에서 측정한 것으로 진실된 δ의 원자번호 의존성이라고 할 수는 없으나, 여전히 일반적으로 원자번호 의존성은 매우 낮은 것으로 알려져 있다. 따라서 이차전자를 시편의 화학적 조성 분석에는 활용하고 있지 않다.

이차전자는 가속 전자와 시편 원자 내외각 전자의 반응에 의하여 발생하며 외각 전자의 구조 및 분포는 화학적인 결합, 결정의 방향성, 표면의 상태 등 다양한 요인에 의하여 변경되어 산란 조건이 달라진다. 예를 들어 δ가 0.1 정도를 나타내는 알루미늄, 마그네슘 등이 산화하여 산화알루미늄, 산화마그네슘 등으로 변화할 경우 δ는 1 정도로 급격히 상승된다. 따라서 이차전자의 원자번호 의존성을 정량화하기에는 많은 어려움이 있다.

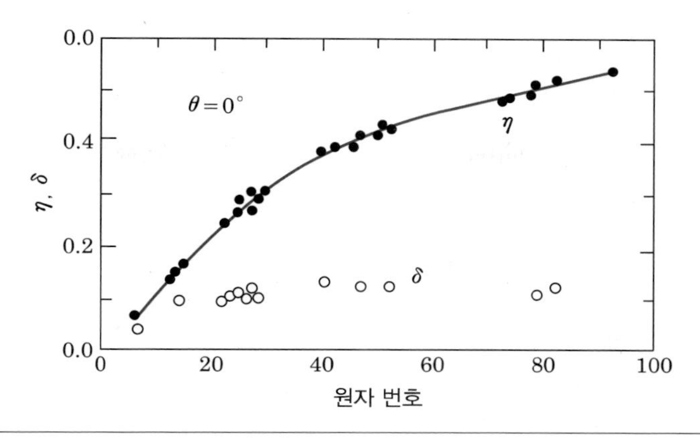

그림 3.23 원자번호에 따른 후방산란 전자 계수와 이차전자 계수의 비교. $E_0 = 30$ keV

(2) 가속 전압의 영향

원자 내에서 전자와 전자 또는 전자와 원자핵 간의 상호 반응에 의한 에너지 전달은 파동의 개념에서 보면 원자 내의 전자 또는 핵의 고유 진동수에 접근할수록 효과적이다. 이차전자의 에너지가 작으므로 가속 전압이 작아질수록 보다 효과적으로 δ의 값을 증가시킬 수 있다.

예를 들어 알루미늄의 경우 20 keV에서 5 keV로 가속 전압을 낮출 경우 δ는 0.1에서 0.4로 증가된다. 그러나 가속 전압을 1 keV 이하로 계속적으로 낮출 경우 δ는 급격히 감소하기 시작한다. 이와 같은 가속 전압의 영향을 그림 3.24에 모식적으로 나타내었다. δ의 변화는 이차전자의 탈출 깊이가 10 nm 이하에서는 외부로 방출되지 못하고 또한 입사 전자 이외에도 후방산란 전자에 의하여 이차전자가 발생되므로 후방산란 전자 계수의 영향도 고려하여야 한다. 즉

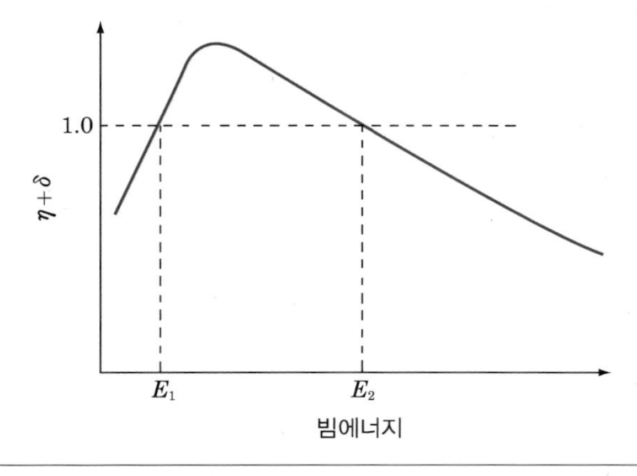

그림 3.24 가속 전자 에너지의 함수로서의 총 방출된 전자의 계수 합($\eta+\delta$)

가속 전압이 감소하면 반응의 활성화와 상호작용 부피가 표면에 형성되는 요인에 의하여 δ의 값이 1 이상으로 높아진 후(그래프의 E_2 지점, 3~5 keV), η의 감소에 의하여 작아져 E_1 지점(<~1 keV)을 지나면서 1보다 작아지게 된다. 따라서 낮은 가속 전압이 이차전자를 이용한 표면 요철 콘트라스트 형상을 만들 경우 효과적으로 사용될 수 있음을 나타낸다.

(3) 경사각의 영향

입사 전자가 시편에 입사하는 각도가 수직에서 벗어날 경우 후방산란 전자의 경우와 같이 상호작용 부피의 공간적 분포가 변화한다. 이와 같은 변화는 δ의 값에도 영향을 미친다. 시편과 각도 θ의 경사가 질 경우의 δ의 변화를 그림 3.25에 나타내었다. 경사각과 δ의 관계는 다음과 같은 간단한 관계식과 잘 일치되고 있다.

$$\delta(\theta) = \delta_0 \sec\theta \tag{3.27}$$

여기서, δ_0는 시편과 입사 전자가 수직일 경우의 δ값이다.

이차전자의 탈출 깊이 한계를 R_0[그림 3.25 (b)]로 가정한다면 시편이 경사짐으로써 입사 표면에서 탈출이 가능한 비탄성산란이 일어날 수 있는 깊이가 $R(= R_0 \sec\theta)$만큼 깊어지므로 이차전자의 탈출 가능성을 증가시킬 수 있다. 또한 후방산란 전자에 의한 이차전자의 생성도 후방산란 전자의 생성값이 같은 관계식으로 증가하므로 식 (3.27)의 관계는 계속 유지된다.

후방산란 전자의 경우 높은 에너지로 인하여 탄성산란이 직진하므로 시편이 가속 전자와 경사가 있을 경우, 그 공간적 분포는 더 이상 원형 대칭성을 유지하지 못하고 그림 3.19와 같은 분포를 나타낸다. 그러나 이차전자의 경우는 비탄성산란에 의하여 발생되며 비탄성산란의 공간적 분포는 원형 대칭적이므로, 이차전자의 공간 분포는 시편의 경사 유무와 무관하게 공간적으로 원형 대칭적인 관계를 유지한다.

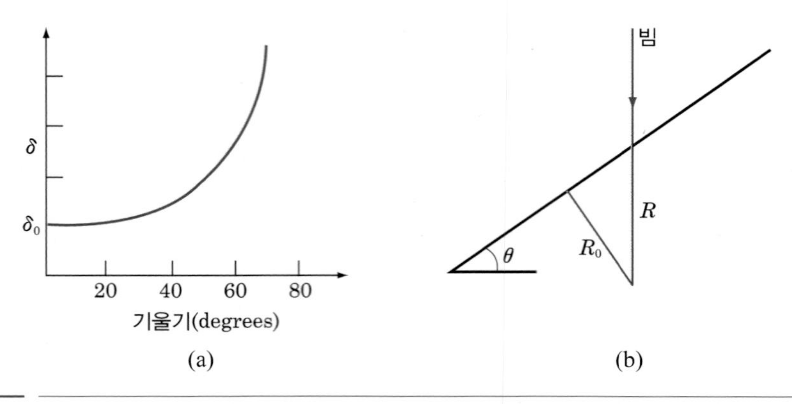

그림 3.25 시편에 입사하는 각도 θ에 따른 (a) 이차전자 계수 δ의 변화와 (b) 변화 원인의 모식도

(4) 이차전자의 발생 깊이 및 후방산란 전자의 영향

시편 내부에서 생성된 이차전자가 외부로 나오기 위해서는 시편을 통과하면서 비탄성산란에 의한 에너지 손실과 표면에서의 일함수를 극복할 수 있는 충분한 에너지를 가지고 있어야 한다. 그러나 이차전자의 에너지는 매우 낮아 평균 자유 경로(λ)가 금속의 경우 1 nm 정도이며, 부도체의 경우도 최대 10 nm 정도로 매우 작고 이차전자가 외부로 방출될 수 있는 발생 깊이는 최대 5λ 정도이므로, 금속의 경우 대략 수 nm 정도의 표면에서만 발생된다[Seiler, 1967].

그림 3.22에 나타낸 것과 같이 이차전자의 발생은 입사 전자 외에도 후방산란 전자에 의해서도 발생된다. 입사 전자는 에너지가 높고 평균 자유 경로는 5λ보다 매우 크므로 비탄성산란의 효과가 작은 반면, 후방산란 전자의 경우 표면과 이루는 각도가 작고 운동 에너지도 작으므로 이차전자의 생성에 매우 효과적이다. 일반적으로 이차전자의 생성에 후방산란 전자의 영향이 입사 전자에 비하여 3배 정도 큰 것으로 알려져 있다. 따라서 이차전자의 정확한 신호 해석을 위해서는 후방산란 전자 효과에 대한 이해가 반드시 수반되어야 한다.

3) X선

식 (3.12), (3.13)에 나타낸 것과 같이 전자가 안정한 에너지 준위에서 벗어나 여기된 후 안정한 준위로 다시 돌아가는 과정에서 에너지 차이에 의한 내비침 현상을 나타내고, 이러한 내비침 현상에 의하여 나온 전자기파 중 파장의 범위가 수십 나노미터(nm)에서 피코미터(pm) 영역에 있는 것을 X선이라고 한다. X선의 종류는 생성 원리에 따라 크게 특성 X선과 연속 X선으로 구분된다. 특성 X선은 원자 내의 양자화된 두 에너지 상태의 차이로 인하여 결정되므로 원소의 화학 조성을 결정할 수 있는 중요한 수단이다. 특성 X선은 주사전자현미경에 폭넓게 사용되고 있으므로 이의 구체적인 특성과 생성에 영향을 미치는 요소에 대하여 자세히 설명하고자 한다.

(1) 연속 X선

가속된 전자가 시편에 입사되면 전하 간의 쿨롱 힘이 작용하게 된다. 즉 입사 전자는 점차적으로 에너지를 상실하며 상실된 에너지는 시편 내부의 원자에 전달된다. 이와 같은 반응에 의하여 원자에 전달되는 에너지는 0에서부터 입사 에너지까지의 범위를 갖는다. 전달된 에너지는 원자 내의 평형 상태를 교란하게 되어 식 (3.12)에 표현된 형태로 변위를 수반하게 되고, 이의 평형 상태로 회복 과정에서 전자기파가 발생한다. 발생 전자기파의 파장은 식 (3.13)에 따라 전달된 에너지에 의해 결정되므로 파장은 연속적으로 나타나게 된다. 이러한 연속적 전자기파를 연속 X선이라고 한다. 그림 3.26은 이와 같은 전자기파 발생 기구의 모식도이다.

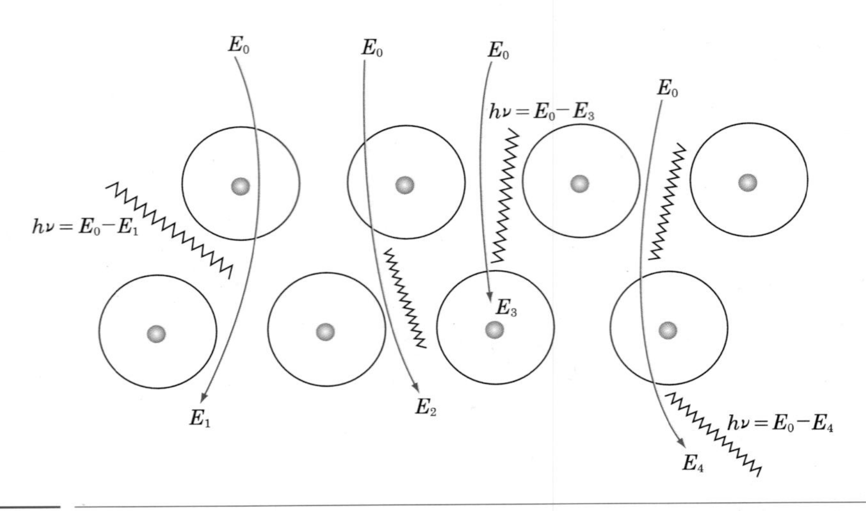

그림 3.26 원자의 쿨롱 힘에 의한 입사 전자 에너지의 감소와 이에 따른 연속 X선 발생 모식도

그림 3.27은 20 keV로 가속된 전자를 구리(Cu) 시편에 주사할 경우 나타나는 X선의 강도 분포이다. X선의 에너지는 0에서부터 20 keV까지의 범위에 걸쳐 있다. 이러한 X선의 강도(I) 분포는 크라머스에 의하여 다음과 같이 나타낼 수 있다고 보고되었다[Kramers, 1923].

$$I \cong iZ\left(\frac{\lambda}{\lambda_{SWL}} - 1\right) \cong iZ\,\frac{(E_0 - E_v)}{E_v} \tag{3.28}$$

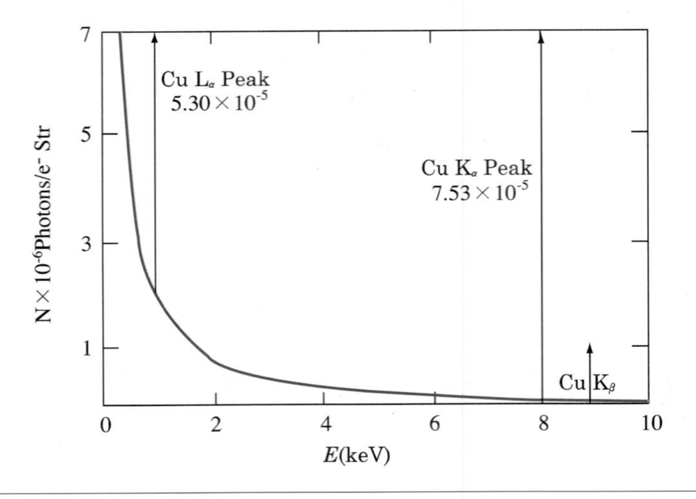

그림 3.27 20 keV의 전자빔에 의해 구리 시편에서 생성되는 X선 스펙트럼. 연속 X선과 구리의 특성 X선인 K_α, K_β, L_α선이 나타나 있다.

여기에서, i : 가속 입자의 전류

Z : 시편의 원자번호

λ : 측정하고자 하는 파장

λ_{SWL} : 가장 짧은 X선 파장

E_0 : 가속 입자의 초기 에너지

E_v : 측정하고자 하는 X선의 에너지

X선의 파장과 에너지의 관계는 $\lambda(nm) = hc/eE = 1.2398/E(\mathrm{keV})$로 표현할 수 있다. 즉 연속 X선의 강도는 파장이 길어질수록 입사 전자에 의한 미세한 상호작용의 증가로 인하여 증가한다. 일반적으로 연속 X선은 특성 X선 측정 시의 배경 잡음(background noise)으로 취급되어 제거되어야 할 성분으로 인식되고 있으나, 식에서 나타나듯이 원자번호에 의하여 강도가 변화되므로 다양한 적용 분야에 실질적으로 활용되고 있다. 주사전자현미경 성분 분석의 경우에는 그림 3.27에 나타낸 것과 같이 특성 X선의 강도 변화를 초래하므로 연속 X선의 정확한 강도 분포에 대한 해석이 필요하다.

(2) 특성 X선

특성 X선은 그림 3.27에 나타낸 것과 같이 특정 에너지에서 높은 강도를 나타낸다. X선의 특정 에너지는 원자 내에 고유한 특정 에너지 준위가 존재하고 원자 내부의 전자가 서로 다른 에너지 준위로 천이될 경우 발생할 수 있다. 따라서 시편의 원자번호에 따라 발생하는 특성 X선의 에너지값은 정해져 있다. 이러한 특성으로 인하여 시편의 화학 분석 시 정성분석이 가능하며 X선 강도를 이용한 정량분석도 가능하다.

그림 3.28은 특성 X선 발생 기구의 모식도이다. 가속된 전자에 의하여 내각의 전자가 축출되어 원자가 여기되면 이를 안정화시키기 위하여 그보다 외각의 전자가 천이하여 내각의 전자를 대치하는 과정에서 식 (3.13)에 표현된 파장을 갖는, 즉 두 에너지 준위만큼의 에너지 차이를 갖는 전자기파를 방출한다. 방출된 전자기파 중 일부가 다시 외각의 전자를 축출할 경우 그 축출된 전자를 오제전자라 하며, 전자기파가 외부로 그대로 방출될 경우 이를 특성 X선이라고 한다.

따라서 특성 X선과 오제전자의 발생 확률은 합이 1인 관계를 유지한다. 특성 X선의 발생 확률은 시편의 원자번호가 증가할수록 증가한다. 원자번호가 작은 탄소(C)의 경우 특성 X선의 발생 확률은 오제전자의 그것과 비교하여 약 0.5% 정도이나 원자번호가 큰 게르마늄(Ge)의 경우는 두 확률이 같아진다. 이를 그림 3.29에 정리하여 나타내었다[Henoc, 1976].

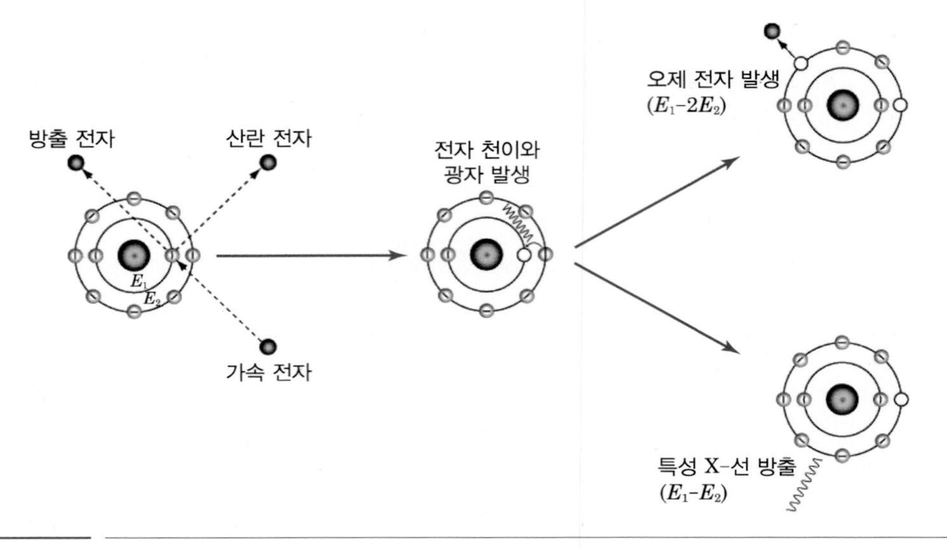

그림 3.28 전자 천이에 의한 특성 X선 및 오제전자 발생 모식도

특성 X선이 발생하기 위해서는 서로 주양자 수가 다른 두 개의 에너지 준위가 존재해야 하기 때문에 X선 발생은 최소한 원자번호가 3 이상인 원소에서 가능하다. 그러나 원자번호가 증가함에 따라서 주양자 수 및 부양자 수가 증가하여 다양한 에너지 준위가 존재하므로 다양한 천이 방법이 존재하게 된다. 가속된 전자가 결합력을 이겨내며 내각 전자를 축출할 수 있으려면 최소한의 임계 이온화 에너지를 가져야 한다. 내각 전자가 축출된 후 에너지 상태를 낮추기 위하여 외각 전자가 천이하게 되는데, 외각 전자의 에너지 상태가 다양하므로 같은 원자에서도 다양한 X선이 발생하게 된다.

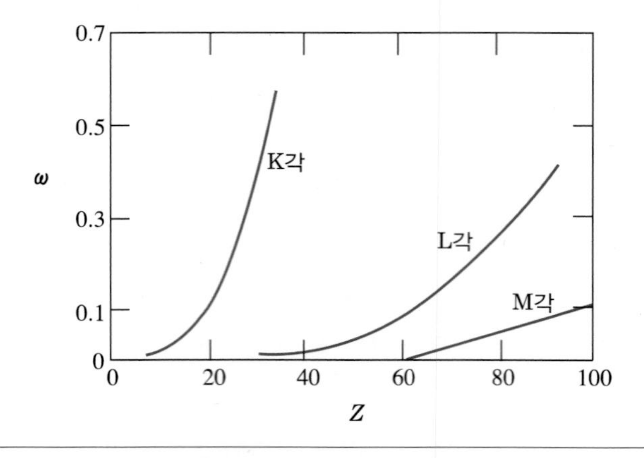

그림 3.29 여러 가지 전자각의 이온화에 따른 X선 발생 확률(ω)

원자 내 전자의 천이는 선택 규칙에 의하여 제한된다. 그림 3.30은 발생할 수 있는 여러 가지 특성 X선을 모식화한 것이다[Henoc, 1976]. 주양자 수가 각각 1, 2, 3인 원자각의 이름이 K각, L각, M각이므로 X선의 이름도 축출된 전자각 이름을 써서 K선, L선, M선 등으로 부른다. 그다음에 천이되어 오는 전자의 에너지가 최소화되는 주양자 수의 위치부터 α, β, γ 등의 아래 첨자로 표기한다. 같은 주양자 수에서도 부양자 수와 자기 양자 수의 차이가 있으므로 이 경우 에너지가 높은 천이부터 숫자 1, 2, 3 등으로 명명한다. 예를 들어 $K_{\alpha 1}$은 축출된 전자는 K각 전자이며, 천이된 전자는 L각의 부양자 수 1(p)에서 천이되었음을 의미한다.

특성 X선의 에너지는 에너지 준위 차이에 의하여 결정되고, 에너지 준위 차이는 물질의 종류와 원자 구조에 의하여 결정된다. 모즐리(Moseley)가 이러한 관계를 다음과 같은 간단한 식으로 정리하였다.

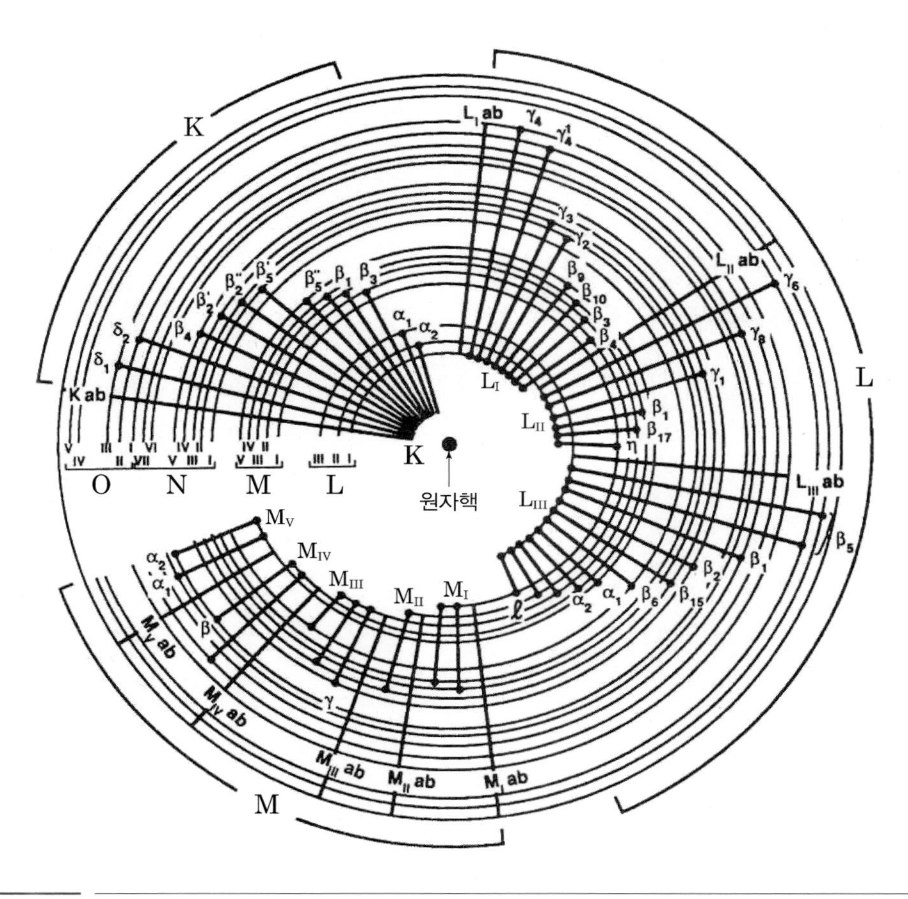

그림 3.30 특성 X선을 야기시키는 전자 천이를 나타내는 에너지 준위 도표

$$\lambda = \frac{B}{(Z-C)^2} \tag{3.29}$$

여기에서, λ : X선의 파장

Z : 시편의 원자번호

B, C : 상수

특성 X선은 사람의 지문처럼 원자의 종류에 따라 파장과 에너지가 결정되어 있으므로 특성 X선의 파장과 에너지를 측정하면 원소 분석이 가능하다.

① 특성 X선의 강도

내각 전자를 이온화하기 위한 산란 단면(Q, cm^2)은 베테가 제안한 비탄성산란을 기초로 하여 다음과 같이 표현할 수 있다.

$$Q = 6.51 \times 10^{-20} \frac{n_s b_s}{U E_c^2} ln(c_s U) \tag{3.30}$$

여기에서, n_s : 특정 각의 전자 수

b_s, c_s : 특정 각의 상수

E_c : 특정 각의 임계 이온화 에너지(keV)

U : 과전압 $U = E/E_c$

그림 3.31은 위 식을 이용하여 계산된 산란 단면의 에너지에 따른 변화를 나타낸 것이다. 산란 단면의 변화에서 과전압 U가 1 이하의 경우에는 X선이 발생하지 않으나, 1 이상의 값에

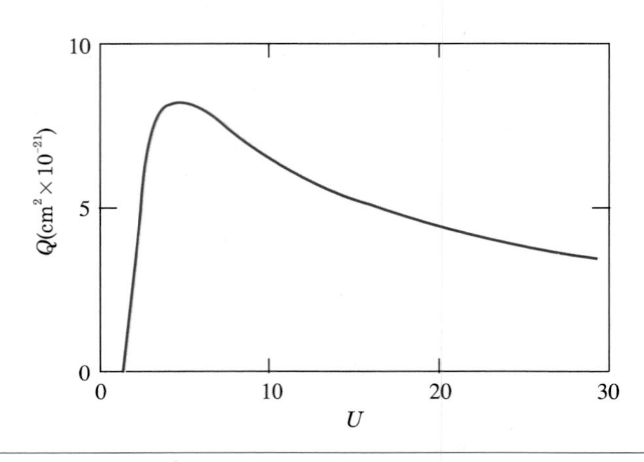

그림 3.31 과전압 $U = E/Ee$에 대한 내부 전자각 이온화의 산란 단면의 변화

서는 급격히 증가하다가 점차적으로 감소함을 알 수 있다. 이와 같은 현상은 이미 언급한 바와 같이 공명 주파수 개념으로 이해할 수 있다.

시편에 전자가 입사하면 탄성 및 비탄성산란에 의하여 전자의 궤적 및 에너지가 변화하여 원자의 이온화 산란 단면이 변화할 것이며, 안정화 과정에서도 오제전자, X선의 발생이 경쟁적으로 일어나므로 X선의 발생 확률(형광수율, fluorescence yield, ω)에 대한 구체적인 고려가 요구된다. 다중 산란 확률이 작은 두께가 얇은 시편의 경우 확률적으로 전자가 X선을 발생하는 개수는 다음과 같이 표현할 수 있다.

$$n_x = Q\omega N_0 \rho t/A \tag{3.31}$$

여기에서, N_0 : 아보가드로수

t : 시편의 두께

그러나 시편이 두꺼워져 다중 산란 및 에너지 손실을 고려해야 할 경우에는, 초기 입사 에너지에서 임계 이온화 에너지까지의 구간 동안 전자의 비탄성산란에 의한 에너지 손실로 인한 Q의 변화를 고려하여 생성된 수를 종합해야 한다. 그 경우의 특성 X선의 강도는 다음과 같이 표현할 수 있다.

$$I_c = \int_0^t Q\omega N_0 \frac{\rho}{A} dx = \omega N_0 \frac{\rho}{A} \int_{E_0}^{E_c} \frac{Q}{dE/dx} dE \tag{3.32}$$

또한 후방산란 전자의 발생으로 인하여 식 (3.32)의 강도 변화도 고려해야 한다. 던컴과 리드(Duncumb and Reed)에 의하면 후방산란 전자의 영향을 고려한 강도(I_{cgen})는 I_c에 보정 상수(R)를 곱하여 표현할 수 있다[Duncumb, 1968]. 이러한 관계식과 식 (3.28)의 관계를 이용하여 실험적으로 I_{cgen}의 관계를 표현하면 다음과 같다.

$$I_{cgen} = a(U-1)^n \tag{3.33}$$

표 3.3은 식 (3.33)에 사용되는 여러 가지 원소의 실험적인 결과이다. 특성 X선과 연속 X선이 공존하므로 특성 X선의 강도는 연속 X선에 의한 노이즈를 제거하여야 구할 수 있다. 식 (3.28)과 (3.33)을 결합하여 두 개의 강도를 비교하여 표현하면 다음과 같이 간단히 표현될 수 있다.

$$\frac{P}{B} = \frac{1}{Z}\left(\frac{E_0 - E_c}{E_c}\right)^{n-1} \tag{3.34}$$

여기에서, P : 특성 X선의 강도

B : 연속 X선의 강도

표 3.3 실험적으로 관측된 여러 원소의 X선 상수

원소	n	X선 발생 확률($\times 10^{-4}$)
Mg	1.42	0.114
Si	1.35	0.316
Ti	1.51	0.631
Cr	1.52	0.741
Ni	1.47	0.933

따라서 X선 검출기의 강도를 높이기 위해서는 초기 입사된 전자의 에너지를 높이는 것이 중요하나, 초기 에너지가 높으면 X선의 발생 깊이가 깊어지므로 나중에 언급할 X선의 흡수에 의하여 강도가 다시 저하된다. 따라서 이 두 가지 요건을 정확히 판단해야 한다.

② X선의 발생 깊이

X선의 발생은 가속된 전자와의 반응에 의하여 결정되므로 K−O 범위에서 표현된 식 (3.20)에 의하여 상호작용 부피에 대하여 고려해야 하며, X선 발생을 위한 전제 조건인 임계 이온화 에너지 이상이 되어야 하므로 식 (3.20)의 E_o^n이 $(E_0^n - E_c^n)$의 형태로 변경되어 표현된다.

그림 3.32는 전자의 상호작용 부피와 X선 발생 깊이의 관계를 몬테카를로 전산모사 결과로 나타낸 것이다. 그림에서 나타낸 것과 같이 X선의 발생 깊이가 상호작용 부피에 비하여 작다. 일반적으로 생성된 X선의 투과 깊이는 X선이 전기적으로 중성이므로 전자에 비하여 전자기력에 의한 에너지 흡수가 매우 낮아서 전자에 비하여 수십 배 깊다.

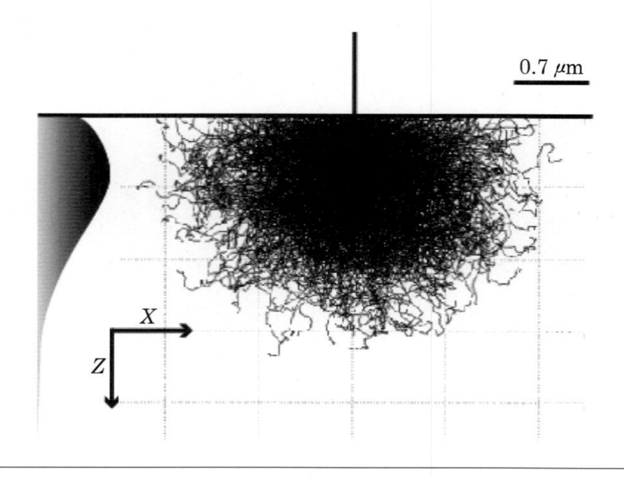

그림 3.32 시편의 깊이에 따른 X선 발생 분포

발생된 X선의 공간적 분포는 구형 대칭을 이루므로 시편의 보다 넓은 부위로 전달된다. 예를 들어 Cu Kα선의 에너지는 8.041 keV로 Cu Lα선의 에너지에 비하여 매우 크므로 Cu Kα선에 의한 Cu Lα선의 여기가 가능하다. 이런 경우 X선의 반응 깊이는 전자에 의하여 결정된 상호작용 부피에 비하여 매우 커진다. 또한 재료가 단성분계에서 복합 성분계로 천이될 경우 전장에 의하여 생성된 X선에 의해 야기된 다른 X선의 발생이 가능하므로 보다 정확한 공간 깊이의 분석을 매우 주의해야 하며, 이를 고려한 특성 X선의 강도를 평가해야만 올바른 화학적 정량 및 정성분석을 할 수 있다.

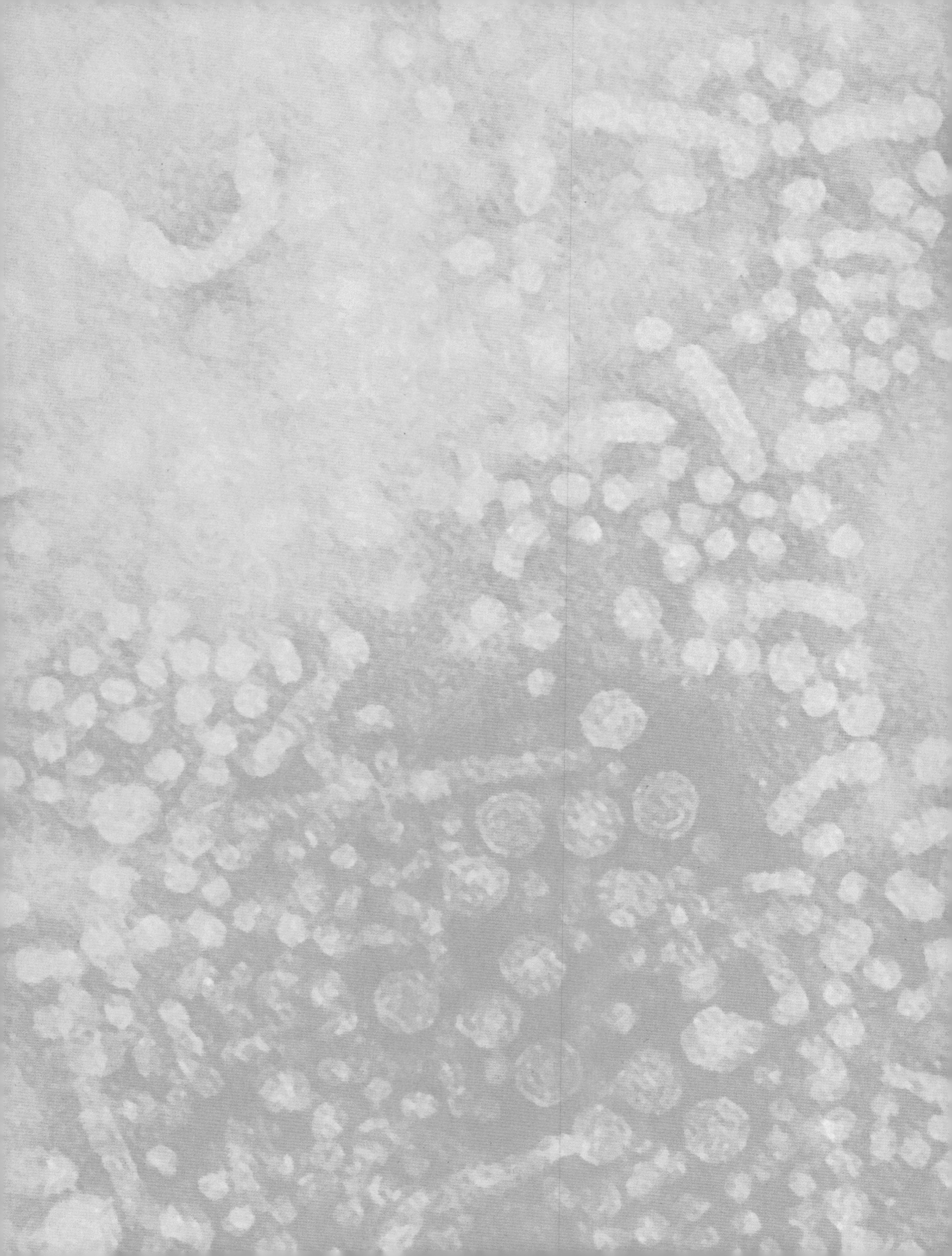

Scanning
Electron
Microscope

4장

신호처리 및 영상형성의 원리

1. 전자 신호의 검출
2. 영상형성의 기본원리 및 과정
3. 영상 콘트라스트
4. 화질과 전자빔 계수
5. 고분해능 영상기법
6. 극저가속전압 영상기법
7. 비정상적인 영상(상장애)

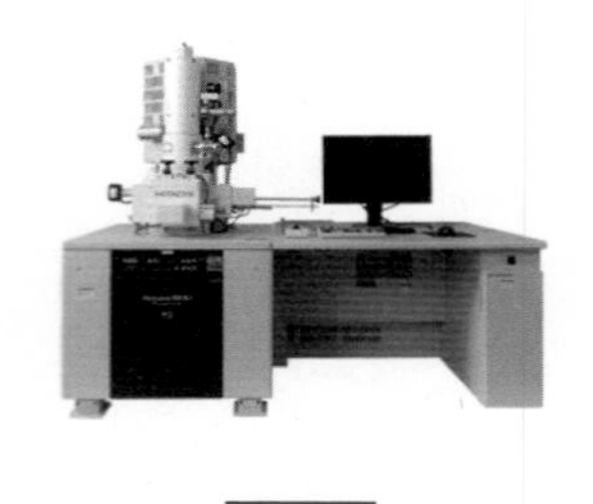

Scanning Electron Microscope

앞서 3장에서는 전자총에서 발생된 전자빔이 가속되어 시료에 입사하여 시편을 구성하고 있는 원자들과 탄성 혹은 비탄성 산란과정을 거치며 상호작용을 일으킨다는 사실에 대해 알아보았다. 이러한 상호작용은 주사전자현미경에서 유용하게 이용되는 후방산란전자, 이차전자, X선과 같은 다양한 신호를 만든다.

4장에서는 이들 중 이차전자 신호와 후방산란전자 신호를 어떻게 수집하고 처리하여 영상을 형성하는지에 대해 알아보고자 한다. 아울러 영상 콘트라스트와 화질의 향상 방법에 대해서도 알아보도록 한다.

1 전자 신호의 검출

주사전자현미경의 영상을 형성하는 데 유용하게 사용되는 신호는 이차전자와 후방산란전자이다. 이차전자는 입사 전자와 시료의 비탄성 충돌에 의해 시료 내 전자가 방출된 것을 말하며 50 eV 이하의 에너지를 가지는 전자로 정의되지만 대부분의 이차전자는 3～5 eV 정도의 작은 에너지를 가진다. 한편 후방산란전자는 입사빔의 전자가 시료와의 반복적인 탄성산란과정에 의해 진로가 바뀌어 시료를 이탈한 것으로 에너지는 0에서부터 입사빔의 에너지에 이르기까지 넓은 범위의 에너지를 가질 수 있으나 주로 입사빔 에너지의 80% 이상의 큰 에너지를 가진다. 또한 후방산란전자의 생성은 시료의 원자번호와도 밀접한 관계가 있어 원자번호가 커짐에 따라 신호의 발생량이 증가하는 경향을 보인다. 이들 두 신호는 근원도 다를 뿐만 아니라 에너지 범위, 시료에 대한 의존성, 얻을 수 있는 정보도 서로 다르다. 따라서 두 신호의 특성 차이를 이용해 신호를 선택적으로 검출하여 영상을 구성할 수 있다. 전자 신호를 수집하는 검출기의

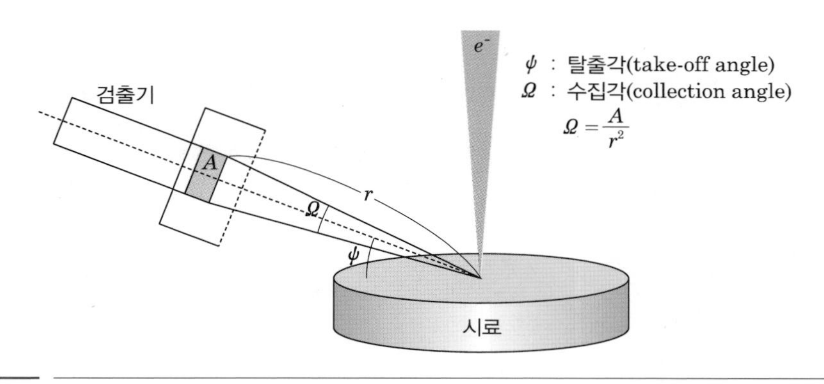

그림 4.1 검출기의 모식도와 주요 변수

효율은 그림 4.1에 나타낸 바와 같이 검출기의 면적, 시료로부터의 거리, 탈출각과 수집각 등과 같은 기하학적 요소에 의해 영향을 받는다.

1) 이차전자(SE)의 검출

(1) E-T 검출기

에버하트－톤리(Everhart－Thornley)에 의해 1960년에 개발된 E-T 검출기는 주사전자현미경의 전자검출기 중에 가장 널리 쓰이는 것으로 이차전자와 후방산란전자 모두의 검출에 이용될 수 있다. E-T 검출기는 거의 모든 주사전자현미경의 기본적인 검출기로 장착되고 있으며 이 검출기를 장착하지 않은 주사전자현미경을 찾아보기 힘들 정도이다. E-T 검출기의 기본적인 구조와 원리는 그림 4.2에 간략히 나타내었다.

E–T 검출기는 검출된 전자 신호를 빛 신호로 바꾸고 이를 다시 전기 신호로 바꾸는 과정을 통해 신호를 수집하는 장치이며 패러데이 망, 신틸레이터, 광 도파관, 광 증폭기로 구성되어 있다. 패러데이 망은 철망과 같은 모양으로 ＋250 V에서 －50 V 범위의 양(+)/음(－)의 바이어스 전압을 인가할 수 있다. 양의 바이어스 전압은 에너지가 낮고 음전하를 띤 이차전자를 검출기 쪽으로 끌어들이는 역할을 하지만 에너지가 높은 후방산란전자의 궤적은 바이어스 전압에 크게 영향을 받지 않으며 시편에서 검출기 방향으로 향하고 있는 후방산란전자들만이 검출기 내로 들어간다. 음의 바이어스 전압의 경우 에너지가 낮고 음전하를 띤 이차전자들은 반발력에 의해 검출기 내로 진입하지 못하게 되며 역시 검출기 방향으로 향하고 있는 후방산란전자들만이 검출기 내로 들어가 상대적으로 후방산란전자 신호만 검출할 수 있게 된다. 바이어스 전압에 따른 영상의 변화에 대한 자세한 설명은 다음 절에서 하기로 한다.

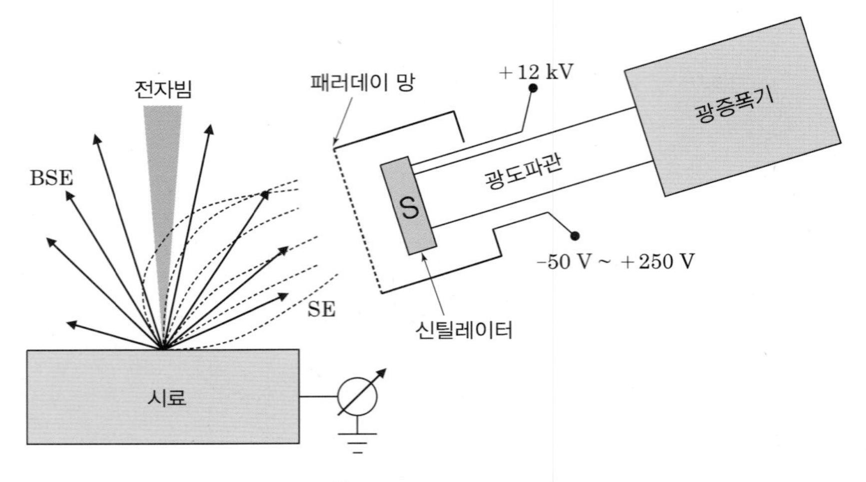

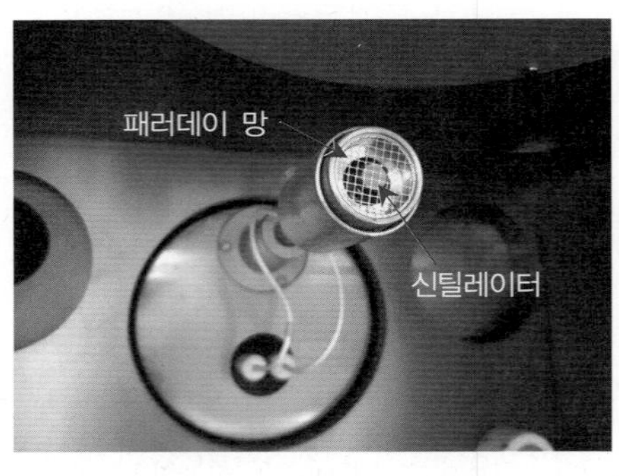

그림 4.2 E-T 검출기의 기본구조, 원리, 및 실제 영상

일단 패러데이 망의 바이어스 전압에 의해 끌려든 전자는 신틸레이터에 충돌하여 빛(광자)을 발생한다. 광자가 발생하기 위해서는 신틸레이터와 충분한 에너지로 충돌해야 하는데 이차전자는 충분한 에너지를 갖지 못하므로 전자를 가속하기 위하여 신틸레이터에 약 12,000 V의 전압을 인가해놓았다. 가속된 전자와 신틸레이터와의 충돌에 의해 발생한 광자 신호는 광 도파관을 지나 광 증폭기에서 증폭되고 다시 전기(전류) 신호로 바뀌어 처리된다.

(2) E-T 검출기의 위치 및 신호 검출의 다변화

E-T 검출기는 일반적으로 그림 4.2에서 보듯이 시료실의 벽면에 설치하여 전자신호들을 수집하지만 대물렌즈의 종류에 따라 검출기의 위치가 달라져야 한다. 다음 그림 4.3에서 보듯이 가장 일반적인 디자인의 핀홀(pinhole) 대물렌즈 또는 원뿔형(conical) 대물렌즈의 경우 렌즈와 시료 간에 공간적 여유가 있으므로 시료실 벽면에 검출기를 설치할 수 있으나 시료를 렌즈부에 직접 삽입하여 대물렌즈의 자기장 내에 완전히 잠기도록 디자인된 잠김형(immersion type)

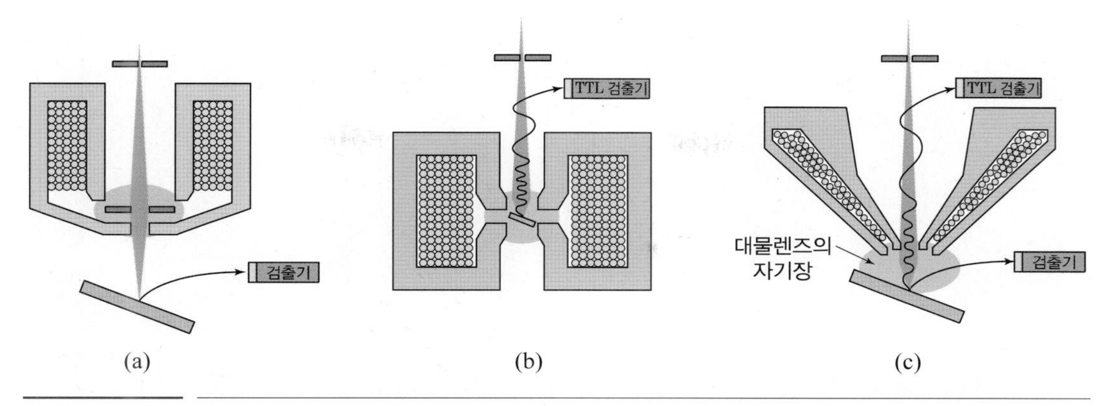

그림 4.3 주사전자현미경에 적용되는 대물렌즈의 종류와 검출기의 위치. (a) 핀홀형 또는 원뿔형 대물렌즈, (b) 잠김형 대물렌즈, (c) 스노클 대물렌즈

대물렌즈에는 그런 공간이 없으므로 렌즈부에 검출기를 설치하여야 한다.

이렇게 렌즈부에 설치한 검출기를 TTL(through-the-lens) 검출기라고 한다. 원뿔형 렌즈와 잠김형 렌즈의 중간 형태라고 볼 수 있는 스노클(snokel) 대물렌즈 또한 시료와 대물렌즈와의 간격을 좁혀 작업하게 되므로 두 위치 모두에 검출기를 설치해 사용한다. 스노클 렌즈의 경우 시료에까지 미치는 대물렌즈의 강한 자기장이 시편의 전자빔 조사 영역에서 방출되는 제1형 이차전자(SE_I)와 제2형 이차전자(SE_{II})를 가두어 시료실 벽면에 설치한 E-T 검출기로의 수집을 제한하고 TTL 검출기로의 수집을 유도한다(그림 4.4). 시료에서 발생한 에너지가 높은 후방산란전자와 이것이 시료실 벽면에 충돌해 생성한 제3형 이차전자(SE_{III})는 상대적으로 이러한 영향을 덜 받고 시료실 벽면에 설치한 E-T 검출기로 향하게 된다(SE_I, SE_{II}, SE_{III} 등 이차전자의

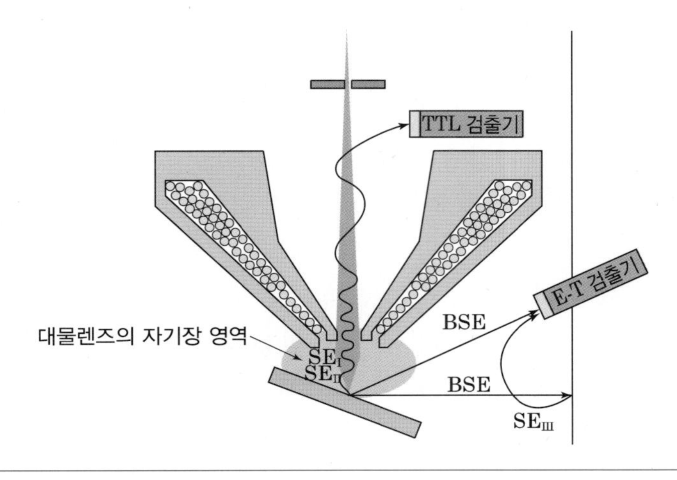

그림 4.4 TTL 검출기. 이차전자는 대물렌즈의 자기장에 갇혀 나선운동을 하며 검출기로 진행한다.

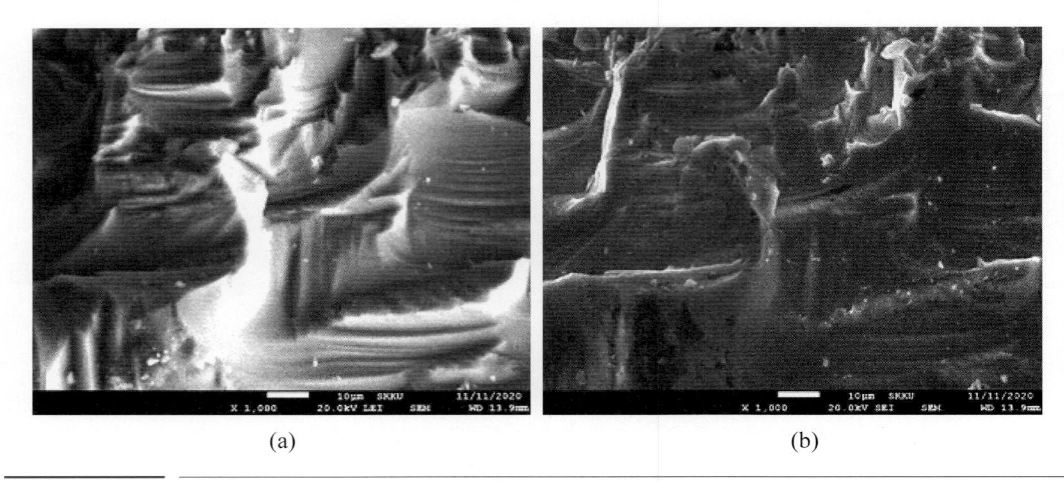

(a) (b)

그림 4.5 실리콘 웨이퍼 파단면 영상 (a) 하부 E-T 검출기에 의한 영상, (b) 상부 TTL 검출기에 의한 영상

구분과 특성에 대한 상세한 내용은 3.5절 고분해능 영상 기법에서 다시 다루기로 한다). TTL 검출기는 아래 그림 4.4에서 보는 바와 같이 검출기가 시료를 직접 바라보지 않는 구조로 되어 있어, 일반적인 E-T 검출기에서는 피할 수 없는, 직접 검출기로 진행하는 후방산란전자를 배제하고 순수하게 이차전자 신호만을 검출할 수 있는 장점이 있다. 따라서 그림 4.5와 같이 일반적인 위치의 E-T 검출기로 수집한 신호로 만든 영상(a)은 TTL검출기로 수집한 신호로 만든 영상(b)과 달리 후방산란전자에 의한 강한 그림자 효과가 포함되어 있음을 알 수 있다. 즉 검출기의 위치와 특성에 의해 수집되는 신호와 혼합비율로 달라져 일반적인 위치의 E-T검출기로는 15% SE_{I}, 45% SE_{II}, 40% SE_{III},와 일부 검출기로 향하는 후방산란전자 신호가 수집되는 반면, TTL 검출기는 25% SE_{I}과 75% SE_{II},가 수집되는 것으로 알려져 있다.

최근에는 대물렌즈에 따른 기하학적 제약 때문만이 아니라 신호검출 방식을 다양화하고 보다 정교하게 선택적으로 신호를 수집하기 위해 그림 4.6과 같이 복수의 TTL 검출기와 에너지 필터, 후방산란전자 전용 검출기 등을 추가하는 추세이다.

상부 TTL 검출기 1은 앞서 설명한대로 보다 효과적·선택적으로 이차전자 신호를 수집하는 목적으로 사용한다. 이를 위해 ExB(이크로스비) 필터 또는 발명자의 이름을 딴 빈(Wien) 필터를 활용한다. 직선 운동하는 하전 입자의 진행방향과 수직한 평면상에 서로 직교하는 전기장과 자기장을 걸어주면, 하전입자에는 전기장에 의한 힘 F_E와 자기장과 속도 v에 의한 로렌츠힘 $F_B = q(v \times B)$가 동시에 작용하게 된다. 이때 빈(Wien) 조건($F_B = -F_E$)을 만족하는 질량 m_A와 에너지 E_A를 가지는 하전 입자 A는 휘지 않고 직선운동을 계속하나, 하전 입자 A와 다른 에너지 $E_B(= E_A + \Delta E)$나 질량 $m_B(= m_A + \Delta m)$을 가지는 하전 입자 B는 휘게 되며,

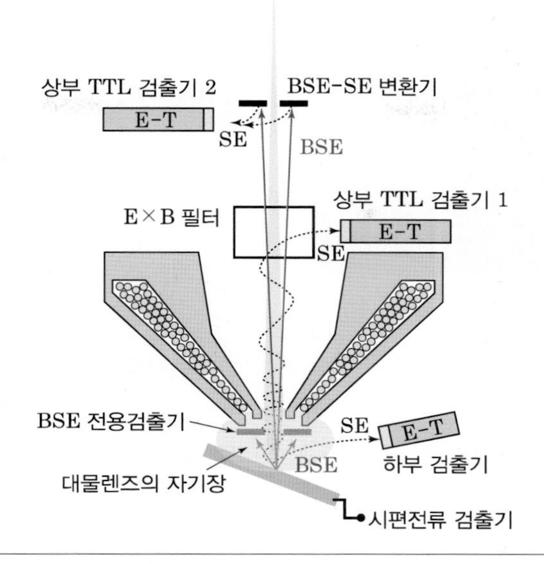

그림 4.6 다중 검출기 시스템을 통한 신호 검출방식의 다변화

그 휘는 정도는 ΔE나 Δm에 비례하게 된다. 이 현상을 이용하여 전자현미경의 이미지 필터로 활용하고 있다. 즉, 고에너지의 후방산란전자는 통과하고 저에너지의 이차전자 만을 상부 TTL 검출기 1로 보내 수집할 수 있다. ExB 필터를 통과한 고에너지의 후방산란전자는 BSE-SE 변환기에 충돌하여 이차전자 신호를 생성하며 이를 상부 TTL 검출기 2로 수집한다. 따라서 상부 TTL 검출기 2는 실제로는 고에너지의 후방산란전자 신호를 수집하게 된다. 이외에도 후방산란전자의 효율적인 수집을 위한 전용 검출기나 시편 자체를 검출기로 활용하는 등 다양한 신호검출 방식이 활용되고 있고 이에 대해 자세히 알아보기로 한다.

2) 후방산란전자 전용 검출기

E-T 검출기는 이차전자와 후방산란전자 모두 검출할 수 있고 또한 선택적으로 후방산란전자만 검출할 수도 있다. 그러나 후방산란전자 검출에는 효율이나 활용도 면에서 보다 우수한 후방산란전자(BSE) 전용 검출기가 이용되고 있다.

(1) 신틸레이터형 후방산란전자 검출기

로빈슨(Robinson)형이라고도 불리는 신틸레이터형 후방산란전자 검출기는 그림 4.7에 나타냈듯이 신틸레이터, 광 도파관, 광 증폭기로 구성되어 있고 작동원리도 E-T검출기와 유사하다.

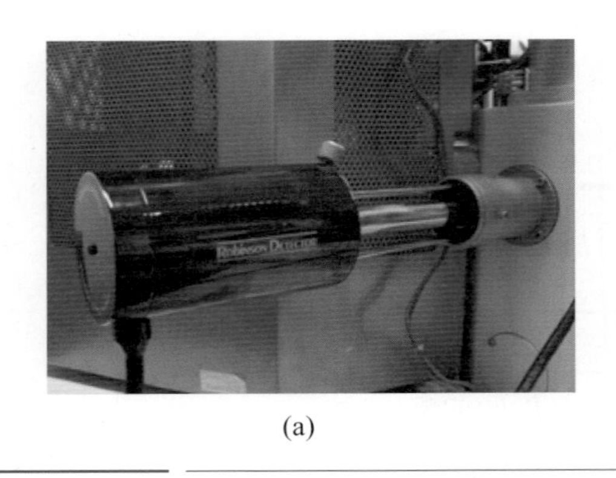

(a)

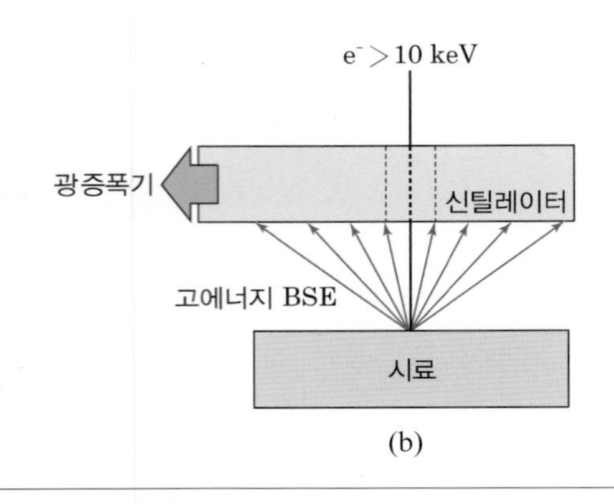

(b)

그림 4.7 신틸레이터형 후방산란전자 검출기의 사진 및 기본원리

단지 바이어스 전압을 인가시켜줄 수 있는 패러데이 망이 없어 음전하를 띠는 이차전자는 검출기 쪽으로 유인되지 않는다. E-T 검출기와는 달리 신틸레이터에 가속전압이 인가되지 않기 때문에 충분한 에너지를 가지는 후방산란전자는 광자 신호로 변환되어 수집되지만 그렇지 못한 낮은 에너지의 이차전자들은 검출되지 않는다. 이차전자뿐만 아니라 에너지가 낮은 일부 후방산란전자도 마찬가지 이유로 검출이 어렵다. 따라서 로빈슨형 검출기는 낮은 가속전압에서의 작업에는 적절하지 않으며 일반적으로 10 kV 이상의 가속전압에서 사용된다. 로빈슨형 검출기는 E-T 검출기에 비해 넓은 면적의 신틸레이터를 사용하고 시편 바로 위에 큰 탈출각을 가지는 위치에 두기 때문에 검출 효율이 좋다.

(2) 신호 변환형 후방산란전자 검출기

신호 변환형 검출기는 그림 4.8에 나타내었듯이 E-T 검출기를 응용한 것으로 후방산란전자를 직접 검출하지 않고 이차전자로 변환하여 검출한다. 시편에서 방출되는 이차전자와 후방산란전자의 분리를 위해서 시편 위에 음(−50 V)의 바이어스가 걸린 그물망을 설치한다. 음의 바이어스에 의한 반발력으로 낮은 에너지를 가지는 이차전자들은 그물망을 통과하지 못하고 시편으로 되돌아가게 되며 상대적으로 높은 에너지를 가지는 후방산란전자들만 그물망을 통과하게 된다. 이때 후방산란전자들은 코사인 분포로 정의되는 각도에 따른 세기 분포를 보이며 진행한다. 즉 시료 표면이 전자빔에 수직하게 놓여 있다면 시료 표면에 수직한 방향 쪽으로 가장 많은 양의 후방산란전자가 방출된다는 것이다. 이 방향에 위치한 대물렌즈의 하단에 이차전자 발생효율이 높은 MgO와 같은 물질로 코팅된 BSE-SE 신호 변환용 타깃을 두어 이차전자를 발생시킨다. 여기서 발생된 이차전자는 시편에서 방출된 후방산란전자가 지니는 정보를 가지고 있으며 양의 바이어스를 가지고 작동되는 E-T 검출기에 의해 검출된다. 대물렌즈 하단이나 시료실 벽면 등 넓은 면적과 충돌하여 이차전자로 변환되므로 신호 변환형 검출기는 큰 수집

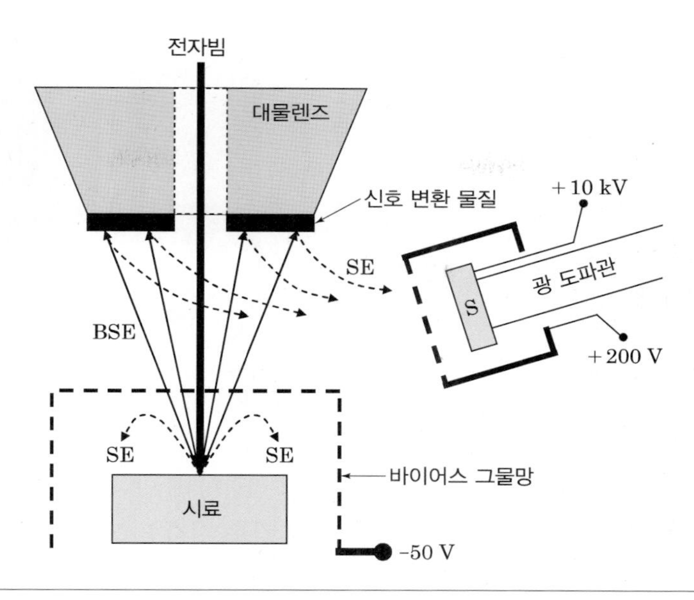

그림 4.8　　신호 변환형 검출기의 기본원리

각을 갖고 있으며 후방산란전자의 진행 방향 또는 궤적에 대한 검출기의 위치 의존도를 크게 줄일 수 있다는 장점이 있다. 또한 일반적으로 여기 전자의 에너지가 작을수록 이차전자 발생효율이 높아지므로 신호 변환형 검출기는 낮은 가속 전압에서의 작업에 적합하다는 장점이 있다.

(3) 반도체형 후방산란전자 검출기

반도체형 검출기(solid state detector)는 가장 널리 활용되며 후방산란전자의 충돌로 인하여 반도체에서 전자－공공쌍이 생성되고 이를 감지하여 검출하는 원리로 작동된다(그림 4.9). 이는 에너지분산 X선 분광분석기(EDS)의 X선 검출기의 동작 원리와 같다. 반도체의 전자구조는 채워진 가전자대와 비어 있는 전도대로 이루어져 있고 이들은 밴드갭으로 분리되어 있다. 후방산란전자가 반도체에 입사하여 비탄성산란을 하면서 가전자대의 전자들을 여기하여 전도대로 이동시키고 가전자대에는 공공을 남긴다. 실리콘의 경우 이러한 전자－공공쌍을 형성시키는데 필요한 에너지는 약 3.6 eV 정도이다. 따라서 예를 들면 한 개의 10 keV 에너지를 가진 후방산란전자가 실리콘 반도체 검출기와 충돌할 경우 약 2,800개의 전자－공공쌍을 형성시킬 수 있다. 이 전자와 공공은 재결합하려는 성질이 있으나 외부에서 바이어스 전압을 걸어주면 각각 양극과 음극 쪽으로 분리되어 이동한다. 수집된 전하는 전류 증폭기로 보내어 처리된다. 전자와 공공은 전하를 갖고 있으므로 이들의 이동은 전류값으로 측정된다.

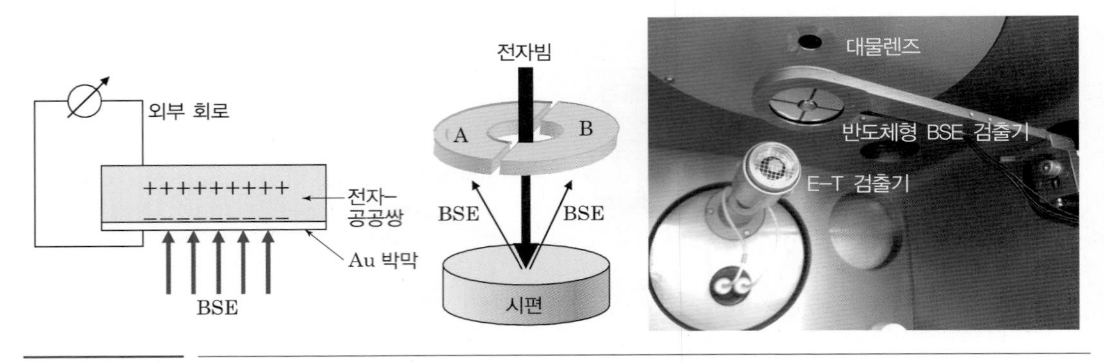

그림 4.9　　반도체형 후방산란전자 검출기의 구조, 원리, 및 실제 영상

반도체형 검출기는 에너지가 큰 후방산란전자에만 민감하게 반응하며 두께가 수 밀리미터 정도로 얇고 평탄한 웨이퍼 형태를 하고 있기 때문에 작은 사각형 모양에서 큰 엽전 모양까지 다양한 크기와 형상으로 만들 수 있다. 검출 효율이 가장 좋은 위치인 대물렌즈 아랫부분에 장착하며 그림 4.9에서 보듯이 두 조각, 네 조각 또는 그 이상의 여러 조각으로 나누어 신호를 수집한 후 이들 신호를 합산하거나 차감하여 비교할 수 있다. 이에 대해서는 다음 절에서 자세히 다루도록 하겠다.

(4) 다중채널 판형 후방산란전자 검출기

다중채널 판형 검출기(multichannel-plate BSE detector)는 후방산란전자를 이차전자로 변환하여 검출한다는 점에서 신호 변환형 검출기와 유사하지만 신호 변환이 검출기 내에서 이루어진다는 점이 다르다. 다중채널 판형 검출기의 개략적인 구조와 작동원리는 그림 4.10에 나타내었다. 신호 변환이 일어나는 다중채널 판은 수 밀리미터 크기의 유리 모세관들의 묶음으로 이루

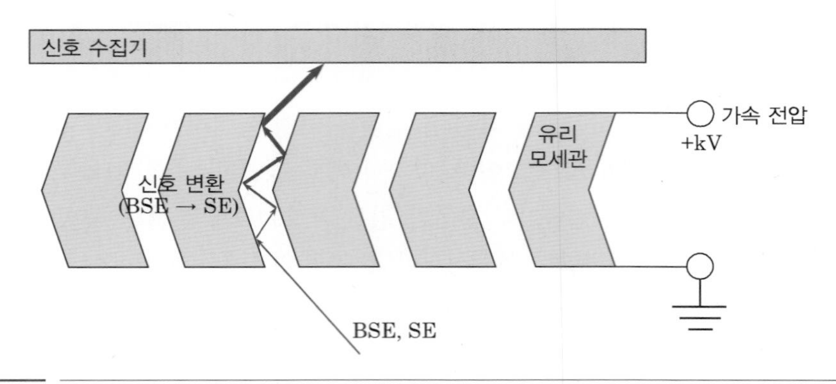

그림 4.10　　다중채널 판형 검출기의 기본원리

어져 있으며 신호(전자)가 빠져나가는 표면에 가속전압이 인가되어 있다. 후방산란전자가 모세관 입구에 충돌하면 각 모세관은 전자 증폭기처럼 작용하여 이차전자를 방출하게 된다. 매번 모세관 벽면에 충돌할 때마다 더 많은 이차전자가 방출되어 신호가 증폭된다. 증폭 효율을 높이기 위해 두 개의 판을 그림 4.10과 같이 겹쳐 꺾인 모양의 채널을 만들기도 한다. 다중채널 판형 검출기도 신호 변환형 검출기와 마찬가지로 낮은 가속전압에서의 작업에 적합하다.

3) 시편 전류 신호검출

전자 신호를 수집하여 영상을 형성하는 또 다른 방법으로 시편 자체를 검출기로 활용하는 방법이 있다. 시편에 조사된 전자빔의 일부는 이차전자와 후방산란전자 신호를 발생시키고 나머지는 시편에 흡수된다. 시편에 흡수된 전자들은 접지 회로를 따라 시료를 빠져나가는데 이 전자의 흐름을 시편 전류라 하고 이것으로 형성한 영상을 시편 전류 영상이라고 한다. 시편에 공급된 전자빔 전류(i_{B})는 그림 4.11과 아래 식과 같이 이차전자 전류(i_{SE}), 후방산란전자 전류(i_{BSE})와 시편전류(i_{S})의 합으로 나타낼 수 있다.

$$i_{\mathrm{B}} = i_{\mathrm{SE}} + i_{\mathrm{BSE}} + i_{\mathrm{S}} \tag{4.1}$$

여기서 이차전자 전류(i_{SE})와 후방산란전자 전류(i_{BSE})는 전자빔 전류(i_{B})에 대한 각 신호의 발생효율에 의존하므로 다음 식과 같이 나타낼 수 있다.

$$i_{\mathrm{B}} = (\eta + \delta) i_{\mathrm{B}} + i_{\mathrm{S}} \tag{4.2}$$

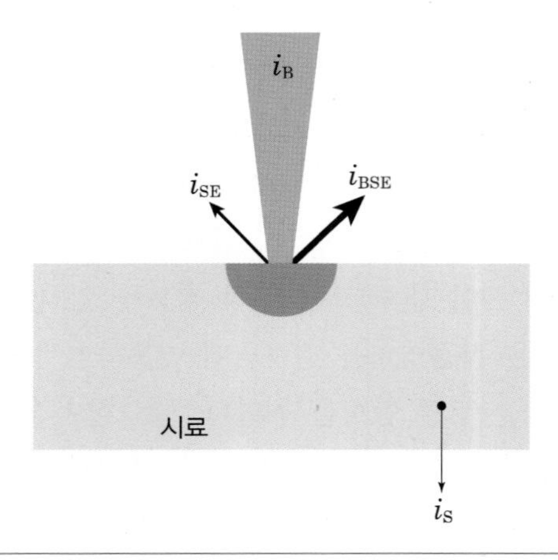

그림 4.11 전자빔 전류(i_{B}), 이차전자 전류(i_{SE}), 후방산란전자 전류(i_{BSE})와 시편전류(i_{S})의 상관 관계

앞의 식을 정리하면,

$$i_{\mathrm{S}} = (1-\delta-\eta)\, i_{\mathrm{B}} \tag{4.3}$$

위와 같고 이차전자 발생효율 δ가 일정하다면,

$$i_{\mathrm{S}} = (K-\eta) i_{\mathrm{B}} \tag{4.4}$$

위와 같이 나타낼 수 있다. 여기서 K는 상수이다. 즉 시편 전류 영상은 후방산란전자 영상과 반대로의 밝기를 나타내는 역상으로 나타난다. 후방산란전자 영상에 대해서는 다음 절에서 자세히 다루도록 하겠다.

2 영상형성의 기본원리 및 과정

1) 전자빔의 주사 및 영상형성

주사전자현미경은 장비의 명칭에서 알 수 있듯이 전자빔을 시료의 넓은 면적에 동시에 쪼여주는 것이 아니라 가느다란 탐침 형태의 전자 프로브로 만들어 시료에 주사하여 필요한 정보를 얻어내는 장비이다. 대물렌즈에 의해 시료면에 집속된 전자 프로브는 이중 편향 코일(주사코일)에 의해 휘어 시료면을 종횡 방향으로 이동(주사)하게 된다. 그림 4.12에서 보듯이 대물렌즈의 구멍 내에 있는 두 세트의 전자기 코일에 흐르는 전류량을 변화시켜 전자빔의 꺾임 정도를 조절하고 전자 프로브의 위치를 제어하여 시편 상에 조사한다.

주사는 횡 방향의 선형 주사와 이러한 선형 주사가 종 방향으로 누적되어 만들어지는 화면 주사가 있다. 또한 주사 방식에 따라 디지털 주사와 아날로그 주사로 나눌 수 있다. 디지털 주사 방식은 최근 전자현미경이 채택하는 방식으로 전자빔의 주사가 좌표점을 따라서 불연속적으로 진행되며 각 위치에서 일정 시간 머물면서 신호를 발생시키고 수집하는 방식이다. 아날로그 주사 방식은 전자빔이 연속적으로 움직이며 신호를 발생시키고 수집하는 방식이다. 광학현미경이나 투과전자현미경이 시야 내의 모든 영상 정보를 일시에 얻을 수 있는 직렬 방식인 것과는 달리, 주사전자현미경은 관찰영역을 전자빔이 이동하면서 신호를 발생시키고 그때마다 신호를 수집해 화면에 표시하는 병렬 방식을 취한다. 광학현미경이나 투과전자현미경이 슬라이드 투영기와 유사하다면 주사전자현미경은 브라운관 TV와 유사하다고 할 수 있다. 주사 속도가 빠를 경우 잔상이 남아 한 화면이 정지 영상처럼 보이나 주사 속도를 늦추게 되면 오실로스코프에서 볼 수 있는 것과 같이 모니터 상에 하나의 밝은 선이나 점이 이동하는 모습을 볼 수 있다.

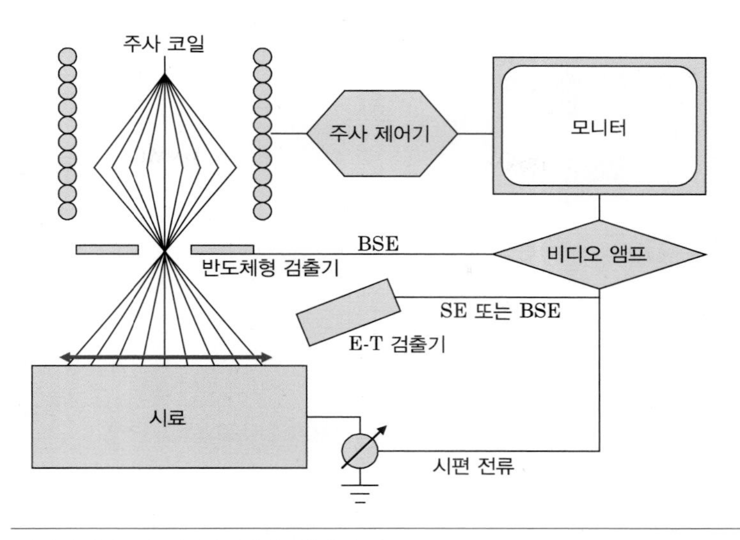

그림 4.12　　전자빔의 주사 및 영상형성 원리의 개략도

주사전자현미경의 영상은 광학현미경의 영상과 달리 화소 하나하나를 모아서 만들어내는 영상으로 그림 4.13에 나타내었듯이 시편 상의 점들과 모니터 상의 점들이 일대일 대응 관계를 가진다. 이러한 일대일 대응 관계는 그림 4.14에서 보듯이 (x, y)좌표로 표시할 수 있는 위치 상의 대응 관계뿐만 아니라 각 좌표점(화소)의 신호량 및 형상의 대응 관계도 포함한다. 디지털 영상은 각 화소의 신호량을 모니터에 표시하는 데 있어서 비트(bit)로 표현한다. 8비트 영상은 2^8, 즉 256등급으로 밝기를 구분하여 표시하며 12비트 영상은 $2^{12}=4{,}096$등급, 16비트 영상은 $2^{16}=65{,}536$등급으로 비트수가 높을수록 화소의 밝기 차이가 더 미세하고 정교하다. 각 화소는 1 바이트의 정보를 가지므로 예를 들어 영상이 1024×1024개의 화소로 이루어져 있으면 약 100만 바이트, 즉 1메가바이트의 크기를 갖는다.

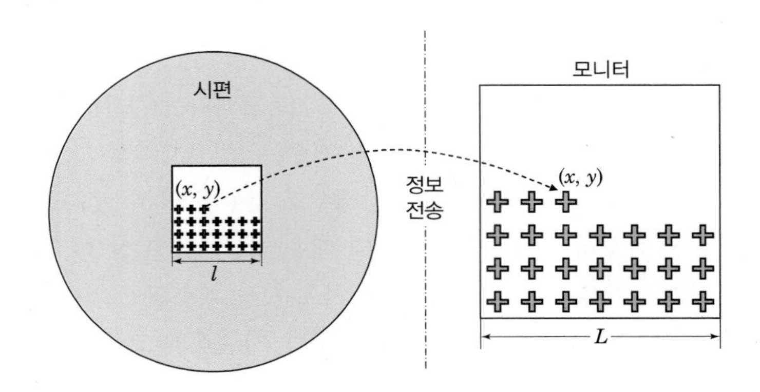

그림 4.13　　시편과 모니터 상 화소 간의 일대일 대응 관계

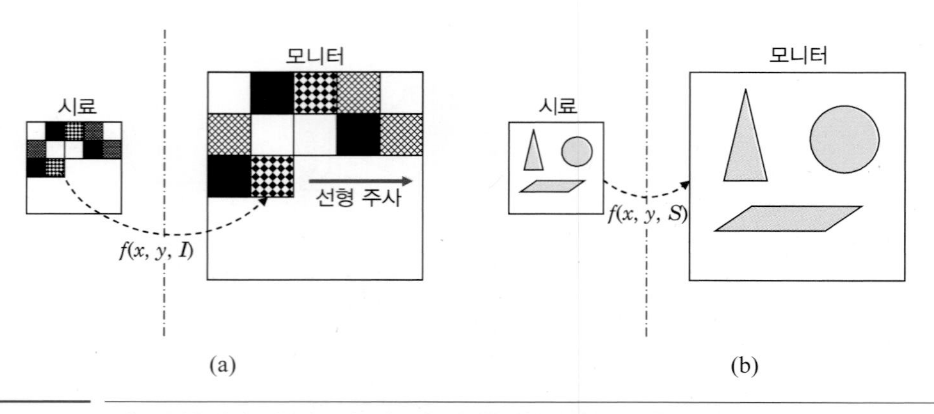

그림 4.14　정보 전송에서 각 화소의 신호량 및 형상의 일대일 대응 관계

2) 배율 및 화소

주사전자현미경의 영상형성 원리의 특성상 관찰 배율은 전자빔 주사 영역의 면적에 따라 결정된다. 즉 배율은 영상 크기와 시료상 주사 영역 크기의 비로 결정된다. 화면이 모니터를 가득 채울 때 모니터의 가로 길이를 $L_{모니터}$라고 하고 시료상 전자빔 주사 길이를 $L_{시료}$라고 하면 배율 M은 다음 식으로 나타낼 수 있다.

$$M = \frac{L_{모니터}}{L_{시료}} \tag{4.5}$$

즉 주사전자현미경에서의 배율은 광학현미경과 달리 얼마나 넓은 면적을 주사하는가에 의해 결정된다. 모니터 화면의 크기는 일정하므로 시료 상에서의 주사 면적을 줄이면 배율이 높아진다. 같은 부위에 대한 여러 배율의 영상을 그림 4.15에 나타내었다. 배율 증가는 렌즈 작용과는 무관하기 때문에 영상의 초점 변화가 없다. 따라서 광학현미경과 달리 고배율에서 초점을 일단 맞추면 배율을 낮추어도 다시 맞출 필요가 없다.

관찰용 화면은 일반적으로 음극선관(CRT) 또는 LCD 모니터를 사용하는데 이 화면은 작은 단위 소자인 화소(pixel)로 이루어져 있다. 화소의 개수는 모니터 제작 과정에서 결정된다. 모니터 상의 화소의 크기는 화면의 크기를 화소의 개수로 나누면 알 수 있다. 화질에 큰 영향을 미치는 것은 모니터 상 화소의 크기보다는 일대일 대응하는 시료면 상 화소의 크기이다. 앞으로 언급할 화소의 크기는 특별한 언급이 없는 한 시료면 상 화소의 크기를 말한다. 일대일 대응하므로 시료면 상 화소의 개수는 모니터 상 화소의 개수와 같고 시료면 상 화소의 크기(D_{PE})는 배율 M에 의해 결정되며 다음 식과 같은 관계를 가진다.

$$D_{PE} = \frac{L_{시료}}{N_{PE}} = \frac{L_{모니터}}{M \times N_{PE}} \tag{4.6}$$

여기서, N_{PE}는 한 개의 주사선에 속한 화소의 개수이다.

그림 4.15 동일한 시료에서 여러 배율로 관찰한 시리즈 영상(시료: 텔러륨 휘스커 결정). 배율의 증가에 따라 시료면 상에서 전자빔의 주사 영역 크기는 감소한다.

표 4.1 배율에 따른 화소 크기의 변화

배율	화소의 크기(D_{PE})
10×	10 μm
100×	1 μm
1,000×	100 nm
10,000×	10 nm
100,000×	1 nm

* 1,000×1,000 주사와 10 cm×10 cm 모니터를 가정

예를 들어 가로 세로 10 cm 크기의 모니터가 가로 세로 1,000개의 화소를 가질 때 배율에 따른 시편 상 화소의 크기 변화를 표 4.1에 나타내었다. 배율이 10배에서 100,000배로 증가하면 시료면 상 화소의 크기는 10 μm에서 1 nm로 작아지는 것을 알 수 있다.

3) 공확대

시료면 상 화소의 크기는 전자빔에 의해 시료에서 신호가 발생되는 상호작용 부피와 연계하여 화질에 큰 영향을 미친다. 화소의 크기와 신호발생 면적이 같을 경우 신호의 손실이나 중첩 없이 가장 선명한 영상을 얻을 수 있을 것이다. 주사전자현미경에서의 배율은 렌즈작용과 관계없이 주사 영역의 크기에만 의존하기 때문에 이론적으로 무한히 증가시킬 수 있다. 그러나 분

(a) (b) (c) (d)

그림 4.16 공확대의 예. 같은 부위를 (a)~(d) 순서로 배율을 높이며 관찰하였다.

해능 이상으로 배율을 올려보아도 더 이상 새로운 정보가 얻어지지 않는다면 확대의 의미가 없어진다.

그림 4.16(d)에서 보듯이 배율을 높인다고 해서 낮은 배율에서 관찰하지 못한 새로운 정보가 나타나지 않으며 더 세밀한 구조를 관찰할 수 있는 것도 아니다. 주어진 전자빔 조건에서, 즉 상호작용 부피가 일정하게 유지되는 상태에서 배율을 높이게 되면(화소의 크기를 줄이게 되면) 그림 4.17의 (a)에 나타낸 것과 같이 시편 상의 화소의 크기가 상호작용 면적인 유효 신호발생 면적(BSE 한계)보다 작아지게 되고 화소 간에 신호의 중첩이 발생하여 영상의 선명도가 떨어지게 되고 결국 초점이 맞지 않게 된다. 이러한 현상을 공확대(hollow magnification)라고 하며 이 현상이 나타나기 직전의 최대 배율을 공확대 배율이라 한다. 유효 신호발생 면적은 전자빔의 크기와 에너지, 시편의 화학조성 등에 따라 달라지는데, 유효 신호발생 면적의 직경(d_{eff})은 아래 식과 같이 전자빔의 직경(d_B)과 후방산란 면적의 크기(d_{BSE})의 합산으로 나타낼 수 있다.

$$d_{eff} = (d_B^2 + d_{BSE}^2)^{1/2} \tag{4.7}$$

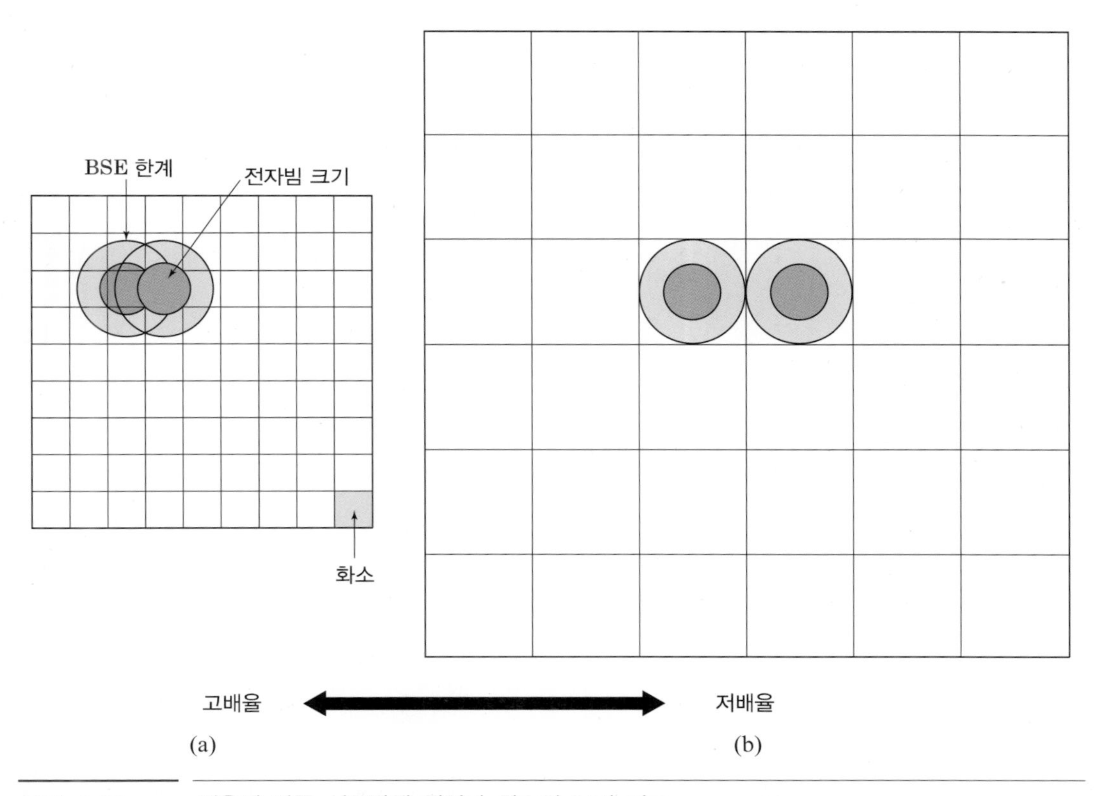

그림 4.17 배율에 따른 신호발생 영역과 화소의 크기 비교

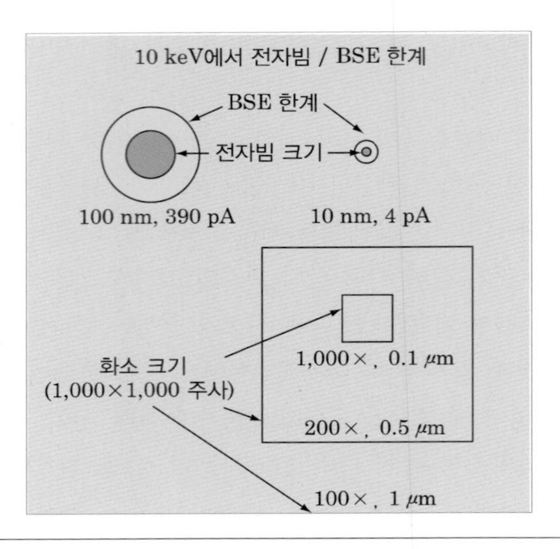

그림 4.18 저배율에서 신호발생 영역과 화소의 크기 비교

일반적으로 후방산란전자 발생 면적의 크기(d_{BSE})는 전자빔의 직경(d_B)에 비해 매우 크다. 즉, 전자빔 크기의 영향은 상대적으로 크지 않으며 후방산란에 의한 효과가 지배적이다. 텅스텐 필라멘트형 주사전자현미경의 일반적인 전자빔 크기인 10 nm 전자빔의 경우 공확대는 대략 10,000배에서 시작된다. 따라서 분해능에 대한 고려 없이 단지 주사전자현미경 배율을 얼마나 높이는가는 큰 의미가 없다. 이처럼 주어진 전자빔 조건에서는 그림 4.17의 (b)에서와 같이 배율을 낮춰 화소의 크기를 크게 하여 유효 신호발생 면적과 같게 하는 것이 선명한 영상을 얻는 조건이 될 수 있다.

그러나 배율을 계속 낮추게 되면 그림 4.18에 나타낸 것과 같이 화소의 크기가 점차 커져 오히려 신호발생 면적보다 더 큰 경우가 발생한다. 이런 경우에는 신호를 수집해야 할 면적보다 더 작은 면적에서만 신호를 발생·수집하게 되므로 화질에 불필요한 손실을 볼 수 있다. 이때는 분해능의 손실 없이 전자빔의 크기를 증가시키는 것이 가능하며 이에 따라 빔 전류가 증가하여 신호량이 풍부해지고 화질이 향상될 수 있다. 영상 형성 시 배율, 화소의 크기, 전자빔의 크기, 신호발생 면적의 크기 간의 상관관계를 고려해야 하며 좋은 영상을 얻는 데 항상 작은 빔만이 최선은 아님을 명심해야 한다.

4) 피사계 심도

피사계 심도(depth of field)는 시편에 높낮이가 있을 경우 초점이 맞는 범위에 해당하는 높낮이 또는 깊이를 말한다. 주사전자현미경은 광학현미경에 비해 피사계 심도가 매우 커서 파단면 시료와 같이 높낮이가 큰 시료의 관찰에 적합하다. 그림 4.19에 나타낸 바와 같이 전자현미경에서 전자빔은 원뿔 모양을 하고 있어 초점 위치로부터 멀어질수록 전자빔의 크기(원뿔의 단면적)가 점점 커지게 된다. 원뿔 형태의 전자빔은 수평이동을 하는 주사과정을 통해 높낮이가 다른 시료 표면에 닿는다. 즉 초점 높이의 시료 표면에는 가장 작은 크기의 전자빔이 닿겠지만 그보다 높거나 낮은 위치에 있는 시료 표면에는 더 큰 전자빔이 닿게 된다. 주어진 배율에서는 화소의 크기가 왼쪽 그림처럼 고정되어 있고 화소의 면적과 시료대 Z축(상하 이동축) 변화에 따른 샘플링 면적(유효 신호발생 면적) 변화에 의해 결정된다. 화소의 크기는 배율에 따라 변하고 샘플링 면적은 프로브 크기에 따라 변한다. 높낮이가 있는 시편 상에서의 샘플링 면적은 Z축 방향으로 이동 시 전자빔의 수렴각이 클수록 많이 변하고 수렴각이 작을수록 적게 변한다. 즉 수렴각이 작을수록 프로브 크기의 변화가 작아져서 초점이 맞는 범위가 더 넓어지고 피사계 심도도 깊어진다.

그림 4.19와 같이 높낮이가 있는 시편에 수렴각이 α인 전자빔을 조사할 경우 기하학적인 관계로부터 아래와 같은 피사계 심도(D) 관계식을 얻어낼 수 있다.

$$\tan\alpha = \frac{r}{D/2} \tag{4.8}$$

일반적으로 수렴각 α는 매우 작으므로 $\tan\alpha \approx \alpha$로 할 수 있다. 따라서 위 식은 다음과 같이 간단히 정리된다.

$$D/2 \approx r/\alpha \tag{4.9}$$

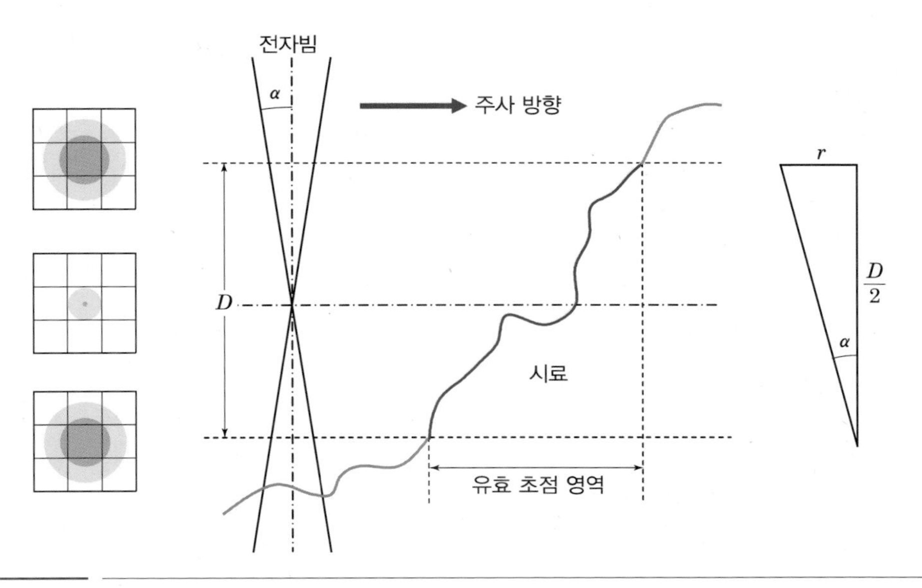

그림 4.19 피사계 심도의 기하학적 정의

원뿔모양 전자빔의 초점 높이보다 높거나 낮은 위치에서는 전자빔의 유효 지름이 커지고 샘플링 면적이 만일 시편상 화소 크기의 2배 이상이 되면 관찰자는 초점이 안 맞는 것을 느끼게 될 것이다. 예를 들어 가로, 세로 10 cm 크기의 모니터와 가로세로 1,000개의 화소를 가정해 보면 고해상도 음극선관의 화소의 크기는 0.1 mm가 되고 이에 대응하는 시편상의 화소의 크기는 배율로 나눈 값인 0.1 mm/M(배율)로 정의할 수 있다. 따라서 피사계 심도(D)는 다음 식으로 정의된다.

$$D = \frac{d}{\alpha} = \frac{1}{\alpha} \times 2 \times \frac{0.1}{M} = \frac{0.2}{\alpha M}\ (\mathrm{mm}) \tag{4.10}$$

여기서 수렴각은 다시 다음 식과 같이 작동거리(WD)와 대물 조리개의 반경(R_{AP})의 함수이므로

$$\alpha = \frac{R_{AP}}{WD} \tag{4.11}$$

피사계 심도(D)는 다음과 같이 표현할 수 있다.

$$D \approx \frac{0.2 \cdot WD}{R_{AP} \cdot M}\ (\mathrm{mm}) \tag{4.12}$$

이 식에서 피사계 심도를 증가시키려면 작동거리(WD)를 크게 해야 하고 대물 조리개의 크기(R_{AP})를 작은 것으로 해야 하며 저배율에서 작업하는 것이 바람직함을 알 수 있다. 이들 작업 변수들에 따른 피사계 심도 변화를 그림 4.20에 나타내었다. 사진은 꼬마전구의 필라멘트를 동일한 배율(130배)로 촬영한 것이다. 대물 조리개의 크기가 크고(50 μm) 작동거리가 짧으면(5 mm) 피사계 심도가 작아져 사진의 아랫부분이 초점이 맞지 않는 것을 볼 수 있지만 반면에 대물 조리개의 크기가 작고(25 μm) 작동거리가 길면(30 mm) 피사계 심도가 커져 관찰 영역 내의 모든 부위가 초점이 잘 맞는 것을 알 수 있다. 그러나 동일한 조건에서 배율을 높일 경우(300배) 그림 4.21에서 보는 바와 같이 초점이 잘 맞은 왼쪽 사진의 점선 안의 부분이 오른쪽 사진에서와 같이 확대되면서 피사계 심도가 작아져 사진의 왼쪽 부분이 초점이 맞지 않게 되는 것을 알 수 있다.

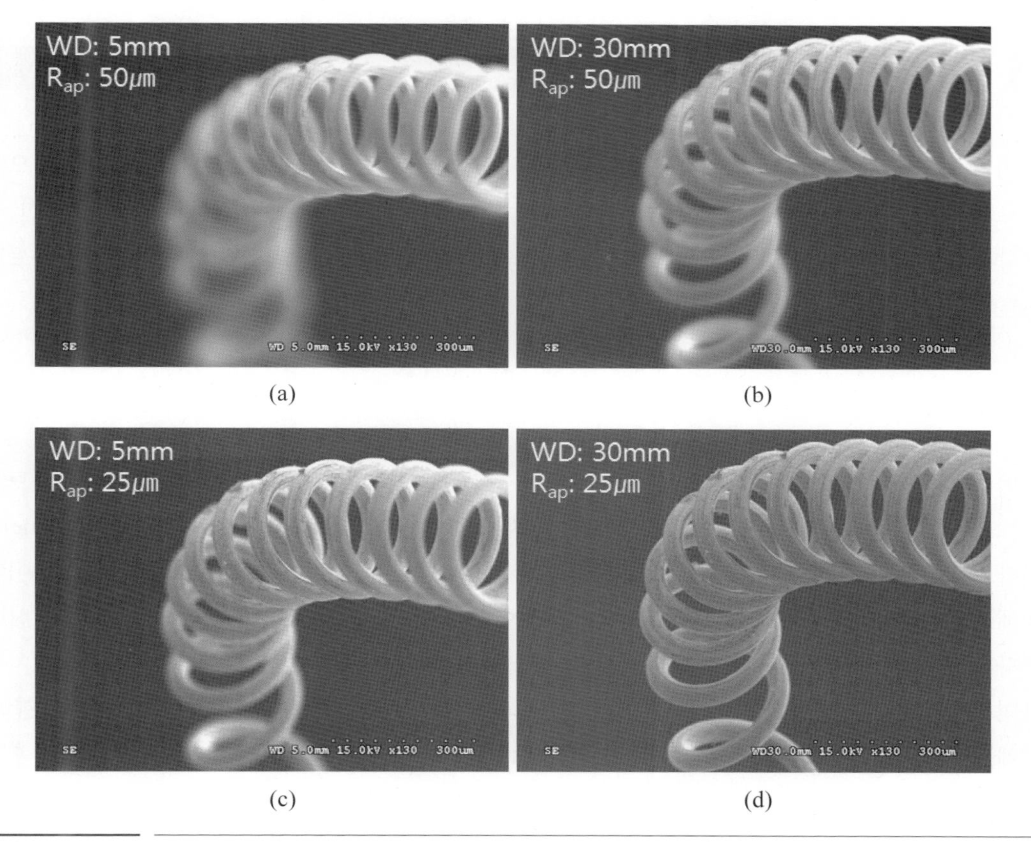

(a) (b)

(c) (d)

그림 4.20 현미경 작업변수에 따른 피사계 심도의 변화. (a) 작동거리 5 mm 조리개 크기 50 μm, (b) 작동거리 30 mm 조리개 크기 50 μm, (c) 작동거리 5 mm 조리개 크기 25 μm, (d) 작동거리 30 mm 조리개 크기 25 μm

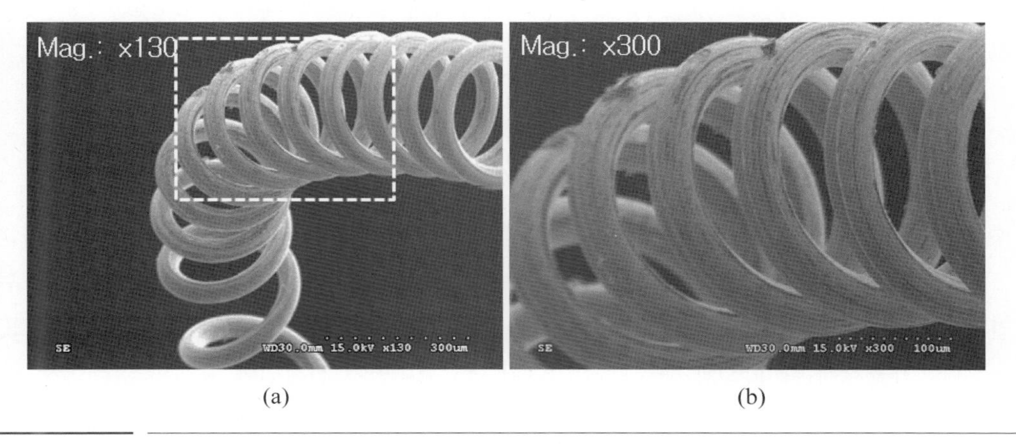

(a) (b)

그림 4.21 배율 증가에 따른 피사계 심도의 변화 (a) 130배, (b) 300배

3 영상 콘트라스트

영상 콘트라스트는 시료 부위별 밝기 차이, 즉 신호량의 차이를 상대적으로 표현한 것으로 시료의 준 3차원적 표현을 가능하게 해준다. 즉 시료의 어느 위치(1번 위치)에서의 수집한 신호량을 S_1, 다른 위치(2번 위치)에서의 신호량을 S_2라 하고, $S_2 > S_1$라면 두 위치 간의 콘트라스트 C는 다음과 같이 정의될 수 있다.

$$C = \frac{S_2 - S_1}{S_2} \approx \frac{\Delta S}{S} \tag{4.13}$$

따라서 콘트라스트는 항상 0 이상 1 이하의 값을 가지게 된다. 주사전자현미경에서 콘트라스트를 형성하는 요인은 크게 세 가지이다. 첫째, 신호전자의 수적인 요인(number component)이다. 이는 이차전자나 후방산란전자 모두에 해당하는 요인으로 신호 전자의 개수의 차이에 의해 발생하는 콘트라스트를 말한다. 앞서 3장에서 설명했듯이 전자 개수의 차이는 후방산란전자의 경우 원자번호 차이나 국부적 시료 기울기 차이 등에 의해서 발생할 수 있으며, 이차전자의 경우는 국부적 시료 기울기 차이에 의해 후방산란전자보다 더 민감하게 달라질 수 있다. 둘째, 신호전자의 진행 궤적에 의한 요인(trajectory component)이다. 이 또한 이차전자나 후방산란전자 모두에 해당하는 요인으로 시료를 떠난 전자들의 진행 궤적이 서로 달라 그 영향으로 발생하는 콘트라스트를 말한다. 이는 검출기와의 기하학적 관계와 밀접하게 관련되어 있다. 끝으로 에너지 요인(energy component)이다. 이는 넓은 에너지 분포를 보이는 후방산란전자에만 해당하는 요인으로 후방산란전자의 에너지 차이에 의해 발생하는 콘트라스트를 말한다. 주사전자현미경에서는 이러한 세 가지 요인들이 복합적으로 작용해 표면의 형상을 영상화할 수 있거나 특정 상(phase)의 분포를 영상화할 수 있다.

1) 형상 콘트라스트(topography contrast)

주사전자현미경으로 시료를 관찰하는 주된 목적은 시료의 표면을 관찰하기 위해서이다. 시료 표면 형상(표면기복, 토포그래피)에 의한 콘트라스트는 ① 이차전자와 후방산란전자의 수적 요인과 ② 후방산란 전자의 궤적 요인에 의해 얻어진다. 이차전자나 후방산란전자 모두 표면의 국부적 기울기에 따라 발생 수율이 변화한다. 즉 시료면이 전자빔에 수직한 상태에서 벗어날수록 전자 발생률이 증가하는 경향을 보인다. 이러한 경향은 이차전자에서 더욱 뚜렷하고 크게 나타난다. 따라서 이차전자 신호가 표면 형상에 보다 민감하며 표면 형상에 의한 콘트라

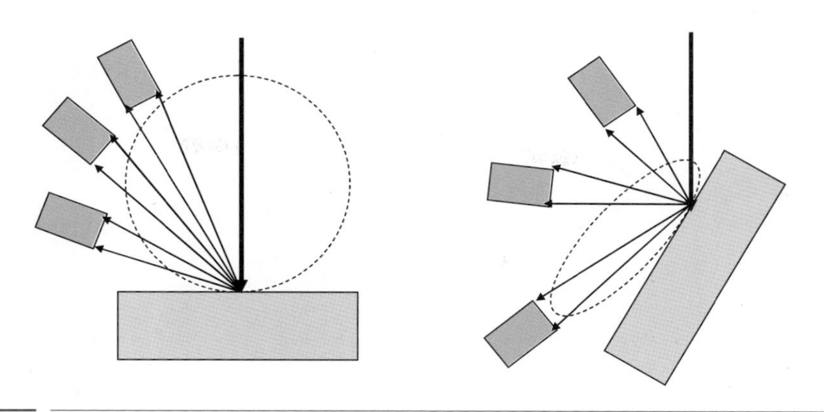

그림 4.22 후방산란전자의 각도분포와 검출기의 위치관계

스트에 주도적인 역할을 하게 된다. 이런 이유로 일반적으로 시료 표면 형상을 보여주는 영상을 이차전자 영상이라 부르기도 한다. 그러나 이차전자 영상이 항상 이차전자만으로 형성된 영상이 아니라 일반적으로는 일부 후방산란전자의 기여가 있다는 점을 알아야 한다. 또한 후방산란전자의 경우 그림 4.22에 나타낸 바와 같은 각도 분포를 보인다. 즉 시료면이 전자빔의 입사방향에 수직한 경우 전자빔이 입사한 방향 쪽으로(입사 방향의 역방향) 진행하는 후방산란전자수가 많지만 기울어진 경우 그렇지 못하다. 따라서 검출기의 위치와 수집각이 어떤가에 따라 수집되는 신호량이 달라진다.

시료 표면 형상 관찰에 주로 이용되는 E-T 검출기의 바이어스 전압에 따른 영상의 변화는 그림 4.23에 나타내었다. 패러데이 망에 양(+250 V)의 바이어스 전압을 인가했을 경우 에너지가 낮고 음전하를 띤 대부분의 이차전자들은 검출기 쪽으로 유인된다. 그러나 에너지가 높은 후방산란전자는 바이어스 전압에 크게 영향을 받지 않고 시료면의 국부적 기울기에 따른 각도 분포에 의해 시편에서 방출되어 진행하며 검출기를 향하던 후방산란전자들만 검출기 내로 진행하게 된다. 따라서 그림 4.23에서 보이듯 화면 오른쪽 위의 검출기 위치에 강한 조명을 두고 가운데 위에 보조등을 둔 채 마치 시편을 위에서 내려다보는 듯한 느낌을 주는 영상을 얻게 된다. 검출기를 향한 면은 밝게 보이고 그렇지 않은 면도 바이어스 전압에 의해 유인돼 검출기 내로 휘어들어가는 이차전자들 때문에 어느 정도 밝기를 가지게 된다. 그러나 음(−50 V)의 바이어스 전압의 경우 에너지가 낮고 음전하를 띤 이차전자들은 반발력에 의해 검출기 내로 진입하지 못하게 되며 검출기를 향하던 에너지가 높은 후방산란전자들만 검출기 내로 진행하게 되어 선택적으로 후방산란전자만이 영상 형성에 기여하게 된다. 따라서 오른쪽 위 검출기 위치에 강한 조명만을 두고 시편을 위에서 내려다보는 듯한 느낌의 영상을 얻게 된다.

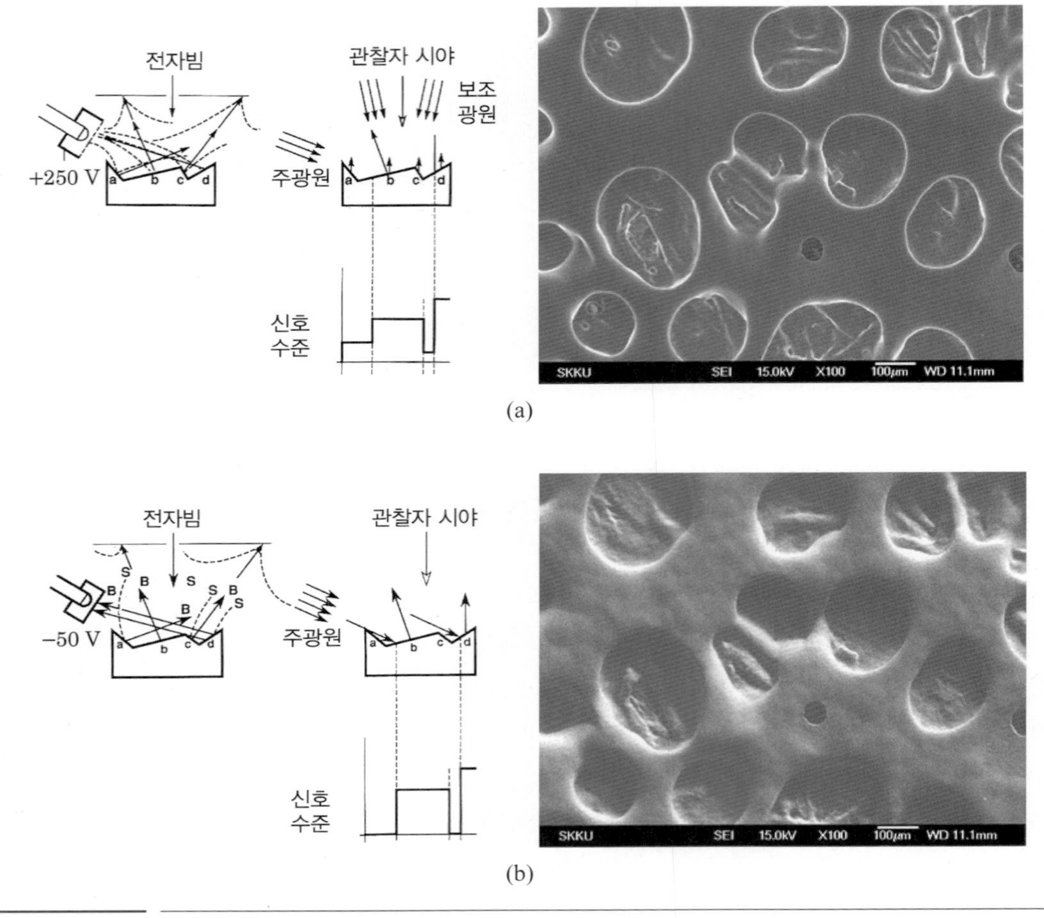

(a)

(b)

그림 4.23 E-T 검출기의 바이어스 전압에 따른 영상의 변화. (a) 양의 바이어스, (b) 음의 바이어스

시료의 표면 형상에 의한 콘트라스트에서 또 한 가지 주목할 만한 것은 '테두리 효과(edge effect)'라고 불리는 현상이다. 이는 그림 4.24의 영상에서 보듯이 시료의 모서리나 테두리와 같은 부분이 상대적으로 더 밝게 보이는 현상을 말한다. 이 현상의 원인을 그림 4.24(b)에서 살펴보자. 전자빔이 1번 위치에 있어 a 시료면에서 신호를 수집하는 경우 시료 내에 일정 크기의 상호작용부피가 형성되고 시료 표면의 일정 면적에서 이차전자와 후방산란전자들이 방출될 것이다. 그러나 같은 a 시료면이라도 전자빔이 2번 위치에 있을 경우에는 상황이 조금 달라지게 된다. 그 부위는 시료의 두께가 상호작용부피 또는 전자범위보다 작아 입사전자 중 상당수가 아직 에너지를 가지고 있는 상태에서 b 면을 거쳐 투과하게 되며 시료의 c, d, e 등의 면에 충돌해 많은 수의 이차전자와 후방산란전자를 발생시킨다. 결국 이러한 산란현상으로 신호전자 발생의 유효면적이 증가하는 효과를 보인다. 전자빔이 3번 같은 모서리 위치에 있는

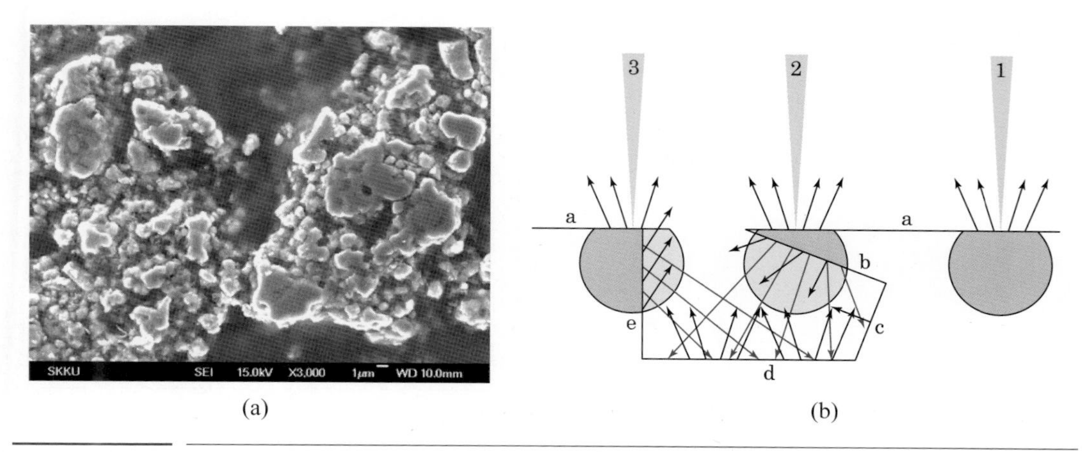

그림 4.24 (a) 테두리 효과를 보여주는 사진과 (b) 그 원리를 설명하는 모식도

경우에도 이와 유사한 결과를 얻게 된다. 즉, 전자빔이 2번이나 3번 위치에 있을 경우 1번 위치에 비해 신호량이 급격하게 증가하며 이런 부위의 영상이 더 밝게 보인다. 이런 테두리 효과로 인해 시료의 테두리가 좀 더 명확하게 표현되므로 시료 형상의 인지에 도움을 줄 수도 있으나 너무 심할 경우 테두리나 모서리 부분의 세밀한 구조가 보이지 않게 될 수도 있다. 이 효과는 상호작용부피와 밀접하게 관련되어 있으므로 가속전압을 높일수록 더 심하게 나타나게 된다.

2) 조성 콘트라스트(compositional contrast)

주사전자현미경은 시료 표면 형상 관찰 이외에도 화학조성 차이에 따른 콘트라스트를 영상화할 수 있어 특정 상(phase)의 분포를 쉽게 알 수 있게 해준다. 이러한 조성에 의한 콘트라스트는 주로 후방산란전자에 의해 발생한다. 평탄한 시료에서 조성 차이가 없다면(화학적으로 균질한 시료라면) 어느 위치에서나 발생하는 이차전자나 후방산란전자의 수에 통계적 변화를 제외하면 큰 차이가 없게 된다. 그러나 그림 4.25에 나타내었듯이 조성차이가 있다면 이차전자의 수에는 변화가 없지만 후방산란전자의 수는 크게 달라진다. 후방산란전자는 원자번호에 따라 발생량이 다르기 때문이며 이러한 원리에 의해 조성에 따른 콘트라스트가 영상화될 수 있다. 따라서 이런 콘트라스트를 원자번호(Z) 콘트라스트 또는 물질 콘트라스트(material contrast)라고도 한다.

조성 콘트라스트의 특징은 원자번호가 높은 부분이 밝게 나타나며 콘트라스트를 예측할 수 있다는 점이다. 즉 각 위치(1번, 2번 위치) 또는 각 상의 후방산란전자계수(η)를 알고 있다면 다음 식과 같이 간단히 콘트라스트를 예측할 수 있다. 이러한 예측은 콘트라스트 구현을 위한 전자빔 계수의 조절에 유용하게 활용될 수 있다.

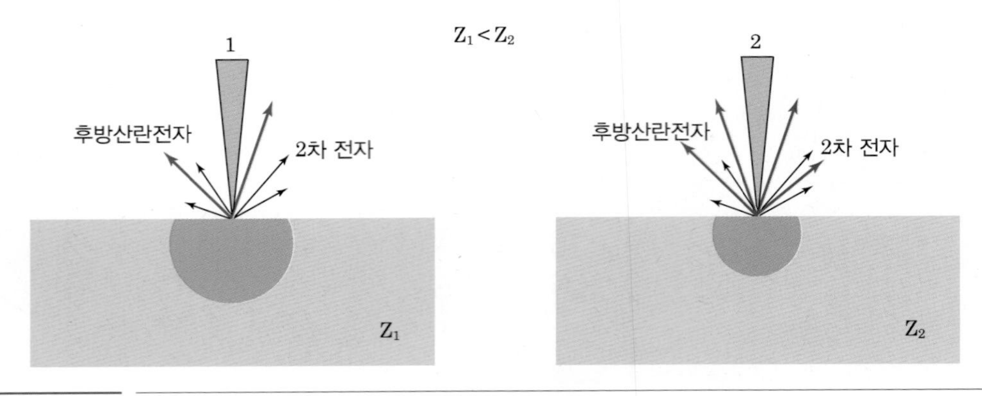

그림 4.25 원자번호(Z) 차이에 따른 후방산란전자 발생효율의 차이

$$C = \frac{S_2 - S_1}{S_2} \approx \frac{\eta_2 - \eta_1}{\eta_2} \tag{4.14}$$

조성에 의한 콘트라스트는 주로 후방산란전자에 의해 발생하므로 전용 검출기를 이용하는 것이 바람직하다. 그림 4.26은 일반적으로 널리 쓰이는 한 쌍의 반도체형 검출기를 이용해 순수한 표면기복에 의한 콘트라스트와 조성에 의한 콘트라스트를 영상화하는 원리를 보여주고 있다. 후방산란전자 전용 검출기의 효과를 확인하기 위해 (a)에 패러데이 그물망에 양의 바이어스를 인가한 E-T 검출기를 이용해 얻은 일반적인 이차전자 영상을 제시하였다. (e)의 모식도에서 나타낸 바와 같이 서로 다른 방향에서 시편을 바라보는 A, B 두 검출기에 의해 수집된 신호는 조성에 의한 신호 크기는 같고 표면요철에 의한 신호는 방향성에 의해 부호가 서로 달라진다. 따라서 두 검출기 쌍에서 얻은 신호를 합할 경우 표면 형상에 의한 효과는 상쇄되어 미약해지고 조성에 의한 효과는 증폭되어 순수한 조성 콘트라스트를 얻을 수 있으며, 반대로 두 신호의 차를 이용해 영상을 형성할 경우 조성에 의한 효과는 상쇄되어 제거되고 표면 형상에 의한 효과는 증폭되어 순수한 형상 콘트라스트를 얻을 수 있게 된다. 앞의 경우를 합 모드(sum mode) 또는 콤포 모드(compo mode)라고 하며, 뒤의 경우를 차감 모드(difference mode) 또는 토포 모드(topo mode)라고 부른다. 실제 합모드의 예는 그림 4.26 (b)에, 차감모드의 예는 그림 4.26 (c), (d)에 나타내었다.

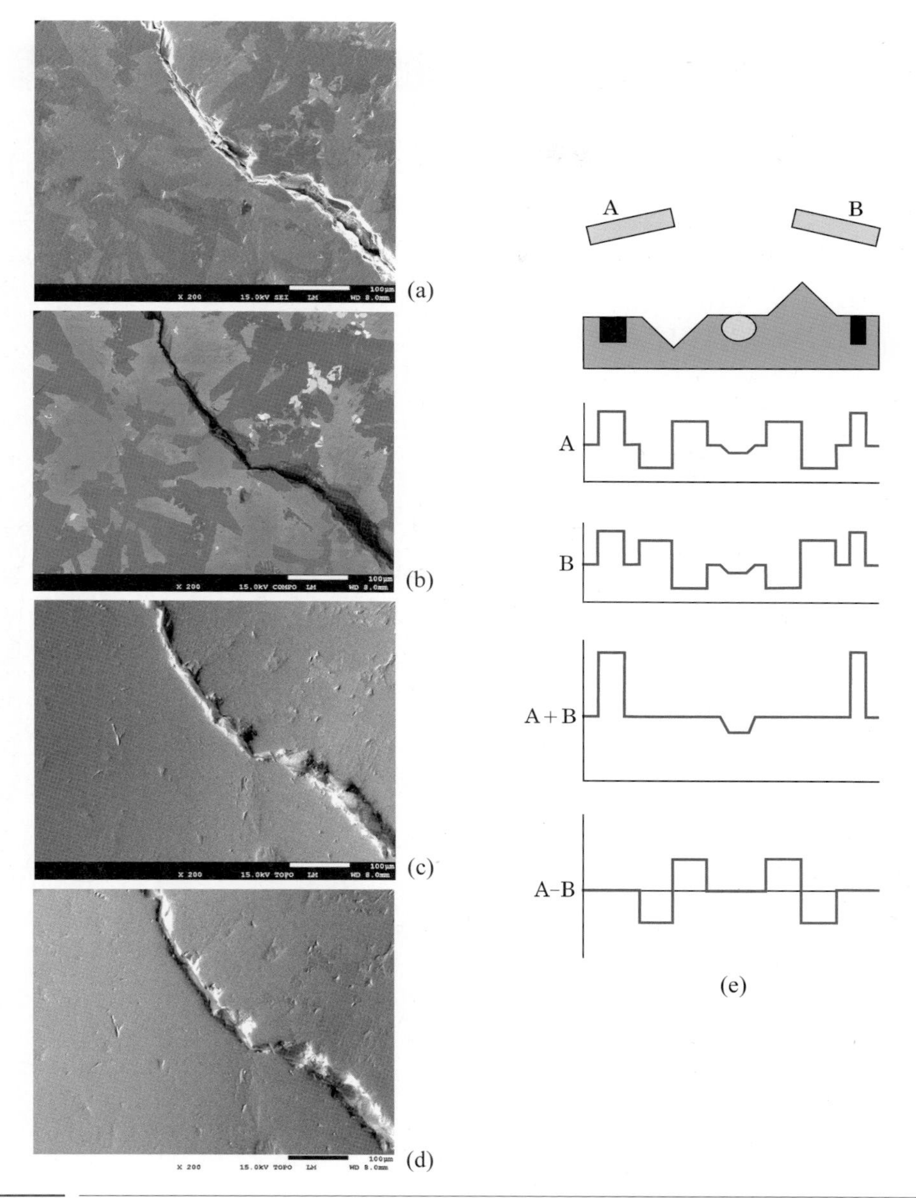

그림 4.26 한 쌍의 반도체형 검출기를 이용해 표면 형상에 의한 콘트라스트와 조성에 의한 콘트라스트를 영상화하는 원리. (a) 패러데이 망에 양의 바이어스를 인가한 E-T 검출기를 이용해 얻은 영상. 표면형상에 의한 콘트라스트가 뚜렷하며, 조성에 의한 콘트라스트도 볼 수 있다. (b) 한 쌍의 반도체형 검출기를 이용해 합모드(A+B)에서 얻은 영상으로 조성에 의한 콘트라스트가 뚜렷하다. (c) 차감 모드(A-B)에서 얻은 영상으로 표면 형상에 의한 콘트라스트가 강하다. (d) 역의 차감모드(B-A)에서 얻은 영상으로 콘트라스트가 역이다. (e) 표면형상과 조성차가 있는 시료로부터 한 쌍(A와 B)의 반도체형 검출기를 이용해 신호를 수집할 경우 예측되는 위치별 신호크기와 이들의 합모드/차감모드에서의 신호 변화를 보여주는 모식도

4 화질과 전자빔 계수

다양한 효과들에 의해 생성된 콘트라스트들의 크기는 다양하게 나타난다. 예를 들어 표면 형상에 의한 콘트라스트는 약 0.3~0.5 정도로 큰 데 비해 조성에 의한 콘트라스트는 0.1 내외이고 다음 장에서 다룰 전자 채널링이나 자성에 의한 콘트라스트와 같은 특수 효과에 의한 콘트라스트는 0.01~0.03 정도로 미약하다. 이러한 콘트라스트를 가시화할 수 있는 전자빔 조건은 어떻게 되는지 알아보자.

1) 신호/잡음비와 콘트라스트

신호의 수집은 여러 개의 독립적이고 통계적인 방법에 의해 진행된다. 영상을 형성하기 위해서는 같은 위치, 같은 선상을 반복적으로 전자빔이 주사하면서 신호를 수집하게 된다. 따라서 각각의 선형 주사에 의해 수집된 신호는 서로 약간씩 다르게 되며 그림 4.27과 같은 프로파일을 얻었다고 하자. 이 프로파일로부터 각 화소에 대한 평균 신호값과 변화폭을 정의할 수 있으며 이 때의 가시적 변화폭을 잡음이라 한다. 이러한 잡음은 신호의 일부라 할 수 있다.

신호 대 잡음비(S/N)는 아래와 같이 정의된다.

$$\frac{S}{N} = \frac{\bar{n}}{\sqrt{\bar{n}}} = \sqrt{\bar{n}} \tag{4.15}$$

여기서, n : 사건의 수, 즉 신호량, $\bar{n}$: 그 평균값

배경으로부터 작은 물체를 식별할 수 있기 위해서는 신호량의 차이값이 잡음의 5배 이상은 되어야 한다는 조건을 1948년에 로즈(Rose)가 제안하였는데 이를 로즈의 조건이라 하며 수식

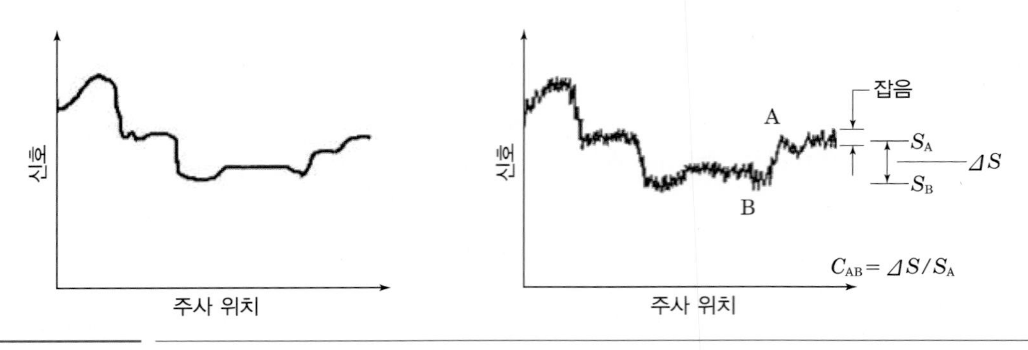

그림 4.27 신호와 잡음, 콘트라스트의 정의

으로 표현하면 다음과 같다.

$$\Delta S \geq 5N = 5\sqrt{\bar{n}} \tag{4.16}$$

콘트라스트의 정의로부터 윗식을 다음과 같이 다시 정리할 수 있다.

$$C = \frac{\Delta S}{S} \geq \frac{5\sqrt{\bar{n}}}{S} = \frac{5\sqrt{\bar{n}}}{\bar{n}} \tag{4.17}$$

양변에 제곱을 취하여 다시 정리하면,

$$\bar{n} \geq \frac{25}{C^2} \tag{4.18}$$

로 표현할 수 있다. 이 때 수집된 신호 전류 i_s는 머무름 시간(τ) 동안의 전자 수와 같으므로,

$$i_s = \frac{\bar{n}e}{\tau} \tag{4.19}$$

이며 이를 다시 표현하면,

$$i_s \geq \frac{25e}{C^2\tau} \tag{4.20}$$

와 같이 된다. 또한 수집된 신호 전류 i_s는 달리 표현하면 검출된 신호로서 빔전류 중 검출기 효율만큼 검출된 전류라고 할 수 있으므로 빔 전류(i_B)×검출기 효율(ε)로 나타낼 수 있다. 따라서 위 식을 다시 정리하면,

$$i_B \geq \frac{25(1.6 \times 10^{-19})}{\varepsilon C^2\tau} \tag{4.21}$$

1,000×1,000 화소 개수를 가정한다면 머무름 시간(τ)이 프레임 시간(t_f)을 전체 화소 개수 1,000,000으로 나눈 값이라는 것이므로,

$$i_{th} \geq \frac{4 \times 10^{-12}}{\varepsilon C^2 t_f} \tag{4.22}$$

와 같이 정리할 수 있다. 여기서 i_{th}는 임계 전류이다.

이 관계식은 임계방정식(threshold equation)이라 부르며 화질을 향상시키기 위해 전자빔 계수 또는 작업 조건들을 어떻게 조절해야 하는지를 나타내는 매우 중요한 식이라 할 수 있다.

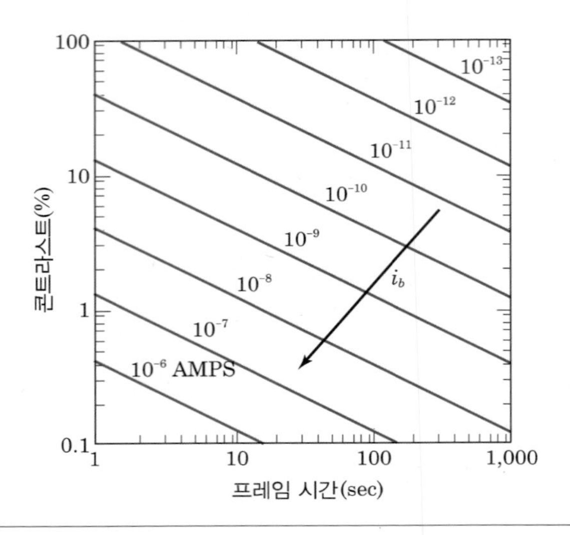

그림 4.28 임계 전류 조건식에 의한 빔전류, 콘트라스트, 프레임 시간의 상관 관계

이 관계식을 이용해 간단하고도 유용한 그래프를 작성하면 그림 4.28과 같다. 즉 시편 상에 주어진 콘트라스트를 가시화하기 위해서는 프레임 시간이나 빔 전류를 일정값 이상으로 조절해야 한다는 것을 알 수 있다.

2) 화질 향상 전략

그림 4.28의 그래프를 활용하여 전자빔 계수들을 결정하는 예로 조성 콘트라스트 문제를 다루어보자. 만약 시료가 그림 4.29와 같이 철(Fe), 구리(Cu), 금(Au)으로 구성되어 있다면 각 부분의 후방산란전자 계수로부터 각 부분 간의 콘트라스트를 예측할 수 있다. 여기서 콘트라스

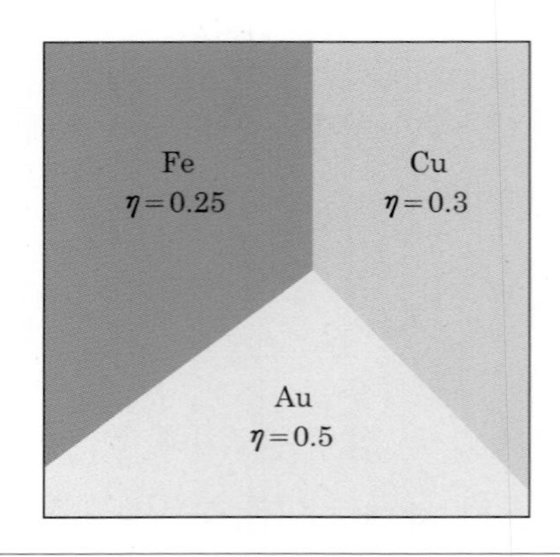

그림 4.29 조성 콘트라스트의 예측을 가능하게 하는 시료의 예

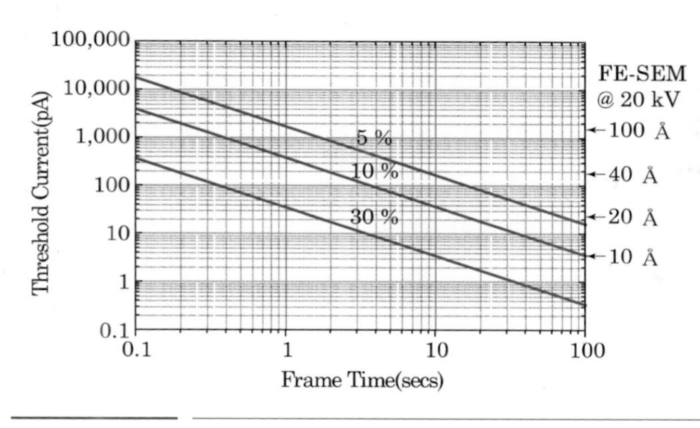

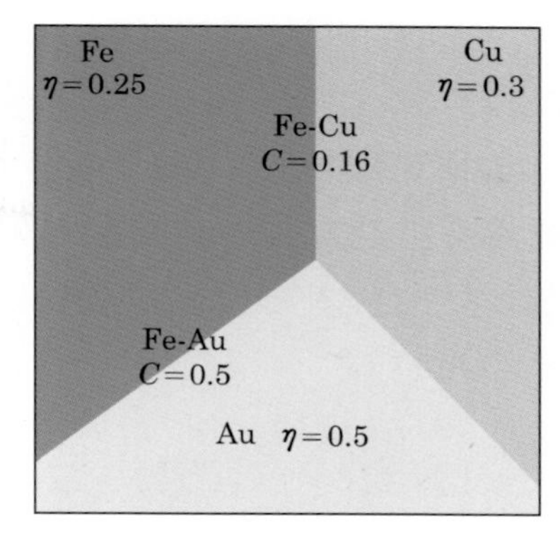

그림 4.30 콘트라스트 가시화 조건의 설정을 보여주는 예

트란 상대적인 것이므로 두 부분의 비교를 통해 얻어야 한다는 점을 명심하자. 그림 4.30에 나타낸 바와 같이 Fe와 Cu 간의 예상 콘트라스트는 16%이고 Fe와 Au 간의 예상 콘트라스트는 50%가 된다. 그런 다음 임의의 프레임 시간을 설정하고 그림 4.28의 그래프로부터 임계 전류값을 찾는다. SEM 데이터(전자총/빔전류/빔크기)에서 전자빔의 크기를 구하고 이 조건들이 콘트라스트를 가시화할 수 있는지를 판별하면 될 것이다. 예를 들어 그림 4.30에 나타내었듯이 가속전압 20 kV의 전계방사형 주사전자현미경의 경우 2 nm의 전자빔과 TV 주사 속도의 조합으로는 Fe와 Cu를 구분해낼 수 없다. Fe와 Cu 간의 예상 콘트라스트 16%를 가시화하기 위해서는 주사속도를 늦추어 프레임 시간을 10초 정도로 유지하거나 전자빔의 크기를 10 nm 이상으로 크게 하여 빔 전류량을 증가시켜야 한다.

5 고분해능 영상기법

고분해능 영상을 위해서는 우선 전자광학 측면에서 관찰하려는 대상 크기보다 작은 프로브가 필요하며 신호는 프로브 근처에서만 발생되고 수집되어야한다. 아울러 충분한 콘트라스트가 형성될 수 있도록 전자빔 전류가 충분히 공급되어야 한다. 콘트라스트는 후방산란전자와 이차전자의 측면, 깊이, 방향, 범위에 의존하므로 전자빔과 시편의 상호작용에 대한 이해가 필요하다.

1) 후방산란전자를 이용한 고분해능 영상

후방산란전자(BSE)는 전자빔의 조사 위치와 생성 위치의 관계에 따라 그림 4.31에서 보이듯 BSE_I과 BSE_{II}로 나눌 수 있다. 전자빔이 조사되는 부위에서 발생하는 고분해능 신호인 BSE_I은 입사전자가 시료와의 적은 수의 산란 후 바로 시료를 빠져나오는 것으로 입사전자의 에너지(E0)에 가까운 비교적 높은 에너지를 가진다. 따라서 상대적으로 수가 적으나 고분해능에 유용한 신호이다. BSE_{II}는 전자빔이 조사되는 부위로부터 먼 거리에서($\sim R_{K-O}$) 발생되는 신호로 입사전자가 시료 내에서 많은 수의 탄성 및 비탄성과정을 겪은 끝에 시료를 빠져나온

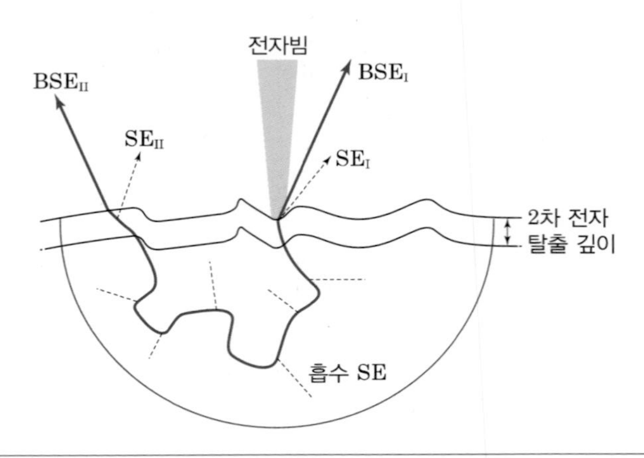

그림 4.31 상호작용 부피 내에서의 후방산란전자(BSE)와 이차전자(SE)의 생성과 방출

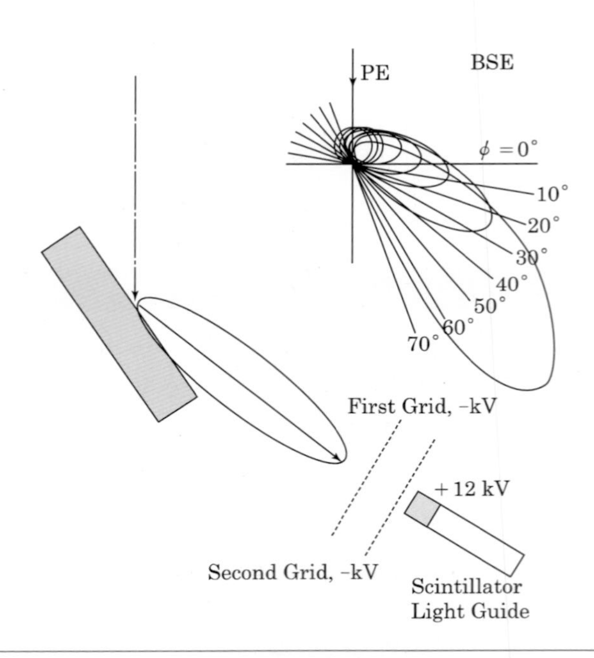

그림 4.32 웰스의 저에너지 손실 후방산란전자(BSE)에 의한 고분해능 기법에서 저에너지 손실 BSE의 수집 효율을 높이기 위한 개략적인 장치 구성

신호이므로 50 eV～E_0 범위의 에너지를 가질 수 있으나 일반적으로 입사전자의 에너지보다 상당히 작은($E \ll E_0$) 에너지를 가지게 된다. 또한 전자빔의 조사부위에서 떨어진 영역에서 발생되는 신호이므로 저분해능의 배경신호라 할 수 있다. 일반적인 검출방법으로는 BSE_I과 BSE_{II} 두 신호가 모두 검출되나 두 신호의 에너지 분포가 다르다는 점을 이용해 에너지 필터링으로 분리가 가능하다. 즉 고분해능 영상에는 저에너지 손실 신호인 BSE_I만 필요하다.

그림 4.32는 웰스[Wells(1974)]가 제안한 방법을 보여주는 것으로 시료를 기울였을 때 후방산란전자 방출 궤적의 각도 분포가 그림 4.32와 같이 변화하는 점을 이용해 수집효율을 높이고, 검출기 앞에 그물망을 두고 바이어스 전압을 인가해 에너지 필터링이 가능하도록 고안되었다. 그물망에는 음의 바이어스 전압을 인가하여 고에너지 손실, 즉 저에너지의 BSE인 BSE_{II}가 검출기 내로 진입하는 것을 억제하고 유용한 신호인 BSE_I만 수집할 수 있도록 하였다.

2) 이차전자를 이용한 고분해능 영상

이차전자(SE)는 신호의 발생 위치와 신호 발생의 원인에 따라 그림 4.33에 도식적으로 표현하였듯이 크게 SE_I, SE_{II}, SE_{III}, SE_{IV}의 네 종류로 세분할 수 있다. SE_I은 전자빔 조사 부위에서 발생한 신호로 반가폭이 약 2 nm 정도이다. SE_{II}는 전자빔 입사 위치로부터 어느 정도 떨어진 거리에서 시료를 빠져나가는 BSE_{II}에 의해 발생한 이차전자로 반가폭이 전자 범위 R_{K-O}의 0.2～0.5배 정도의 크기를 가진다. SE_{III}는 시료로부터 방출된 BSE에 의해 폴피스나 시료실

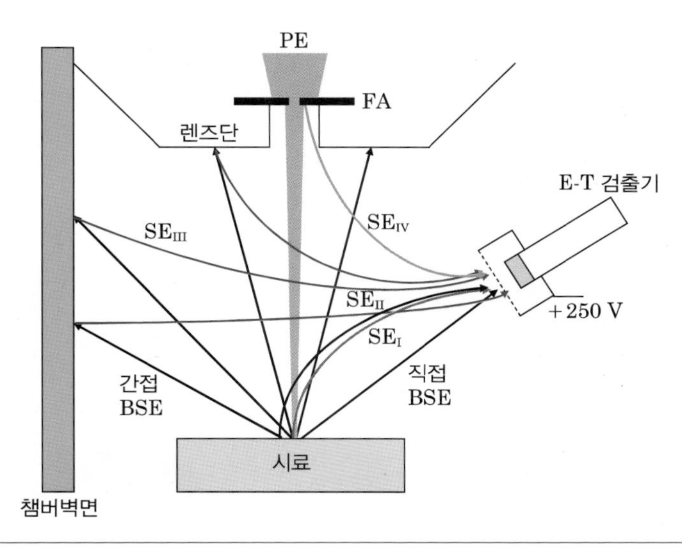

그림 4.33 발생 위치 및 원인으로 구분한 이차전자의 종류

벽면에서 발생한 이차전자 신호를 말하며, SE_{IV}는 입사 전자빔에 의해 최종 조리개로부터 발생한 이차전자 신호를 말한다. 이들 SE_{III}, SE_{IV}, 두 신호는 시료 자체에서 발생한 이차전자 신호가 아니며 명백한 잡음신호라 할 수 있다. 일반적인 SEM 작업 조건에서는 가장 유용한 신호인 SE_{I}이 SE_{II}, SE_{III}, SE_{IV} 등에 묻히게 된다. 즉 모든 SE 신호를 다 수집하게 되는 일반적인 관찰조건은 고분해능 영상에는 적합하지 않다.

원자번호가 작은 경량 원소 시료의 경우에는 고배율을 이용해 SE_{I}과 SE_{II}의 영향을 분리하는 것이 가능하다. 즉 그림 4.34에서 보이듯 배율을 높이게 되면 화소의 크기가 작아지게 되고 SE_{II}의 영향은 모든 화소에 걸쳐 상대적으로 일정하게 되어 배경으로 인식되며, 각 화소에서의 SE_{I}의 차이가 콘트라스트를 형성하게 되어 고분해능 영상이 가능하게 된다. 그러나 경량원소의 이차전자방출은 적으므로 5 nm 미만의 두께로 시료를 코팅하는 것이 바람직하다.

원자번호가 큰 중량 원소 시료의 경우 반응 부피가 작아지게 되어 고분해능에 유리할 것 같으나 오히려 분해능이 떨어지게 된다. 이는 원자번호가 높은 시료의 경우 BSE의 양이 증가

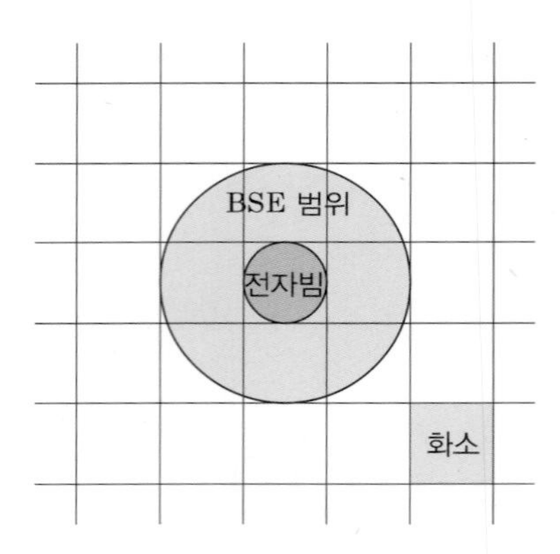

그림 4.34 배율에 따른 화소와 전자빔 크기의 관계

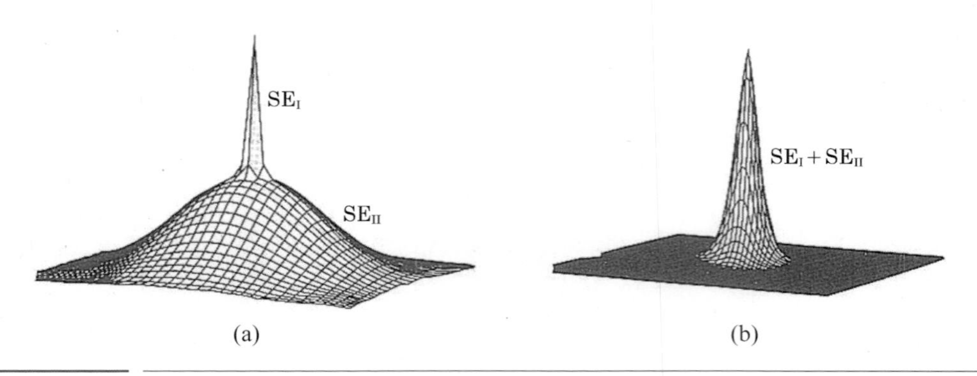

그림 4.35 가속전압에 따른 신호발생의 특성. (a) 높은 가속전압의 경우, (b) 낮은 가속전압의 경우

하여 SE_{II}/SE_{I} 비가 증가하기 때문이며, 고배율에서도 저분해능 신호인 SE_{II}가 주효하여 고분해능 작업이 어렵게 된다. 고분해능 영상을 얻기 위해서는 SE_{I}의 분포는 유지하고 SE_{II}의 분포는 축소하는 것이 필요하다.

가속전압에 따른 신호의 특성을 알아보자. 높은 가속전압의 경우 그림 4.35(a)에서 보이듯 상호작용 부피가 커지게 되어 SE_{I}의 반가폭이 2 nm 정도인 데 비해 BSE_{II}에 의해 생성되는 SE_{II}의 반가폭은 10 mm에 이르게 되어 고분해능 정보가 SE_{II} 신호의 배경에 희석된다. 그러나 낮은 가속전압의 경우 그림 4.35 (b)에서 보듯이 상호작용 부피가 가속전압 감소의 1.7 제곱의 비율로 작아져 SE_{I}의 반가폭과 SE_{II}의 반가폭이 거의 같아지게 되어 SE_{I}과 SE_{II} 모두 고분해능 정보를 포함하게 된다. 또한 주도적인 신호는 SE_{I}이 되나 SE_{II}의 발생원이었던 BSE도 고분해능에 기여하게 된다. 즉 저분해능의 배경에 의한 고분해능 콘트라스트의 저하가 없게 된다. 아울러 전체 SE 신호량이 증가하게 되므로 S/N 비가 증가하게 된다. 이러한 저가속전압의 효과는 원자번호가 높은 시료의 경우 더욱 극명하게 나타난다. 그러나 가속전압이 낮아질 경우 고분해능에 필요한 작은 전자빔을 얻기 어렵고 전자빔 전류가 작아 적절한 콘트라스트 형성이 어려우며 저에너지의 전자빔은 전자기장에 쉽게 휠 수 있어 외부 요인에 민감해진다는 단점이 있다. 따라서 일반적으로는 고가속전압이 고분해능에 더 유리하다고 할 수 있다.

3) 고분해능 영상의 조건

고분해능 영상을 얻기 위해 일반적으로 고려해야할 사항들은 다음과 같다. SE_{I}과 SE_{II}로부터 SE_{II}를 선택적으로 분리하여 제거하는 것은 곤란하지만 명백한 잡음 신호인 SE_{III}는 폴피스 하단에 이차전자의 발생이 적은 경량 원소를 코팅하거나 양의 바이어스가 걸린 스크린을 설치하여 제거할 수 있다. 이차전자의 발생을 높이고 대전과 같은 문제를 피하기 위해 시료 상에 1～2 nm 두께의 연속적이고 균일한 코팅을 한다(Cr, Ir 등의 이온빔 스퍼터링). SE 신호의 S/N 비를 향상시키기 위해서 휘도가 높은 전계방사형 전자총(FEG)을 사용하는 것이 유리하며 고배율에서 SE_{II}가 균일하게 배경을 형성한다는 점을 활용한다.

고분해능 영상을 얻기 위한 SEM 작업 조건을 들면 아래와 같다.

- 전자빔 조사를 최대화할 수 있도록 광축을 정렬한다.
- 집속렌즈의 강한 여기로 전자빔 크기를 최소화한다.
- 짧은 작동거리로 전자빔 크기를 최소화한다.
- 진동을 차단하기 위해 시료를 단단히 고정시킨다.
- 필요시 기계적 진공펌프의 작동을 일시적으로 중지한다.

- 외부 자기장 및 소음을 차단한다.
- 시편을 검출기 쪽으로 기울여 신호의 수집효율을 증대시킨다.
- 비점수차 보정은 가급적 고배율에서 수행한다.
- 초점 조절–비점수차 보정–초점 조절–비점수차 보정을 반복하여 최적의 영상을 얻는다.
- 오염원을 제거한다(시료를 진공오븐 내에서 예열).

6 극저가속전압 영상기법

전자빔의 에너지가 커지면 그만큼 시료의 손상 가능성이 커지게 된다. 최근 반도체 기술의 발달과 함께 소자 제조 공정 중간에 진행 상태를 확인하기 위해 주사전자현미경 관찰을 하는 경우가 많아지고 있다. 특히 리소그라피 공정 중에 포토레지스트를 관찰할 경우 전자빔에 의해 포토레지스트가 쉽게 손상되는 것을 볼 수 있다. 따라서 이러한 경우에는 가속전압을 낮추어 관찰을 할 필요가 있다. 이러한 최근의 추세에 따라 극저 가속전압에서 분해능의 큰 손실 없이 영상을 얻는 방법들이 제안되고 있다. 극저 가속전압은 전자빔의 에너지가 수~500 eV 범위 내인 것을 말하는데, 가속전압을 낮추게 되면 화질의 저하가 일어나는 문제점이 있다. 이는 색수차의 영향이 상대적으로 커지는 것과 전자빔의 크기가 커지기 때문이다. 극저 가속전압에

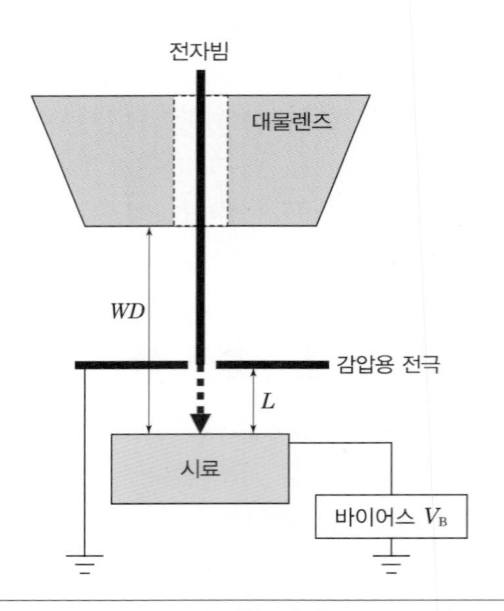

그림 4.36 감압용 전극을 이용한 극저 가속전압 고분해능 영상 방법의 장치개략도

서는 전계방사형 전자총이라도 전자빔의 크기가 10~20 nm에 이르게 된다. 이러한 문제를 해결하기 위해 조이(Joy)는 그림 4.36과 같이 감압전기장을 이용한 방법을 제안하였다. 시료 표면으로부터 L만큼의 거리에 접지가 된 감압용 전극을 설치하고, 일반적인 경우 접지 상태인 시편에 가속전압에 가까운 음의 바이어스 전압 V_B를 걸어주면 시료에 입사하는 전자빔의 에너지는 감압 전극에 의해 가속전압 에너지 E_0에서 감압 전극 에너지 eV_B를 뺀 값으로 아주 낮아지게 된다. 이 경우 유효 수차 계수[Frank, 1993]는 다음 식과 같이 나타낼 수 있게 된다.

$$C_c = -C_s = \frac{E_0 - eV_B}{E_0} \cdot L \tag{4.23}$$

위 식에서 보면 E_0가 증가할수록, V_B가 증가할수록, 그리고 L이 작아질수록 색수차계수 C_c가 작아지게 됨을 알 수 있다. 예를 들어 L =3 mm, E_0 =1 kV, V_B =950 V 의 감압 전극을 사용하면 C_c는 5 mm에서 0.15 mm로 크게 작아지게 된다.

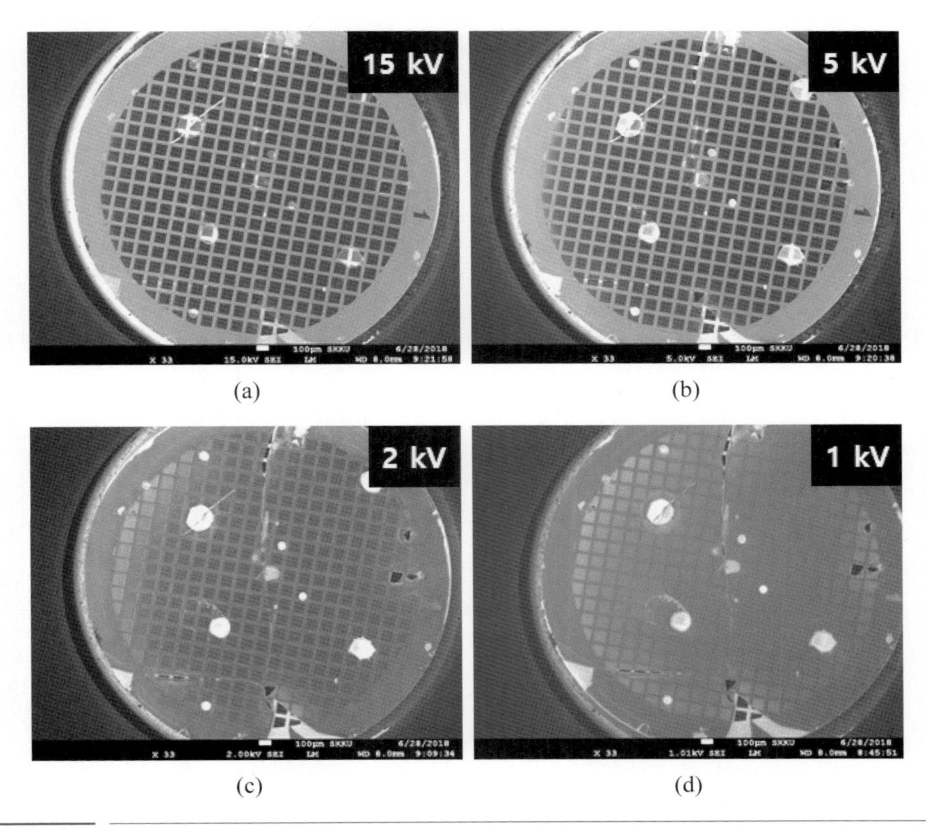

(a) (b)

(c) (d)

그림 4.37 가속전압의 변화에 따른 전자빔 침투 깊이와 신호발생의 변화

따라서 1 kV～50 V 범위에서도 높은 분해능의 유지가 가능하게 된다. 그러나 가속전압이 낮아질 경우 전자빔의 파장이 커지게 되어 회절수차(C_d)의 영향이 커지게 된다는 문제점이 남아 있다. 회절수차의 영향으로 전자빔의 크기는 $(E_0 - e\,V_B)^{-1/2}$에 비례하여 커지게 된다. 또한 피사계 심도가 작아지며 렌즈단 내에 장착된 TTL 검출기를 사용해야만 한다는 장치적인 제약도 따른다. 일반적으로 저에너지의 전자 신호를 수집하는 데는 TTL 검출기가 더 효율적이다.

그림 4.37은 탄소 지지막이 덮여 있는 Cu 그리드 위의 폴리스타이렌 분산물 시편을 가속전압을 변화하며 관찰한 것으로 15 kV에서는 전자빔의 강한 침투로 SE_I/SE_{II}에 비해 SE_{III}의 비중이 상대적으로 매우 높고 탄소지지막 아래 Cu 그리드의 형태가 뚜렷하게 관찰되는 반면, 탄소 지지막과 폴리스타이렌 분산물은 잘 드러나지 않는 것을 볼 수 있다. 그러나 가속전압이 낮아짐에 따라 전자빔의 침투 깊이도 작아져 일부 입사전자들만이 Cu 그리드에 도달하게 되고 대부분의 SE_{III}는 SE_I/SE_{II}와 함께 탄소지지막에서 만들어져 탄소지지막과 폴리스타이렌 분산물이 뚜렷하게 드러나게 되는 것을 볼 수 있다.

저가속전압 분석의 또 다른 특징은 그림 4.38에서와 같이 낮은 가속전압에서 시료에 입사하는 전하량과 시료로부터 방출되는 전하량이 같아지는 평형점 (E_1과 E_2)이 나타난다는 것이다. 이 평형점의 위치는 재료에 따라 다르지만 E_2에 해당하는 가속전압에서 시료를 관찰한다면 다음 절에서 설명하는 대전 문제를 피할 수 있어 부도체 시료라 할지라도 전도성 코팅하지 않고도 관찰이 가능하다.

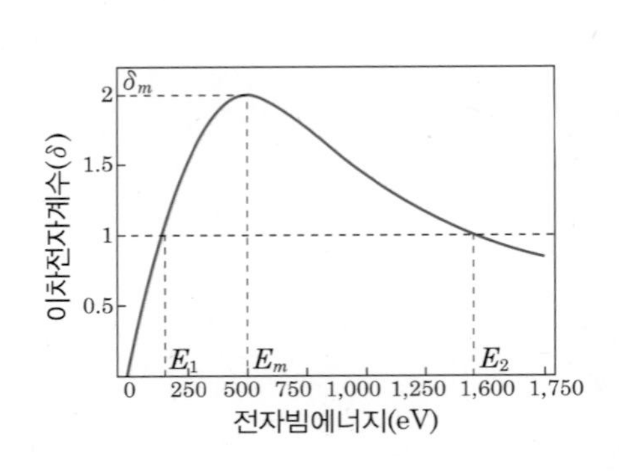

Material	δ_m	E_m(keV)	E_2(keV)
Carbon	0.94～1.0	0.3～0.55	0.65
Aluminium	0.97～1.17	0.30～0.40	1.05
Silicon	0.9～1.10	0.25～0.40	1.15
Chromium	1.0～1.16	0.48～0.60	1.8～2.0
Iron	1.1～1.3	0.40	1.27
Copper	1.1～1.3	0.50～0.75	2.74～2.8
Be-Cu bronze	2.20～5.0	0.3～0.4	
Molybdenum	1.0～1.24	0.40～0.65	2.23～3.0
Silver	1.0～1.4	0.70～0.80	3.2～5.8
Gold	1.31～1.45	0.7～0.8	7.8～8.27
Al_2O_3	2.60～3.0	0.30～0.4	
SiO_2	2.5	0.42～0.5	3.0
Glass passivation	2～3	0.3～0.42	2.0
Ni silicide	1.97	0.8	6.5
GaAs	1.20	0.6	2.6
PVC			1.65
Teflon-FEP	2.21～3.0	0.3～0.4	1.82～1.9
Kapton(Polyimide)	2.10	0.15	
HPR resist	1.09	0.37	0.55
PBS resist			0.70
AZ1470 resist			0.9～1.10

그림 4.38 가속전압의 변화에 따른 전자신호 방출 분포 및 물질별 특성값[Plies, 1994]

7 비정상적인 영상(상장애)

1) 대전현상에 의한 장애

주사전자현미경에서 관찰하는 시료는 시료대를 통해 접지와 연결되어 있다. 시료에 입사한 전자빔은 일부 신호로 방출되고 나머지 전자들은 접지 회로를 따라 시료를 빠져나간다. 이러한 전자를 수집하여 영상을 형성하는 것을 시편 전류 영상이라고 하였다. 따라서 정상적인 관찰조건하에서는 전자총으로부터 공급된 전자들이 시료 내에 과잉 축적되는 일이 없다. 그러나 시료가 전기적으로 부도체라든가 이러한 시료에 전도성을 부여하기 위해 씌워준 코팅막이 부실한 경우, 또는 시료 표면이 먼지와 같은 부도체로 오염된 경우에는 전자가 빠져나가지 못하고 시료에 과잉 축적된다. 이러한 현상을 대전(charging) 현상이라 한다. 그림 4.38에서 보았듯이 대전은 일반적으로 음(−)으로 일어나지만 가속전압과 물질의 종류에 따라 양(+)으로도 일어난다. 대전 현상이 일어나면 국부적인 전기장 효과에 의해 비정상적 상장애 현상들이 나타난다. 이러한 대전현상과 전기장 효과에 대해서는 5장의 전압 콘트라스트 부분에서 다시 언급하도록 하겠다. 대전이 있는 경우 영상에 나타나는 대표적인 장애는 그림 4.39와 같이 비정상적 콘트라스트, 영상의 이동, 영상의 왜곡 등을 들 수 있다.

대전이 극심한 경우에는 대전된 시료가 입사 전자빔을 완전히 반사시키는 '전자 거울' 역할을 하여 반사된 전자빔이 시료실 내부를 주사하는 결과를 가져온다. 그 결과 그림 4.40과 같이 전도성 코팅을 전혀 하지 않은 유리 시료를 관찰한 영상에서 시료가 도리어 관찰자의 위치가 되어 시편실을 바라보는 것과 같은 시편실 내 영상을 보여 준다. 대물렌즈와 그 옆에 시료를

그림 4.39 대전현상에 의한 상장애의 예

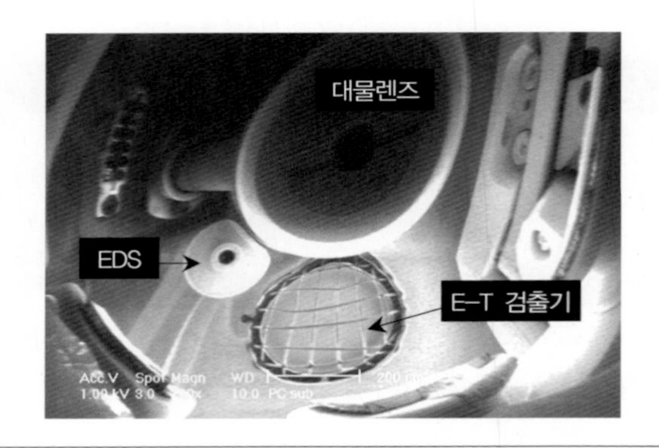

그림 4.40 극심한 대전의 경우 나타나는 전자 거울 현상. 시료가 거울로 작용하여 시료실 내부의 모습이 비쳐 보인다.

내려다보고 있는 E-T 검출기의 패러데이 망과 신틸레이터 부분이 뚜렷하게 보이며, EDS의 콜리메이터도 뚜렷하게 보인다. 이러한 상장애를 없애는 기본적인 방법은 전도성 코팅을 사용하는 것이다. 코팅 기법에 대한 자세한 설명은 9장을 참조하길 바란다.

2) 시료 오염에 의한 장애

전자빔으로 조사하는 시편 부위가 진공 중의 잔류 유기물이나 탄화수소 또는 진공 펌프, 오링에 묻은 진공 그리스 등으로 오염되어 있을 경우 나타나는 현상으로, 고배율로 관찰하다가 배율을 낮추면 그림 4.41과 같이 시료 표면에 어두운 사각형 형태의 오염층 표식이 나타나는 것을 관찰할 수 있다. 이는 탄화수소가 분해하며 전자빔이 주사되는 영역의 시료 표면에 탄소막 등의 오염층이 형성되고 시료 표면으로부터 이차전자의 방출이 감소하여 영상이 어두워지기 때문이다. 또한 오염층이 시료 표면의 미세한 구조를 덮어버리므로 표면관찰에 있어 분해능이 현저히 떨어지게 된다.

그림 4.42는 시간 경과에 따른 오염층의 발달로 시료 표면의 미세한 구조가 변화하는 것을 보여준다. 아울러 오염층에 의한 X선 흡수량이 증가하므로 X선 분석의 검출능이 떨어지게 된다. 이러한 오염의 가장 일반적인 원인은 관찰하고자 하는 시료 자체에 있는 경우가 많다. 시료 내에 잔류하던 가스나 유기물 등이 현미경의 진공 환경 내로 빠져나와 오염원의 역할을 하게 된다. 따라서 오염 문제를 피하기 위해서는 무엇보다 시료를 청결하게 유지하는 것이 중요하며(맨손으로 시료를 만지는 일은 절대 피해야 한다), 필요에 따라서는 시료를 관찰하기 전에 오븐에서 예열하여 잠재적 오염원을 미리 제거하거나, 관찰하는 동안 시료 주변에 액체질소 온도로 냉각된 동판(냉각 트랩)을 두어 오염원이 시료 표면에 축적되는 것을 막아주는 것이 바람직하다.

(a) (b)

그림 4.41 시료 오염 (a) 전과 (b) 후의 사각형 형태의 오염층 표식

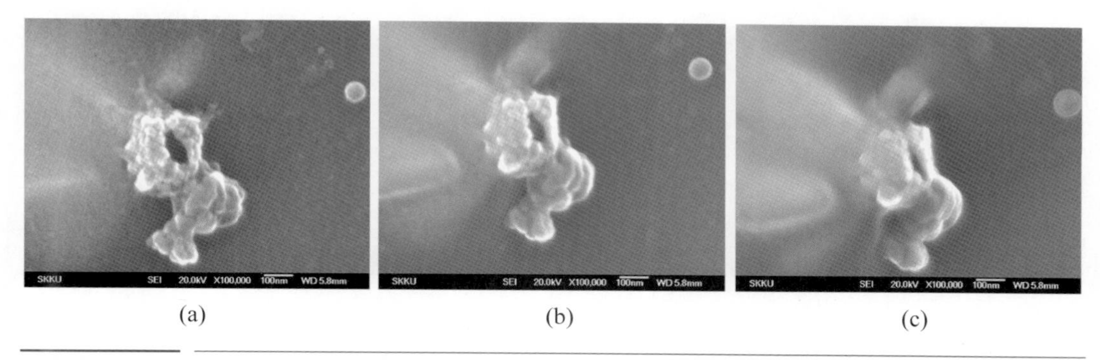

(a) (b) (c)

그림 4.42 (a)~(c) 순으로 시간 경과에 따른 오염 부위 표면 미세구조의 변화

3) 전자빔에 의한 시료의 손상

전자빔 에너지의 대부분은 열로 전환되기 때문에 전자빔 조사 부위가 손상을 입을 수 있다. 전자빔에 의한 시료의 온도 증가는 전자빔의 세기, 주사 영역의 크기, 시편의 열전도도, 주사 시간 등에 의존한다. 이러한 손상을 방지하려면 낮은 가속전압을 이용하여 전자빔의 강도를 줄이거나 주사 시간을 줄이는 것이 좋으며 시편의 코팅 두께를 조절하여 열전도를 용이하게 해줄 필요가 있다.

4) 외부요인에 의한 장애

전자현미경은 설치 환경에 민감하게 영향을 받는다. 또한 주사 방식의 특성상 일정 시간 동안 화면을 구성하기 때문에 외부 자기장, 진동, 소음이 고배율 영상에 나쁜 영향을 미친다. 그림 4.43(a)는 정상적인 경우에 얻은 금(Au) 표준시료의 고분해능 영상이며, 그림 4.4(b)는 외부 자기장에 의한 영향을 보여주는 것으로 영상의 심한 왜곡을 볼 수 있다. 외부 진동의 경우는 그림 4.43(c)와 같이 진동 주파수에 따라 시료 내 경계부에 톱니 모양의 영상이 관찰된다. 영상의 기록 도중 외부 소음이 들어오면 그 시점에 잡음이 그림 4.43(d)와 같이 나타나게 된다. 따라서 영상을 보고 어떤 외적 요인에 의한 장애인지를 판별하고 그 요인을 제거하는 것이 중요하다.

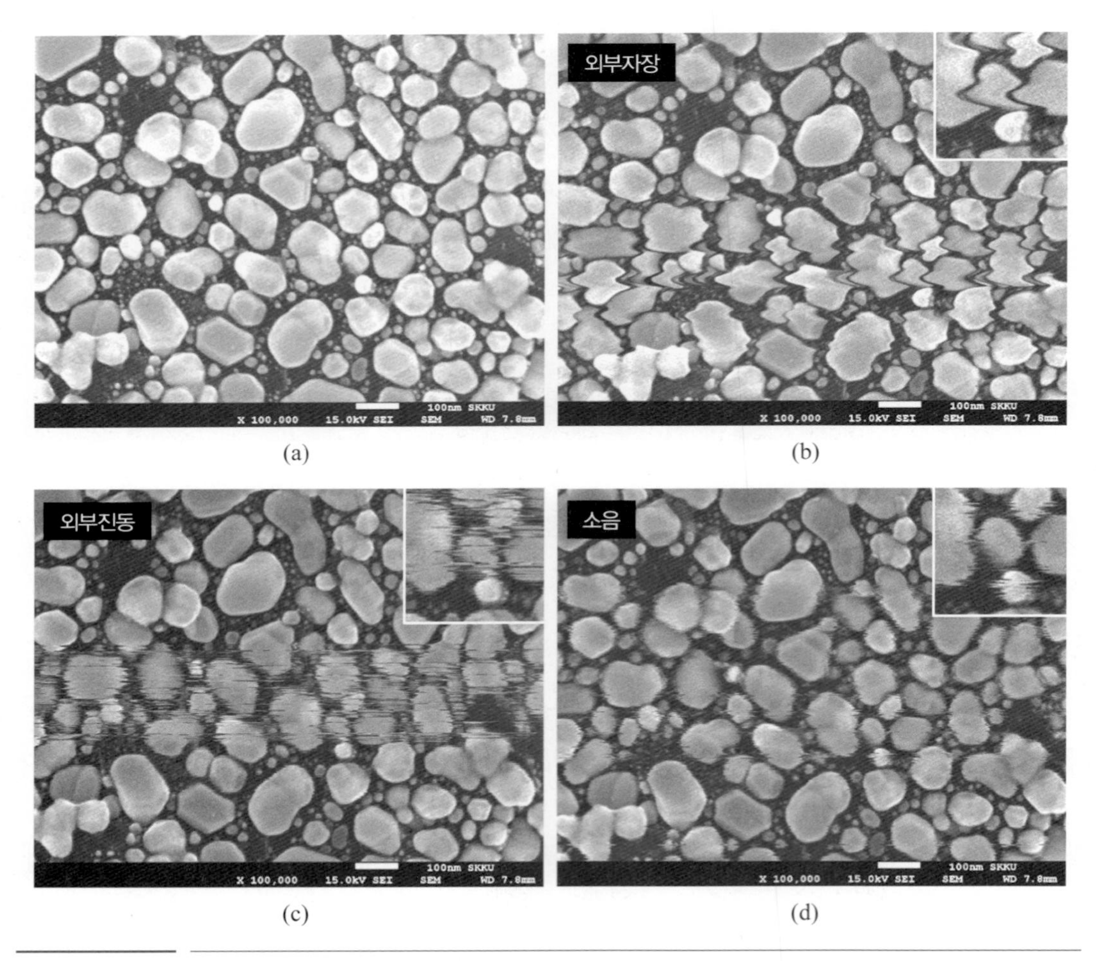

그림 4.43 외부 자기장, 진동, 소음 등의 외적 요인에 의한 상장애 (a) 정상적 영상, (b) 외부 자기장, (c) 외부 진동 및 (d) 소음에 의한 상장애

Scanning
Electron
Microscope

5장

특수 콘트라스트 및 영상 기법

1. 자성 콘트라스트
2. 전압 콘트라스트
3. 전자빔 유도 전류 콘트라스트
4. 전자 채널링 콘트라스트
5. 전자후방산란회절(EBSD)
6. 주사투과전자현미경(STEM) 기법
7. 특수 주사전자현미경

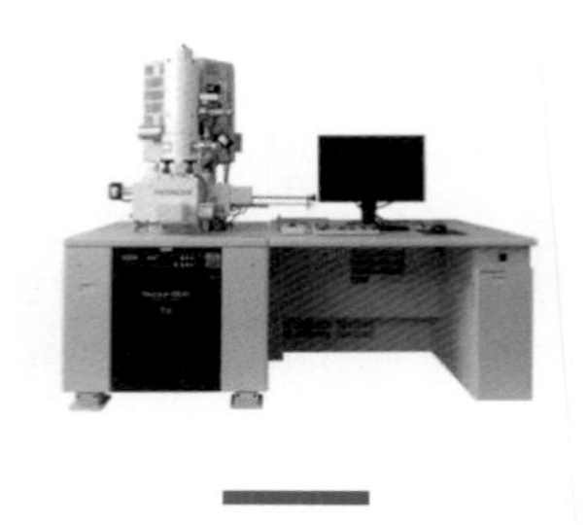

Scanning Electron Microscope

주사전자현미경의 기본 기능은 이차전자나 후방산란전자 신호를 검출하여 시료의 표면 요철에 의한 콘트라스트를 영상화함으로써 표면구조를 관찰하거나 조성 차이에 의한 콘트라스트를 영상화하여 상의 분포를 관찰하는 것이다. 하지만 기본 기능 외에도 자성 콘트라스트나 원자 배열에 의한 콘트라스트, 표면 전위차에 의한 콘트라스트 등 다양한 콘트라스트를 영상화할 수 있다. 이들 콘트라스트는 표면 형상이나 조성 차이에 의한 콘트라스트에 비해 미약하지만 작업 조건을 적절하게 선택하면 재료의 분석에 유용하게 활용할 수 있으므로 여기에 소개한다.

1 자성 콘트라스트

대부분의 원자들은 전자 궤도에 전자들이 채워질 때 쌍으로 이루어진 스핀 구조를 가지고 있어 순수 자기모멘트가 거의 0에 가깝다. 그러나 철(Fe), 코발트(Co), 니켈(Ni) 등과 같은 강자성 물질은 완전히 채워지지 않은 내각의 일부 전자가 쌍을 이루지 못하고 있어서 자기 모멘트를 생성하게 되며 다수의 원자들이 모여 있을 때 자발적으로 한 방향으로의 자기 모멘트 정렬이 일어나게 된다. 이렇게 자기 모멘트가 정렬된 영역을 자기 도메인이라 한다. 자성 재료는 크게 두 가지로 구분할 수 있는데 우선 그림 5.1(a)에서 보듯이 자기 기록 테이프에 이용되는 육방정계의 코발트와 같이 c축을 따라 한 방향으로 자화가 일어나는 단축형 자성재료가 있다. 이 경우 상하 방향의 플럭스만 존재하게 되며 자성 재료 밖으로의 누설 자기장이 생성된다. 반면 철이나 니켈과 같은 재료는 그림 5.1(b) 입방체 모서리를 따라 자화가 일어나 자성재료 밖으로의 누설 자기장이 없다. 이러한 자성재료의 특징을 이용하여 각각 I형 및 II형 자성 콘트라스트를 영상화할 수 있다.

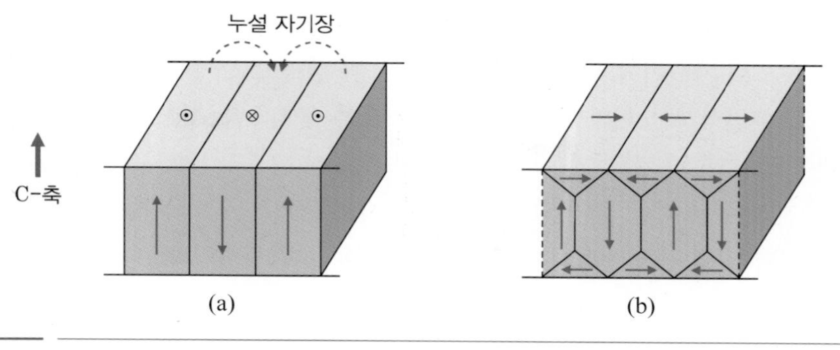

그림 5.1 자성재료의 종류. (a) 단축형, (b) 입방형

1) I형 자성 콘트라스트

I형 자성 콘트라스트는 외부 누설 자기장에 의해 이차전자가 휘어지는 현상을 이용한 것이다. 그림 5.2에 개략적인 원리와 대표적인 예를 나타내었다. 시료 표면에서 방출되는 이차전자들은 외부 누설 자기장을 통과하게 되며 이때 자기 벡터의 방향에 따라 E-T 검출기 쪽으로 또는 그 반대 방향으로 휘어져 도메인마다 이차전자의 수집 효율이 달라진다.

I형 자성 콘트라스트는 순수한 궤적 콘트라스트로 그림 5.3에 나타내었듯이 시편 전류나 후방산란전자 영상에서는 관찰할 수 없다. 또한 영상 형성 원리상 분해능도 약 2 μm 정도로 낮은 편이며 시편과 검출기의 방위 관계에 따라 매우 민감하게 변화하여 시편을 180° 회전시키면 정반대의 콘트라스트 (콘트라스트의 역전)가 나타난다. I형 자성 콘트라스트는 매우 미약한

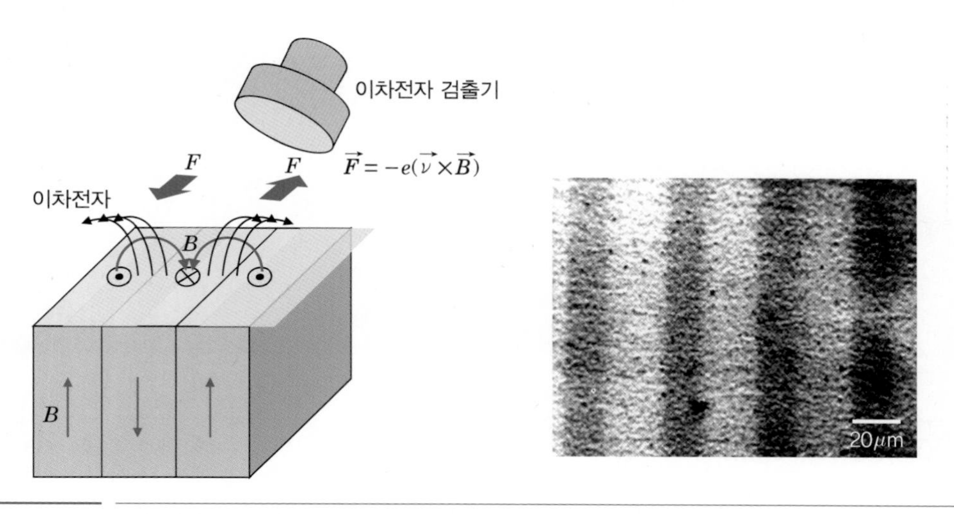

그림 5.2 I형 자성 콘트라스트의 개략적인 원리와 녹음된 자성테이프에서 얻은 대표적인 영상

콘트라스트이므로 시료의 기울임이나 검출기의 수집효율에 민감하게 영향을 받을 수 있다. 시료를 검출기 쪽으로 기울이면 일반적으로 이차전자의 검출 효율이 증가하며 다른 콘트라스트가 상대적으로 우월해져서 미약한 자성 콘트라스트가 묻힐 가능성이 커진다. 따라서 시료를 검출기 반대쪽으로 약 5° 정도 기울여 주는 것이 오히려 콘트라스트 구현에 도움을 줄 수 있다. 또한 검출기의 수집 각을 줄여 SE_{III}가 검출기 내로 들어오는 것을 줄여 콘트라스트를 향상시킬 수 있다. I형 자성 콘트라스트는 전자빔 에너지와는 직접적인 관계가 없으나 가속전압을 낮추어 이차전자의 발생 효율을 높이고 반응 부피를 줄여 줌으로써 BSE 생성 면적을 줄이면 도움이 될 수 있다.

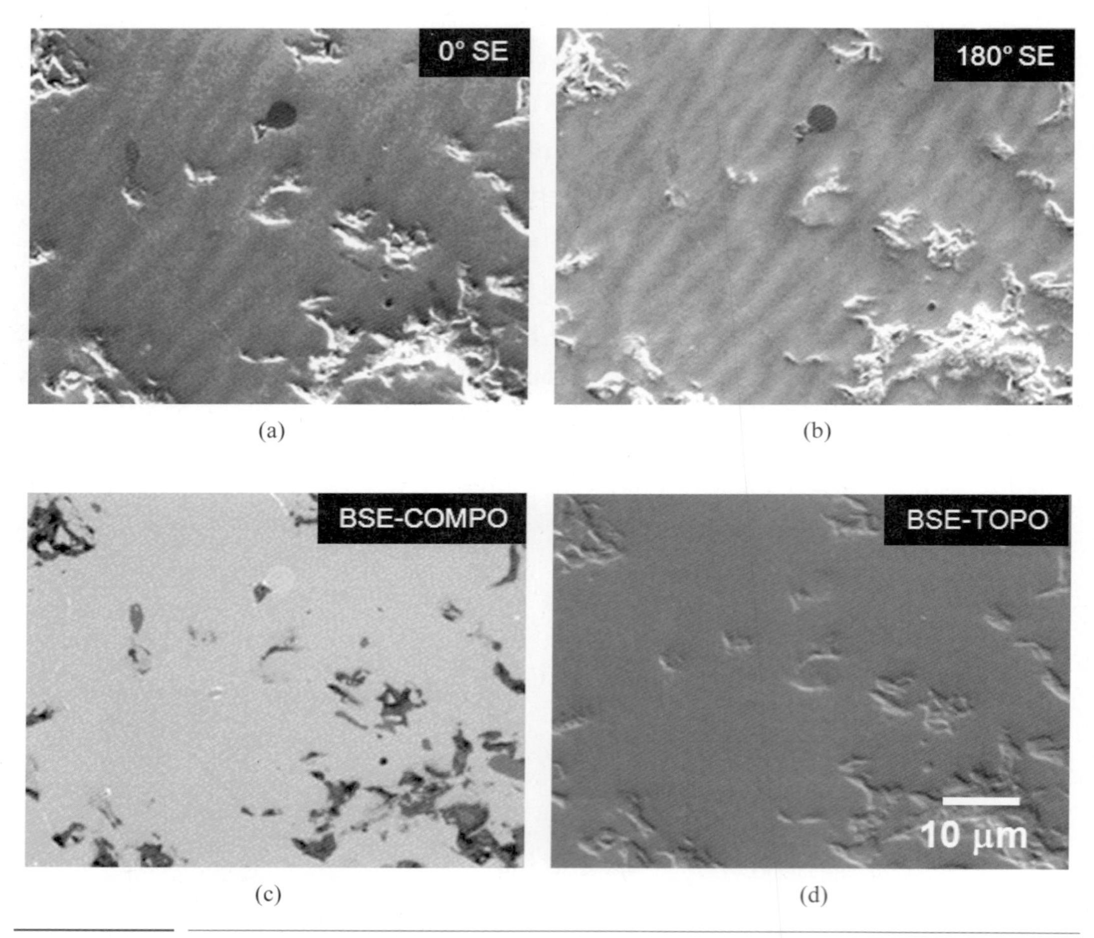

그림 5.3 (a), (b) 시편과 검출기의 방위관계에 따른 변화. (a) 0° 회전과 (b) 180° 회전의 경우 콘트라스트의 반전이 일어난다. (c), (d) I형 자성 콘트라스트가 순수한 궤적 콘트라스트임을 보여주는 영상으로 (a), (b) SE 영상에서는 콘트라스트가 뚜렷하나 (c), (d) BSE 영상에서는 관찰할 수 없다.

I형 자성 콘트라스트를 관찰하기 위한 작업조건을 정리하면 아래와 같다.

- 자성 콘트라스트가 표면 요철에 의한 콘트라스트에 묻히지 않도록 평탄한 표면의 시편을 준비한다.
- 가속전압은 10 kV 이하로 선택한다.
- 미약한 콘트라스트를 가시화하기 위해 큰 대물조리개를 사용하여 5 nA 정도의 전자빔 전류를 확보한다.
- E-T 검출기의 바이어스를 양으로 하되 작게 하여 검출효율을 낮춘다.
- 필요시 E-T 검출기의 앞에 작은 구멍이 뚫린 알루미늄 호일을 덮어 수집각을 줄여줌으로써 SE_{III}가 검출기 내로 들어오는 것을 줄여준다.
- 시편을 E-T 검출기 반대쪽으로 $-5°$ 정도 기울여준다.
- 시편을 회전시켜가며 콘트라스트가 최대가 되는 위치를 선정한다.

2) II형 자성 콘트라스트

II형 자성 콘트라스트는 시료 내 자기장에 의해 입사 전자의 진행 궤적이 영향을 받아 나타나는 현상을 이용한 것이다. 그림 5.4에 개략적인 원리를 나타내었다. 즉 시료 내 자기장에 의해 입사 전자의 진행 궤적이 영향을 받아 시료 표면으로부터 방출되는 BSE의 수가 영향을 받게 되어 자기 도메인에 따라 명암이 달라진다. 따라서 II형 자성 콘트라스트는 순수한 수적 요인에 의한 콘트라스트이며 시편전류나 후방산란전자 영상으로 관찰이 가능하다.

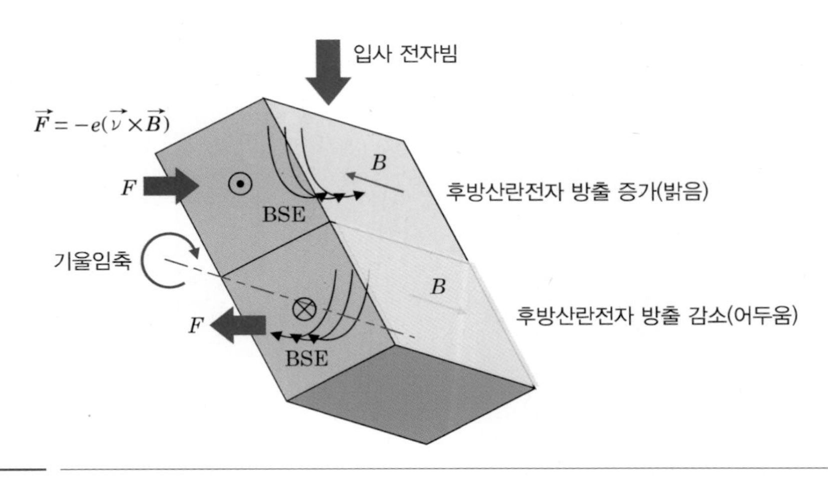

그림 5.4 II형 자성 콘트라스트의 개략적인 원리

그러나 시료 내 자기장의 영향은 그리 크지 않으며 콘트라스트도 0.3% 미만으로 매우 약하다. 따라서 II형 자성 콘트라스트를 관찰하기 위해서는 입사전자와 검출기, 시료 간의 기하학적 관계가 매우 중요하다. 자기장에 의한 힘은 전자의 진행 방향과 자력선의 방향이 서로 수직일 때 가장 크게 되며 그림 5.5에서와 같이 시료의 기울임 축이 자력선 방향과 평행하지 않거나 시료를 기울이지 않은 경우 자기 도메인에 의한 BSE 발생량의 차이를 볼 수 없게 된다. 따라서 II형 자성 콘트라스트를 최대화하기 위해서는 자력선 방향이 광축에 수직하고 시료의 기울임축과 평행하게 한 후 시료를 검출기 쪽으로 약 55° 정도의 큰 각도로 기울여 주는 것이 바람직하다. II형 자성 콘트라스트는 전자빔 에너지에도 크게 의존하는데 가속전압이 높을수록 유리하다. 가속전압이 낮은 경우 탄성 산란에 의한 효과가 커져(탄성 산란의 산란 단면적은 전자빔 에너지의 제곱에 반비례하므로) 자기장에 의한 효과가 묻혀버리게 된다. 일반적으로 철은 30 kV 이상, 니켈은 50 kV 이상의 가속전압을 사용한다. 콘트라스트를 형성하는 주신호인 BSE도 에너지 손실이 적은 BSE가 유효한데 이는 에너지가 낮은 BSE(즉 에너지 손실이 큰 BSE)는 자기장의 영향보다는 탄성 산란의 영향이 더 크기 때문이다. 따라서 콘트라스트를 향상시키기 위해서는 에너지 여과가 필요하다. II형 자성 콘트라스트 영상의 분해능은 0.5～1 μm 정도이다.

II형 자성 콘트라스트를 관찰하기 위한 작업조건을 정리하면 아래와 같다.

- 자성 콘트라스트가 표면요철에 의한 콘트라스트에 묻히지 않도록 평탄한 표면의 시편을 준비한다.

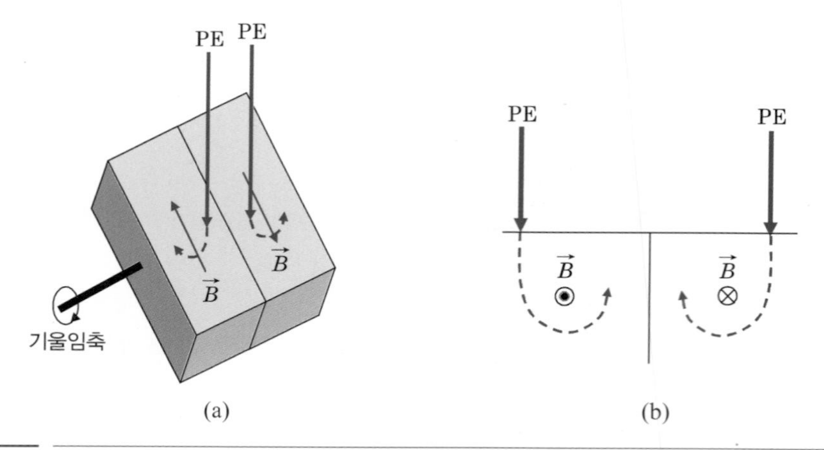

그림 5.5 잘못된 기하학적 정렬이 콘트라스트에 미치는 영향. (a) 시료의 기울임 축이 자력선 방향과 평행하지 않거나 (b) 시료를 기울이지 않은 경우 자기 도메인에 의한 BSE 발생량의 차이를 볼 수 없어 콘트라스트가 형성되지 않는다.

- 가속전압은 30 kV 이상으로 선택한다.
- 큰 대물조리개를 사용하여 100 nA 정도의 높은 전자빔 전류를 확보한다.
- E-T 검출기의 바이어스를 양으로 하여 SE_{III}와 BSE 모두 수집한다.
- 시편을 E-T 검출기쪽으로 55° 정도 기울여준다.
- 시편을 회전시켜가며 콘트라스트가 최대가 되는 위치를 선정한다.

2 전압 콘트라스트

시료의 표면 전위차는 이차전자 영상에서 밝기의 차이로 나타나는데 이는 표면 전위차가 E-T 검출기의 신호 수집 효율에 영향을 줄 뿐만 아니라 시료를 빠져나온 이차전자의 진행 궤적에도 영향을 미치기 때문이다. 따라서 이러한 현상은 BSE나 시편 전류를 이용한 영상에서는 관찰할 수 없다. 일반적인 SE 영상 형성에서는 그림 5.6에서 보듯이 E-T 검출기에 +200 V의 바이어스 전압을 인가한 경우 시료와 검출기 간에 형성된 100 V/cm 정도의 전기장이 이차전자를 유인해 수집한다. 그러나 대전에 의해 표면에 전위차가 발생하거나 외부 전원에 의해 구동중인 IC 칩과 같은 시료의 경우 표면 전위에 따라 시료와 검출기 간의 전기장의 세기가 다르다. 그림 5.7에서 보이듯 표면이 양(+)으로 대전된 경우에는 시료와 검출기 간의 전기장의 세기가 100 V/cm보다 작아서 이차전자의 수집효율이 떨어지고 주위의 접지된 부분보다 어둡게 보인다. 반대로 표면이 음(−)으로 대전된 경우에는 시료와 검출기 간의 전기장의 세기가 100 V/cm보다 크며 이차전자의 수집효율이 증가하고 주위의 접지된 부분보다 밝게 보인다. 이렇게 형성되는 콘트라스트를 **전압 콘트라스트**(voltage contrast)라고 한다. 전압 콘트라스트는 반도체 소자의 전위분포를 한 눈에 보여줄 수 있는 유용한 콘트라스트이다.

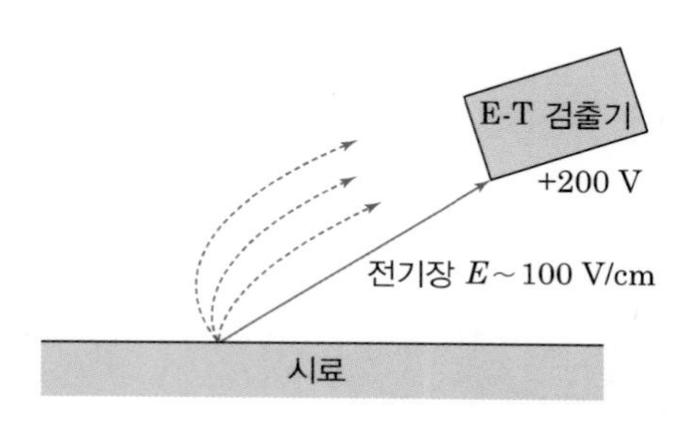

그림 5.6 E-T 검출기에 +200 V의 바이어스 전압을 인가한 경우 접지된 시료와 검출기 간에 형성되는 전기장

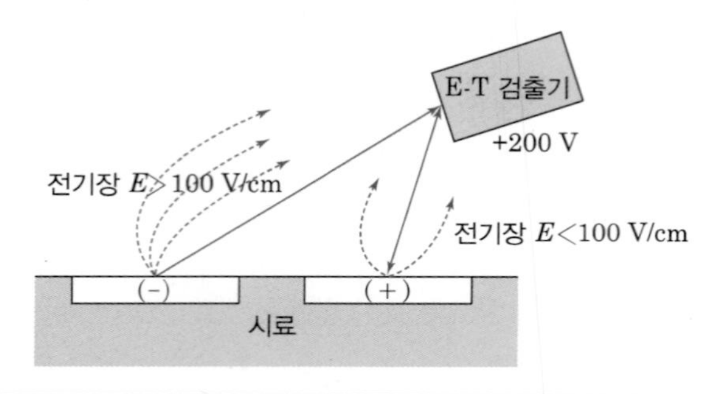

그림 5.7 시료 위치에 따라 표면 전위차를 보이는 경우 발생하는 E-T 검출기와 시료 간의 전기장의 차이

전압 콘트라스트는 외부 전압의 유무에 따라 수동형(passive)과 능동형(active)으로 나눌 수 있다[Rosenkranz, 2011]. 수동형 전압 콘트라스트는 외부 전압의 인가 없이도 표면 전위차의 발달로 콘트라스트가 나타나는 경우로, 입사 전자빔에 의한 (−)전하의 시료 내 축적이 일정할지라도 시료를 떠나는 이차전자의 상대적 양에 따라 대전 상태가 그림 5.8과 같이 (−), 0, (+)로 달라질 수 있음에 기인한다. 이는 전자빔의 에너지와 물질의 종류에 따라 다르게 나타난다.

능동형 전압 콘트라스트는 외부 전원 공급을 통해 표면 전위가 발달하는 경우 관찰되는 것으로 전원 공급 전에는 모든 전도성 부위가 동일하게 접지된 상태여서 일반적인 표면 요철에 의한 콘트라스트만 볼 수 있지만 전원 공급 후에는 전압 콘트라스트가 나타나 작동 중인 전도성 라인들이 높은 콘트라스트를 보이게 된다. 즉 음(−)으로 대전된 라인들은 밝게, 양(+)으로 대전된 라인들은 어둡게 보이게 된다. 능동형 전압 콘트라스트는 직류 전원에 의해 나타나는 정적 전압 콘트라스트와 교류 전원에 의한 동적 전압 콘트라스트가 있다. 동적 전압 콘트라스트의 경우 교류 주파수에 따라 폭이 다른 밝고 어두운 줄무늬가 반복적으로 나타나게 된다.

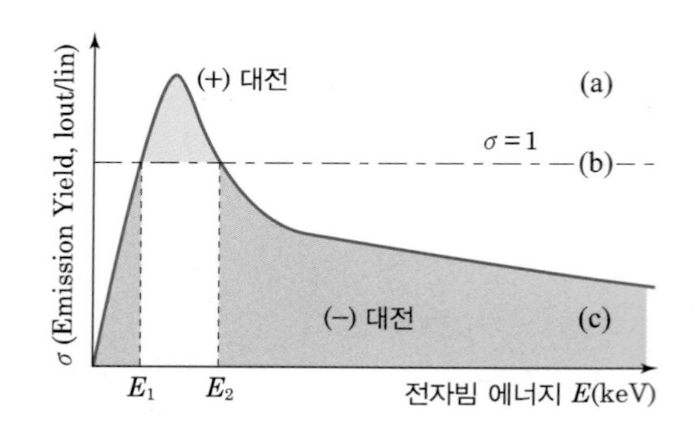

입사전자빔	(–) 대전
이차전자 방출	(+) 대전
결과 (합)	(a) + = (b) + = (c) + =

그림 5.8 전자빔 에너지에 따른 이차전자 방출 변화로 상대적인 전위차 발생

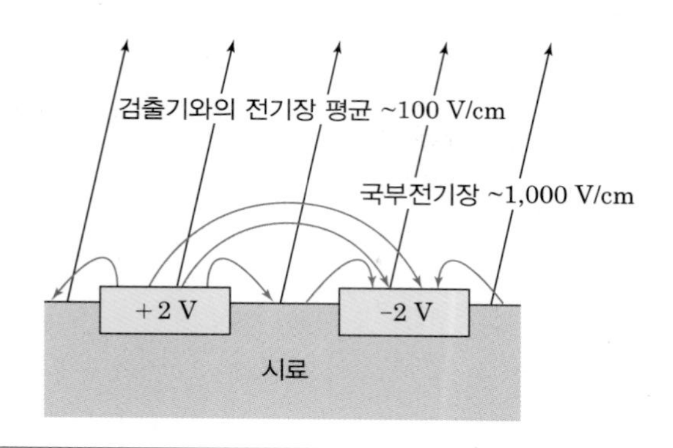

그림 5.9 국부전기장 효과에 의한 전장 콘트라스트

이러한 전압 콘트라스트로 반도체 소자의 회로 구성뿐만 아니라 표면 전위의 극성 및 크기를 빠르고 손쉽게 가시화할 수 있다. 하지만 표면 전위의 크기를 정량화하는 것은 어려운 문제인데 이는 극성에 따른 신호 수집효율의 변화가 양(+)의 경우 크게 떨어지는 데 비해 음(−)의 경우 약간 상승하는 등 비선형적이기 때문이다. 또한 그림 5.9에 나타낸 바와 같이 표면 전위의 극성이 서로 다른 두 라인이 가까이 있는 경우 시료와 검출기 간에 생성되는 전기장의 세기보다 훨씬 큰 전기장이 두 라인 사이에 생성되며 국부전기장 효과에 의해 시료에서 방출된 이차전자들이 검출기에 의해 수집되지 못하고 시료로 되돌아가는 현상이 나타나는 문제도 있다. 이러한 현상으로 나타나는 콘트라스트를 전장 콘트라스트(field contrast)라고 하며, 시료표면에 먼지나 비전도성 부분에 의해 발생하는 대전 현상이 대표적인 예이다. 일반적으로 전압 콘트라스트는 약 2 kV 정도의 낮은 가속전압에서 잘 관찰되며 대전현상을 피하기 위해 주사속도를 빨리하는 것이 바람직하다.

3 전자빔 유도 전류 콘트라스트

반도체 물질의 원자는 채워진 가전자대와 비어 있는 전도대로 이루어져 있고 그 둘은 밴드갭만큼 떨어져 있다. 그림 5.10에서와 같이 반도체 물질에 높은 에너지를 가진 전자빔을 조사하면 일부 가전자대의 전자들이 여기되어 전도대로 이동하며 가전자대에는 공공을 남기게 된다. 전자빔의 조사에 의해 생성된 전자−공공쌍을 시편이 검출기 역할을 하여 시편 전류 형태로 수집하고 이를 영상화하는 것을 포괄적으로 전하 수집 영상법(charge collection microscopy)이라고 한다. 흔히 전자빔 유도 전류 콘트라스트(EBIC: electron beam induced current)로 알려진 기법

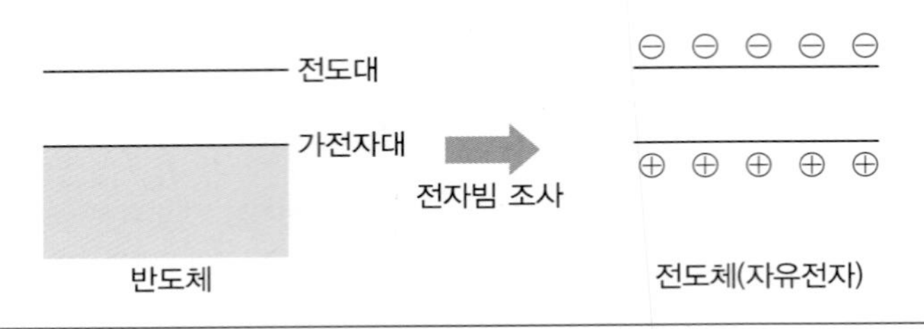

그림 5.10 전자빔 조사에 의한 전자-공공쌍의 형성

은 이러한 전하 수집 영상법의 하나이며 보다 널리 사용되는 용어이기도 하다. 전자빔의 조사에 의해 생성된 전자-공공쌍을 신호로 이용하기 위해서는 외부 회로에 의해 전류 형태로 검출해야 하며 이를 위해 전자와 공공을 각각 유인해 전류의 흐름으로 만들어줄 전기장이 필요하다. 전기장은 외부 전원 공급 장치로 공급할 수도 있고 p-n 접합이나 쇼트키 배리어와 같이 시료 자체에서 공급할 수도 있다.

EBIC는 반도체 분야에서 주로 이용되며 쇼트키 배리어 기법을 활용하여 공정전의 반도체 재료 내에 있는 결정립계나 결정 결함과 같은 불량원의 유무를 검사하는 데 이용할 수 있다. 또한 공정 후의 소자 내에 있는 p-n 접합부의 정상 작동 유무를 판별하는 데도 이용할 수 있다. 아울러 반도체 공정에서 중요한 변수인 확산 길이나 공핍층의 깊이 등을 측정하는 데도 유용하다.

그림 5.11에서와 같이 p-n 접합부에서는 전자-공공쌍을 분리해 외부 회로로 전류를 흐르게 할 수 있는 내재적인 전기장이 존재하게 된다. 따라서 시편 전류를 검출하여 이 부분을 영상화하면 다음 세 가지 중 하나의 콘트라스트가 관찰된다. p-n 접합부가 아닌 곳은 회색의 콘트라스트를, p-n 접합부는 외부 회로와의 연결 상태에 따라 밝거나 어두운 콘트라스트를 보인다. 따라서 접합이 존재해야 하는 부분이 회색 콘트라스트를 보인다면 접합부가 정상적이지 않음을 의미한다. 보다 좋은 영상을 얻기 위해서는 주사 속도를 늦추는 것이 바람직하며 주사 속도가 빠를 경우 영상에 줄무늬가 생기거나 흐려지는 현상이 나타난다.

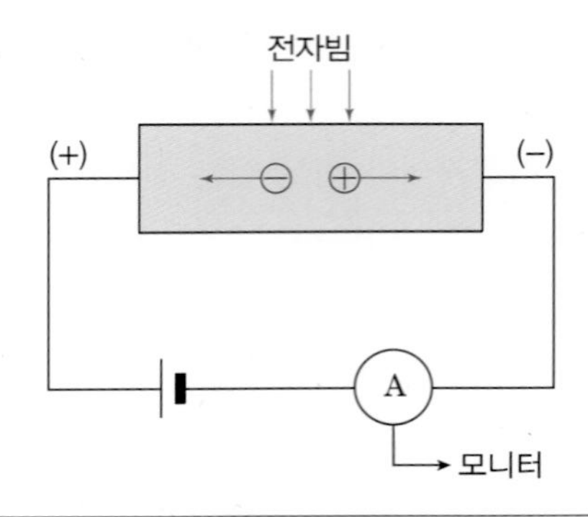

그림 5.11 p-n 접합부에서의 EBIC 영상원리

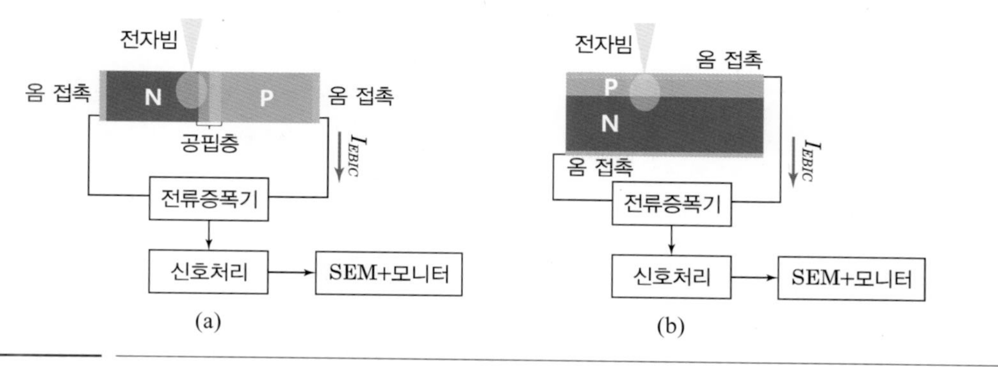

그림 5.12 전자빔 입사방향과 p−n 접합부의 기하학적 배치 관계

EBIC 콘트라스트는 전자빔의 에너지에도 영향을 받는데 가속전압이 증가하면 시료 내로의 침투 깊이가 깊어지고 반응 체적도 커져 분해능이 떨어지고 p-n 접합부 영상의 폭이 넓어진다. 그러나 가속전압이 너무 낮은 경우에는 EBIC 콘트라스트를 얻을 수 없으므로 적절한 가속전압의 선택이 필요하다. 특히 그림 5.12(b)와 같이 p-n접합이 전자빔과 수직하거나 나란하지 않은 상황에서는 더욱이 가속전압 선택에 따른 전자빔의 침투깊이에 대한 고려가 필요하다.

4 전자 채널링 콘트라스트

일반적으로 주사전자현미경은 모두 시료의 미세 조직에 대한 채널링 콘트라스트 영상이라고 말할 수 있으며 수 mm 크기의 결정립 방위를 보여주는 전자 채널링 패턴을 구현할 수도 있다. 특별한 주사 시스템을 갖춘다면 2∼10 μm 크기의 선택적인 영역에 대한 전자 채널링 패턴을 얻을 수도 있다.

그림 5.13에 나타낸 바와 같이 결정질 시료를 구성하는 원자들의 배열 방향에 대해 전자빔의 입사 방향이 어떻게 놓이느냐에 따라 채널링이 일어나기도 하고 산란이 주로 일어나기도 한다. 그림 5.13의 오른쪽과 같이 입사전자빔이 원자배열 방향과 나란하게 진행할 경우 입사전자는 시료원자와의 충돌 없이 시료 깊숙이 진행하는 채널링이 일어나며, 이때 후방산란 전자의 개수는 적게 된다. 그러나 그림 5.13의 왼쪽과 같이 입사전자빔이 원자배열 방향과 일정한 각도를 가지고 진행할 경우 입사전자들과 시료원자와의 충돌 확률은 증가하며 후방산란 전자의 개수는 상대적으로 많아지게 된다. 전자 채널링 콘트라스트는 이러한 BSE 양의 차이에 의해 형성되는 콘트라스트로 3∼5% 정도의 매우 약한 콘트라스트이다.

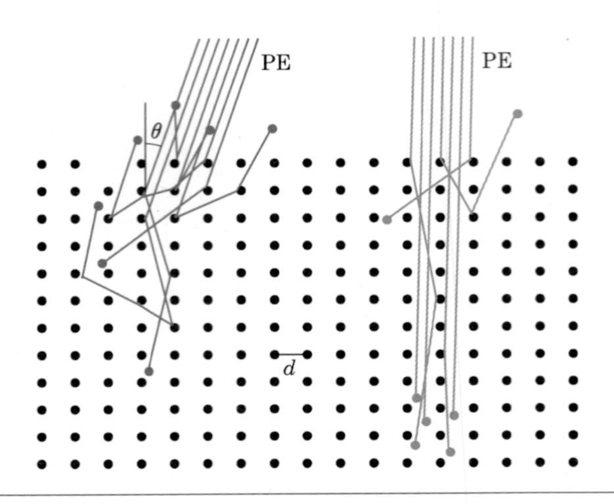

그림 5.13　　전자 채널링 콘트라스트 형성의 기본원리

따라서 전자 채널링 콘트라스트는 시료의 결정구조 자체에 의존하는 것이 아니라 결정과 전자빔의 각도에 의존한다. 또한 전자 채널링 콘트라스트를 관찰하기 위해서는 시료 표면의 원자 배열에 손상이 없어야 하며 전자 채널링 패턴을 위해서는 전자빔 조사영역은 단결정으로 원자 배열이 일정해야 하고 전자빔의 주사시 입사각의 차이가 현저하게 나타날 정도의 큰 결정이 필요하다.

1) 전자 채널링 패턴

전자 채널링 패턴의 형성은 브래그 회절법칙을 통해 이해할 수 있다. 회절이 일어날 수 있는 브래그 조건은 다음 식과 같으며,

$$n\lambda = 2d\sin\theta_B \tag{5.1}$$

시료가 격자상수 a_0의 입방정인 경우 브래그각 θ_B는

$$\theta_B = \sin^{-1}\left(\frac{\lambda}{2a_0}\sqrt{h^2+k^2+l^2}\right) \tag{5.2}$$

으로 표현할 수 있다. 이 두 식을 이용해 면심입방정(FCC)의 특정 면족에 대한 전자빔 입사각과 후방산란전자 계수 (η)와의 관계를 그래프로 나타내면 그림 5.14와 같다. 즉 회절차수 n이 ± 1, 2, 3 …인 경우 η로 주어지는 강도의 급격한 변화가 나타난다. 그리고 이러한 강도 변화의 정도는 면지수 h, k, l이 증가할수록 약해진다. 따라서 그림 5.14로부터 예측할 수 있듯이

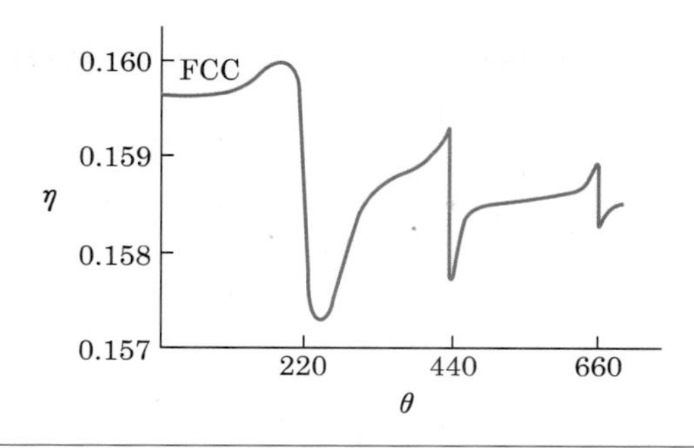

그림 5.14　면심입방정(FCC)의 특정 면족에 대한 전자빔 입사각과 BSE 계수(η)와의 관계

전자 채널링 패턴은 투과전자현미경에서 흔히 볼 수 있는 키쿠치 회절패턴과 매우 흡사한 패턴을 보이며 그림 5.15와 같이 중앙에 밝은 띠가 있고 이에 평행한 여러 개의 띠들로 이루어진다. 이러한 띠와 선들의 간격은 브래그 법칙에 의해 결정된다. 즉 띠의 폭은 각각의 회절면에 대한 브래그 회절 각도의 두 배($2\theta_B$)에 해당한다. 따라서 전자 채널링 패턴에 나타난 띠의 폭을 측정하여 브래그 식으로부터 면간거리 d를 알 수 있어 미지의 상을 알아내는 데 이용할 수 있다.

전자 채널링 패턴은 저배율에서 관찰해야 하는데 이는 배율이 증가함에 따라 주사 영역이 좁아짐은 물론 주사 각도도 작아져 패턴상의 띠의 폭이 넓어지는 결과를 가져와 전체 패턴을 관찰할 수 없게 되기 때문이다. 이러한 전자 채널링 패턴을 결정의 다양한 방향으로부터 얻어 조합을 하면 TEM에서 사용하는 키쿠치 지도와 비슷한 전자 채널링 패턴 지도(ECP map)를 얻을 수 있으며, 미지 시료로부터 얻은 패턴과 지도를 비교하면 방위를 알아낼 수 있다.

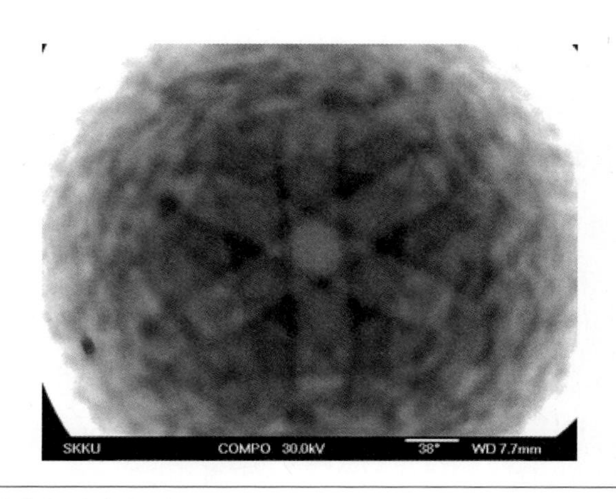

그림 5.15　전자 채널링 패턴의 예

전자 채널링 패턴은 결정의 완전도에 민감하게 영향을 받으므로 재료의 소성 변형량을 측정하는 데에도 이용될 수 있다. 소성 변형은 전자 채널링 패턴의 선명도를 떨어뜨리는 효과를 나타낸다. 따라서 소성 변형량을 알고 있는 시료를 이용해 소성 변형 대 전자 채널링 패턴 변화에 대한 보정표를 얻어두고 미지 시료의 소성 변형량을 정량적으로 구할 수도 있다. 그러나 최근에는 뒤에서 다루게 될 전자 후방산란 회절(EBSD) 기법의 발달로 전자 채널링 패턴에 대한 관심과 활용이 다소 위축되고 있는 것도 사실이다.

전자 채널링 패턴을 관찰하기 위한 작업조건을 정리하면 아래와 같다.

- 단결정 또는 결정립의 크기가 큰 시료가 필요하며 표면 원자 배열의 손상이 없는 평탄한 시료를 준비한다.
- 수렴각(α)이 클 경우 패턴의 선명도가 떨어지므로 전자빔의 수렴각은 작게 하여 전자빔 주사에 의한 각도효과만 나타나게 한다.
- 5% 미만의 콘트라스트를 가시화할 수 있도록 5 nA 이상의 빔전류를 공급한다.
- 가속전압은 낮은 것이 유리하나 전자빔이 시료 내를 어느 정도 깊이까지 침투할 수 있도록 통상 10～20 kV 범위에서 작업한다.
- 시료의 기울임에 따라 패턴의 변화가 있으므로 적절한 기울임을 선정한다.
- 주신호인 BSE 중 브래그 법칙에 적용되는 저에너지 손실 BSE를 활용한다.
- 검출기는 BSE 검출 효율이 높은 것을 이용하되 E-T 검출기의 경우 바이어스를 양으로 하여 SE_{III}와 BSE 모두 수집하도록 한다. 반도체 BSE 전용 검출기를 이용하는 것이 검출 효율 측면에서 가장 유리하며 어느 정도 BSE의 에너지 필터링 효과를 기대할 수도 있다. 시편전류를 신호로 이용하는 경우 순수한 수적 인자에 의한 콘트라스트만이 나타나므로 표면요철에 관계없이 패턴을 얻을 수 있는 장점이 있다.

2) 제한 영역 전자 채널링 패턴

앞서 언급한 일반적인 전자 채널링 패턴은 특별한 장치 없이도 일반적인 주사전자현미경에서 관찰이 가능하다는 장점이 있으나 관찰하고자 하는 시료의 결정립이 크거나 단결정이어야 한다는 제약이 있어 다결정 시료에서 각 결정립의 방위 관계를 알아보기에는 적절하지 못하다. 그러나 그림 5.16에서와 같은 특수한 주사 시스템을 갖추면 작은 결정립으로부터 전자 채널링 패턴을 얻는 것이 가능하다. 일반적인 주사방식에서는 그림 5.16(a)에서와 같이 이중 편향 코일을 이용하여 상부코일과 하부코일에서 각각 한번씩 전자빔을 편향시켜 2ϕ의 각도 범위 내에서 발산되는 형태로 시료면을 주사한다. 따라서 넓은 영역에 걸쳐 전자빔의 입사각의 변화(2ϕ)

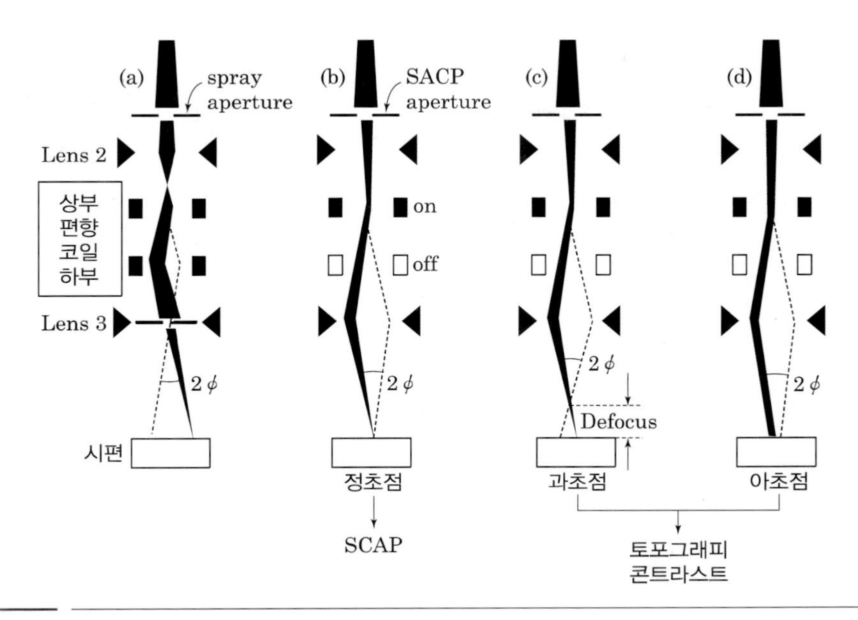

그림 5.16 제한시야 전자 채널링 패턴을 얻기 위한 조건

가 생기고 이 영역이 단결정인 경우 앞서 언급한 일반적인 전자 채널링 패턴이 얻어진다. 작은 결정립으로부터 전자 채널링 패턴을 얻기 위해서는 그림 5.16(b)에서와 같이 이중 편향 코일의 하부 코일을 끈 상태에서 상부코일로 1차 편향시킨 전자빔을 렌즈로 2차 편향시키면서 초점을 조절하는 편향−초점 모드를 이용한다. 이 경우 전자빔은 시료면의 한 점에 2ϕ의 각도 범위를 가지고 수렴되는 형태로 주사하게 된다. 따라서 시료의 특정 부분에 대해 전자빔의 입사각의

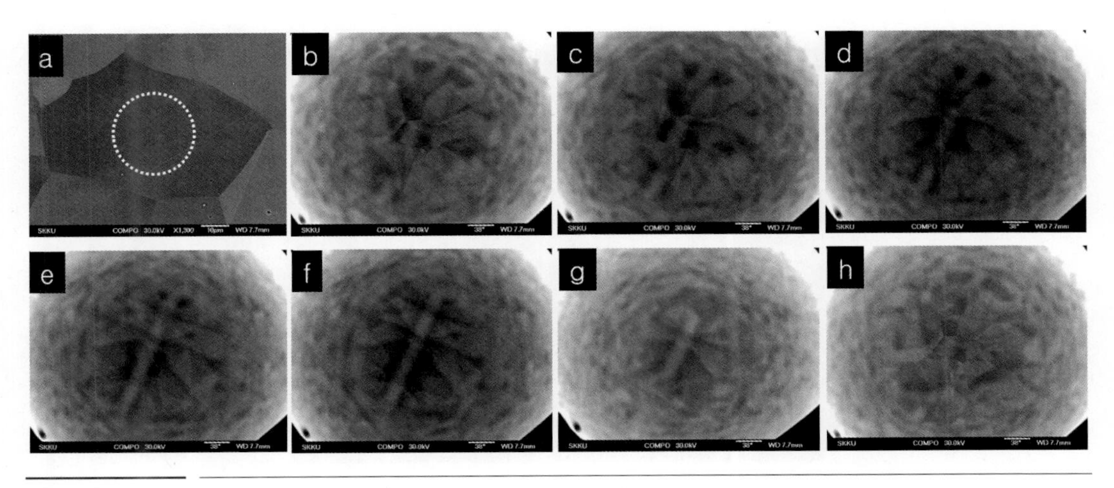

그림 5.17 연속적인 초점 변화를 통해 얻은 제한시야 전자채널링 패턴

변화(2ϕ)가 생기고 이 영역으로부터 전자 채널링 패턴이 얻어지게 된다. 이를 제한 영역 전자 채널링 패턴이라 한다.

정확한 초점 조절을 위해서는 초점변화에 따른 패턴의 연속적인 관찰이 필요하며 그 예를 그림 5.17에 나타내었다. 그림 5.17(b), (h)와 같이 과초점이나 아초점 상태에서는 전자 채널링 패턴과 함께 표면요철에 의한 콘트라스트가 중첩되어 나타나며 정초점 상태[그림 5.17(e)]에서는 선명한 전자 채널링 패턴을 관찰할 수 있다.

3) 전자 채널링 콘트라스트 영상

전자 채널링 콘트라스트 영상(ECCI; electron channeling contrast image)은 전자 채널링 패턴 형성과 원리는 동일하나 주사 영역 내의 결정이 단결정이 아니라 다결정일 경우 각 결정립들은 전자 채널링 패턴의 중앙부의 콘트라스트를 보여 결정립들이 각각의 방위에 따라 서로 다른 명암을 가져 나타나는 현상이다. 결정립이 크기에 따라 그림 5.18과 같이 전자 채널링 패턴의 일부가 보이기도 한다.

전자 채널링 현상은 시료의 방위에 매우 민감하므로 시료를 기울이게 되면 콘트라스트에 급격한 변화를 보이게 된다. 그림 5.19는 4° 기울임에 의한 콘트라스트의 변화를 보여주는 예로 아결정립계의 구분이 가능하며 작은 방위의 변화에도 콘트라스트가 민감하게 변화하는 것을 알 수 있다. 그러나 입계의 가시화 여부는 방위에 의존하여 모든 입계가 다 뚜렷이 구분되지는 않는다. 따라서 입계의 존재 여부를 정확히 알기 위해서는 시료를 작은 각도로 기울여가며 연속적으로 관찰할 필요가 있다.

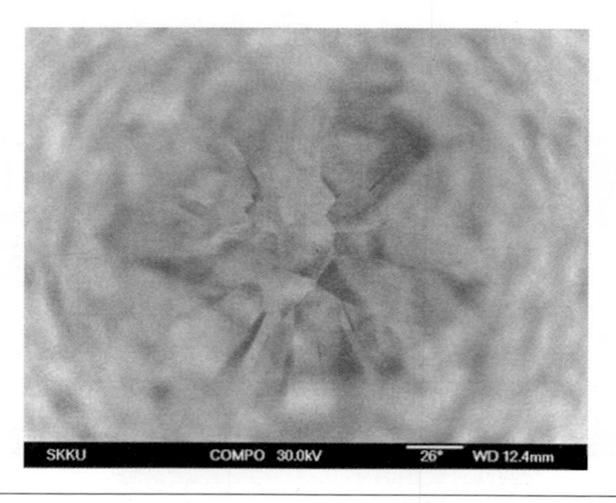

그림 5.18 다결정질 니켈 시료에서 얻은 전자 채널링 콘트라스트 영상

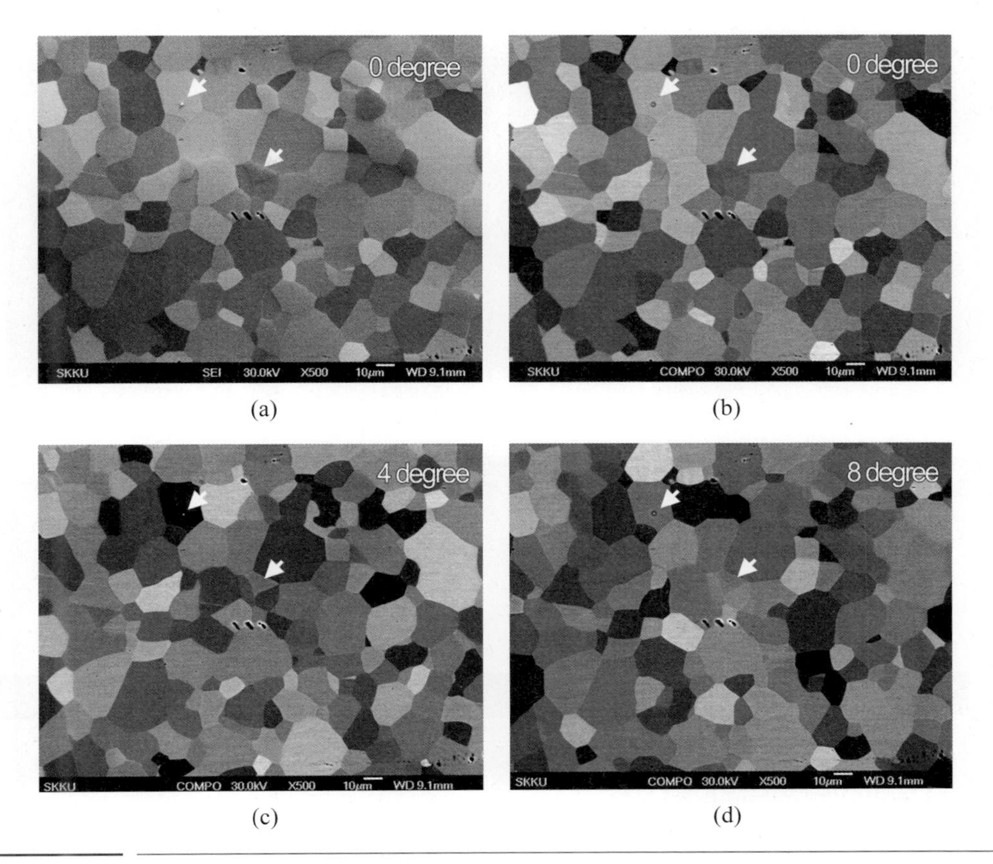

(a) (b) (c) (d)

그림 5.19 다결정 Fe-Si 시편에서의 기울임 증가(4°씩)에 의한 전자 채널링 콘트라스트의 변화 (a) 이차 전자 영상, (b), (c), (d)는 다른 각도로 기울인 시편의 후방산란전자 영상

전자 채널링 콘트라스트 영상의 또 다른 특징은 표면 요철에 의한 콘트라스트와 무관하게 어떤 결정학적 변화도 민감하게 영상화할 수 있다는 점이다. 일반적으로 광학현미경 사진에서는 표면 요철이 있는 결함이나 결정립계만 구분되어 나타나지만 그림 5.20에서와 같이 전자 채널링 콘트라스트 영상에서는 결정방위가 다른 모든 결정립계뿐만 아니라 쌍정면도 뚜렷하게 구분된다. 또한, 그림 5.20(a)의 사각형 부분을 고배율로 관찰한 그림 5.20(b)에서와 같이 소성 변형에 의한 격자의 변형이나 전위의 발달 등도 영상화할 수 있다. 이러한 특성은 재료공학적 측면에서 매우 중요한 시사점을 가지는 것으로 그동안 투과전자현미경의 분석 영역으로만 여겨온 전위와 같은 결정 결함 분석이 보다 간편한 시편 준비로도 분석이 가능한 주사전자현미경의 영역으로 넘어왔음을 의미한다. 이에 따라 철강 재료는 물론 LED 소재 등 다양한 재료 및 공정 개발에 활용되고 있다. 특히 최근에는 ECCI 기법을 다음에 소개할 EBSD와 조합한 연구가 활발하게 진행되고 있다.

(a) (b)

그림 5.20 샷피닝(shot pinning)한 다결정질 니켈 시료에서 얻은 전자 채널링 콘트라스트 영상

5 전자후방산란회절(EBSD)

1) 전자후방산란회절의 원리

주사전자현미경을 이용하여 재료를 구성하고 있는 결정립의 형상뿐만 아니라 결정 방위(crystallographic orientation)를 동시에 측정할 수 있다. 이것은 전자가 회절하는 현상, 즉 전자후방산란회절(EBSD; electron back-scattering diffraction)을 이용하는 것으로 그림 5.21(a)에 그 원리를 간단하게 표시하였다. 전자빔이 재료에 입사하면 대부분의 전자는 재료를 구성하는 원자들과 비탄성 충돌하여 에너지를 잃지만, 그중 일부는 탄성 충돌하고 격자면에 반사하여 회절을 일으킨다. 이때의 회절은 식 (5.3)의 브래그 법칙을 만족시켜야 한다.

$$n\lambda = 2d\sin\theta \tag{5.3}$$

주사전자현미경의 일반적 작업 조건에서 후방산란전자의 회절 강도는 매우 약하기 때문에, EBSD 분석을 위해서 시편의 법선 방향을 전자빔에 대해 약 70° 기울여 장착한다. 브래그 법칙을 만족하는 결정면(hkl)에서 3차원적으로 회절이 일어나서 그림 5.21(a)의 푸른색으로 표시한 코셀콘(Kossel cone)이라 불리는 콘택트렌즈 모양의 회절빔 한 쌍이 만들어지고 이를 형광스크린으로 검출하면 2차원의 띠 형상이 만들어지는데 이것이 키쿠치 띠 또는 키쿠치 밴드(Kikuchi band)이다. 회절 조건을 만족하는 여러 결정면에서 한 쌍씩 만들어지는 코셀콘을 형

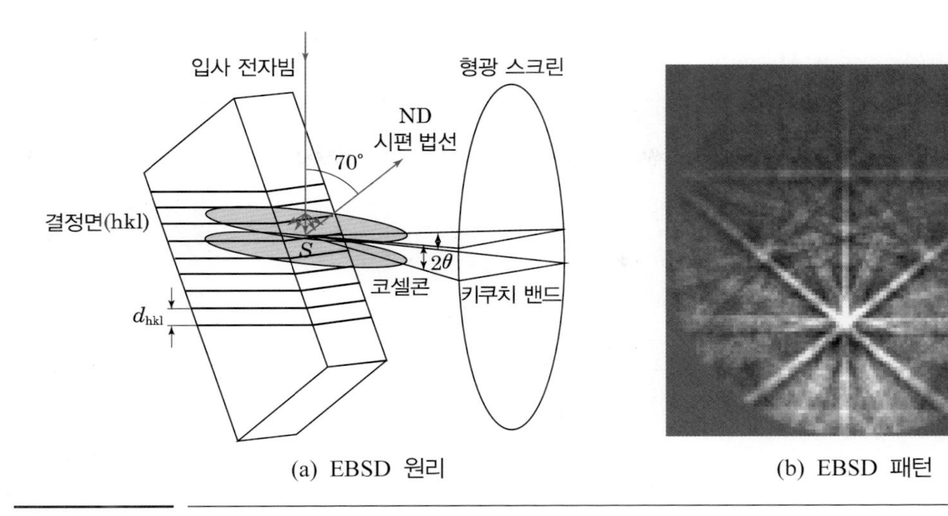

(a) EBSD 원리 (b) EBSD 패턴

그림 5.21 (a) EBSD 분석의 모식도와 (b) 여러 개의 키쿠치 밴드로 구성된 EBSD 패턴

광스크린으로 검출하면 그림 5.21(b)처럼 여러 개의 키쿠치 밴드가 겹쳐진 이미지를 얻을 수 있는데, 이것을 EBSD 패턴이라 부른다.

재료의 회절 분석에 이용되는 대표적인 X선과 중성자파 그리고 전자파의 특성을 표 5.1에 비교하였다. 전자빔의 파장은 0.001～0.01 나노미터로 매우 짧기 때문에, 식 (5.1)을 이용하여 계산하면 브래그 회절각 θ는 1°보다 작다. 이것의 기하학적 의미를 살펴보면, 그림 5.21(a)의 코셀콘은 회절이 일어나는 결정면에 거의 붙어 있으며, 그 한 쌍의 대칭적인 코셀콘의 중간선, 즉 키쿠치 밴드의 중심선은 회절이 일어나는 바로 그 결정면의 궤적이다. 키쿠치 밴드의 중심선을 구성하는 각각의 점들은 회절이 일어난 결정면의 법선에 수직인 결정학적 방향을 나타낸다. 즉, 어떤 결정면에 놓여 있는 모든 방위들은 EBSD에 의해 만들어지는 그 결정면의 키쿠치 밴드를 구성한다.

표 5.1 회절 측정에 이용되는 X－선, 중성자파, 전자파의 특성 비교

구분	X선	중성자	전자
파장(nm)	0.05～0.3	0.05～0.3	0.001～0.01
에너지(eV)	10^4	10^{-2}	10^5
전하(C)	0	0	-1.602×10^{-19}
정지 질량(g)	0	1.67×10^{-24}	9.11×10^{-28}
투과 깊이(mm)	0.01～0.1	10～100	10^{-3}

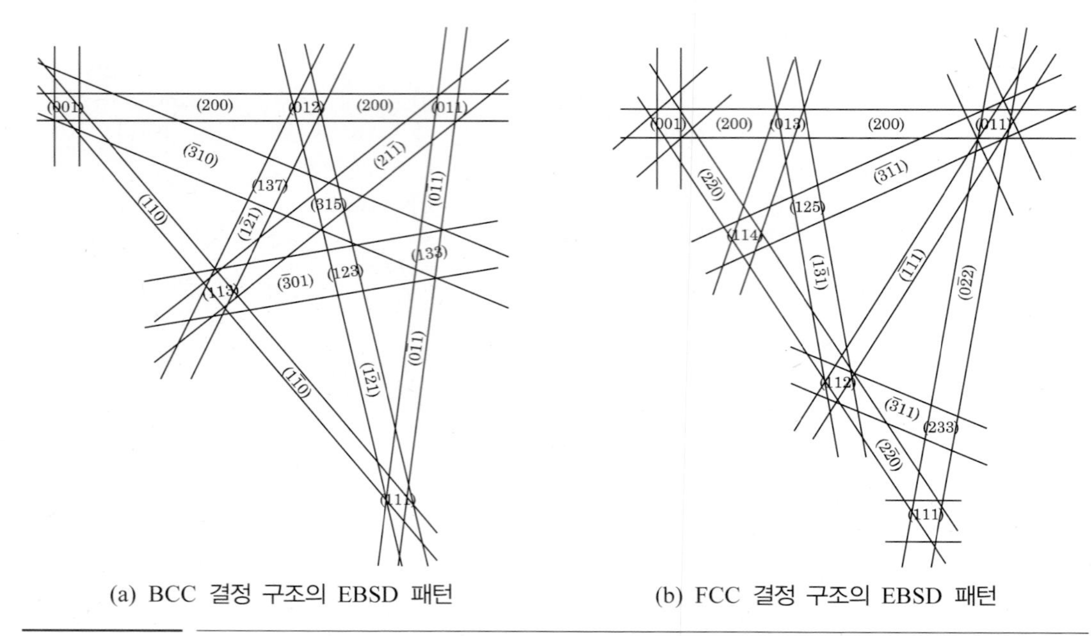

(a) BCC 결정 구조의 EBSD 패턴 (b) FCC 결정 구조의 EBSD 패턴

그림 5.22 (a) 체심입방격자(BCC)와 (b) 면심입방격자(FCC)의 EBSD 패턴. 각각의 키쿠치 밴드는 회절이 일어난 결정면의 방위를 나타내며 키쿠치 밴드들이 만나는 점은 그 결정면의 정대축이다.

그림 5.22는 체심 입방 격자(BCC)와 면심 입방 격자(FCC)의 금속 재료에서 만들어지는 EBSD 패턴의 예이다. 모든 체심 입방 격자와 면심 입방 격자 재료에서 얻어지는 EBSD 패턴의 기본 구성은 그림 5.22와 같다고 보면 된다. 우선 체심 입방 격자의 EBSD 패턴을 보면, {110}, {200}, {112}, {103} 등의 결정면에서 회절된 키쿠치 밴드로 구성되어 있음을 알 수 있다. 이 결정면들은 체심입방격자 재료에서 X선 회절에 의해 공통적으로 나타나는 회절선이다. X선 회절과 전자회절은 근본적으로 같은 원리를 따르기 때문이다. 이들 회절을 일으키는 대표적인 결정면을 EBSD 반사면(reflector)이라 부른다.

면심입방격자의 EBSD 반사면은 {111}, {200}, {220}, {113} 등으로 역시 X선 회절에서 나타나는 회절선과 일치한다. 면심입방격자 구조를 갖는 모든 재료들의 EBSD 패턴은 기본적으로 이 반사면들로 구성되어 있다. 다만, 결정 방위가 달라짐에 따라 EBSD 패턴의 모양이 달라지거나, 키쿠치 밴드의 수에서 차이가 날 뿐이다. 키쿠치 밴드들이 교차하는 점은 그 띠를 만드는 결정학적 면들의 정대축(zone axis)에 해당한다. 그림 5.22에서 보면 낮은 밀러지수의 정대축에서 교차하는 키쿠치 밴드의 수가 많고, 대칭성도 높은 것을 알 수 있다.

시편의 한 점에 입사한 전자빔이 회절하여 EBSD 패턴이 나타나면, 그 패턴을 구성하는 키쿠치 밴드와 정대축의 기하학적 위치를 이용하여 결정학적 방위를 계산할 수 있다. 이러한 계산에 사용되는 EBSD 소프트웨어에서는 그림 5.23(a)의 화면 아래에서 볼 수 있듯이, 결정 방

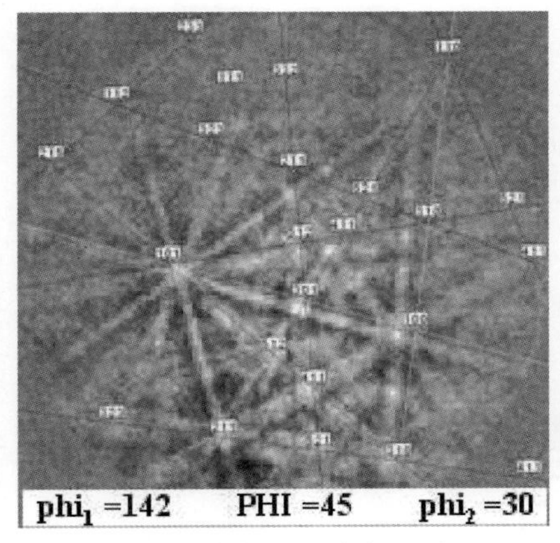

(a) 오일러각으로 방위 표시

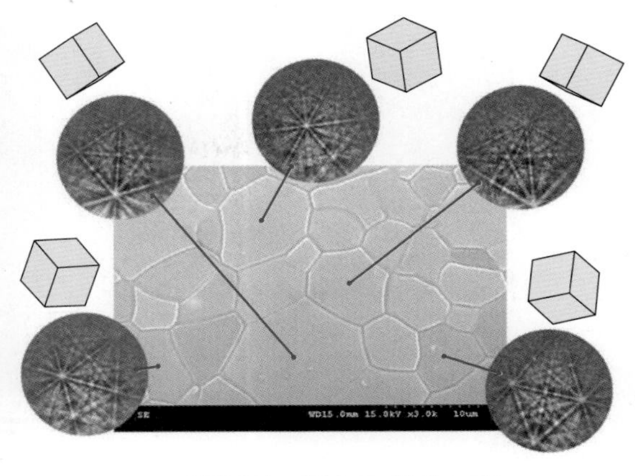

(b) 단위정의 모양으로 방위 표시

그림 5.23 시편의 어떤 점에서 EBSD 패턴이 얻어지면 키쿠치 밴드와 정대축의 상대적 위치를 계산하여 (a)의 아래 부분에서 볼 수 있듯이 오일러 각으로 그 점의 결정 방위를 나타낸다. (b) 단위정의 모양으로 그 결정방위를 표현하기도 한다.

위가 오일러 각(Euler angle)으로 표현되며 사용자의 이해를 돕기 위해 그림 5.23(b)처럼 단위정(단위포)의 모양을 이용해 결정 방위를 표현하기도 한다. 다수의 결정 방위를 한꺼번에 나타내기 위해서는 극점도(pole figure) 또는 역극점도(inverse pole figure)를 이용한다.

EBSD 하드웨어의 발전에 힘입어 최근에는 초당 수백 번의 속도로 전자빔을 시편에 주사하면서 연속적으로 결정 방위를 얻는 수준에 이르렀다. 이때 전자빔의 간격(step size)이 결정 방위 해석의 신뢰도에서 중요한 변수 중의 하나가 되는데, 전계방사형 주사전자현미경을 사용하는 경우 20 nm 정도의 전자빔 간격으로 EBSD 데이터를 얻는 것이 가능하다. 이것은 EBSD의 공간 분해능이 20 nm라는 것인데, 시편에 입사한 전자빔의 비탄성 충돌에 의한 산란 범위가 재료 표면으로부터 50 nm 이상인 점을 고려하면 공간 분해능은 거의 한계에 도달한 것으로 볼 수 있다.

앞에서 설명했듯이 전자빔의 비탄성 충돌에 의해 산란된 전자의 일부분이 회절하여 나타나는 것이 키쿠치 밴드이다. 이 회절 현상이 산란된 전자에 의해 방해받게 되면 EBSD 패턴의 선명도가 낮아진다. 패턴의 선명도를 정량적으로 수치화한 것을 상질(IQ; image quality)이라 한다. 어떤 점에서 IQ 값이 0이 되면 EBSD 패턴이 나타나지 않는다. EBSD 패턴이 나타나는 IQ 최솟값은 재료마다 다르고 IQ 최대값은 회절 강도가 산란 현상에 의한 방해를 최대로 극복할 때 얻어진다. 따라서 IQ 값은 재료 내부의 격자 결함 또는 내부 응력을 반영하는 하나의 지표로 활용할 수 있다. 예를 들어, 재료 내부에 전위 밀도가 높으면 IQ 값은 그에 따라 낮아진

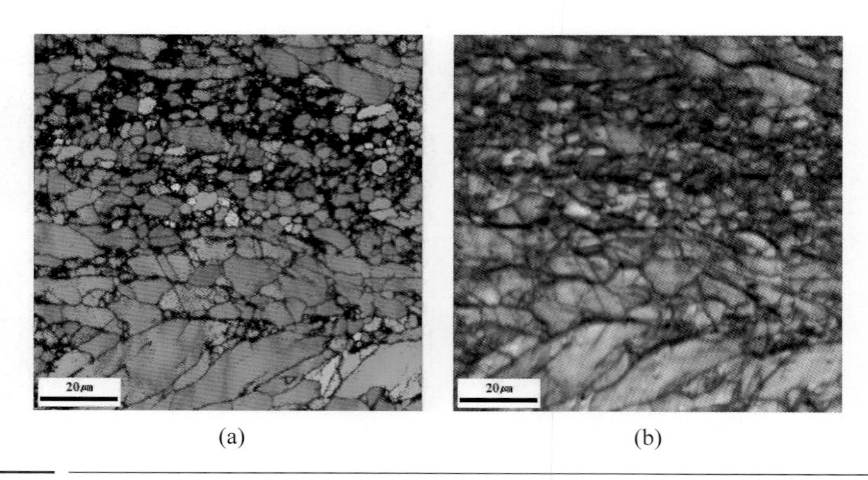

그림 5.24 마그네슘합금 압연 판재에서 측정한 (a) EBSD 방위분포도와 (b) 상질도. 내부응력이 높거나 결정학적 결함이 존재하는 영역에서는 상질(IQ) 값이 낮아져서 어둡게 나타난다.

다. 이 원리를 이용하여, 전위 밀도가 가장 낮은 어닐링 상태와 여러 단계의 가공 경화 상태를 비교함으로써 가공 정도에 따른 전위 밀도를 알아낼 수도 있다. IQ 값이 결정 방위에 따라 최대값이 달라지는 것을 이용하면, 가공에 의한 탄성 축적 에너지의 방위 의존성도 정량화할 수 있다.

모든 회절점의 IQ 값을 그림으로 나타낸 것이 상질도(IQ map)인데, 그림 5.24는 AZ31 마그네슘 합금을 200°C에서 20%의 압하율로 압연한 후 EBSD 분석으로 얻은 방위 분포도(EBSD map)와 이것을 상질도로 변환한 것이다. 결정립계에서는 EBSD 패턴이 얻어질 수 없기 때문에 IQ 값이 0이어서 검게 나타난다. 결정립의 내부에 희미하게 보이는 가는 선은 결합에너지가 비교적 낮은 아결정립계와 쌍정 경계인데, IQ 값이 0이 되는 폭이 고경각 입계보다 좁기 때문에 상질도에서 구별해낼 수 있다. IQ 값이 높아서 밝게 보이는 결정립은 전위 밀도가 낮은 재결정립이고, IQ 값이 낮아서 어둡게 보이는 결정립은 소성 변형에 의해 축적된 전위 밀도가 높은 상태를 반영하고 있다.

EBSD 해석에 IQ 값을 응용한 사례를 하나 살펴보자. 차세대 자용차용 고강도 철강재로 주목받고 있는 디피강(DP강, dual phase steel)은 페라이트상 결정립과 마르텐사이트상 결정립으로 구성되어 있다. 문제는 페라이트상과 마르텐사이트상이 같은 체심입방구조이면서 격자상수가 거의 같아서 회절에 의해 각각의 상을 구별하기가 어렵다는 점이다. 그러나 그림 5.25(a)의 상질도에서 보듯 IQ 값의 차이에 의해 밝은 영역과 어두운 영역을 뚜렷하게 구분할 수 있다. 내부응력이 낮아서 IQ 값이 높은 페라이트상 결정립들[그림 5.25(b)]과 내부응력이 높아서 IQ 값이 낮은 마르텐사이트상 결정립들[그림 5.25(c)]을 전체 EBSD 방위분포도에서 분리함으로써 각 상의 미세조직을 관찰할 수 있다.

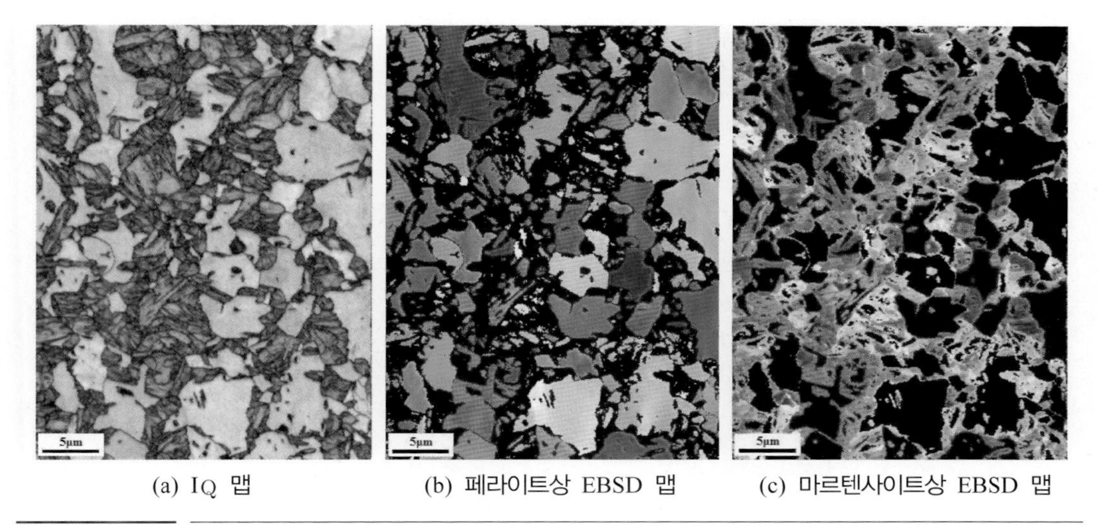

(a) IQ 맵 (b) 페라이트상 EBSD 맵 (c) 마르텐사이트상 EBSD 맵

그림 5.25 디피강의 EBSD 해석. 상질(IQ)을 측정하여 값이 높은 페라이트상 결정립과 값이 낮은 마르텐사이트상 결정립을 분리할 수 있다.

2) 미시집합조직의 해석

그림 5.26은 전체 부피V인 시편에서 같은 방위를 갖는 결정립들을 파란색으로 나타낸 것이다. 이 재료의 결정 구조가 입방정이라고 가정하자. 파란색 결정립의 방위 g는 시편 판면에 수직인 방향(ND; normal direction), 시편의 폭 방향(TD; transverse direction), 압연 방향(RD; rolling direction)을 세 축으로 하는 시편 좌표계에 대하여 [100], [010], [001]의 결정학적 방향을 세 축으로 하는 결정 좌표계의 회전으로 정의된다. 다시 자세히 설명하면, 시편의 세 좌표축과 그 시편에 속하는 한 결정립의 세 좌표축이 TD//[100], RD//[010], ND//[001]로 놓인 상태를 기준하여 $g=(0,\ 0,\ 0)$이라 할 때, 그림 5.26의 파란색 결정립의 결정 좌표계가 시편 좌표계 대해 회전한 상태를 $g=(\phi_1,\ \phi,\ \phi_2)$로 표현할 수 있다. 이것이 바로 세 개의 오일러각으로 표현한 방위이다. 이 오일러각 표현 방식은 사용자들에게 익숙한 g = {hkl}<uvw>, 즉 밀러 지수 표현 방식으로 변환할 수 있다. EBSD 해석 프로그램에서는 컴퓨터 계산에 용이한 오일러각 표현 방식을 사용하지만, 밀러 지수로 변환하거나 그림 5.23(b)처럼 단위정의 모양으로 방위를 표현하기도 한다.

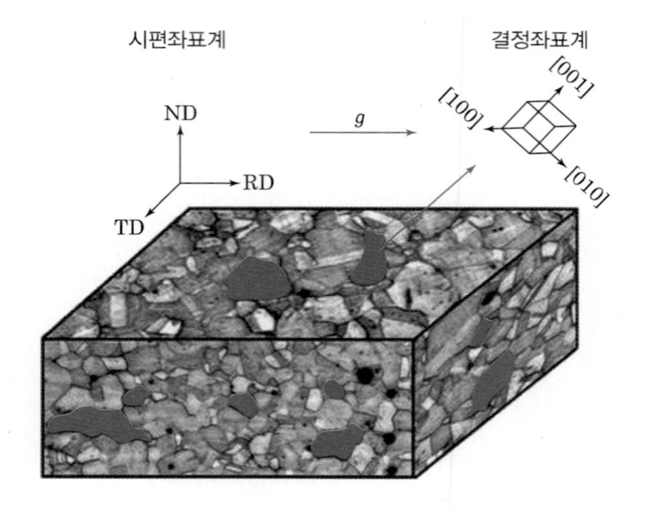

그림 5.26 결정학적 방위 g의 정의는 시편좌표계와 결정좌표계의 회전관계이다. 전체 부피가 V인 시편에서 파란색으로 나타낸 결정립들의 방위가 g이고, 이 방위를 갖는 결정립들의 부피가 $V(g)$라면, 방위분포함수 $f(g)=[V(g)/V]/dg$로 집합조직을 정량적으로 표현한다.

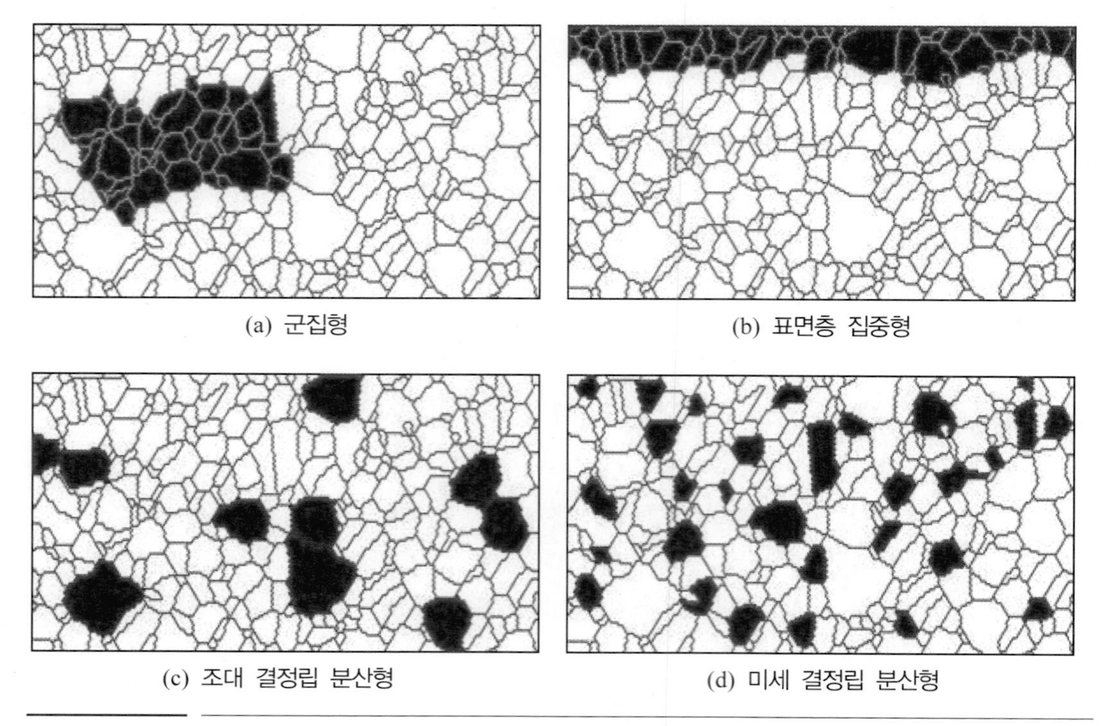

그림 5.27 같은 방위를 갖는 결정립의 부피 분율이 같으면 거시 집합조직의 방위 분포 함수는 같지만, 분포 상태에 따라 미시 집합조직은 완전히 다를 수 있다.

그림 5.26에서 방위 g를 갖는 파란색 결정립의 부피를 $V(g)$라 하면, 시편의 전체 부피 V에 대한 이 결정립의 부피 분율은 식 (5.4)로 나타낼 수 있다.

$$f(g) = [V(g)/V]/dg \tag{5.4}$$

여기서, $f(g)$를 방위 분포 함수(ODF; orientation distribution function)라고 하는데, 재료의 집합 조직(texture)을 정량적으로 표현하는 방법이다. X선 회절을 이용하여 얻는 방위 분포 함수는 넓은 면적의 시편에서 수천 개 이상의 결정립으로부터 얻어지기 때문에 거시 집합 조직(macrotexture)이라는 용어를 사용한다. 거시 집합 조직 해석에 의해 얻어지는 어떤 방위 g의 방위 분포 함수는 식 (5.3)의 회절조건을 만족시키는 그 방위의 결정면들이 얼마나 많은지에 대한 정보는 주지만, 그 방위를 갖는 결정립들이 시편의 어느 공간 위치에 있는지에 대한 정보를 주지 못한다.

그림 5.27에서 파란색으로 표시한 방위의 결정립들의 총 부피가 (a)~(d) 네 가지 경우 모두 같다면, 거시집합조직은 동일한 $f(g)$ 값을 갖는 결과로 나타날 것이다. 그러나 미시집합조직 관점에서 보면 전혀 다른 방위 특성을 나타내고 있다. (a)에서는 같은 방위의 결정립들이 군집해 있고, (b)에서는 같은 방위들이 표면층에만 집중적으로 발달하고 있다. 같은 방위들이 분산되어 있더라도 (c)처럼 조대한 결정립들로 구성되는 경우와 (d)처럼 미세한 결정립으로 발달하는 경우는 집합조직의 특성이 분명하게 다르다. 결정 방위를 고려하지 않는다면, 그림 5.27(a)~(d) 네 시편을 금속현미경으로 관찰한 미세 조직의 발달은 모두 같다. 즉, 전통적으로 미세 조직이라는 범주에는 방위 특성이라는 정보가 고려되지 않았다. 최근 미세 조직과 집합 조직의 발달 특성을 결합해 해석하는 미시 집합조직(microtexture)이란 용어를 사용하기 시작했다. 어떤 재료들에서 X선 회절을 이용해 거시집합조직의 발달이 같다는 결과를 얻었다 할지라도 미시집합조직은 전혀 다를 수 있다는 것에 주의해야 한다. 미시집합조직은 재료를 구성하는 요소들(결정립, 아결정립, 도메인 등)의 방위를 공간상의 위치와 함께 결합한 정보를 의미하는 것으로 미세조직의 방위해석 정보라 할 수 있는데, EBSD 해석이 바로 미시집합조직을 측정하기 위해 개발된 도구다.

그림 5.28은 Fe-3%Si 강판에서 같은 영역을 주사전자현미경을 이용해 관찰한 미세조직의 이미지와 EBSD 해석에 의해 측정한 방위분포도를 비교한 것이다. 전자빔이 시편에 충돌한 후 발생하는 2차 전자를 이용해 얻는 SEM 관찰에서는 시편이 전자빔의 방향과 수직이고, EBSD 측정에서는 70° 기울어져 있다는 것을 염두에 두어야 한다. EBSD 해석에서 결정립의 방위는 시편좌표계의 세 축인 RD, ND, TD 중에서 두 축을 선택해 이것들에 평행한 결정학적 방향을 지정한다. EBSD 방위분포도에서 특정한 방위를 표현하기 위해 그림 5.28(d)처럼 방위 삼각형을 구성하는 각 방위를 색깔로 치환한 방위지표(color key)를 사용한다. 그림 5.28(a)의

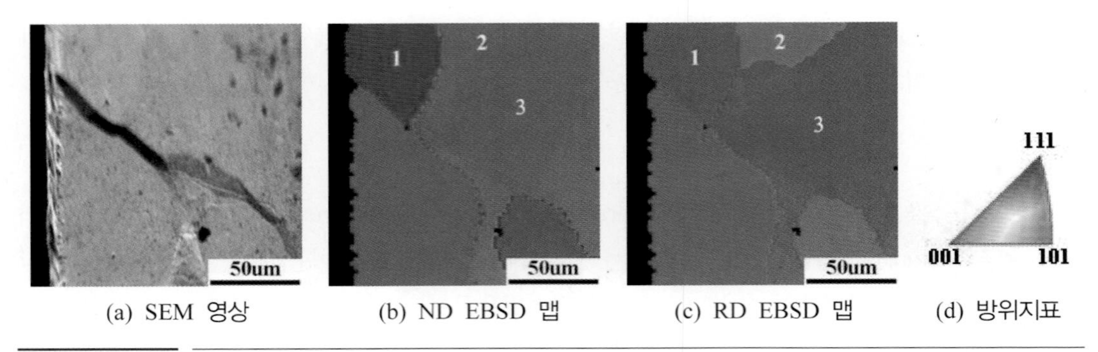

(a) SEM 영상 (b) ND EBSD 맵 (c) RD EBSD 맵 (d) 방위지표

그림 5.28 Fe-3%Si 강판에서 같은 영역을 관찰한 (a) SEM 영상과 (b) ND EBSD 방위분포도, (c) RD EBSD 방위분포도, (d) 방위삼각형의 각 방위를 색으로 표현한 방위지표

SEM 영상에서 위쪽에 한 개의 결정립으로 보이는 부분이 EBSD 방위분포도에서는 세 개의 결정립을 포함하고 있다. 이 결정립들에서 1로 표시된 결정립의 방위는 {111}<112>, 2로 표시된 결정립의 방위는 {110}<001>이다. 이 방위들은 Fe-3%Si 강판에서 매우 중요한 정보이다. 이 예에서 알 수 있듯이, EBSD 해석을 이용해 결정립의 형상과 함께 그 결정방위에 대한 정보를 동시에 얻을 수 있다.

다결정질 재료에서 각각의 결정립은 특정한 방위를 갖기 때문에, 결정립들의 경계인 결정립계는 결정학적 방위가 달라지는 영역으로 정의할 수 있다. 전자빔을 연속적으로 주사하면서 EBSD 방위를 측정하다 보면 방위가 달라지는 경계로서의 결정립계가 나타난다. 그런데 EBSD 해석에서는 결정립계를 정의하는 방위 차이의 각도(이하, 경계각 tolerance angle)을 사용자가 결정한다는 것에 주의해야 한다. 예를 들어 보자. 그림 5.29는 같은 AZ31 마그네슘 합금 판재의 같은 영역에서 EBSD 측정을 이용해 얻은 EBSD 방위분포도들인데, 사용자가 경계각을 각각 (a) 2° (b) 5° (c) 15°로 설정한 결과들을 비교하고 있다. EBSD 해석에서 결정립계의 조건을 사용자가 지정한다는 사실은 관찰된 미세조직의 발달을 '주관적'으로 표현할 수 있다는 점에서 획기적이다. 그림 5.29의 EBSD 데이터로부터 얻은 극점도를 비교해보면, 경계각의 차이에 따라 정성적으로는 비슷할지라도, 정량적으로는 집합조직의 차이가 나타나는 점에 주의할 필요가 있다. 한편 EBSD를 이용한 미시집합조직의 측정 범위는 X선 회절을 이용한 거시집합조직의 측정 범위와는 비교할 수 없을 정도로 작다. 따라서 어떤 재료에서 EBSD를 이용해 측정한 미시집합조직의 해석 결과를 그 재료의 거시집합조직의 발달로 평가하지 않도록 주의해야 한다. 이러한 EBSD 측정 범위의 한계를 해소하기 위해서는 시편의 여러 부분에서 측정한 EBSD 데이터를 합해 측정 범위와 측정점의 수를 늘리는 방법을 쓰면 된다.

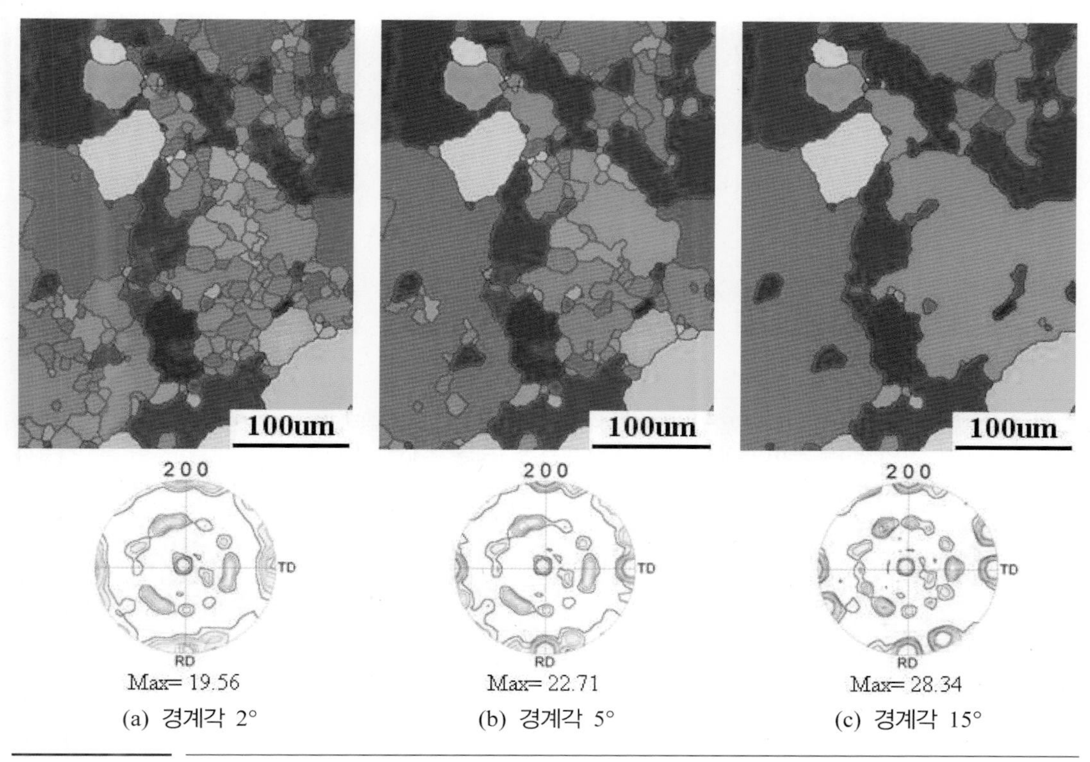

(a) 경계각 2°
(b) 경계각 5°
(c) 경계각 15°

그림 5.29 AZ31 마그네슘 합금 판재의 같은 영역에서 경계각을 달리해 측정한 ND EBSD 방위분포도와 그 데이터로부터 계산한 (200) 극점도. 미세조직과 미시집합조직의 차이를 사용자의 관점에서 다르게 해석할 수 있다는 점에 주의해야 한다.

경계각을 다르게 하여 결정립을 구분하는 원리는 EBSD 측정점 사이에는 방위 차이가 존재하고 이것을 체계적으로 이용하는 것이다. EBSD 방위 차이를 이용하는 또 다른 방법으로 방위편차해석(kernel average misorientation KAM)이 있다. 한 측정점을 중심으로 같은 거리에 있는 측정점들과의 방위 차이의 평균값을 그 측정점의 주변 측정점들에 대한 방위편차 값으로 설정한다. 이때 해당 측정점과 주위 측정점들과의 방위 차이가 어떤 경계각, 예컨대 2° 또는 3°처럼 임의로 정한 한계를 넘는 것들은 제외한다. 이런 방식으로 모든 EBSD 측정점에서 계산한 방위편차를 EBSD 방위분포도 위에 나타낸 것이 방위편차분포도(KAM map)이다.

그림 5.30은 AZ31 마그네슘 합금 압연 판재에서 측정한 EBSD 데이터로부터 계산한 방위편차분포도를 보여주고 있다. 방위편차분포도는 한 측정점에 대해 주변 측정점들의 범위를 어떻게 설정하느냐에 따라 그 양상이 달라진다. 일반적으로 해당 측정점과 주변 측정점들 사이의 거리가 멀어질수록 방위 차이가 커지기 때문이다. 해당 측정점과 첫 번째 인접하는 주변 측정점들만으로 방위편차를 구하느냐 혹은 두 번째 인접하는 주변 측정점들까지 방위편차 계산에

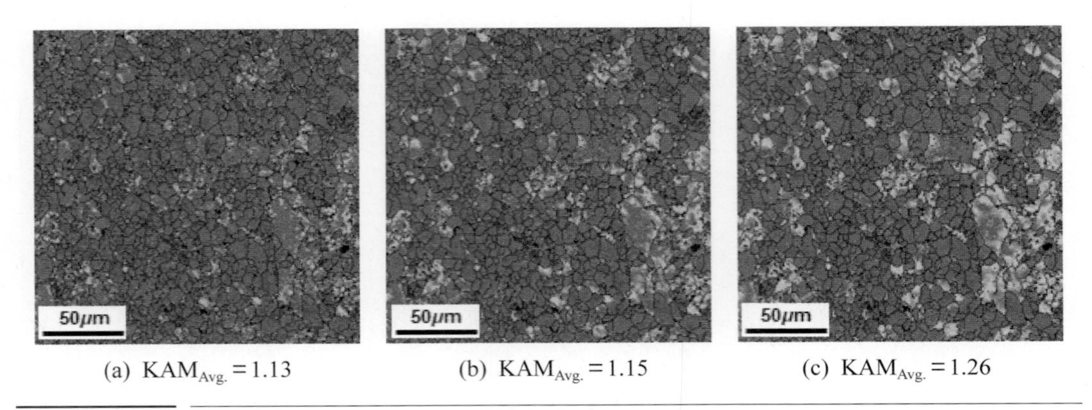

(a) $KAM_{Avg.} = 1.13$ (b) $KAM_{Avg.} = 1.15$ (c) $KAM_{Avg.} = 1.26$

그림 5.30 AZ 31 마그네슘 압연 판재에서 EBSD 측정 데이터로부터 얻은 방위편차분포도. (a) 첫 번째 인접하는 주변 측정점들과의 방위편차 평균값은 1.13, (b) 두 번째 인접하는 주변 측정점들까지의 방위편차 평균값은 1.15, (C) 세 번째 인접하는 주변 측정점들까지의 방위편차 평균값은 1.26이다. 주변 측정점들의 범위가 넓어질수록 방위편차 평균값, KAMAvg.는 증가한다.

포함하느냐에 따라 방위편차의 전체 평균값은 달라질 수 있다. 그림 5.30에서는 첫 번째, 두 번째, 세 번째 인접하는 주변 측정점들까지 포함해 계산한 방위편차분포도를 구해 방위편차의 차이를 비교하고 있다. 첫째, 둘째, 셋째까지 인접하는 주변 측정점들과의 방위편차 평균값은 각각 1.13, 1.15, 1.26으로, 해당 측정점으로부터 주변 측정점들의 범위가 증가할수록 방위편차 평균값, KAMAvg.는 증가한다.

EBSD 측정 시, 측정점들 사이의 간격이 달라지면 동일한 시편의 동일한 영역에서도 방위편차분포도가 달라질 수 있기 때문에 주변 측정점의 범위를 설정할 때는 EBSD 측정 간격을 함께 고려해야 한다. 앞에서 설명한 상질도와 비교하면서 방위편차분포도를 해석하면 사용자 주관의 개입을 막으면서 유익한 정보를 얻을 수 있다. 예를 들어 전위밀도와 변형축적에너지의 계산에 상질도와 방위편차분포도를 함께 활용하는 연구가 최근 주목받고 있다.

3) EBSD의 활용

EBSD 측정에서는 시편 준비가 중요하다. 첫 단계는 시편 표면의 산화층이나 오염층을 완벽하게 제거하는 것이다. 또한 측정시 시편을 70° 기울이기 때문에 시편의 요철에 의한 그림자가 만들어지지 않도록 주의해야 한다. 원리상 에칭을 하지 않고도 결정립계 관찰이 가능하지만, 만일 에칭을 해야 한다면 영상 관찰의 경우보다 약하게 해야 부식된 결정립계에 의한 그림자를 피할 수 있다.

(1) 인바 합금 극박판

인바는 Fe-36.5% Ni 합금으로 상온에서 열팽창계수가 0에 가까운 저열팽창 특성을 가진 재료다. 전주도금 방법으로 제조한 인바는 전착 상태에서 10 nm 이하의 나노결정립으로 구성된다. 이 나노결정질 인바는 Ni 함량이 36% 이하에서는 BCC 구조의 α상, 41% 이상에서는 FCC 구조의 γ상이 단독으로 존재하고, 36-41% Ni 조성범위에서는 α상과 γ상이 함께 존재한다.

두께가 약 10 μm의 전주도금 극박형 인바의 단면을 EBSD 측정하기 위해 시편의 양면에 경도가 비슷한 스테인레스강 조각 2개를 붙여 샌드위치 형태로 고정한 후 마운팅을 하면 시편 연마가 쉽다. 마운팅 재료는 EBSD 측정시 정전기 방지를 위해 전도성 카본 폴리페스트를 사용했다. 시편 표면의 산화층과 오염층을 제거하기 위하여 SiC 사포를 순차적으로 번호를 높여서 #4000까지 쓰고 다이아몬드 서스펜션 용액(3 μm 후 1 μm)으로 연마하였다. 마무리 연마는 콜로이달 실리카 용액(0.04 μm)을 사용해 진동연마를 시행했다. 연마가 완료된 후 시편 표면에 이물질과 잔류 용액을 제거하기 위해 1분 동안 초음파세척을 했다.

그림 5.31은 열처리한 인바 극박판 시편에서 EBSD 관찰한 결과이다. 전착 상태에서 두께 방향으로 합금 조성의 경사를 만든 시편인데, Ni 함량이 전착면(밑면)에서 40%이고 최종면까지 31%로 점차적으로 감소한다. 전착면에서 4 μm 떨어진 위치의 Ni 조성은 36%이다. 이 시편을 380°C에서 3분 동안 어닐링한 후의 EBSD 방위분포도를 그림 5.31(a)에 나타냈다. 전착면에서 4 μm 떨어진 위치를 경계로, 즉 Ni 함량이 36% 이상인 영역에서는 비정상결정성장이 일어났고, Ni 함량이 36% 이하인 α상 영역은 방위분포도가 검게 나타났다. EBSD 측정 간격이 20 nm이기 때문에 결정립 크기가 10 nm 이하인 나노결정립을 유지하고 있는 α상 영역에서는 EBSD 패턴이 나타나지 않았다. 그림 5.31(b)는 이 시편을 430°C에서 30분 열처리한 후 관찰한 EBSD 방위분포도다. α상 영역의 일부에서 마이크로미터 크기의 결정립들이 관찰된다. 이 결정립들은 EBDSD 분석 결과 γ상으로 밝혀졌다. 즉, 어닐링 중 α상에서 γ상으로 상변태가 일어난 것을 의미한다. 이 사례는 EBSD 관찰의 한계를 역이용해 해석한 점이 돋보인다.

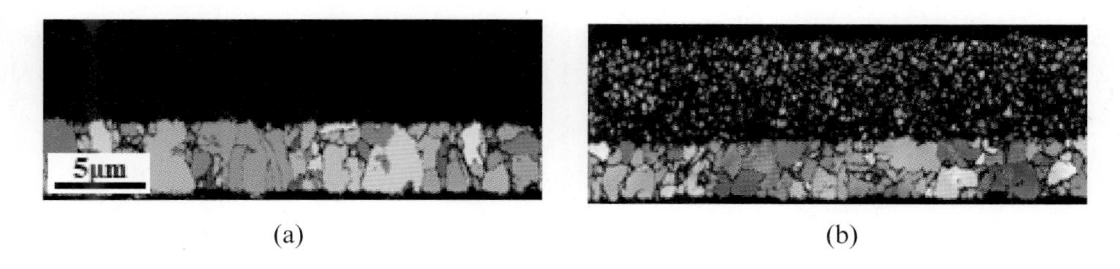

그림 5.31 전주도금 인바 극박판 시편을 단면 관찰한 EBSD 방위분포도. (a) 380°C에서 3분 어닐링 후 Ni 함량이 36% 이상인 영역에서 비정상결정성장이 일어나고 Ni 함량이 36%보다 적은 영역은 나노결정립을 유지하여 검게 나타났다. (b) 430°C에서 30분 어닐링 후 나노결정립 상태인 어두운 영역에서 일부가 γ상으로 상변태가 일어났다.

(2) 구리 극박판

구리의 경우 재결정 온도가 낮아서 마운팅 온도가 높으면 미세조직의 변화가 발생할 수 있다. 따라서 구리 극박판의 단면을 관찰하기 위해서는 시편을 마운팅하지 말고 황동으로 제작한 홀더를 사용하는 것이 바람직하다. 기계적 연마는 앞에서 설명한 인바 합금 극박판의 시편 준비과정과 같다. 다만, 재료가 무르기 때문에 연마 하중을 낮추어야 한다.

구리 극박판의 표면을 관찰할 때는 두께가 10 μm로 매우 얇기 때문에 기계적 연마는 어렵고 EBSD 홀더에 카본테이프를 사용해 시편을 부착하고 진동연마기를 사용하여 연마한다. 진동연마기 사용 조건은 200 g 하중, 진폭 40%에서 2시간 동안이다. 진동연마 후에는 시편이 산화되지 않게 진공 데시케이터에서 오랜 시간 충분히 건조해야 한다. 시편이 충분히 건조되지 않으면 EBSD 측정 중 시편이 움직여서 그림 5.32(a)와 같이 왜곡된 방위분포도를 얻게 된다.

(a) (b)

그림 5.32 극박형 시편 표면을 EBSD 측정하는 경우 진동연마 후 시편의 건조 여부가 큰 영향을 미친다. (a) 건조되지 않은 시편의 왜곡된 EBSD 방위분포도, (b) 24시간 충분히 건조한 시편의 정상적인 EBSD 방위분포도

(3) 세라믹 필름

두께가 얇은 시편의 표면을 관찰하기 위한 시편 준비 방법으로 이온밀링 방법이 있다. 비정질 세라믹 필름을 열처리해 결정화시킨 시편의 표면을 분석하기 위하여 시편을 EBSD 홀더에

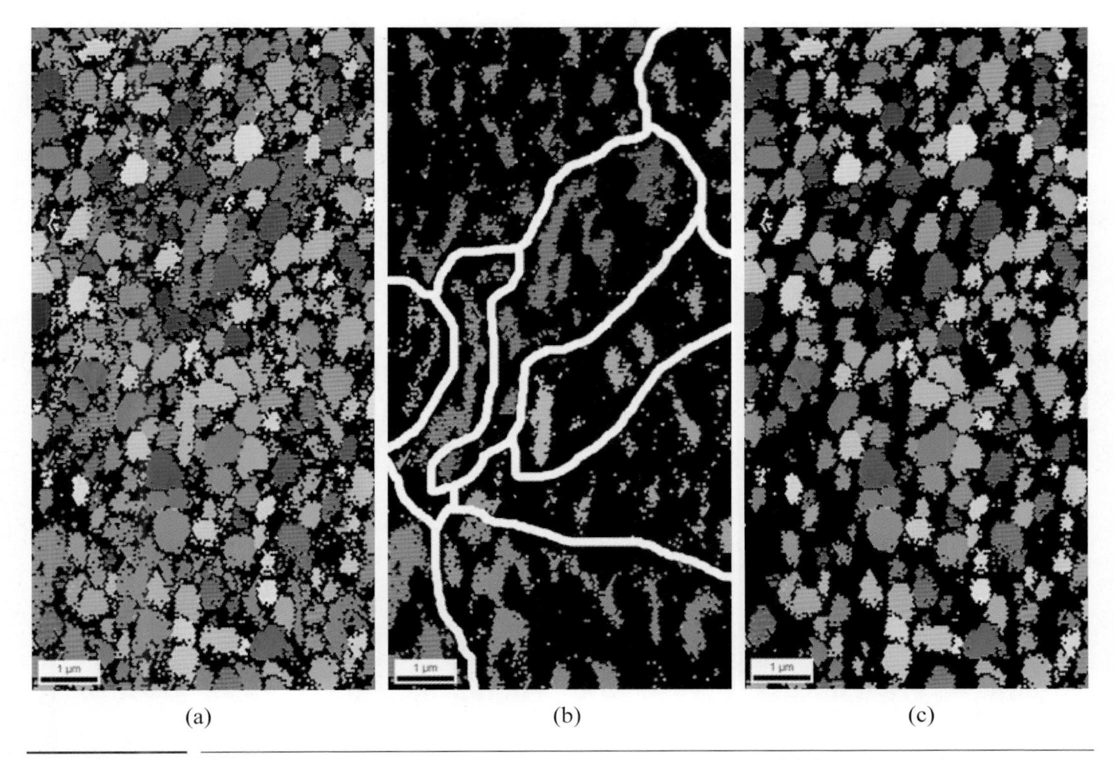

그림 5.33 열처리해 결정화시킨 세라믹 필름 시편에서 EBSD 상분리를 이용한 미세조직 분석. (a) 전체 EBSD 방위분포도. (b) Al_2O_3 상의 데이터만 분리해 얻은 EBSD 방위분포도. 흰색 선은 결정립계를 표시하기 위해 편의상 그렸다. (c) Gd_2O_3 상의 데이터만 분리해 얻은 EBSD 방위분포도

카본테이프로 고정하고 20° 기울여 가속전압 6 kV로 20분 동안 이온밀링하였다.

EBSD 측정한 전체 데이터로부터 얻은 방위분포도를 그림 5.33(a)에 실었다. 그림 5.33(b)는 삼방정계 결정구조를 갖는 알루미나(Al_2O_3)상의 데이터만 분리해 얻은 EBSD 방위분포도다. 결정립계를 표시하기 위해 흰색 선을 추가로 그려 넣었는데, 총 9개의 결정립을 관찰할 수 있다. 그림 5.33(a)의 방위분포도에서 그림 5.33(b)의 방위분포도를 뺀 것이 그림 5.33(c)의 방위분포도인데, BCC 결정구조를 갖는 Gd_2O_3 상이다. 결정구조는 3차원이라는 관점에서 이 EBSD 분석 결과를 고찰하면, 결정화되면서 Al_2O_3 상과 Gd_2O_3 상이 동시에 원통형으로 성장하는 공정(Eutectic)반응이 일어난 것으로 해석된다.

최근 3차원 EBSD 분석이 결정학적 분석에서 큰 진전이라는 면에서 주목받고 있지만 그림 5.33의 예에서 볼 수 있듯이 특별한 계산 과정의 개입 없이 2차원 EBSD 측정만으로도 3차원 결정 분석이 가능하다. EBSD 분석에서 중요한 것은 충실하게 시편 준비를 해서 짧은 시간에 정확한 측정 데이터를 얻는 일이다.

(4) 마그네슘 합금

마그네슘 합금은 구리보다 더 낮은 온도에서 재결정이 일어나므로 고온 마운팅을 하지 못하기 때문에 황동으로 만든 홀더에 고정하고 시편 준비를 한다. 기계적 연마를 하고 산화가 잘되는 소재이기 때문에 연마 후 바로 EBSD 측정을 하는 것이 바람직하다. 만약 연마 후 바로 측정하지 않을 경우에는 진공 데시게이터에 보관하고, EBSD 측정 전 이온밀링을 통해 산화층을 제거해야 한다. 그림 5.34는 가속전압 5 kV로 30분 동안 이온밀링한 후 측정해 얻은 EBSD 방위분포도다. 이온밀링을 하면 시편에 홈이 생길 수도 있으므로 적절한 이온밀링 조건(가속전압과 시간)을 설정해야 한다. 그림 5.34(a)는 어닐링 후 측정한 EBSD 방위분포도로 <0001>//ND 집합조직이 발달하였고 그림 5.34(b)는 8% 압축가공 후 측정한 EBSD 방위분포도로 집합조직 변화와 함께 쌍정의 발달을 분명하게 관찰할 수 있다.

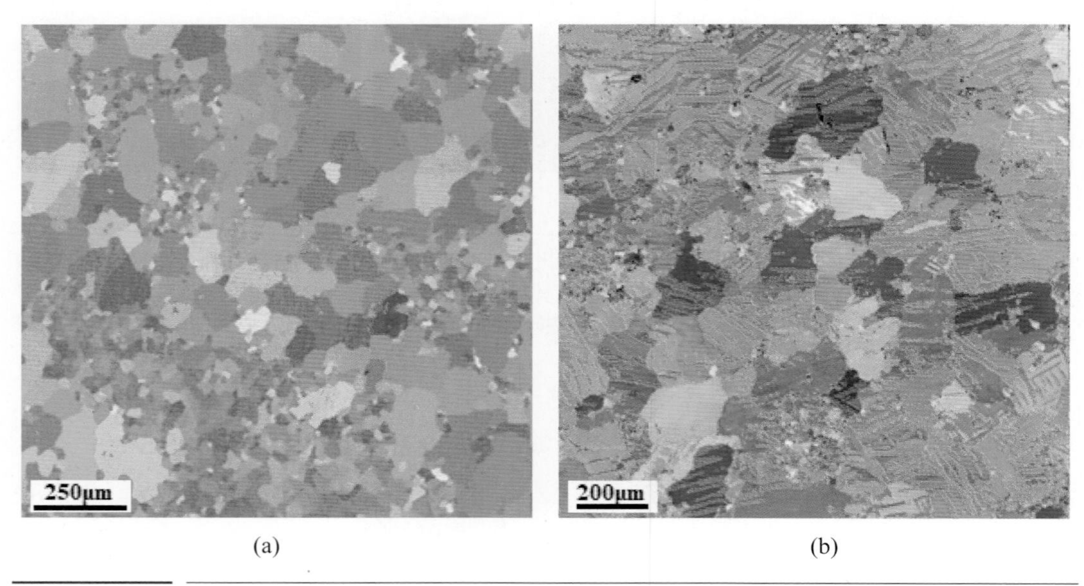

그림 5.34 (a) 어닐링 후와 (b) 8% 압축한 후의 AZ31 마그네슘 합금 시편에 대한 EBSD 방위분포도

(5) 용융도금강판

Zn-2.5%Al-3%Mg 합금 용융도금강판의 도금표면을 관찰하기 위해 콜로이달 실리카와 알코올을 2 : 8로 혼합한 용액을 사용해 진동 연마하였다. 연마중 코팅층이 떨어져나가는 것을 방지하기 위해 하중을 5N으로 낮게 설정했다. 그림 5.35(a)의 도금층 표면에서 관찰한 SEM 영상에서 보면 구형의 초정 Zn 상과 함께, $MgZn_2$ 상과 Zn 상으로 구성된 공정 조직이 발달해

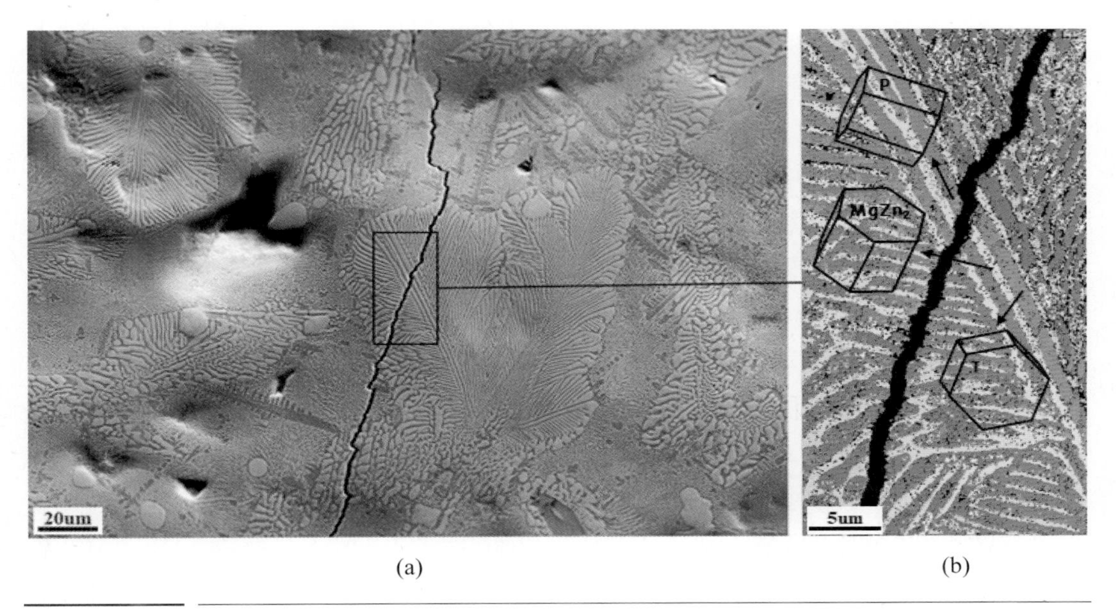

(a) (b)

그림 5.35 Zn-2.5%Al-3%Mg 합금 용융도금강판의 표면을 관찰한 (a) SEM 영상과 (b) 균열 부위에서의 EBSD 방위분포도. P와 T는 공정 (Zn) 상에서 모결정립과 쌍정을 가리킨다.

있는 것을 알 수 있다. 균열 부위에서 EBSD 측정해 얻은 방위분포도를 그림 5.35(b)에 실었다. 상들 사이 방위관계를 조사한 결과, 공정 (Zn) 상과 $MgZn_2$ 상은 86°<$11\bar{2}0$> 방위관계를 갖고, 공정 (Zn)상에서 관찰된 쌍정도 모상과 86°<$11\bar{2}0$> 방위관계를 갖는다. 쌍정 (Zn) 상과 $MgZn_2$ 상은 58°<$10\bar{1}0$> 방위관계를 갖는다. 시편 여러 곳에서 이런 방식의 EBSD 분석을 반복해 얻은 데이터를 종합해서 Zn-2.5%Al-3%Mg 합금 용융도금층에서 관찰되는 공정 (Zn) 상과 $MgZn_2$ 상은 <$11\bar{2}0$> 방향을 공통축으로 회전관계를 갖는다는 사실을 밝혀냈다.

6 주사투과전자현미경(STEM) 기법

1) 저전압 STEM

주사투과전자현미경(STEM; scanning transmission electron microscopy) 기법은 1938년에 아르덴(von Ardenne)이 투과전자현미경(TEM)에 주사코일을 설치해 처음으로 선보였으나 당시 전자총 기술이나 신호를 처리할 전자 공학적 기술의 미비로 30년 이후에나 다시 세상의 주목을 받게 되었다[Bogner, 2007]. STEM 기법은 1971년 단일 원자를 영상화하는 데 성공한 이래 광학계통의 개선과 구면 수차 보정 기술 발달로 최근에는 원자 수준에서 재료를 분석할 수 있는 분석기술로 가치를 높이고 있으며 전자현미경 분석 분야에서 중요한 자리를 차지하고 있다. 이러한 STEM 기법은 주로 100~400 kV의 높은 가속전압을 사용하는 투과전자현미경을 기반으로 발달해 왔으나, 20~30 kV의 상대적으로 낮은 가속전압을 사용하는 주사전자현미경에 STEM 기능을 더한 것을 저전압 STEM이라고 부르기도 한다. 주사전자현미경은 이미 주사기능을 갖추고 있는 장비이므로 STEM 기능을 더한다는 말은 투과모드를 더한다는 말이 된다. 주사전자현미경에서 투과모드를 사용하면 투과전자현미경의 STEM에 비하여 상대적으로 낮은 가속전압을 사용하므로 산란단면적이 증가하고 전자빔과 시료의 상호작용 부피가 줄어들어 콘트라스트와 분해능의 향상을 기대할 수 있다. 아울러 투과전자현미경과는 달리 투사렌즈가 없어 전자빔이 시료를 지난 후에 렌즈를 통과할 필요가 없기 때문에 색수차에 의해 영상이 왜곡되어 분해능이 떨어지는 것도 피할 수 있게 된다.

주사전자현미경에서 STEM 기법을 사용하기 위해서는 전자빔이 투과할 수 있을 정도의 얇은 두께를 가지는 시료를 사용하거나 TEM 시료를 제작할 때 사용하는 탄소 지지막이 있는 그리드 위에 분말이나 입자 형태의 시료를 올려 관찰한다. 예를 들어 나노미터 크기의 입자를 일반적 방법대로 시료대에 올려놓고 관찰하면 시료대에서 발생하는 신호에 의해 제약을 받지만 STEM 기법을 사용하여 탄소 지지막 위에 시료를 준비하고 관찰하면 그러한 문제가 해결된다. 주사전자현미경의 STEM에서는 주로 질량-두께 콘트라스트 또는 흡수 콘트라스트를 이용하여 영상화한다. 질량-두께는 시료의 밀도(ρ)와 두께(t)의 곱(ρt)으로 표현되는 값으로 이 값이 커질수록 러더포드 탄성산란이 증가한다. 즉 시료에서 원자번호가 높거나 두께가 두꺼워 질량-두께가 큰 부분은 더 많은 산란이 일어나 산란각과 후방산란전자 계수가 증가하여 콘트라스트가 발생한다. 이러한 특성을 이용하여 시료를 투과한 전자들을 수집하여 영상화하는 것이 주사전자현미경에서의 STEM 기법이다. 시료를 투과한 전자들 중에 산란과정을 거치지 않고 시료면을 투과한 전자만을 수집하여 영상화한 것을 명시야상(bright field image)이라고 하며 특정 각도 범위 내로 산란된 전자만을 수집하여 영상화한 것을 암시야상(dark field image)이라고 한다.

2) STEM 검출기

최근 들어 여러 현미경 제조업체에서 주사전자현미경을 위한 STEM 검출기를 제공하고 있다. STEM 검출기는 투과전자 신호를 다양한 방식의 검출 원리로 수집하는데 그중 여러 연구자들에 의해 제안된 몇 가지를 소개한다.

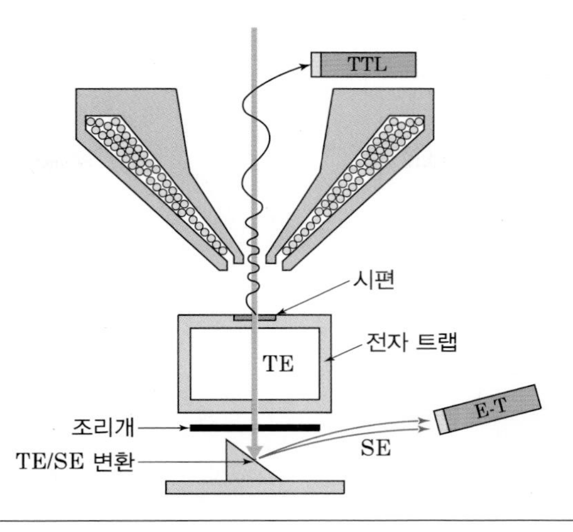

그림 5.36 TE/SE 변환형 STEM 검출기의 개략도

(1) 투과전자/이차전자 변환형 STEM 검출기

이 검출기는 사실 새로운 검출기가 아니라 기존의 E-T 검출기를 활용한 것으로 실험실에서 직접 제작하여 사용해도 될 정도로 간단하다. 기본 원리는 그림 5.36과 같이 시료를 투과한 전자를 이차전자로 변환시킨 후 일반적인 E-T 검출기로 수집해 STEM 영상을 형성하고 동시에 TTL 검출기로 일반적인 이차전자 영상을 형성할 수 있도록 하는 것이다. 이러한 디자인은 TV속도에서의 관찰이 가능하다는 장점을 가진다. 이 구조에서 전자트랩은 큰 각도로 산란되는 전자가 직접 E-T 검출기로 들어오는 것을 막아주는 역할을 한다. 조리개를 사용하여 투과전자의 수집 각도를 제한하면 명시야상과 암시야상을 선택적으로 구성할 수 있다.

(2) 반도체형 STEM 검출기

위의 변환형 검출기와는 달리 반도체형 검출기는 투과전자를 직접 검출하는 방식이다. 이는 4장 1절에서 소개한 반도체형 BSE 검출기와 같은 원리로 동작한다. 단지 검출기의 위치가 BSE를 검출할 때와 달리, 시료의 위쪽 대물렌즈의 밑단에 위치하는 것이 아니라 시료의 아래쪽에 위치한다는 점이 다를 뿐이다.

엽전 모양의 환형 검출기를 그림 5.37(a)와 같이 광축에 정렬하면 검출기는 투과전자빔의 산란각이 최소 α_1에서 최대 α_2 범위에 있는 것들만 수집하게 된다. 이때 각도 범위는 시료와 검출기의 위치 관계에 의해 결정된다. 즉 검출기의 위치가 고정된 경우 시료의 작동거리(WD)를 조절하여 각도 범위를 조절할 수 있다. 이렇게 얻은 영상을 암시야상이라고 한다. 한편, 환형 STEM 검출기를 이용해 명시야상을 얻기 위해서는 그림 5.37(b)에서와 같이 검출기를 이동

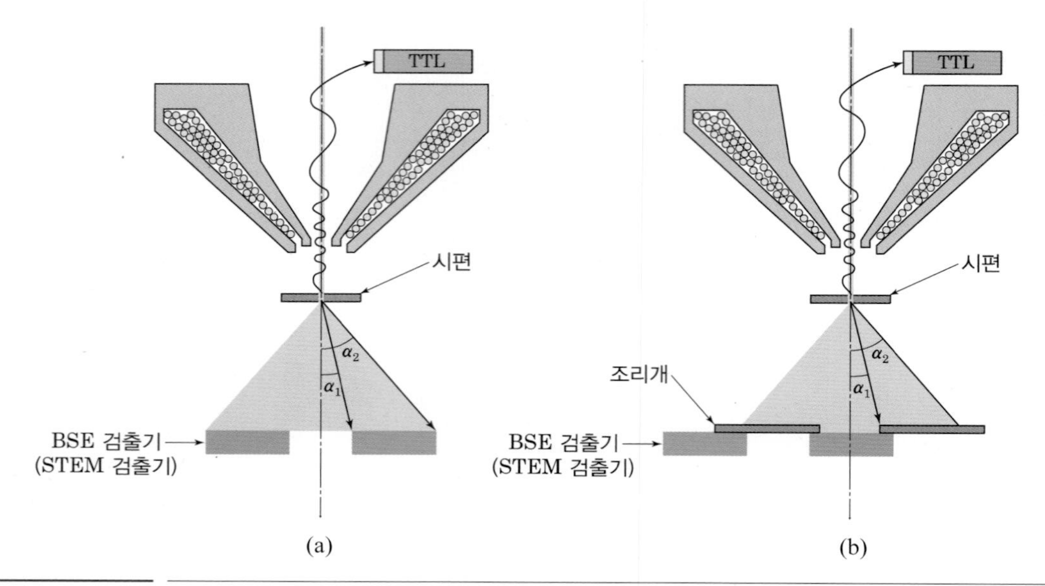

그림 5.37 BSE 반도체형 검출기를 이용한 STEM 검출기의 모식도. (a)환형 검출기를 이용해 산란각이 큰 투과 전자를 수집하여 암시야상을 형성. (b)검출기를 광축 중앙으로 옮기고 조리개로 시야를 제한해 선택적으로 작은 산란각의 투과 전자만을 수집해 명시야상을 형성

하여 광축에 오도록 하면 α_1 각도 미만의 작은 산란각을 가지는 투과 전자만을 선택적으로 수집할 수 있다. 이때 수집각을 조절하기 위해 적절한 크기의 조리개를 사용할 수 있다.

(3) 신틸레이터형 STEM 검출기

후방산란전자 전용 검출기에서 언급한 것과 유사한 신틸레이터형 검출기를 시료의 아래에 두면 투과 전자를 검출할 수 있다. 그림 5.38에 모식도를 나타냈듯이 시료와 충돌한 전자는 다양한 산란각을 가지고 아래로 진행한다. 이때 시료 아래에 신틸레이터를 광도파관과 연결해 설치해 두면 BSE 검출에서와 마찬가지로 투과전자빔이 신틸레이터에 충돌해 빛을 내고 이를 다시 전기신호로 전환하여 영상화할 수 있다. 명시야상과 암시야상은 검출기 각도의 선별에 의해 이루어지므로 STEM 조리개로 조절한 후 투과전자를 수집하면 명시야상을 얻을 수 있다. 암시야상을 얻기 위해서는 그림 5.38과 같이 시료 아래에 적당한 크기의 환형 판(이차전자 발생이 잘되는 물질)을 설치해 특정 각도로 산란된 투과전자빔을 이차전자로 변환하여 E-T 검출기로 수집하면 된다. 물론 TTL 검출기로 이차전자 영상을 얻어 표면구조를 동시에 관찰할 수도 있다.

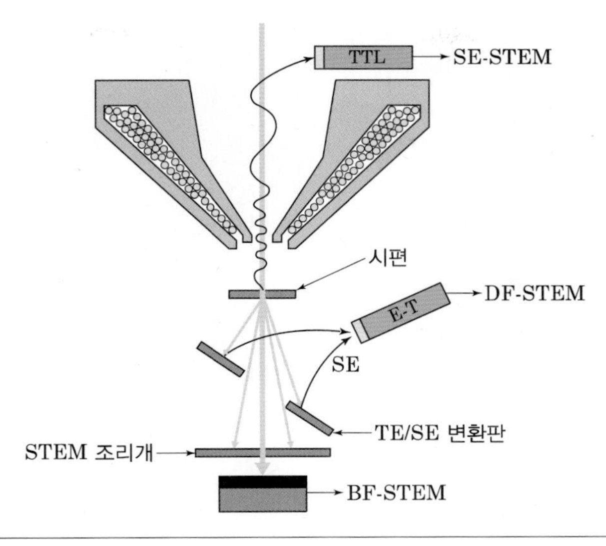

그림 5.38 신틸레이터형 검출기를 이용한 STEM 검출기의 모식도

7 특수 주사전자현미경

일반적인 SEM은 전자빔의 효율적 제어와 신호 전자의 효율적 검출을 위해 고진공 분위기에서 작업한다. 그러나 많은 재료 중 상당수는 진공이나 높은 전자빔 에너지에 취약하거나 적합하지 않다. 특히 생체 시료나 수화물 또는 융점이 낮거나 휘발성이 강한 재료, 극단적으로 액체와 같은 시료들은 일반적인 방법으로는 관찰이 곤란하다. 이러한 단점을 극복하고 보다 다양한 시료로부터 유용한 정보를 얻어내기 위해 개발된 특수한 형태의 SEM으로 크라이오 주사전자현미경(cryo-SEM), 환경 주사전자현미경(Environmental SEM) 등이 있다. 이러한 특수 SEM들은 장단점이 있으며 활용 분야도 다양하다.

1) 크라이오 주사전자현미경

크라이오 주사전자현미경은 시료를 저온에서 냉각된 상태로 관찰하는 방법으로, 상온에서 연성을 갖는 재료라도 저온으로 냉각된 상태에서는 쉽게 파단면을 얻을 수 있어 그 내부 구조의 관찰이 용이하다는 점에 주목한 기법이라 할 수 있다. 특히 두 액체를 혼합할 때 한쪽 액체가

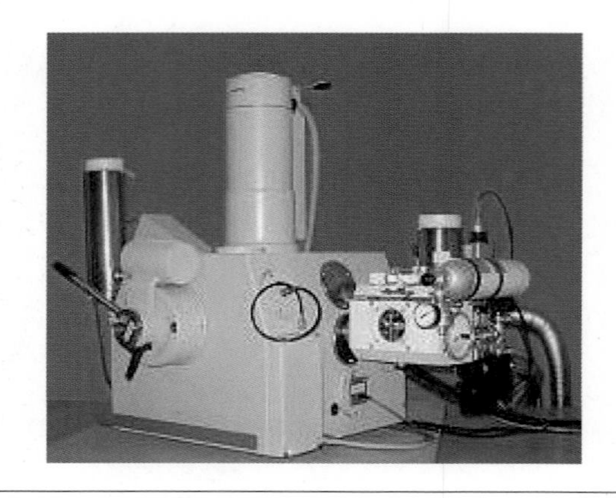

그림 5.39 크라이오 SEM의 외부 모습

미세한 입자 형태로 다른 액체 속에 분산되어 있는 에멀전이나, 액체 속에 고체의 미립자가 분산되어 있는 현탁액과 같은 액상 시료 내의 제2상의 분포를 관찰할 때 유용하다. 이 밖에도 정유, 화학, 화장품, 제지, 식품, 염료 등 다양한 산업 분야에 응용될 수 있다.

크라이오 SEM 분석을 위해서는 그림 5.39에서 보이듯 SEM 체임버와 연결되어 있으며, 시료를 처리할 수 있는 크라이오 체임버가 필요하다. 시료를 적절한 홀더에 장착한 후 슬러시 상태의 질소에 넣어 냉각시킨다. 냉각된 시료는 진공 환경 내에서 크라이오 체임버로 옮겨지고 체임버 내에서 필요에 따라 파단면을 만들거나, 승화 현상을 이용한 동결 에칭을 통해 내부 구조가 드러나도록 한다. 끝으로 시료 표면에 전도성 코팅막을 입힌 후 에어록으로 연결되어 있는 SEM 체임버 내의 냉각 스테이지 위에 옮겨 관찰하게 된다.

크라이오 SEM 기법은 일반적인 생체 시료의 준비 과정에서 필요한 화학적 고정이나, 탈수 등이 필요 없어 시료를 원형에 가까운 상태로 관찰이 가능하다는 장점을 가지고 있다.

그림 5.40과 그림 5.41은 크라이오 SEM을 이용한 관찰 예를 보여 주는 것으로, 그림 5.40은 일반적인 SEM으로 상온에서 관찰이 불가능한 눈의 결정 모양과 아이스크림 내 유지방의 분산 형태를 관찰한 예이고, 그림 5.41은 애기장대 식물 줄기에 대한 일반 SEM 영상과 크라이오 SEM 영상을 비교한 것이다. 전자의 경우 화학 고정 및 일반적 전처리 과정으로 제작하여 줄기 내 관상 구조가 심하게 변형된 것을 볼 수 있고, 후자의 경우에는 고압 동결 고정 및 동결 할단 실시 후 크라이오 SEM으로 관찰하여 관상 구조뿐만 아니라 내부 물질까지 본래의 모습을 보전하고 있는 것을 볼 수 있다.

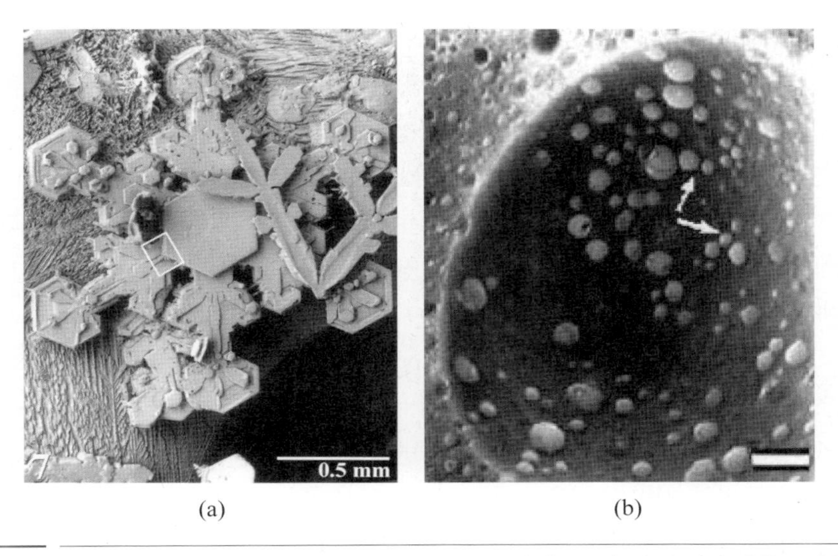

(a) (b)

그림 5.40 크라이오 SEM으로 관찰한 (a) 눈 결정, (b) 아이스크림 내 유지방(화살표) 영상

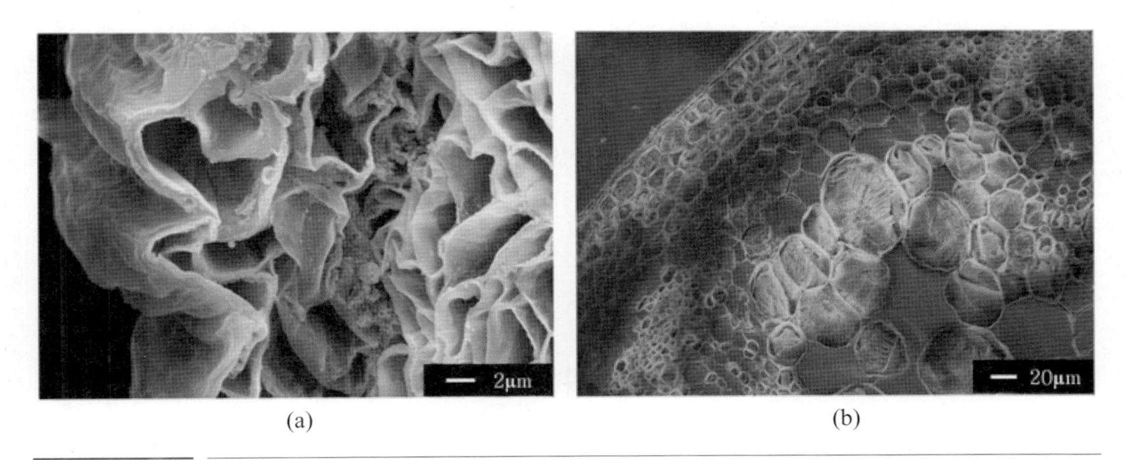

(a) (b)

그림 5.41 애기장대 줄기에 대한 (a) 일반 주사전자현미경 영상과 (b) 크라이오 주사전자현미경 영상

2) 환경 주사전자현미경

생물 시료는 상당한 양의 수분을 포함하고 낮은 전도성을 가지고 있다. 따라서 주사전자현미경 관찰 시 표면과 내부의 수분 증발이 빠르게 일어남으로써 시료가 왜곡되고 축소되는 등 자연 상태로의 관찰이 불가능하다. 이때 발생하는 시료실의 수증기는 진공을 감소시키고 검출기와 컬럼을 오염시킨다. 또한 생물 시료의 낮은 전도성은 전자 빔과 시료의 2차 전자(SE) 방출을 방해하는 대전효과를 유발할 수도 있다. 따라서 생물시료는 기존의 고진공 주사전자현미

경에서 관찰하기 전에 고정, 탈수, 임계점 건조 및 코팅 등의 절차를 거쳐야만 한다. 이러한 처리 과정들은 시료의 크기와 모양 등에 영향을 미칠 수 있다. 따라서 시료의 전처리 과정을 줄이거나 없애도 관찰이 가능한 주사전자현미경의 필요성이 대두되었다.

환경 주사전자현미경(ESEM; environmental SEM)은 저압 가스 환경(1～50 torr 등) 및 높은 상대 습도(최대 100%) 조건에서 시료를 관찰할 수 있도록 1980년대 후반에 개발되었고 이후 미국의 일렉트로스캔(Electro Scan Corp.)에서 상용으로 제작하였다. 기존 장비와 비교하여 환경 주사전자현미경은 다음과 같은 차별성을 가지고 있다. 첫째 대물 렌즈 아래에 시료실과 경통을 분리하는 다중압력제한조리개(multiple pressure-limiting apertures)를 갖고 있다(그림 5.42). 이 조리개에 의해 컬럼은 고진공 상태를 유지하면서 시료실을 50 torr의 높은 압력으로 유지할 수 있다. 시료실 압력은 입력 공기량을 변경하여 조정할 수 있고 온도와 습도는 시료의 자연 상태 유지를 위한 최적 조건을 위해 수동으로 제어할 수도 있다. 또한 시료실과 경통 사이에는 좁은 개구부가 있는데 그 사이의 영역이 차동 펌프(differential pump)와 연결되어 시료 챔버 안으로 수증기나 아르곤 등 다양한 가스를 주입하여 비도전성 시료의 분석이 가능하도록 하였다. 둘째로 가스이차전자 검출기(GSED)를 갖고 있다. 가스이차전자 검출기는 지름이 약 1 cm인 원추형 전극으로 폴피스 하단에 위치한다. 시료에서 방출된 이차전자는 챔버의 물 분자와 충돌, 이온화하여 추가 전자와 양이온을 생성하게 된다. 이때 양이온은 시료 표면으로 끌려가 대전 현상을 막는 역할을 한다. 이 과정에서 원래의 이차전자 신호는 연쇄적으로 증폭

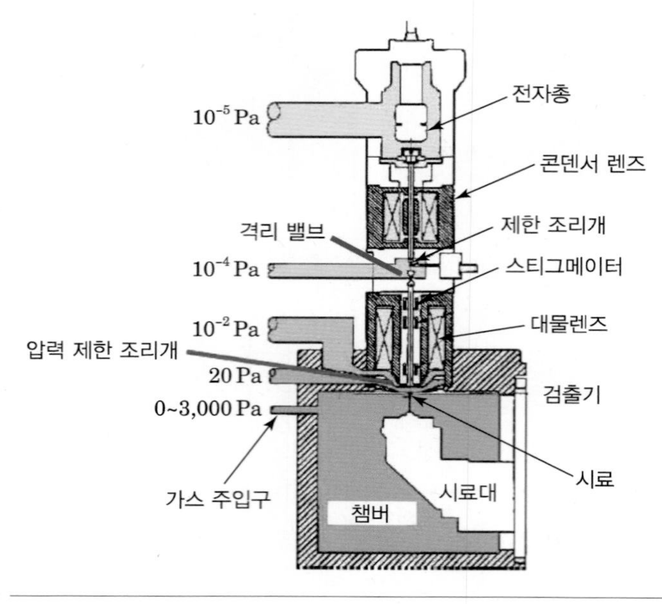

그림 5.42 환경 주사전자현미경의 구조

이 일어나게 된다. 환경 주사전자현미경은 비록 분해능은 기존의 주사전자현미경 보다 낮지만 전자빔 아래에서 수분을 함유한 시료를 관찰할 수 있는 특별한 기능을 가진 현미경이다.

환경 주사전자현미경의 또 다른 특징은 부도체 시편이라도 코팅 없이 관찰할 수 있다는 점이다. 부도체 시편에 코팅을 할 경우 원상태로 되돌리기 어려울 수 있으며 샘플 표면의 작은 구조적 특징들이 코팅막에 가려져 결과물의 가치를 저하시킬 수 있다. 환경 주사전자현미경은 부도체 시료라도 가스 이온화 과정에서 생성된 양이온이 시료의 표면에 축적되어 대전 효과를 억제할 수 있어서 생물 시료와 같이 수분을 함유하거나 유성 성분의 부도체 시료를 코팅 처리 없이 분석할 수 있다.

이러한 점에서 환경 주사전자현미경을 이용하면 세포나 곤충 등을 비록 제한된 시간 동안이지만 살아있는 상태에서 관찰이 가능하며 다양한 형태의 분석과 광학현미경 혹은 투과전자현미경 등의 분석으로 연계 및 확장이 가능함을 시사한다.

3) 비진공 주사전자현미경

환경 주사전자현미경의 개발로 인해 기체 환경에서 시료의 연구가 가능해졌지만 진공 영역에 대한 시료의 건조나 전하량 증가에 의한 관찰의 어려움으로 인해 생물 시료를 시간적 제한 없이 자연 상태로 분석하기에는 여전히 어려움이 있다. 이를 극복하기 위해서는 시편실 환경을 생물 시료에 맞도록 개선할 필요가 있다. 최근 개발된 비진공 주사전자현미경(atmospheric; SEM)은 고분해능 영상을 위해 고진공이 필요한 일반 주사전자현미경과 달리 고진공 경통의 하단을 수백 나노미터 두께의 질화규소 박막으로 밀폐함으로써 진공영역 경통과 대기영역 시편실을 분리하여 공기 중에 노출된 시료를 고분해능으로 관찰할 수 있도록 한 것이다(그림 5.43).

최근 상용화되고 있는 비진공 주사전자현미경의 하나인 에어SEM(AirSEM)은 쇼트키형 전계방사형 전자총과 10～30 kV의 가속전압, 그리고 50～300 um의 짧은 작동거리를 사용하여

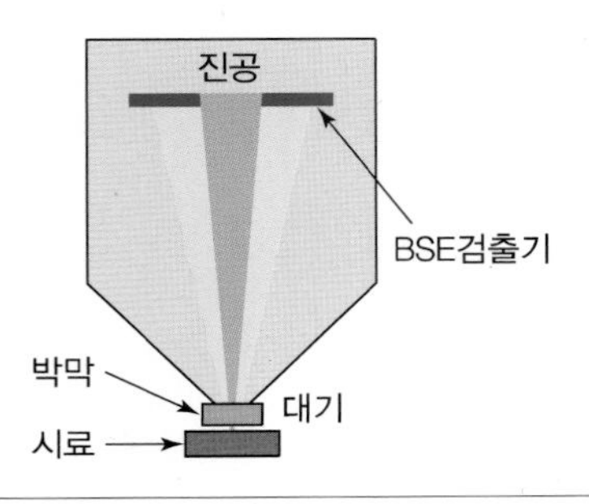

그림 5.43 비진공 주사전자현미경 컬럼 및 시편실 구조

기체 환경에서 다양한 생체 시료의 조작이 가능하도록 하였으며 도전성 코팅 없이 대전효과를 최소화할 수 있도록 하였다. 직립 형태의 컬럼 배치로 광학현미경과 병렬 배열함으로써 시료를 장착한 후 컴퓨터 제어를 통해 시료를 컬럼 하단의 박막 창 아래 50~200 마이크론까지 접근시킬 수 있다. 따라서 시료는 박막 창에 의해 진공 영역과 분리되어 후방산란전자 검출기에 의해 복수의 신호 수집이 가능하고 관찰 후에는 광학 혹은 투과전자현미경에 의한 재분석이 가능하다.

비진공 주사전자현미경은 구조상 대기 중에 노출된 시료의 고분해능 관찰을 위해서 박막 창에 시료를 최대한 접근시켜야 하지만 만일 박막이 손상되면 전자총 등 컬럼 내부의 기계적 이상을 초래할 수 있으므로 박막 창과 시료 사이의 거리를 일정하게 확보하고 그 사이에 불활성 가스(헬륨, 네온, 아르곤)를 지속적으로 공급하여 이차전자 또는 후방산란전자의 이동이 가능하여 고분해능 분석을 수행할 수 있다.

Scanning
Electron
Microscope

6장

X선 분광분석학의 개요

1. 미세분석기술의 개요
2. 전자 프로브 미세분석의 역사
3. 특성 X선 분광분석기술

Scanning Electron Microscope

1 미세분석기술의 개요

1) 미세분석기술

미세분석기술은 시료 내 마이크론 크기의 미세한 영역에서 화학 정보를 얻으려는 목적으로 개발되었다. 미세분석기술 중 파괴분석법으로는 레이저 삭마 유도결합 플라즈마 질량분석법(LA-ICP-MS)[1]과 이차이온화 질량분석법(SIMS)[2]이 있으며, 보다 널리 이용되는 비파괴 분석법에는 마이크로 X선 형광분석법(XRF)[3], 전자 프로브 미세분석법(EPMA)[4], 주사전자현미경 분석법(SEM)[5] 등이 있다. 표면분석법으로는 오제전자 분광분석법(AES)[6]과 X선 광전자 분광분석법(XPS)[7]이 있으며, 입자가속 X선 방출 분광분석법(PIXE)[8]이 있다. 입사빔과 측정 신호에 따른 여러 가지 미세분석기술을 표 6.1에 요약하였다.

이 장에서는 전자 프로브 미세분석에 초점을 두면서 물질의 원소분석에 대한 일반적인 개념을 설명하고자 한다. 전자 프로브 미세분석은 좁은 의미로는 에너지를 갖고 있는 전자를 시편에 조사하여 마이크론 크기의 미세한 영역에서 발생하는 X선을 측정함으로써 원소 분석을 수행하는 것이며, 일반적 의미로는 현미경적 크기에서 물질의 조성을 분석하는 것이다. 이 분석기술을 이용해 수행할 수 있는 작업은 미세한 한 점에서의 원소 정성분석 및 정량분석, 특정

1 Laser Ablation Inductively Coupled Plasma Mass Spectrometry
2 Secondary Ionization Mass Spectrometry
3 Micro X-ray Fluorescence Spectrometry
4 Electron Probe Microanalysis
5 Scanning Electron Microscopy
6 Auger Electron Spectroscopy
7 X-ray Photoelectron Spectrometry
8 Particle-Induced X-ray Emission Spectrometry

표 6.1 다양한 미세분석기술

입사빔	측정 신호	미세분석기술
백색광	반사광	반사현미경
	투과광	편광현미경
	투과광	UV－IR 마이크로 분광기
전자	오제전자	오제전자 분광분석기
	이차전자	주사전자현미경
	후방산란 전자	후방산란 전자현미경
	투과 전자	투과전자현미경
	특성 X선	전자 프로브 미세분석기
	가시광선	음극 냉광 현미경
X선	투과 X선	X선 현미경
	투과 X선	X선 흡수 미세 구조 분석 (EXAFS; Enlarge X－ray Absorption Fine Structure)
	특성 X선	마이크로 X선 형광분석기
펄스레이저광	증발 물질	레이저 삭마 유도 결합 플라스마 질량분석기
고에너지 입자	특성 X선	입자가속 X선 방출 분광분석기
	이차이온	이차이온 질량분석기
저에너지 이온	이차 중성자	후이온화 이차이온 질량분석기

선상에서의 원소분석(경계부위에서의 조성분석), 면상의 원소 분포를 위한 X선 매핑, 그리고 복합층에서 깊이분석 등이 있다.

전자 프로브 미세분석기는 고에너지의 전자빔을 시료에 조사하여 X선을 발생시키며, 반도체 검출기(EDS)나 분광결정 분광분석기(WDS)를 이용하여 X선을 검출한다. 5～30 kV의 가속 전압을 사용하고, EDS는 나노암페어(nA) 범위의, WDS는 마이크로암페어(μA) 범위의 전류를 사용한다. 전자 프로브는 1 μm의 큰 것에서 1nm의 작은 것까지 가능하지만 X선을 생성하는 상호반응 부피는 입방마이크로미터(μm^3) 수준이기 때문에 결정적인 것은 아니다. 전자 프로브 미세분석기에 비견되는 것이 분석 전자현미경(Analytical Electron Microscopy: AEM)으로 투과전자현미경에 장착된 X선 분광분석기(EDS)를 이용한다. 이 방법은 시료를 매우 얇게 하여 분석하므로 고분해능(～1 nm)을 구현한다.

전자 프로브 미세분석(EPMA)은 파장 0.1～100 Å(감마선과 자외선 사이의 파장)의 특성 X선을 이용하며 XRF와 PIXE와 같은 검출방법을 사용한다. SEM, TEM과 구별되는 특징으로는 안정한 텅스텐 필라멘트를 이용하여 강한 전자빔(1～200 nA)을 사용하고, 광학현미경(약 400배)을 갖추고 있으며, 분석시간을 줄이기 위해 여러 개의 WDS 채널을 갖고 있다. 또한 안정한 X선 검출을 위해 높은 탈출각(40° 이상)을 사용한다.

전자 프로브 미세분석은 가속전압에 따라 반응 깊이가 달라지지만 15 kV 기준으로 약 1 μm 깊이까지 원소 성분을 분석하는 전량 분석(bulk analysis) 기술이며, 수 옹스트롬(Å) 또는 수 나노미터(nm)의 매우 얇은 두께에서 원소 조성 정보를 얻는 AES나 XPS 등과 같은 표면 분석 기술과는 구분된다. 이해를 돕고자 전자 프로브 미세분석기술과 유사한 몇 가지 미세분석기술을 간단히 요약하였다.

(1) 오제전자 분광분석

내각전자의 이온화 작용에서 특성 X선 광자가 방출되는 대신 결합에너지가 작은 외각 전자가 방출되는 경우가 있다. 이러한 전자를 오제전자라 하며 관계되는 원자의 에너지 준위에 의해 지배된 개별 에너지를 갖는다. 오제전자는 전자에너지 분광분석기의 도움으로 분석된다. 오제전자 분석은 전자 프로브 미세분석의 보완장비로 높은 오제전자 수율을 갖는 경량원소 분석에 효율적이다. 이 분석법은 시편의 매우 얕은 깊이로부터 발생하고, 시료로부터 나타나는 에너지 손실이 무시할 수 있을 정도로 작은 오제전자만을 검출하기 때문에 기본적으로 표면분석법에 해당한다. 관련된 분석법으로 광전자 분광분석기(photoelectron spectroscopy)가 있는데 이것은 X선 조사로 방출되는 전자의 에너지 스펙트럼이 기록되는 분석법이다.

(2) 입자가속 X선 방출 분광분석

2~5 MeV로 가속된 양성자 빔(수소의 원자핵, H^+)으로 시편을 조사하여 원자를 여기시킴으로써 특성 X선을 발생시키며, EDS 방식으로 X선을 검출한다. 또한, 원자핵과의 상호 작용으로 특성 감마선을 발생시킬 수 있으며, 게르마늄(Ge) 검출기로 검출한다. 배경 잡음으로 작용하는 연속 X선의 세기가 전자 프로브 미세분석에 비해 훨씬 낮기 때문에(양성자 질량이 더 크므로) 수 PPM에 해당하는 낮은 측정한계를 얻을 수 있다. 이 분석법은 비초점을 이용한 전량분석 또는 1~10 μm의 초점빔으로 선택된 영역분석(핵 마이크로 프로브)에 이용된다. 에너지 범위 1~5 MeV로 양성자 빔의 지름은 1 μm 이하까지 얻을 수 있다. 이러한 양성자는 고체 시료에서 수십 μm를 투과하므로 두꺼운 시료에 대해 깊이와 관련된 공간분해능은 상대적으로 좋지 않다.

(3) X선 형광분석

전자빔 대신에 X선 빔을 시료에 조사하여도 특성 X선이 발생한다. X선 스펙트럼은 전자빔에 의해 생성된 것과 비슷하지만 연속 X선이 발생하지 않기 때문에 배경 잡음 수준이 매우 낮다. 따라서 낮은 측정 한계를 얻을 수 있고, 주 원소 및 미량원소 분석에 널리 이용된다. 방출된 X선은 일반적으로 WDS 방식을 이용하여 측정하지만 빠른 분석을 위해 EDS 방식을 채택하는 경우도 있다. 전통적 X선원으로는 덩어리 분석만 가능하지만, 매우 강한 싱크로트론을 사용하면 수 마이크로미터 크기의 빔으로도 충분한 X선 세기를 얻을 수 있어서 마이크론 크기의 분해능을 갖는 성분분석이 가능하다.

(4) X선 광전자 분광분석

X선 광전자 분광분석은 화학분석용 전자분광분석(ESCA; Electron Spectroscopy for Chemical Analysis)이라 불리기도 하며, 오제전자 분광분석(AES)과 더불어 대표적인 표면분석법이다. 약 1 keV의 에너지를 가진 연성 X선원을 사용한다. 전자의 결합에너지를 측정하여 표면의 화학분석을 하거나, 결합에너지의 변화를 초래하여 원자의 전하에 관한 정보를 얻을 수 있으며, 원자가 전자의 상태 밀도를 결정하는 데 이용한다.

(5) 이차이온 질량분석

10～30 keV로 가속된 이온빔($^{16}O^-$)으로 연마된 시료의 표면을 조사하여 원소를 여기시킨다. 시료 표면 원자가 증발되어, 시료 자체의 물질로 구성된 이차이온이 생성된다. 이 이온들이 이온 렌즈에 의해 수집되어 질량분석기로 보내진다. 이온 프로브는 각 광물에서 개별 동위원소비를 분석할 수 있고(예를 들어, 방해석에서 $^{86}Sr/^{87}Sr$ 또는 지르콘에서 $^{207}Pb/^{206}Pb$), 수 PPM 수준까지 미량원소를 측정할 수 있다. 분석 공간분해능을 1μm까지 낮출 수 있지만 일반적으로 10～20 μm 범위에서 사용된다. 이온 프로브의 일반적 유용성은 질량 스펙트럼에서 복잡한 원자 및 분자 간섭을 성공적으로 보정할 수 있느냐의 여부에 달려 있으며, 이러한 이유 때문에 동위원소비 측정은 종종 상대적으로 단순한 광물 매질로 제한된다.

2) 전자 프로브 미세분석

전자 프로브 미세분석은 높은 에너지를 가진 전자를 시료에 충돌시켜 시료로부터 발생되는 특성 X선을 검출하고 그 에너지를 분석하여 시편의 구성 원소 조성을 측정하는 분석기술이다. 먼저 전자총에서 5～30 kV로 가속된 수 마이크론 지름의 전자빔을 연마된 시료 표면에 조사하면 시료 내에서 전자빔과 시료 원자 사이의 상호반응으로 특성 X선이 발생된다(3장 전자빔과 시편의 상호작용 참고). 발생된 특성 X선을 파장분산 분광분석기(WDS) 또는 에너지분산 분광분석기(EDS)로 측정하여 구성원소의 조성을 밝히고, 매질보정을 실행한 후 얻어진 계수

자료를 표준시편의 특성 X선 계수와 비교하여 정량분석 자료를 얻는다. 전자 프로브 미세분석법은 약 1 마이크로미터의 공간분해능을 갖는 미세 영역의 화학조성분석 기법으로 미세분석법 중 가장 널리 이용되고 있다. 이 분석법은 개별 입자의 화학조성을 결정할 수 있을 뿐만 아니라 단일 입자 내에서 원소의 농도 변화를 결정할 수 있다.

전자 프로브 미세분석법의 특징은 약 1 μm의 공간분해능으로 작은 입자의 분석에 유용하며, 적은 양의 시료로도 분석이 가능하고, 비파괴분석으로 시료의 재사용이 가능하며, 반복 분석이 가능하고, ±1~2% 오차의 정밀도 및 정확도로 원소 분석을 수행할 수 있으며, 원자번호 4번의 베릴륨(Be)부터 원자번호 92번의 우라늄(U)까지 거의 전 원소에 대한 분석이 가능하다는 점이다. 또한 다른 분석법에 비해 빠르며, 영상 관찰 기능을 수반하는 장점이 있다. 그러나 한편으로는 고체 시료만 분석이 가능하여 시료의 선택에 제약이 따르며, 비교적 시편준비가 까다롭고, 에너지 분해능이 5 eV 수준이어서 전이 원소의 원자가를 식별할 수 없어 산화 상태를 결정하기가 곤란하며, 적절한 표준시편, 적정 분석조건 및 분석결과 해석에 전문적인 지식을 요구하므로 접근이 다소 어려운 단점이 있다.

높은 분해능, 정확한 분석 결과, 낮은 측정 한계 등의 장점을 가지며, 빠르고 비파괴분석이라는 점에서 지질학, 재료학, 생물학, 의학 등 여러 분야에서 활용되고 있다. 지질학 분야에서는 광물감정, 암석의 기재 및 분류, 암석형성 환경(지온 및 지압) 연구, 상평형 및 원소분화 연구, 운석 연구(비파괴분석), 지질연대 측정, 토양오염원 연구, 토기산지 분석연구 등으로 활용되고 있으며, 재료과학/공학 분야에서는 상변화 및 결함 연구, 원자 확산, 미립상의 화학조성, 박막의 화학분석 등에 이용되고 있다. 또한, 치의학, 세포의 원소분포, 의약품 및 촉매연구 등 다양한 응용 범위를 갖고 있다.

2 전자 프로브 미세분석의 역사

1) X선의 역사

X선은 1895년 뢴트겐(Roentgen W. C.)이 처음 발견하였고 직선으로 진행하고, 투과력이 강해서 모든 물질에 다양한 정도의 깊이로 관통한다는 사실을 증명하였다. 1909년 바클라와 새들러(Barkla & Sadler)는 순수한 원소에 전자를 충돌시켜 특성 X선의 발생을 처음 관찰하였으며, '특성 X선'이란 용어를 처음 사용하였다. 1909년 케이(Kaye)도 독자적 연구를 통해 같은 현상을 발견하였고, 이온화실을 갖춘 음극선관을 제작하여 X선을 검출하였다. 1912년 라우에(Laue M. von)는 규칙적 결정에 의한 X선 회절을 처음 확인하고, X선의 파동 특성을 규명

하였다. 브래그(Bragg W. L.)는 X선이 이온화 작용을 발생시키며, 규칙적 결정에 의해 회절되는 것(파동 입자 이중성)을 확인하였다. 브래그는 최초의 결정 분광 분석기를 제작하여 1913년 백금으로부터 생성된 L선을 시험하는 과정에서 최초의 X선 스펙트럼을 관찰하였으며, X선의 파장과 결정의 면간거리 및 회절각과의 관계를 나타낸 브래그 법칙을 발견하였다. 1913년 모즐리(Moseley H. G. J.)는 원자번호와 그 원자로부터 생성되는 X선의 에너지 사이의 관계를 나타낸 모즐리의 법칙을 발견하였다.

2) 전자 프로브 미세분석의 역사

(1) X선 형광분석

1920년 이전에 이미 충분한 에너지를 갖고 있는 전자나 일차 X선이 여기될 때 각 원소들은 특성 X선 파장을 방출한다는 사실이 잘 알려져 있었다. 특성 X선의 세기는 시료 내에 존재하는 원소의 양에 좌우된다는 사실 또한 알려졌다. 1920년대와 1930년대 헤베시와 공동 연구자들은 많은 화학적 문제에 X선 분광분석의 응용을 추진하였으며, 원소의 X선 파장으로부터 원자번호 72번의 원소인 하프늄(Hf)의 존재를 확인하기도 하였다. 1940년대는 전자검출기, 안정한 X선관 및 큰 분광결정을 이용할 수 있는 시기로, X선 형광분광기 개발 단계였다.

(2) 전자현미경

1930년대와 1940년대 초에 고주파 전원장치, 필라멘트 가열 전자총, 전자렌즈의 초점 또는 영상 성질의 개발에 기초하여 전자현미경이 발명되었다. 이후 시료 표면 위에서 정사각형의 주사영역을 얻기 위해, 정초점의 전자빔이 앞뒤로 굴절하는 주사전자현미경이 만들어졌다. 보다 정교하게 제작된 장비를 통해 후방산란전자가 검출되었고, 후방산란전자는 음극선관의 휘도 조절에 이용되었다. 또한 전자현미경 빔으로 주사하여 시료 표면의 전자영상을 얻었다. 투과전자현미경에선 양질의 전자기 렌즈를 이용하여 얇은 시편을 투과한 전자의 영상이 수 옹스트롬(Å)의 해상도로 얻어졌다.

(3) 전자 프로브 미세분석기

전자 프로브 미세분석은 앞서 언급한 X선 형광분석기와 전자현미경의 개발에 이어서 개발되었다. 1923년 헤베시(Hevesy)에 의해 미세분석 개념이 처음 제안되었다. 1947년 힐러(Hiller)는 최초로 특성 X선을 여기시키기 위해 정초점 전자빔 이용을 시도하였고, X선 파장과 세기를 측정하기 위해 단순한 X선 스펙트로그래프의 이용에 관한 논문을 발표하였지만 장비

제작까지 이어지진 않았다.

현대적인 전자 프로브 미세분석의 기초는 카스텡(Castaing R.)에 의해 제안되었다. 1949년 네덜란드 델프트에서 개최된 전자현미경학회에서 카스텡과 구니어는 고체시편 위에 전자빔의 초점을 맞추기 위한 정전계 전자현미경과 특성 X선을 측정할 수 있는 X선 분광기를 실질적으로 개조한 모델을 최초로 보고하였다. 당시에는 주사전자현미경에서와 같이 전자빔이 시료를 가로지르면서 주사하는 방법을 시도하지는 않았다. 카스텡은 정전계 렌즈를 전자기 전자렌즈로 바꿔 장비를 개선하였고, 1951년 박사학위논문 <전자 프로브를 이용한 정량분석의 이론과 응용의 기초>에서 X선 흡수계수와, X선 형광효율 및 원자에서 여러 가지 전자각에 의한 분별 흡수의 관계를 기초하여 X선 세기와 조성 사이의 관계를 논술하였다. 이 논문의 기본적인 개념은 다른 모든 연구자들에 의해 인용되었다. 전자 프로브 미세분석기는 1953년 러시아의 보로브스키(Borovskii)에 의해 독자적으로 개발되기도 하였다. 최초의 상업적 장비는 1958년 프랑스 카메카 사에서 개발·생산되었다.

(4) 장비의 개발

1950년대 중반 유럽과 미국에서 전자 프로브 미세분석에 관심을 가지고 장비를 제작하기 시작하였다. 영국 케임브리지 대학에서 X선 투과 현미경 제작을 위해 잘 정제된 전자 광학기를 개발했으며, 던컴(Duncumb)은 주사 전자 프로브를 제작했다. 이때 주사전자현미경에서 이용되던 정초점 전자빔의 주사를 시도했지만 광학현미경은 이용하지 않았다. 또한 후방산란전자의 세기와 방출되는 특성 X선의 세기를 이용하여 텔레비전 형식으로 영상을 조정하였다. 당시에는 파장분산 분광분석기를 사용하지 않았고 에너지분산 분광분석기를 사용하였다. 이 장비는 농도가 높으면서 원자번호가 서로 떨어져 있는 원소 분석에 제한적으로 이용되었다.

영국 연합전기회사에서 전자 프로브를 제작하여 특성 X선을 X선 형광분석기에서 사용된 것들과 유사한 단일, 주사, 곡면의 결정 분광기로 분석하였다. 전자빔은 고정되었지만 시편을 가로지르면서 조성의 다양성을 측정하기 위해 전자빔 하에서 시편은 이동시킬 수 있었다. 시료대를 광학현미경 앞쪽에 위치시켜 전자빔에서 벗어난 시료를 회전시킴으로써 시편을 관찰하고, 분석면을 선택할 수 있게 하였다. 이 장비를 통해 농도가 낮으면서 원자번호가 인접한 원소들을 측정할 수 있었다.

미국 해군연구소에서 5 μm의 분해능을 갖는 단일렌즈 전자광학 시스템을 개발하였다가 곧이어 분해능이 1 μm인 이중렌즈시스템을 제작하였다. 시료방은 3~6개의 원소를 동시에 측정할 수 있도록 곡면의 결정 X선 광학시스템으로 제작되었고, 전면에 베릴륨 창이 장착되었다. 분석하는 동안 시편을 관찰할 수 있도록 광학현미경을 컬럼 내에 장착하였다. 전자빔은 고정되어 있었지만 시편을 전자빔하에서 이동할 수 있게 하였다.

최근 컴퓨터 시스템을 갖춘 전자 프로브 미세분석기는 일본 지올(JEOL) 사와 시마즈(Shimadz) 사, 그리고 프랑스의 카메카(CAMECA) 사에서 상업적으로 생산되고 있다. 지올과 카메카의 장비는 탈출각이 40°이며, 시마즈 장비는 탈출각이 52°가 특징이다.

3 특성 X선 분광분석기술

미지의 시편에서 방출된 특성 X선을 이용하여 화학 조성을 분석하기 위해서는 발생되는 특성 X선의 에너지(또는 파장)와 세기를 정확하게 검출하여야 한다. X선을 검출하는 방법에는 X선의 에너지를 검출하느냐 또는 파장을 검출하느냐의 두 가지 방법이 있다. 검출 방법의 차이에 따라 X선 분광분석기술이 나누어지는데 하나는 반도체 소자를 이용하여 X선의 에너지를 검출하는 방법으로 에너지분산 X선 분광분석(EDS; Energy Dispersive X-ray Spectroscopy)이라고 하고, 또 하나는 브래그 회절을 이용하여 X선의 파장을 검출하는 방법으로 파장분산 X선 분광분석(WDS; Wavelength Dispersive X-ray Spectroscopy)이라고 한다. 전자파의 파장과 에너지는 아래와 같이 반비례 함수 관계를 갖고 있으므로 어느 방법을 사용하더라도 특정 물질의 특성 X선을 식별할 수 있다.

$$\lambda(\text{Å}) = \frac{12.3981}{E(\text{keV})} \tag{6.1}$$

그러나 두 방법은 측정법, 장단점, 그리고 응용 분야에 많은 차이가 있기 때문에 자세한 설명이 필요하여 아래에 기술한다.

1) 에너지분산 X선 분광분석

에너지분산 X선 분광분석(EDS)은 시편에서 발생하는 특성 X선을 실리콘 단결정의 피아이엔(p-i-n) 반도체 소자를 이용하여 에너지의 형태로 검출하여 분석한다. 검출기로 들어온 X선은 반도체 검출기 내 원자의 전자와 충돌하면서 가전자대의 전자를 전도대로 천이시키고 전자-공공쌍을 만든다. X선의 에너지에 따라 쌍의 개수는 달라지고 이를 전류로 측정하고 신호를 증폭하여 X선 스펙트럼을 만드는 것이다. 검출되는 X선 스펙트럼이 에너지의 함수로 표시되기 때문에 에너지분포 X선 또는 에너지분산 스펙트럼이라 한다. 이 방법은 파장분산 X선 분광분석(WDS)에 비하여 뒤늦게 개발되었으나 짧은 시간 내에 X선을 한꺼번에 검출할 수 있다는 장점이 있어 현재 투과전자현미경 및 주사전자현미경에 부착되어 원소분석에 널리 이용되고 있다.

에너지가 비슷한 인접한 X선들을 구별해낼 수 있는 능력을 에너지 분해능이라 하며, X선 에너지 크기에 따라 달라진다. 즉, 에너지가 작을수록 이온화에 관여되는 오차가 작기 때문에 분해능은 좋아진다. EDS의 분해능은 망간 Kα 선 에너지인 5.895 keV에서의 X선 피크의 반가폭(FWHM, 피크 세기의 1/2 위치에서의 폭을 에너지 크기로 나타냄)으로 나타내는데 일반적으로 130~150 eV이다. 분해능이 그다지 좋지 않으므로 X선 피크의 중첩이 발생할 수 있다.

EDS가 원소의 정성분석에 널리 이용되는 것은 다음과 같은 장점들이 있기 때문이다. 검출기의 설치 위치상의 제약이 크지 않아 설치가 용이하다. 검출기 위치 이동으로 시편 가까이 접근시킬 수 있어 X선이 시편으로부터 방출되어 검출기로 들어가는 입체각(solid angle)을 크게 할 수 있어 수집효율을 높일 수 있다. 분석중 기계적 작동이 없으므로 X선 수집이 안정적이다. 검출기로 입사된 X선은 2~16 keV의 에너지 범위에 대해 100% 검출효율을 갖는다. 작은 전자빔 전류로도 분석 가능하고, 전자 프로브의 크기를 수 나노미터로 줄일 수 있어서 작은 시편을 분석할 수 있다. 검출 가능한 모든 원소를 한 번에 검출할 수 있어 분석 시간이 빠르고, 전자빔에 의한 시료의 손상을 줄일 수 있다. 그 외에도 시편 준비가 비교적 간단하고, 분석을 위한 조작(검교정, 분석조건 설정 등)이 간단하다는 장점이 있다.

이러한 장점에도 불구하고 정량분석에서 활용도가 낮은 것은 다음과 같은 단점들이 있기 때문이다. 에너지 분해능이 140 eV 내외로 커서 피크 중첩이 심하고 그에 따라 원소 식별에 제약이 있다. 스펙트럼 상에 이탈 피크, 합 피크 등 착란 효과가 많아 원소 식별에 혼란을 초래할 수 있다. 피크/배경 비가 낮으므로 검출 한계가 0.1 무게%로 그다지 좋지 않고, 한 번에 처리할 수 있는 X선 양의 제약(2,000~3,000 cps)으로 미량원소 분석이 곤란하며 검출기가 항시 냉각되어 있어야 한다.

2) 파장분산 X선 분광분석

파장분산 X선 분광분석(WDS)은 시료에서 발생하는 특성 X선을 단결정을 이용한 브래그 회절을 일으켜 회절각을 측정하고 파장을 구한 후 파장의 함수로 분석하는 방법이다. 검출기로 입사한 X선은 특정한 파장을 가지고 있어 분광 결정에 의해 특정 각도로 회절하는데 이 X선을 가스비례 검출기로 검출하고 신호를 증폭하여 X선 스펙트럼으로 나타낸다. X선의 스펙트럼이 파장의 함수로 나타나기 때문에 파장 분포 X선 또는 파장분산 스펙트럼이라 한다. 같은 조건에서 EDS에 비해 피크의 세기가 작고, 측정에 많은 시간이 소요되지만 피크의 분해능이 좋아 정확한 함량을 측정해야하는 정량분석에 널리 이용된다.

WDS에서 인접한 X선을 구별하는 검출기의 분해능은 분광 결정의 면간 거리에 좌우되는데 면간거리가 작은 결정일수록 분해능이 좋다. EDS에서 표준으로 사용하는 5.895 keV의 망간

Kα 선의 반가폭을 WDS로 측정해보면 LiF(d =2.01 Å) 분석결정의 경우 약 5 eV, PET(d = 4.37 Å) 분석결정의 경우 약 7.4 eV로 나타난다. 이는 EDS의 분해능에 비해 30배 더 좋은 값이므로 WDS는 분석에 많은 시간이 필요함에도 불구하고 정량분석에 많이 이용된다.

WDS가 원소의 정량 분석에 널리 이용되는 이유는 분해능이 높을 뿐만 아니라 피크/배경비가 커서 원소의 검출한계를 10～100 ppm까지 낮출 수 있어 미량원소 분석이 용이하기 때문이다. 최고 초당 50,000개(cps)의 계수율을 이용할 수 있어 상대 오차를 줄일 수 있고, 착란효과가 거의 없어 피크 식별에 있어 혼란이 적다. 이러한 장점에도 불구하고 일반적인 분석에 제약을 받는 것은 다음과 같은 단점들 때문이다. 분광기가 고정되어 있어 입체각이 항상 일정하고 방출 X선의 2% 이하로 수집 효율이 낮다. 입사한 X선도 분석 결정에서의 분산으로 검출효율이 낮아진다(입사 X선의 30% 이하만 검출기로 보내짐). 계수율을 높이기 위해 비교적 높은 전류(수 nA에서 μA까지)를 사용하므로 시료 손상에 주의해야 한다. 분석 중 기계적 이동이 있어서 X선 수집 안정성이 다소 떨어진다. 정성분석에는 전 각도범위에서 스펙트럼을 얻어야 하므로 비교적 많은 시간(약 5분 내외)을 필요로 한다. 이외에도 표면이 마이크론 크기 이하의 거칠기로 연마되어야 하므로 시편 준비가 까다롭고, 분석 장비 조작에 전문적 지식과 숙련이 요구된다.

(1) 파장분산 X선 분광분석기의 종류

분광기의 초점은 길게 늘어난 타원 모양으로 주축은 분석 결정의 폭에 비례한다. 초점의 크기는 분광기의 종류에 따라 달라진다.

① 수직형 분광기

분광기가 전자빔과 같은 방향, 즉 수직으로 설치되는 분광기로서 초점의 주축이 수평으로 놓이며[그림 6.1(a)] 수평방향으로 초점 영역의 길이가 30～60 μm이다. 수직 방향의 초점 영역은 2 μm 내외로 좁아서 시료 표면의 비초점에 민감하다. 동일 조건에서 X선의 세기도 정초

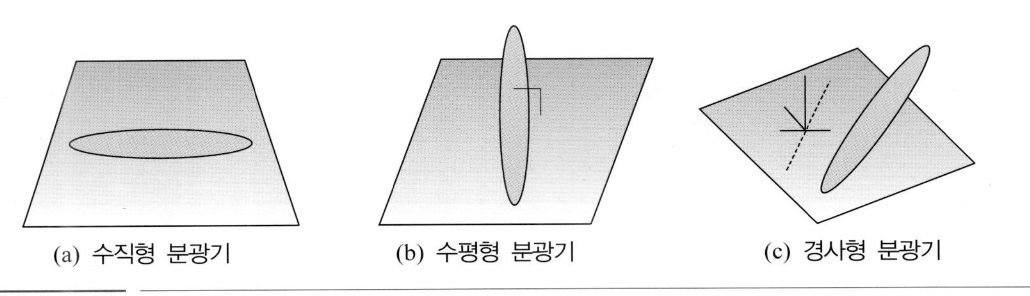

그림 6.1 분광기의 종류에 따른 초점 영역

점 위치에서 가장 크며, 초점에서 멀어질수록 세기는 급격하게 감소한다. 그러나 수평으로 빔 이동이 가능하여 비교적 짧은 거리의 원소분포 연구에 유용하다.

② 수평형 분광기

분광기가 전자빔에 수직으로, 즉 수평으로 설치되어 초점의 주축이 수직으로 놓이게 되고[그림 6.1(b)] 초점 영역은 수직방향으로 30~60 μm로 비교적 넓지만, 수평 방향으로는 2 μm 이내로 매우 좁아 빔 이동 시에 X선 세기의 차이가 심하여 활용이 제한적이다. 설치에 많은 공간이 필요 하기 때문에 여러 대의 분광기를 설치하는 데는 제약이 따르지만 대신에 비초점의 영향이 가장 적어 SEM 등에 설치되어 매우 불규칙한 시료의 정밀분석에 이용된다. 또한 특별히 고분해능을 필요로 하는 큰 로울랜드원형 분광기인 경우 이 형태의 분광기로 제작·설치되기도 한다.

③ 경사형 분광기

분광기가 전자빔에 일정한 각도로 경사지게 설치되는 분광기로서 초점 타원체의 주축이 경사져 있어[그림 6.1(c)] 시료 표면의 비초점에 대한 영향이 상대적으로 적다[그림 6.2]. 즉, ±400 μm까지는 최대의 세기를 유지한다. 이 분광기는 전자 프로브 미세분석기 또는 주사전자현미경에 설치되어 연마가 불가능한 시편의 정밀분석 및 원소분포 분석에 이용된다.

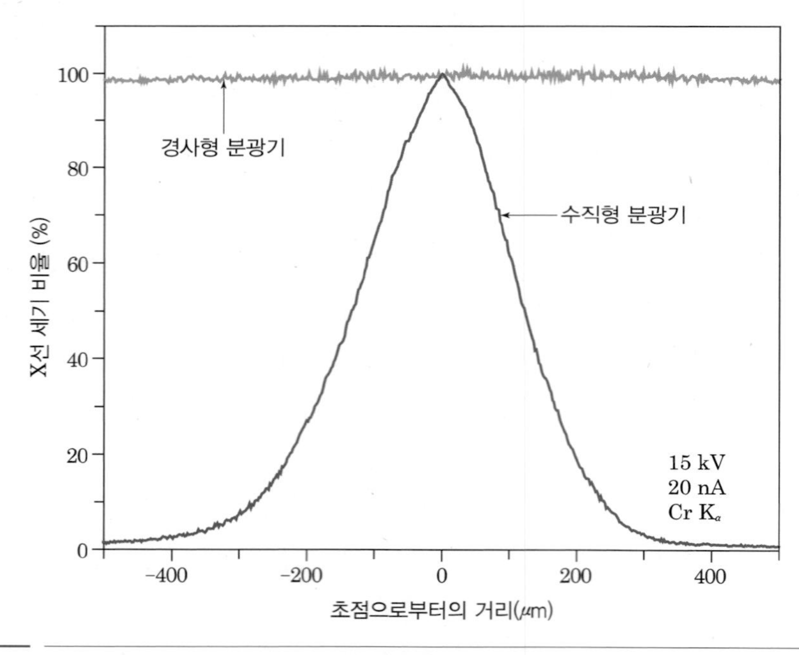

그림 6.2 분광기의 유형에 따른 X선 세기의 변화. 15 kV, 20 nA에서 얻은 Cr K_α 스펙트럼으로 수직형 분광기에서 정초점(0 μm)에서 최대의 X선 세기를 나타내지만(100%) 초점이 멀어질수록 X선의 세기는 급격하게 감소한다.

(2) X선 세기에 영향을 주는 요인

① 탈출각

시료 표면 상의 분석점과 분광기의 입사창을 잇는 선분과 시료 표면 사이의 각도를 탈출각(take-off angle)이라 한다[(그림 6.3(a)]. 탈출각이 작아지면 시편 내 X선이 통과하는 경로길이가 증가한다. 예를 들면 탈출각이 90°에서 30°로 작아지면 경로길이는 두 배로 증가한다[그림 6.3(b)]. WDS에서 탈출각은 장비 설계시에 고정되어 있으며, 일반적으로 40~52°가 적용되고 있다. 다음 설명에서처럼 탈출각이 크면 원소분석에 유리하지만 장비에 수반된 다른 기능들이 저하될 수 있어 적정한 각도를 유지하고 있다. 시료 내부에서의 X선의 흡수에 의해 매질 간섭 효과가 발생하는데, 탈출각이 클수록 경로를 최소화할 수 있어서 흡수 보정에서의 불확도를 줄일 수 있다. 또한 같은 이유로 높은 탈출각에서는 시료 표면에 긁힌 자국이나 연마과정에서의 불규칙한 표면의 영향을 최소화할 수 있다.

② 시료 표면의 불규칙성(표면 거칠기)

거친 연마 표면을 갖는 시편에서 전자빔이 시료 표면상의 움푹 들어간 홈 부분에 입사할 때 시료 내부에서 발생하는 X선이 시료 밖으로 나오기 위해서는 보다 긴 경로를 통과해야 하고, 따라서 늘어난 경로 길이만큼 추가 흡수가 일어나 측정된 X선의 세기에 추가 흡수 보정이 고려되어야 한다[(그림 6.4)]. 이 효과의 중요성은 탈출각의 크기에 좌우된다. 예를 들어 15 keV의 가속전압하에서 50% MgO와 50% SiO_2 조성의 광물 분석 시에 0.5 μm 깊이의 홈이 있는 경우 Mg Kα 선 세기의 측정값에서 10%의 오차가 발생한다(Sweatman and Long, 1969). 표면의 불규칙성에 대한 민감도를 줄이기 위해서는 50~75° 범위의 높은 각도의 탈출각을 채택하는 것이 좋다.

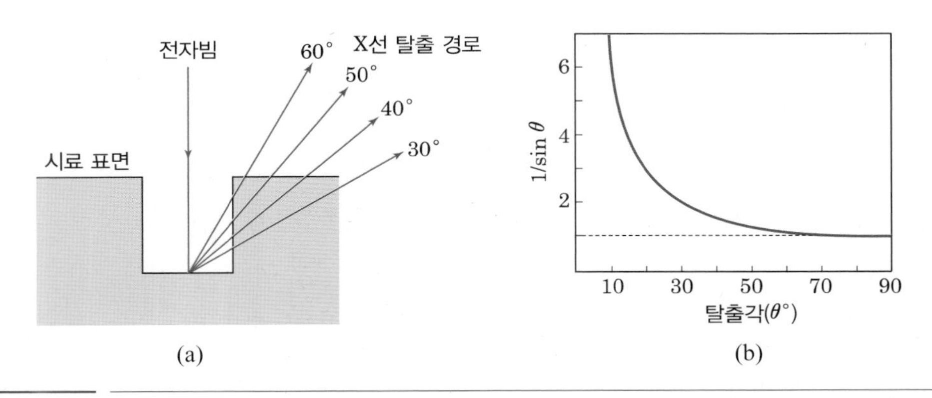

그림 6.3 탈출각과 X선 검출 효율과의 관계. (a) 탈출각이 작을수록 시료 내에서 X선이 이동하는 거리가 길어짐, (b) 탈출각이 클수록 $1/\sin\theta$의 값이 1에 가까움

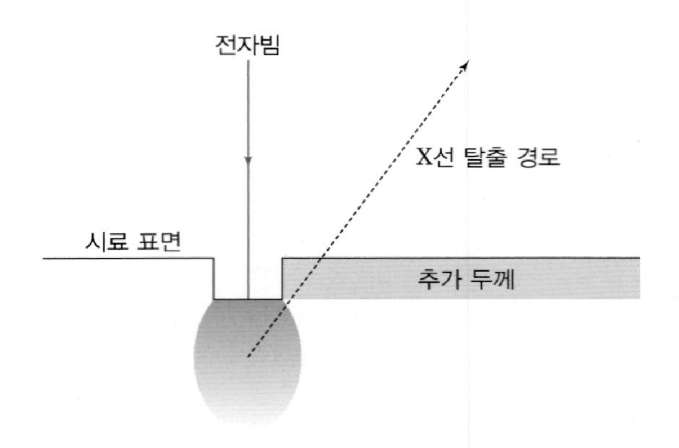

그림 6.4　　시료 표면의 요철에 의한 X선 탈출경로의 모식도

③ 시편의 기울기

그림 6.5와 같이 시료의 표면이 전자빔에 수직이 아니면 탈출각이 일정한 값을 갖지 않으므로 계산된 흡수보정값에 오차가 발생한다. 이것은 시료로 입사된 빔 전자의 전부가 X선 발생에 기여하는 것이 아니라 시료 표면 가까이로 입사된 빔 전자의 상당수가 후방산란전자가 되어 시료 밖으로 빠져나오고 실제 X선 발생에 기여하는 빔 전자의 수가 그만큼 감소하기 때문이다. 수평으로 만들어진 시료에서조차 경도 차이가 있는 상들이 섞여 있는 경우 경도가 큰 상의 연마 표면이 둥글어지는 둥글어짐 효과(rounding effect)가 일어나 계면 분석 시에 시편 기울기의 영향이 나타난다. 이 영향 역시 탈출각이 클수록 급격하게 감소한다.

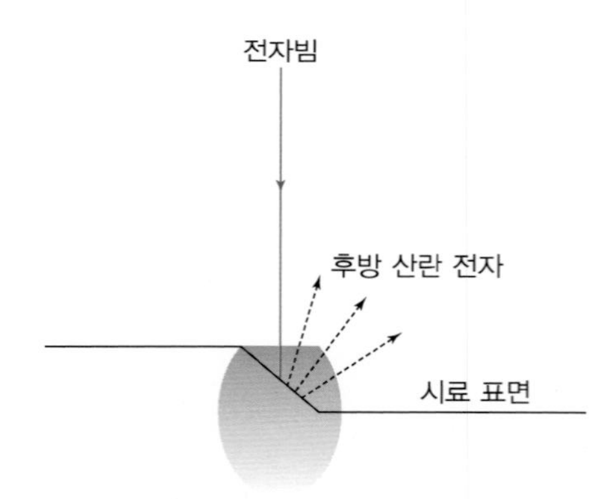

그림 6.5　　시편 기울기에 따른 전자빔의 분산. 경도 차이에 따른 둥글어짐 효과 등으로 인해 전자빔에 대하여 시편이 기울어져 있으면 X선 발생에 기여해야 할 전자가 후방산란 전자가 되어 시편 밖으로 빠져나와 상호 반응 부피가 감소하게 되고 따라서 X선의 세기를 감소시킨다. 시편이 기울어져 있으면 후방산란 전자 영상에서 주변보다 밝게 보인다.

④ 시편의 높이(비초점)

WDS에서는 분광기의 입사창과 관련해서 시료의 높이가 마이크로미터 범위 내에서 정확하게 재현되지 않는다면 비초점 효과로 인해 측정하는 X선 세기에 오차가 발생한다. 다음 장에서 자세하게 설명하겠지만 WDS에서는 시료 표면의 분석점, 회절 결정, 그리고 검출기가 동일원(로울랜드원) 상에 항상 유지되어야 한다. 전자 프로브 미세분석기에는 비초점 효과를 피하기 위해 기본적으로 고배율(400배 이상)의 광학현미경이 장착되어 있다. 따라서 시편의 재현성 있는 배열을 위해 광학현미경을 통해 마이크로미터 범위 내에서 초점이 조절되어야 한다.

⑤ 탄소코팅 두께

분석과정에서 비전도성 시료의 표면은 얇은 탄소막으로 코팅되어야 한다. 그러나 시료 표면의 탄소막 코팅은 X선을 흡수하는 부정적 역할을 하며 특히 경량 원소 X선에 대한 흡수율이 크다. 예를 들면 20 nm 두께의 탄소 코팅막은 불소(F) Kα 선에 대한 측정 계수율에 약 4%의 오차를 발생시킨다. 가속 전압이 달라지면 탄소 코팅 두께의 영향도 달라진다. 예를 들면, 20 nm 두께의 탄소막이 코팅된 경우 20 kV의 가속전압에서 1% 이하이던 오차가 15~20 kV에서는 2%까지 증가한다. 가속전압이 낮아지면 상호반응 부피가 작아지기 때문에 오차의 비율은 더 커진다[Reed, 1972]. 오차를 줄일 수 있는 가장 좋은 방법은 표준시료와 미지 시료를 동시에 같은 조건하에서 코팅하여 코팅막 두께를 동일하게 유지하는 것이다. 그러나 미지 시료와 표준시료를 늘상 함께 코팅한다는 것은 번거로운 일이기 때문에 실제로는 미지 시료를 코팅할 때 표준시편 코팅과 동일 조건으로 실시한다. 잘 연마된 황동 표면에 탄소를 코팅하면 두께에 따라서 간섭이 일어나 색깔이 달라지는데 표 6.2에 나타낸 바와 같이 색깔을 읽으면 탄소 코팅막 두께를 육안으로 추정할 수 있다. 일반적으로 분석에서 적정한 탄소막의 두께는 25±2.5 nm이다.

표 6.2 연마된 황동 표면에 코팅된 탄소막의 두께에 따른 간섭색(Kerrick, 1973)

탄소 코팅막의 두께(nm)	간섭색
15	오렌지색
20	쪽빛적색
25	청색
30	청록색
35	녹청색
40	진녹색
45	은금색

3) EDS와 WDS의 비교

EDS와 WDS의 장단점과 특징은 표 6.3에 요약하였다.

표 6.3 EDS와 WDS의 특징 비교

특징	EDS	WDS
수집 효율(위치 선정, 입체각)	< 2%	다양, < 0.2%
검출 효율(검출기)	2∼16 keV 범위에서 100%	다양, < 30%
검출 원소 범위	원자번호 11번(Na) 이상(Be창) 원자번호 5번(B) 이상(박막창)	원자번호 4번(Be) 이상
에너지 분해능	에너지 크기에 영향 (5.9 keV 에너지에서 약 130 eV)	결정의 면간 거리에 영향 (LiF 결정에서 약 5 eV)
착란 효과	많음(이탈피크, 합피크, 형광피크 등)	거의 없음(고차 반사)
동시 수집 범위	전 범위의 에너지 영역	분광기 분해능
최대 계수율	2,000 cps[Si(Li)], 10^6 cps(SDD)	50,000 cps
측정 한계	1,000 ppm	10∼100 ppm
최소 프로브 크기	5 nm	200 nm, 5 nm(FE-gun)
시편 전류	낮음(1∼5 nA)	높음(5∼100 nA)
자료 수집 시간	수분	수십 분
냉각 장치	액체 질소 냉각, 필요 없음(SDD)	필요 없음
시편 준비	쉬움	어려움

Scanning
Electron
Microscope

7장

X선 분광분석기 및 정성분석

Scanning Electron Microscope

1 에너지분산 X선 분광분석기

1) EDS X선 검출 이론

검출기 결정을 구성하고 있는 실리콘(Si) 원자는 인접한 다른 실리콘 원자의 외곽 궤도와 전자를 서로 공유하는 공유결합에 의해 연결되어 있다. 이러한 공유전자가 있는 영역을 결정의 가전자대라고 한다. 특정한 에너지를 가진 X선이 검출기 결정에 입사하면 실리콘 원자 내 전자와 충돌하여 고에너지의 광전자(photo electron)를 생성한다. 방출된 광전자는 가전자대에 묶여있던 전자에 에너지를 주어 전도대로 끌어올리고 이 반응에서 광전자는 자체의 에너지를 잃게 된다. 처음에 전자로 채워져 있던 가전자대에 공공(hole)이 만들어지고 전도대로 올라간 전자는 결정 내에서 자유로이 움직일 수 있는 자유전자가 된다. 따라서 부도체였던 실리콘 단결정은 전기전도성을 가지게 된다.

입사 X선의 에너지 손실은 곧 전자–공공쌍(electron-hole pair) 생성을 유도하므로 에너지 손실량과 전자–공공쌍의 생성 개수 사이에 함수 관계가 존재한다. 한 개의 전자–공공쌍을 생성하는 데 평균 3.8 eV의 X선 에너지가 소모된다. X선 에너지를 검출하는 과정은 결국 X선이 입사하여 결정 내 생성된 전하 운반체(전자와 공공)의 수를 측정하는 일이다. 검출기 결정에 −500 V에서 −800 V의 바이어스 전압을 걸어 전자와 공공을 분리한다. 전자는 음극으로 이동하며 전류를 형성함으로써 전자와 공공의 재결합이 어렵게 된다. 예를 들면 5 keV의 X선에 의해 생성되는 전자–공공쌍의 수는 5,000 eV/3.8 eV = 1,300개가 되고, 이것은 2×10^{-16} C의 전하(약 1 nA)와 같다.

검출기 결정에 흐르는 전류는 펄스를 형성하고 이는 X선 에너지에 비례하므로 펄스 크기로부터 X선 에너지를 측정할 수 있다. 이같이 실리콘 단결정 소자를 X선 에너지 분산모드로 검

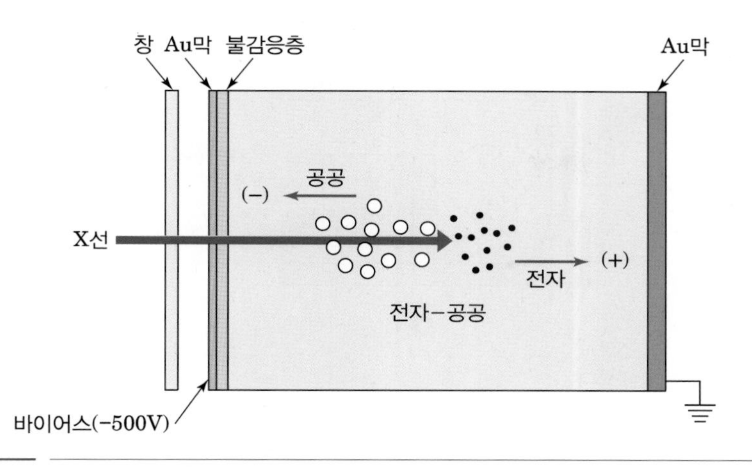

그림 7.1 EDS 내에서의 X선 검출 원리

출하는 데 사용할 수 있는데 에너지 분산 모드란 펄스의 크기 분석으로 X선 에너지 스펙트럼을 만듦을 의미한다. 이때 전하의 양은 극히 적어 전류 펄스를 전압 펄스로 바꾸기 위해 신호의 증폭과 측정이 필요하다.

2) EDS의 구성 및 개요

EDS는 X선을 전기적 신호로 변환시키는 검출기, 신호를 증폭하고 디지털화하는 신호처리 장치, 스펙트럼을 보여주고 계산을 수행하는 컴퓨터 시스템으로 구성되어 있다. 시료에서 발생한 X선은 얇은 베릴륨(Be)창을 통해 검출기로 들어와 리튬이 소량 첨가된 실리콘 결정인 Si(Li) 결정에서 전기적 펄스로 바뀐다. 전류 펄스는 전계효과 트랜지스터(FET; Field Effect Transistor)에서 전압 펄스로 변환된다. 이 FET는 전치증폭기(Pre-amplifier)의 앞에 위치하며 기타 전치증폭기의 다른 증폭 회로에 의해 신호처리장치로 보내기에 충분한 크기의 신호로 증폭된다. 따라서 FET에 의해 검출기의 성능이 크게 좌우될 수 있다. 신호처리장치로 들어온 신호는 더 증폭되어 이곳에서 측정된다. 증폭된 신호는 아날로그이며 이것은 아날로그 디지털 변환기(ADC)를 통해 디지털 신호로 변환된다. 디지털 신호는 다채널분석기(MCA)로 들어가 스펙트럼으로 변환되며 모니터를 통해 스펙트럼을 볼 수 있게 된다.

3) 실리콘 리튬 검출기

실리콘 리튬 Si(Li) 검출기는 광전 효과를 이용한 X선 검출기이다. 그 원리는 입사창을 통해

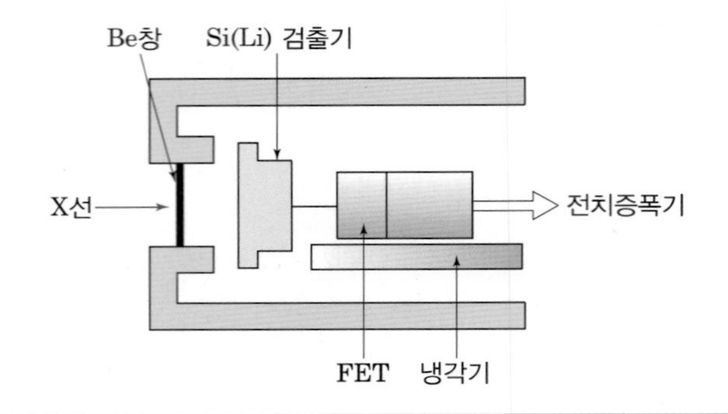

그림 7.2 EDS 검출기의 구조.

들어온 X선이 충돌에 의하여 가전자대의 전자를 전도대로 이동시키고 전자－공공쌍을 만들며 생성된 전자－공공쌍의 개수를 측정하여 X선의 에너지를 측정하는 것이다. 검출기는 결정, 전계효과 트랜지스터(FET), 그리고 전치증폭기로 구성되어 있고, 이들을 냉각시키는 냉각기와 X선을 받아들이는 입사창이 있다.

(1) 입사창

시료에서 발생한 X선은 얇은 베릴륨(Be)창을 통해서 검출기로 들어간다. 베릴륨 창은 검출기를 밀폐시켜 진공을 유지시키며, 창을 통과할 때 X선의 흡수가 최소화하도록 8～12 μm 두께의 얇은 막으로 제작된다. 베릴륨 창은 2 keV 이상의 에너지를 가진 X선은 100% 통과시

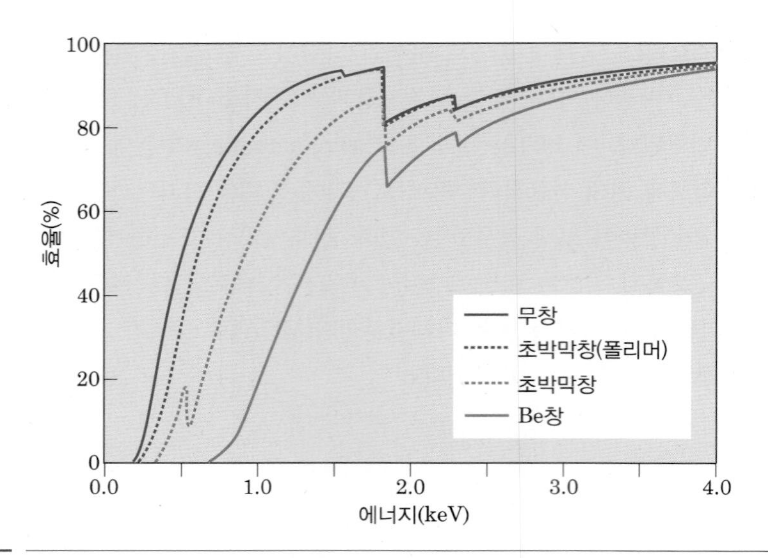

그림 7.3 입사창의 종류에 따른 X선의 투과효율

키지만, X선의 에너지가 이보다 작아지면 흡수량이 증가하여 1 keV 에너지의 경우 무려 60%가 흡수된다. 따라서 베릴륨 창을 가진 EDS 검출기는 원자번호 11번(나트륨, Na)보다 작은 번호의 물질로부터 발생한 X선의 검출에는 효과적이지 못하다. 최근에는 창의 재질 개발로 초박막창(UTW; Ultra Thin Window) 혹은 창이 아예 없는 분광기(윈도리스, windowless)가 상품화되어 원자번호 5번(B)까지 검출이 가능하지만 취급상 세심한 주의를 요한다.

(2) 검출기 결정

EDS 검출기의 결정은 고순도로 정제된 고체의 실리콘 단결정에 리튬을 확산시켜 제작한다. 지름 10～16 mm, 두께 3～5 mm의 원통 모양으로 활용 면적은 약 10 mm^2이며 이런 두께와 크기의 단결정은 15 keV 이하의 X선을 모두 흡수할 수 있다. 그림 7.4는 검출기 결정의 모식도를 보여주고 있는데, X선이 입사하는 표면에서부터 금(Au)막, 불감응층(dead layer), 활성영역, 그리고 후면 금막으로 구성되어 있다. 전면의 금막은 바이어스를 걸어주기 위한 전극으로 0.02 μm 두께의 얇은 금을 입혀 음극으로 사용한다. 금막 바로 뒤쪽에 실리콘으로 만들어진 0.03～0.1 μm 두께의 불감응층이 존재하는데 이 부분은 불순물로 인해 발생하는 초과 공공을 리튬으로 충분히 보상하지 못하는 영역으로 저에너지 꼬리의 원인이 된다. 활성 영역은 확산된 리튬에 의해 p형 불순물 원자가 중성화되고 전하 운반체의 숫자가 크게 감소하는 영역으로 이곳에서 입사 X선을 인식한다. 활성영역 뒤에 있는 0.2 μm 두께의 후면 금(Au)막에 (+)전압을 걸어 전자를 이동시킴으로써 X선에 의한 전류 펄스의 출력을 얻는다.

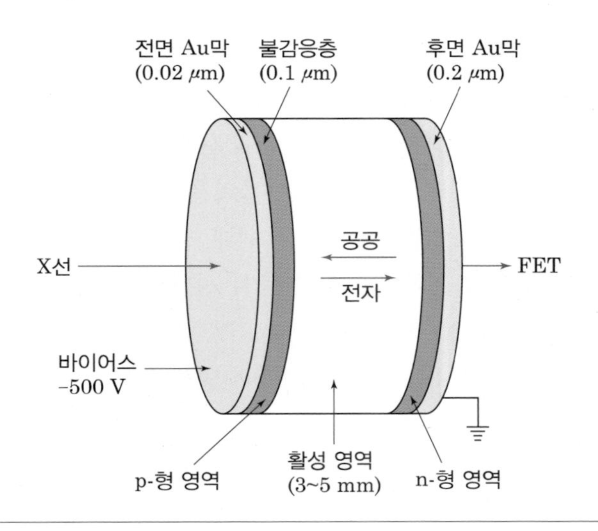

그림 7.4 검출기 결정의 모식도

검출기 결정은 원래 p형의 실리콘 단결정에 리튬을 확산시킨 것이다. 적절한 방법으로 리튬을 분포시킴으로써 결정의 대부분에 리튬의 함량이 일정한 진성 영역을 형성하고 있다. 또한 검출기 결정은 리튬이 필요 이상 많은 부분인 n형과 원래의 p형이 여전히 남아 있는 부분인 p형을 형성하여 p형/진성/n형 반도체가 순서대로 쌓여 있는 소위 피아이엔(p-i-n) 구조를 이룬다. 형성된 p형 영역을 연마하여 가능한 최대로 제거한 후에 금막을 입혀 음극으로 사용하며, n형 끝은 흔히 알루미늄 핀에 연결하여 양극으로 사용한다.

실리콘 반도체에 리튬을 첨가하는 이유는 다음과 같다. 고순도의 실리콘 단결정도 미량의 잔여 불순물이나 결함이 존재할 수 있고 이 경우 가전자대와 전도대 사이에 새로운 에너지 준위를 발생시킨다. 만일 실리콘 단결정에 이런 불순물이 들어 있으면, 전자－공공쌍을 생성하는 데에 필요한 에너지가 밴드갭 에너지와 다르게 되고 경우에 따라 일정하지 않게 되어 전자－공공쌍의 개수로 X선 에너지를 측정할 수 없게 된다. 반면에 불순물을 갖는 p형 반도체에 리튬을 소량 첨가하면, 리튬의 이온화 에너지가 낮아지고, 유동성이 매우 높아지기 때문에 p형 불순물의 영향을 완전히 제거할 수 있다. 이런 반도체를 진성(intrinsic)반도체라 한다. 진성 반도체에서는 전자－공공쌍을 형성하는데 항상 일정한 에너지가 소모되기 때문에 X선의 에너지를 재현성 있게 측정할 수 있다.

(3) 전계효과 트랜지스터

후면 금막 전극 뒤에는 전계효과 트랜지스터(FET; Field Effect Transistor)가 붙어 있어서 전류 펄스를 일차로 증폭시키고, 주 증폭장치로 신호를 보내주는 역할을 한다. FET는 게이트에 걸리는 전압에 의해 전류를 제어할 수 있는 전압제어형 증폭소자로, 입사된 X선이 Si(Li) 검출기를 통해 형성된 지극히 미미한 전류펄스를 증폭시킨다. 이 소자를 가능한 Si(Li) 검출기에 가깝게 위치시켜 잡음이 가능한 적게 끼어들도록 설계되어 있다. FET 소자는 Si(Li) 검출기에 수집된 전하를 받아서 계단식 전압 형태로 출력을 10～100 나노초 동안 내보낸다. 이 계단식 출력은 점차 상승하여 시스템이 허용하는 최대 전압(약 3～4 mV)에 도달하면 피드백 시스템에 의해서 재설정(리셋) 기능이 작동하여 다시 원위치인 0의 값에 도달한다. 실리콘 검출기와 FET는 열적 노이즈 영향을 최소한으로 줄이기 위해 액체 질소에 연결된 구리 막대에 부착되어 낮은 온도(80～90 K)로 유지된다. 결정에서 발생하는 전류가 극히 작을 경우 신호와 잡음을 구분하기는 매우 어렵기 때문에 작은 신호를 효과적으로 검출하기 위해서는 잡음을 최소화해야 할 필요가 있다. 이를 위해서 펄스광전피드백(pulse optical feedback)과 냉각을 사용한다.

① 펄스광전피드백

펄스광전 피드백(pulse optical feedback)은 빛을 발생시키는 LED와 빛을 감지하는 특수 FET의 결합으로 구성된다. 펄스가 입력되면 FET에 걸리는 전하에 의해 펄스가 일시 누적되며, 그 전압 수준은 다음 펄스가 들어올 때까지 유지된다. 이 상태로 전압수준이 설정된 값에 도달하면 연결된 LED가 순간적으로 빛을 발산하여 FET 소자에 광전 반응을 유도한다. 이 광전 반응으로 FET 출력단의 값이 0으로 재설정된다. 그 결과 계단식 파형이 만들어지고, 전자 잡음 없이 펄스가 증폭된다. 이렇게 재설정시켜야 하는 또 하나의 중요한 이유는 축전기에 충전되는 충전 곡선이 직선이 되지 않으므로 구간을 세분화하여 더 좋은 직선성을 얻기 위하여 재설정 전압을 높여 작동시킨다. 이 재설정 전압은 통상 0.5~0.8V 정도이다. 재설정에 의해 방전되는 시간 동안 주 증폭기는 입력된 신호를 처리할 시간적인 여유를 갖게 된다. 주 증폭기의 펄스 처리시간이 50~100마이크로초(μs)에 불과하기 때문에 검출기에서 X선이 연속적으로 펄스를 만들어내어도 그 일부는 FET와 증폭과정에서 처리되지 못하고 소멸되는데 이는 불감응시간(dead time)이라는 개념으로 보정한다.

② 액체질소에 의한 냉각

검출기 결정과 FET의 냉각은 잡음의 최소화, 고진공 유지, 분석 결정의 오염방지 역할을 하며 또한 실리콘 내에서 리튬 원자의 이동을 억제하여 누설 전류를 적게 하는 역할을 한다. FET는 특성상 액체질소 온도인 −196°C에서 잡음이 발생하므로 단순한 난방기를 붙여 최소 잡음 영역의 온도로 맞춰준다. 액체질소 용기는 통상 7리터 정도이며 적어도 3~4일에 한 번씩 보충해주어야 한다. 저온장치 내부에는 10^{-16} 토르의 진공이 유지되며, 따라서 대기와 저온장치 사이에는 베릴륨 창으로 차단되어 있다.

(4) 전치 증폭기

신호처리과정의 2단계는 전치증폭기로, 이 회로의 출력은 서서히 증가하는 계단 모양의 전압신호이며 구간별로 반복된다. 각 구간의 크기는 입력 X선 횟수에 따라 검출기에 의해 전도된 집적전류에 비례한다.

4) 실리콘 드리프트 검출기

(1) 검출 원리

기존의 실리콘 리튬 검출기는 작동 시에 많은 열이 발생하고, 검출기의 온도가 상승하면 스펙트럼의 분해능이 저하되기 때문에 액체질소로 냉각시켜야 한다. 이는 주기적인 관리에 많은 불편함을 초래할 뿐만 아니라 질소통 설치 등에 많은 공간을 필요로 한다. 그러나 최근에 개발된 실리콘 드리프트 검출기(SDD; Silicon Drift Detector)는 열이 거의 발생하지 않아 펠티어(Peltier) 소자에 의한 냉각만으로도 충분하기 때문에 별도의 액체 질소 냉각이 필요 없다. 또한 높은 계수율에서 탁월한 에너지 분해능을 보일뿐만 아니라 활성 영역이 큰 대면적 검출기는 짧은 시간에 보다 낮은 여기전압에서 그리고 일반적인 SEM 영상 획득 조건에서도 많은 양의 자료를 수집할 수 있다.

실리콘 드리프트 검출기(SDD)의 기본 형태는 1983년 가티(Gatti)와 레학(Rehak)에 의해 제안되었다. 검출기의 칩은 불순물을 충분히 제거한 고순도 실리콘을 식각하여 여러 개의 링 형태 전극들을 만들고, 중앙에 FET와 직접 연결되어 있는 작은 크기의 수집 양전극과 접지되어 있는 최외곽 링전극을 배치하여, 이들 사이에 형성되는 전압구배에 의해 칩의 측면을 따라 입사된 X선에 의해 생성된 전자들은 수집 양전극으로 이동한다. 전자들은 중심에서 가까운 쪽부터 차례대로 수집 양전극으로 이동하여 FET로 전달된다.

이렇게 양전극 크기가 작은 검출기는 활성 영역의 크기와 관계없이 전하 용량이 작아 기존의 광다이오드와 Si(Li) 검출기에 비해 더 짧은 처리시간 내에 더 좋은 에너지 분해능을 얻도록 하며, 높은 계수율(최고 10^6 cps)에서도 작동할 수 있게 해준다. FET가 양전극에 직접 연결되어 있어서 이들 간의 전하 용량과 전기적 잡음이 감소되어 에너지 분해능과 신호처리 능력이 향상된다. 즉, 작은 출력 전하 용량에 따른 이점을 충분히 살리기 위해 증폭기의 전단 트랜지스터를 검출기 칩과 통합하여 수집 양전극에 연결시키면 검출기의 표류 전하용량이 최소화되고, 전기적 집적에 의한 소음은 더 작아지며, 마이크로포니(microphony) 효과도 감소한다. 또한 양전극은 연속 모드로 신호 전자로부터 방전되므로 SDD는 직류 전압에서만 작동하며, 시간 재설정 회로에 의해 발생하는 검출기 불감응시간이 없다.

(2) 구성

SDD는 그림 7.5에서 보이는 바와 같이 검출기 칩과 펠티어 냉각기가 질소 분위기 캡슐 안에 밀봉되어 있다. 검출기 각 부분의 기능은 다음과 같다.

① 입사 창

입사 창은 콜리메이터 위의 캡슐 입구에 고정되어 X선을 투과시키면서 검출기 내부의 진공을 유지하는 차단막 역할을 한다. 베릴륨 창은 원자번호 10번 이하의 낮은 에너지의 X선은 흡수하고 11번 이상의 원소에 대한 X선을 통과시키며 고분자로 만들어진 초박형 창은 100 eV의 낮은 에너지의 X선까지도 통과시켜 경량원소 분석이 가능하다.

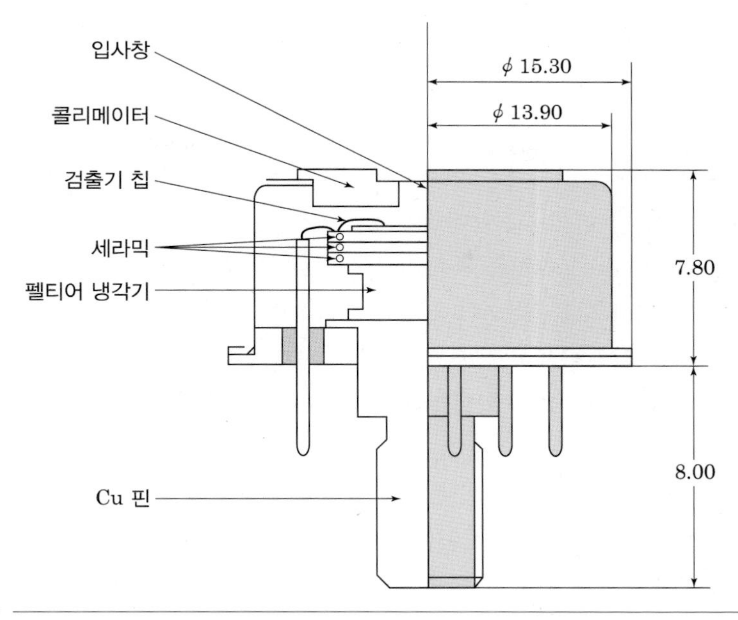

그림 7.5 실리콘 드리프트 검출기(SDD)의 단면 모식도(그림제공: 브루커)

② 콜리메이터

콜리메이터는 일종의 조리개로 전자빔과의 상호작용에 의해 시료로부터 발생한 X선만 통과시키고, 전자현미경 시편실의 다른 부분에서 발생하는 X선을 차단하는 역할을 한다.

③ 검출기 칩

검출기 칩은 입사한 X선을 이온화 과정을 통해 전하로 변환하는 반도체 장치이다. SDD는 X선 입사면의 반대쪽 면에 링 전극을 만들고 각 전극별로 전압차를 둠으로써 형성되는 전기장 구배를 이용하여, 검출기에 입사한 X선에 의해 형성된 전자를 중심에 있는 작은 양전극에서 수집한다.

④ 전계효과 트랜지스터(FET)

FET는 검출기 칩에 바로 연결되어 있으며, 입사 X선에 의해 결정 내에서 생성된 자유전하를 측정하는 증폭 과정의 첫 단계로 전하를 전압으로 변환 출력시킨다.

⑤ 펠티어 냉각기

SDD 검출기는 −25°C에서 구동되며, 검출기 칩에 연결되어 있는 펠티어 냉각기에 의해 냉각된다. 칩은 냉각기 전원이 켜진 후 수초 이내에 냉각되고, 펠티어 냉각기에서 발생하는 열은 열전달관(히트파이프: Cu핀)을 통해 하부에 있는 방열판으로 전달되어 소산된다.

(3) SDD 칩의 구조

SDD 칩은 그림 7.6과 같이 고순도 실리콘(n형)을 식각하여 X선 신호를 받아들이는 넓은 접촉면(p+형, 원반의 밑면)이 있고, 반대면에 중앙에 작은 원형의 양전극(n+형)을 중심으로 링 형태의 전극(drift electrode, p+층)들이 둘러싼 구조로 되어 있다. 최외곽 링 전극은 접지되어 있으며, 이 전극을 제외한 다른 링 전극에는 전압이 인가되지 않지만 링 전극들에는 중심에서 멀어질수록 더 높은 전압이 발생하게 되고, 전압 차이로 인해 칩의 지름 방향으로 표면과 평행하게 강한 전기장이 형성되어 X선에 의해 생성된 전자들을 중앙의 양전극으로 이동(드리프트)시킨다. 모인 전자들은 양전극에 의해 수집되어 전류가 흐르고 칩에 연결되어 있는 FET로 전달되어 전압으로 출력된다.

기존 검출기에 비해 같은 면적 대비 전하용량이 극히 적어 전기적 잡음이 감소되어 더 좋은 에너지 분해능과 계수 속도를 얻을 수 있다. 또한 SDD는 고순도 실리콘을 사용함으로써 누설 전류값이 매우 작아 상온에서도 비록 에너지 분해능이 떨어지기는 하지만 동작이 가능할 정도로 열잡음에 안정적이며, 펠티어 냉각만으로도 실리콘 리튬 검출기와 비슷한 수준의 에너지 분해능을 얻을 수 있다. 따라서 주기적 관리가 필요했던 액체질소 냉각 방식으로부터 자유로울 수 있게 됐다. 하지만 저 에너지 잡음에 의해 경량원소 분석에 다소 제약이 있다는 단점이 있다.

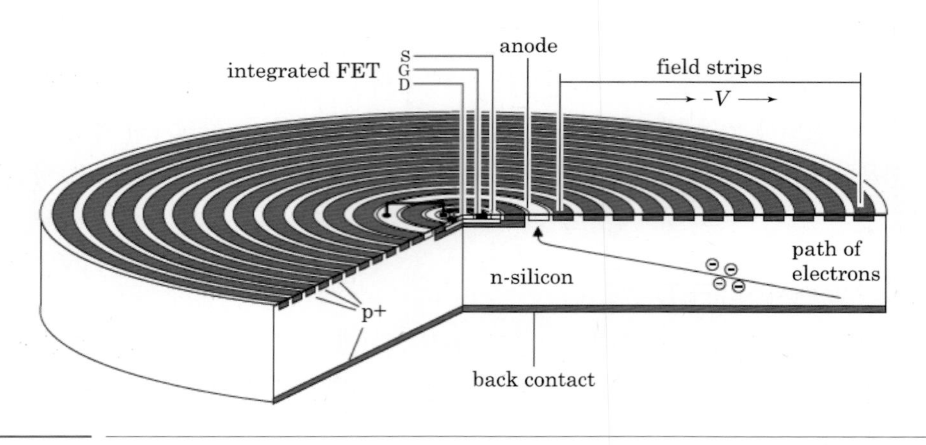

그림 7.6 실리콘 드리프트 검출기 칩의 구조(그림제공: 브루커)

(4) 작동원리

그림 7.7은 SDD의 작동원리를 보여주는 단면도로서 기존의 Si(Li) 검출기와는 달리 중앙에 작은 원형의 n^+ 양전극이 있으며, 주위에 여러 개의 링 형태의 전극을 배치한 구조를 가지고 있다. SDD 칩에 바이어스가 인가되고, 전자빔에 의해 발생된 X선이 도달하면 특성 X선의 에너지에 상응하는 전하를 가진 전자 구름으로 변환되어 링 전극에 가해진 전압 구배를 따라 양전극에 수집된다.

SDD는 X선이 입사하여 전자－공공쌍을 생성하는 것은 Si(Li) 검출기와 같지만, 동심원 형태의 내부와 외곽 전극에 인가되는 전압에 차이를 두어 전자가 중심부의 작은 양전극으로 이동(드리프트)해서 수집될 수 있도록 한 것이 특징이다. 즉 기존의 Si(Li) 검출기가 3 mm 두께의 원반형 반도체 결정의 두께 방향으로 전하의 이동이 일어나고, 전면의 양전극을 통해 수집되는 것과 달리, SDD에서는 원반의 지름 방향으로 전하의 이동이 일어나고, 후면의 중심에 있는 작은 링 형태의 양전극을 통해 수집된다. 이로 인해 SDD에서는 X선 광자에 의해 생성된 전자가 발생 위치에 따라 이동시간이 달라 순차적으로 처리가 가능하며, 전하 용량이 작아 단위 시간당 더 많은 X선을 처리할 수 있어 높은 계수율(10^{-6} cps)을 얻을 수 있다.

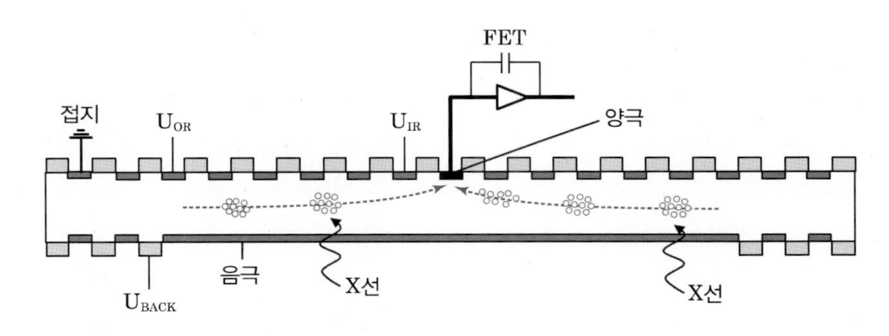

그림 7.7　SDD 검출기의 작동원리 모식도

5) 주 증폭기(신호처리장치)

검출기에서 검출된 신호는 주 증폭기로 보내져 3단계에 걸쳐 증폭되고 측정된다. 즉, 전치증폭기에 의해 발생된 계단식 신호가 ADC에 의해 받아들여질 수 있도록 조절된다. 일반적으로 두 가지 방법이 이용되는데, 첫 번째는 계단 신호의 초기분화와 연속적인 다중 집적(multiple integration)을 통해 계단신호의 높이와 일치하는 종모양의 전압펄스를 형성한다. 다중 집적은

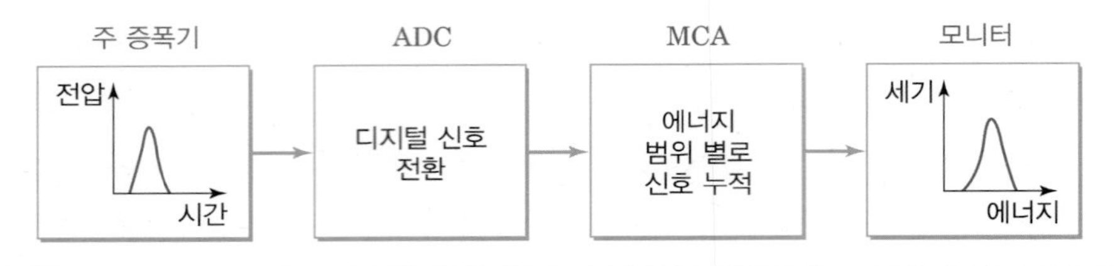

그림 7.8 EDS의 신호처리장치 및 처리과정

입력 신호로부터 불필요한 주파수 성분을 여과하는 기능을 한다. 필요한 정보는 전치증폭기의 계단출력과 관련된 직류전압 변환을 통해 운반된다. 신호수준에서 짧은 시간(교류)의 다른 펄스들은 잡음으로 처리된다. 신호를 디지털화하기 위해 받아들일 수 있는 형태로 변환하는 동안 잡음을 여과시키거나 감소시키는 과정에서 계단 변환에 포함된 정보는 보호되어야 한다. 주 증폭기는 전치증폭기로 재설정신호를 보내는 피드백 기능, 한 번에 한 개의 펄스만을 증폭시키는 누적저지 기능, 그리고 신호의 디지털화 기능을 수행한다.

(1) 펄스누적 저지

X선 에너지를 측정하는 데 일반적으로 10~20 ms의 시간이 필요하다. 검출 도중 다른 X선 포톤이 이 시간 간격보다 더 이르게 검출기에 도달할 경우 펄스는 두 X선의 합에 해당하는 에너지로 기록되거나 아니면 두 번째 펄스는 무시되고 기록되지 않는다. 각 펄스는 참고 신호와 함께 0 수준에서 개별적으로 측정되며, 거의 일치하는 펄스의 시작과 끝 양쪽에서 중첩이 일어날 경우에는 측정되지 않는다. 펄스누적저지(pulse pileup rejection)는 거의 동시에 발생되는 펄스의 누적을 억제하는 기술로써 잘못된 에너지 위치에 놓이는 펄스를 제거하는 기능이다. 모든 펄스누적저지회로는 펄스 시작점의 판별력에 좌우되는데 주 증폭기에서 시간상수가 주어지면 간섭을 일으키는 중첩이 발생할 때 계산이 가능해진다. 처리 과정에선 빠른 채널 판별이 요구되기 때문에 펄스누적저지 회로는 낮은 에너지에서 효율이 저하되고, X선 횟수 크기가 잡음 횟수의 크기와 비슷해진다.

펄스누적저지는 분석기 불감응시간의 또 다른 요인이다. 거의 동시에 입력되는 펄스는 저지되기 때문에 검출기로 들어오는 X선의 입력 비율이 증가한다고 해서 반드시 받아들여 처리되는 X선의 비율이 증가하지는 않는다. 입력 비율이 높을수록 저지되는 펄스의 숫자도 증가된다. 최대 효율은 불감응시간이 실제 시간의 약 60%일 때 일어난다.

(2) 아날로그 디지털 변환기(ADC)와 다채널분석기(MCA)

펄스 처리장치에서 출력된 아날로그 신호를 컴퓨터에서 처리하기 위해서는 디지털 신호로 변환되어야 한다. 이런 역할을 하는 것이 아날로그 디지털 변환기(ADC; analog-to-digital converter)이다. ADC를 거친 디지털 신호는 시간함수 스펙트럼이 되고, 이를 사람이 인식할 수 있는 에너지 스펙트럼으로 전환하는 작업이 다채널분석기(MCA; multi-channel analyser)에서 이루어진다. 즉, MCA는 0～10 eV, 10～20 eV, 20～30 eV… 등 각각 다른 범위의 에너지에 해당하는 채널을 여러 개 설정해놓고 신호처리장치로부터 넘어온 X선 펄스를 각각의 에너지에 해당하는 채널에 보내어 순차적으로 누적시키는 역할을 한다. 일정한 시간 동안 펄스가 ADC와 MCA를 거치고 나면, 그 시간 동안 검출된 X선 광자 모두가 한 개의 스펙트럼을 형성한다. 이 스펙트럼은 보통은 1,024 또는 2,048개의 채널로 되어 있으며, 각 채널은 2 G(10^9)개까지의 신호를 누적하여 스펙트럼으로 나타낼 수 있다. 스펙트럼이 에너지의 함수로 표시되므로 에너지 분산 X선 스펙트럼이라고 부른다.

6) 신호처리변수

(1) 시간상수

펄스 프로세서가 각 펄스의 크기를 분석하는 데 필요한 시간을 시간상수(time constant)라 하며, 일반적으로 1개의 펄스를 처리하는데 10～50 μs 정도의 시간이 소요된다. 시간상수가 클수록 입력시 고주파 잡신호 여과에 둔감해진다. 따라서 정확도를 높이기 위해서는 큰 시간상수로 작업하는 것이 바람직하다. 시간상수는 특정한 수준에 도달하기 위해 요구되는 여과기의 출력 시간에 관계되고, 각 개별 X선 횟수를 처리하기 위해 요구되는 시간과 직접적으로 관련된다. 따라서 X선 처리율과 각 개별 신호의 정확도는 연관되어 있다. 짧은 신호처리시간을 선택하면 많은 신호를 처리할 수 있어 계수율이 증가하지만 반면에 에너지 분해능은 저하된다.

(2) 시간변수처리

시간상수는 각 신호의 상승 및 하강 영역에서 똑같기 때문에 펄스가 최대 세기에 도달하는 순간 펄스의 높이에 대한 정보를 얻을 수 있다. 그러나 펄스가 0으로 떨어지는 동안의 시간은 기본적으로 낭비된다. 이 시간 동안 입력된 펄스는 하강하는 신호수준으로 첨가되기 때문에 저지된다. 펄스처리과정의 두 번째 방법은 시간변수처리(time variant processing)인데, 낭비되는 시간을 줄이기 위해 개발되었다. 시간변수처리에서 시간상수는 신호로 운반되는 정보를 적정화하는 펄스의 상승 영역에 적용된다. 일단 펄스의 최대치가 측정되면, 시간상수는 작은 값으로 전환되고 펄스는 더 빨리 하강한다. 시간변수처리장치는 분해능과 계수율 사이에 적정한 대안을 제시한다.

(3) 불감응시간

불감응시간(dead time)이란 X선이 검출기에서 검출되고 있음에도 불구하고 펄스 처리장치가 펄스를 분석하는 동안은 마치 작동하지 않은 것처럼 되는데 이같이 작동하지 않는 시간비율을 의미하며, 식 (7.1)과 같이 계산된다. 여기서 시계시간이란 실제 시간을 말하고 감응시간은 분석회로가 실제로 작동하는 시간을 말한다. R은 시간당 포톤의 개수(cps), 즉 계수율이다.

$$\text{불감응시간}(\%)=\left(1-\frac{R_{\text{출력}}}{R_{\text{입력}}}\right)\times 100=\left(\frac{\text{시계시간}-\text{감응시간}}{\text{시계시간}}\right)\times 100 \qquad (7.1)$$

불감응시간은 주 증폭기의 신호처리 시간상수가 크면 나타난다. 즉, FET에서의 처리시간보다 펄스 처리시간이 훨씬 길기 때문이고, 펄스가 두개로 인식되면 펄스누적저지회로에서 제거되며 불감응시간으로 기록된다. X선의 입력량이 많아지면 처리시간이 많이 걸려 불감응시간이 증가한다. 만일 불감응시간이 100%가 되면 1개의 펄스도 처리하지 못하는 격이어서 분석 결과가 전혀 나오지 않는다. 표준시료와 분석시료를 비교하거나 혹은 서로 다른 영역이나 다른 시간에 측정한 EDS를 비교할 때는 동일한 불감응시간의 자료를 비교하여야 한다.

그림 7.9는 세 가지 시간상수에서 입력계수율과 출력계수율의 관계를 나타낸 것으로 처리속도에 따른 불감응시간이 표시되어 있다. 입력계수율이 증가하면 출력계수율이 직선상으로 증가하지만 입력계수율이 10^4 이상이 되면 출력계수율은 최대값을 지나 감소하는 경향을 보인다.

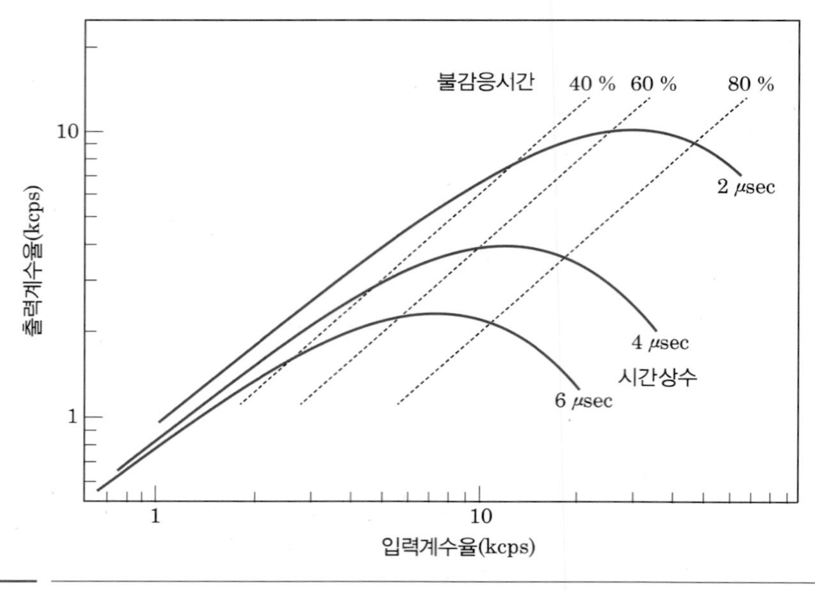

그림 7.9 입력계수율과 출력계수율에 따른 시간상수와 불감응시간의 관계

출력이 감소하는 것은 X선 입사량이 너무 많아서 시스템이 잘 처리하지 못하고 있음을 의미한다. 그림에서 최대 출력에 근접하면 불감응시간이 증가하는 점에 주목해야 한다. 시간상수를 작게 하면 직선 관계의 범위가 늘어나 불감응시간을 증가시키지 않고도 최대 출력을 증가시킬 수 있음을 알 수 있다. 또한, 출력계수율의 최대값은 불감응시간이 60% 정도일 때 일어남을 알 수 있다. 따라서 정성분석은 효율이 최대인 조건에서 하고 정량분석은 직선성을 유지하는 범위에서 하는 것이 바람직하다. 정확한 정량분석을 위해서는 불감응시간을 가능한 30% 이하로 줄이는 것이 필요하다.

7) 에너지 분해능과 피크의 퍼짐

스펙트럼에서 피크의 형태는 정상분포의 모습을 보여야 한다. 즉, 일정 에너지에서 최대값을 갖고 좌우 대칭의 분포 양상을 나타내야 한다. 그림 7.10에서 보여주는 바와 같이 X선 에너지에 대한 피크 세기를 Y라 하면 그 관계식은 다음과 같이 주어진다.

$$Y = A \cdot \exp\left[-\frac{(E-E_0)^2}{2 \cdot \sigma^2}\right] \tag{7.2}$$

여기서, A : 최대 피크 세기

E : 피크에너지(최대 피크 세기를 나타내는 에너지)

E_0 : X선 에너지

σ : 표준편차

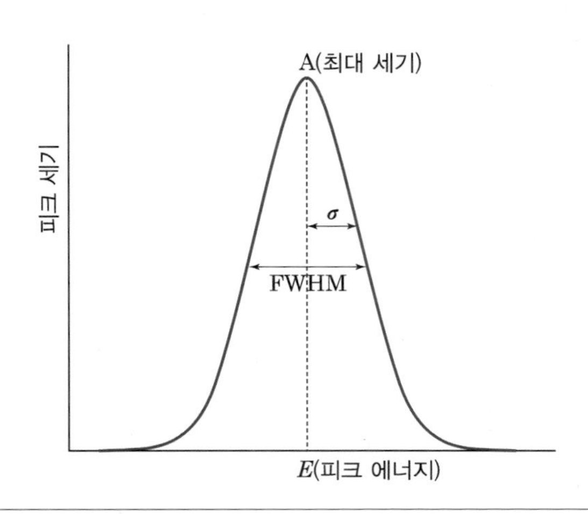

그림 7.10 EDS 스펙트럼에서 피크의 모양

EDS에서 에너지가 E_0인 X선이 이상적으로 처리과정을 거치면, 피크의 세기는 식 (7.2)의 적분값으로 나타난다.

정상분포를 갖는 통계치에서 표준오차는 표준편차 σ값의 2.355배에 해당하는데, EDS에서 그 관계식이 다음 식 (7.3)과 같이 주어진다. 여기에서 E는 X선 에너지, ε은 전자－공공 천이 에너지(3.8 eV), F는 파노(Fano) 지수이다. Si(Li) 검출기에서 입사된 X선 에너지의 평균 30%가 전자－공공 천이를 만드는 데 사용되며, 이 경우 F값은 0.12에 해당한다.

$$\sigma = \sqrt{\frac{F \cdot E}{\varepsilon}} \tag{7.3}$$

EDS 스펙트럼에서 피크의 질은 에너지 분해능으로 표현된다. 피크 최대 세기의 1/2 높이에서의 폭을 반가폭(FWHM; Full Width at Half Maximum)이라 하며, 에너지의 크기로 나타낸 것이 분해능이다. 앞서 설명한 바와 같이 EDS의 에너지 분해능은 에너지 위치에 따라 달라지기 때문에 그림 7.11의 망간 물질의 Kα 피크에 해당하는 5.895 keV에서의 반가폭 값으로 정하였으며, 단위는 eV이다. 현재 사용되는 장비들의 에너지 분해능은 130～150 eV이다.

EDS 피크가 선으로 나타나지 않고 정규분포곡선으로 나타나는 이유는 검출된 X선의 에너지 크기가 동일하지 않고 일정한 분포를 갖고 있기 때문이며, 이는 검출기와 FET 두 가지 요인에 의해 영향을 받는다. 첫째, Si(Li) 검출기에 입사된 한 개의 X선이 생성하는 전자－공공 쌍의 개수는 그 X선 에너지를 3.8 eV로 나눈 수와 정확하게 일치하지 않고, 확률적 반응에

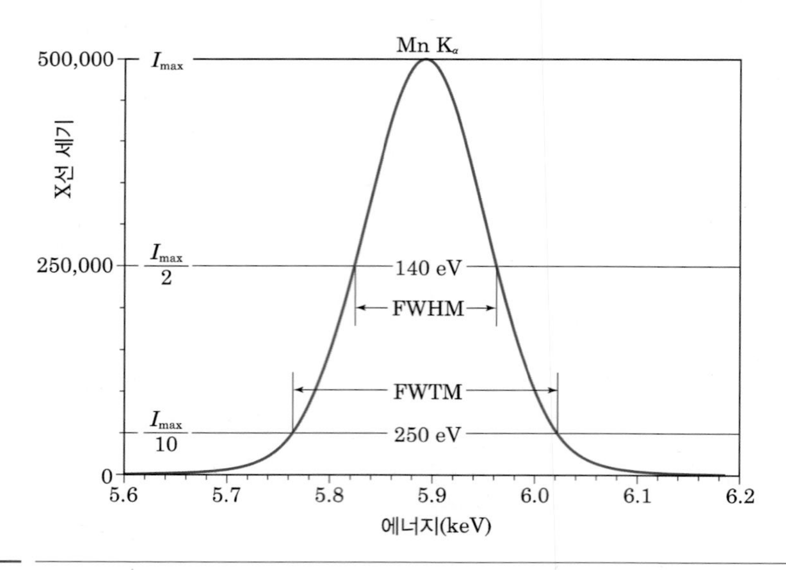

그림 7.11 EDS 스펙트럼에서 망간 Kα 피크의 반가폭(FWHM)과 에너지 분해능

의해 생성된 자유전자 최종 수의 통계적 분포를 따른다. 둘째, 기본적으로 FET에서 0 mV로 환원될 때 기본값(0인 에너지 위치)의 오차가 신호증폭과정에 개입된다. 이 크기는 약 80 eV 정도로 큰 비중을 차지한다. 이 두 영향이 더해져서 피크퍼짐(peak broadening) 현상으로 나타난다. X선의 에너지가 작을수록 이온화에 관여되는 오차가 작기 때문에 피크의 에너지 분해능은 좋아진다.

8) 착란효과

EDS 스펙트럼은 시료에서 검출된 특성 X선과 배경의 연속 X선 두 종류의 정보가 합쳐져 있다. 정량분석을 위해서는 스펙트럼으로부터 특성 X선만 걸러내야 하며 배경 X선 부분을 제거하여야 한다. 배경 X선 이외에도 스펙트럼에는 시료의 화학조성과 관계가 없거나 분석에 장애가 되는 요소들이 끼여 있다. 이런 요소를 착란효과(artifact)라 하며 분석과정에서 적절히 고려되어야 한다.

(1) 배경 X선

배경 X선은 연속 X선이며 특정한 파장 또는 에너지값을 가지지 않고 스펙트럼의 전 에너지 범위에서 일정한 형상을 유지하며 분포하고 있다. 정량분석 시 반드시 제거되어야 하는 부분이다. 저에너지 쪽으로 가면서 세기가 증가하는 경향을 보이지만 0에 가까운 에너지에서는 Be창에 의한 흡수로 급격하게 감소한다[그림 7.12]. 자세한 내용은 3장을 참고하길 바란다.

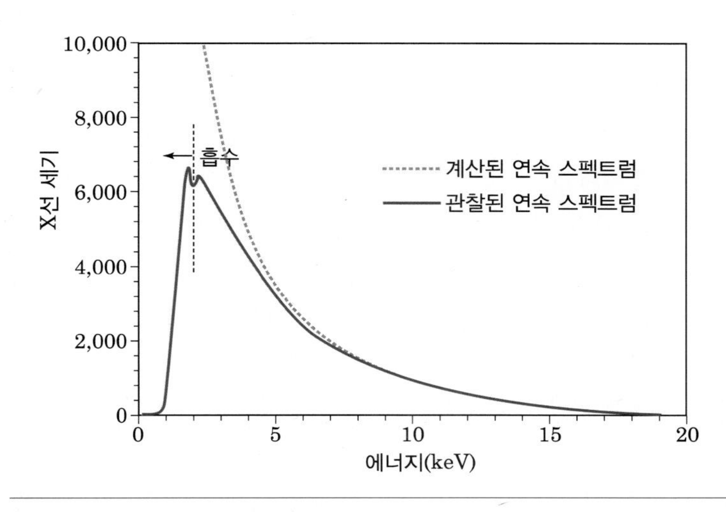

그림 7.12 EDS에서 배경 X선 스펙트럼의 모양

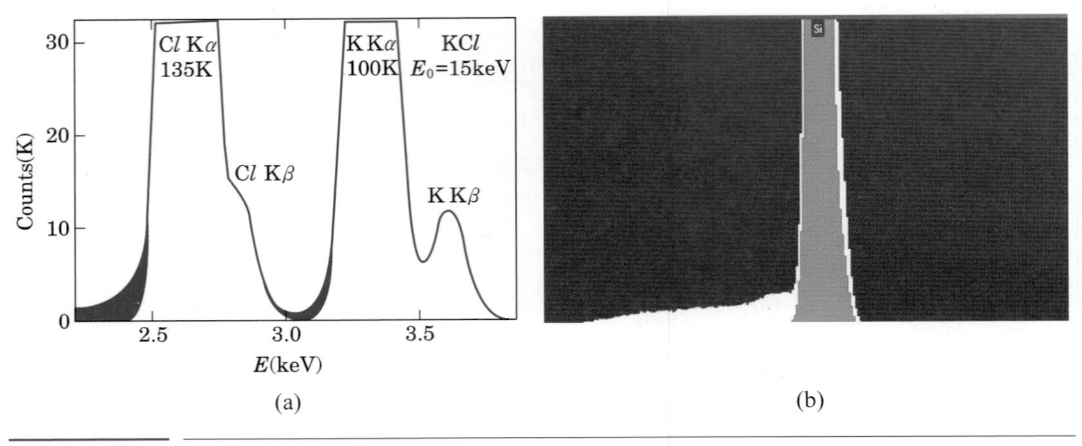

그림 7.13 (a) KCl 및 (b) Si의 EDS 스펙트럼에서 관찰되는 저에너지 꼬리

(2) 저에너지 꼬리(불완전 전하 수집)

저에너지 꼬리(low energy tail), 또는 불완전 전하수집(incomplete charge collection)은 검출기 내의 결함이나 생성된 전자-공공의 재결합에 의해 발생하며, 입력된 X선의 에너지를 원래 값보다 작은 값으로 잘못 검출하여 스펙트럼상에서 피크의 원래 위치보다 낮은 에너지 쪽에 꼬리 모양으로 나타난다(그림 7.13). 따라서 정상적인 피크 위치에서 수집되는 X선 광자의 개수 감소를 초래하기 때문에 정량분석 시에는 이들을 원래의 피크에 포함시켜서 계산하여야 한다.

(3) 이탈피크

검출기에 입사된 X선에 의하여 검출기를 구성하고 있는 실리콘 원자가 이온화하면, 2차 형광 X선인 Si Kα선이 발생한다. 이는 결정 내에서 다시 비탄성산란 과정을 통하여 그 에너지가 흡수되어 전자-공공쌍을 만들어야 하지만 일부 검출기 밖으로 빠져나가는 것이 있다. 이 경우 검출기는 입사된 X선의 에너지를 원래의 에너지보다 Si Kα 선 에너지인 1.74 keV만큼 작은 값으로 검출하게 된다. 이렇게 검출된 X선은 피크로 나타나게 되고 이렇게 하여 원래의 피크 위치에서 1.74 keV만큼 작은 에너지 위치에 나타나는 피크를 이탈피크(escape peak)라 한다(그림 7.14). 그림에서와 같이 Ti Kα선의 경우 자신의 에너지값인 4.51 keV 위치에서 큰 피크가 나타나고 4.51에서 1.74를 뺀 2.81 keV의 위치에서 작은 이탈피크가 나타난다. 이탈피크의 크기는 검출기 결정의 불감응 층의 두께에 의해 결정된다. 실리콘 원자의 K각 이온화 에너지(1.83 keV) 이하의 값을 갖는 X선은 이탈피크를 만들지 못한다. 이탈피크에 의하여 원래 피크의 크기가 줄어들므로 정량분석의 경우 보정해 주어야 한다. 이탈피크가 발생할 확률은

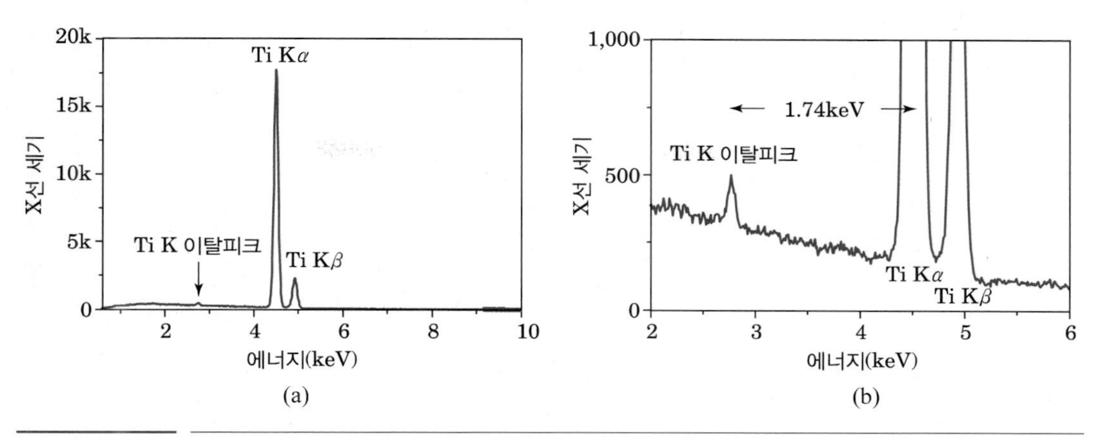

그림 7.14 Ti의 EDS 스펙트럼에서 관찰되는 이탈피크

X선의 에너지에 따라서 변하는데 에너지가 클 때에는 약 1%이지만, 에너지가 작아지면 급속하게 증가한다.

(4) 실리콘 내부 형광피크

시료에 실리콘 성분이 전혀 없음에도 불구하고 Si Kα 선의 에너지인 1.74 keV의 위치에서 작은 피크가 나타나는 경우가 있다. 이는 이탈피크가 형성되는 과정에서 밖으로 빠져나가던 Si X선이 불감응층에 머물다가 검출기로 다시 들어가 마치 입사 X선인 것처럼 검출이 되어 Si 피크로 나타나는 것으로 실리콘 내부 형광피크(silicon internal fluorescence peak)라 한다(그림 7.15). 이러한 착란효과는 이탈피크와 마찬가지로 불감응층의 두께에 의해 결정된다. 0.2%

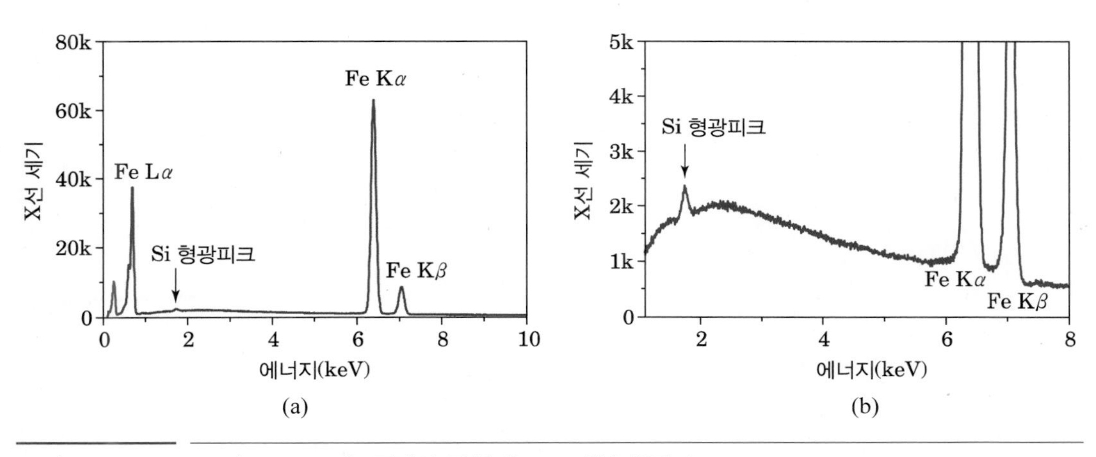

그림 7.15 Fe의 EDS 스펙트럼에서 관찰되는 Si 내부 형광피크

이하의 크기로 나타나고 불감응층의 두께가 충분히 얇으면 나타나지 않는다. 정량분석 과정에서 이 실리콘 내부 형광피크 보정이 이루어져야 한다.

(5) 합피크

두 개의 X선이 동시에 또는 나노초보다 짧은 시간에 연속해서 검출기로 들어가게 되면, 신호처리장치의 펄스누적 저지회로에서조차 제거할 수 없다. 이 경우 두 개의 X선을 하나로 인식하여 원래 에너지의 2배가 되는 위치에 작은 피크로 나타나게 된다. 이 피크를 합피크(sum peak) 혹은 펄스중첩(pulse pile-up)이라 부른다(그림 7.16). 그림에서 보는 바와 같이 마그네슘(Mg) 시료의 경우, 정상적인 Mg Kα 피크는 1.25 keV 위치에 나타나고, 그 두 배 되는 2.51 keV 위치에서 작은 합피크가 나타난다. 어떤 피크들이 서로 합해지면 높은 에너지 쪽에 비정상적으로 큰 세기의 피크가 넓게 위치하고 있어, 높은 에너지 쪽의 완만한 피크가 합피크인지, 아니면 새로운 원소에 해당하는지는 쉽게 분별이 가능하다. 합피크는 X선 입력 계수율(cps)의 크기에 비례한다. 합피크의 생성 확률과 검출 계수율(X선의 발생률)과의 관계식은 다음과 같다.

$$P = 1 - \exp(n \cdot \tau) \tag{7.4}$$

여기서 n은 검출 계수율이고, τ는 펄스처리의 시간상수에 관여하는 인자로 흔히 상승시간(rising time)이라 하며, 약 10 μs에 해당한다. 이들 사이에는 함수 관계를 가지고 있어서 검출속도가 초당 5,000개(cps)인 경우에 합피크가 생길 확률은 약 5%에 이른다.

합피크가 나타나는 경우에는 그만큼 X선의 세기가 감소하기 때문에 정량분석 시에 오차의 원인이 된다. 비록 식 (7.4)로 합피크를 보정할 수 있다 하더라도, 가능한 합피크 생성을 억제

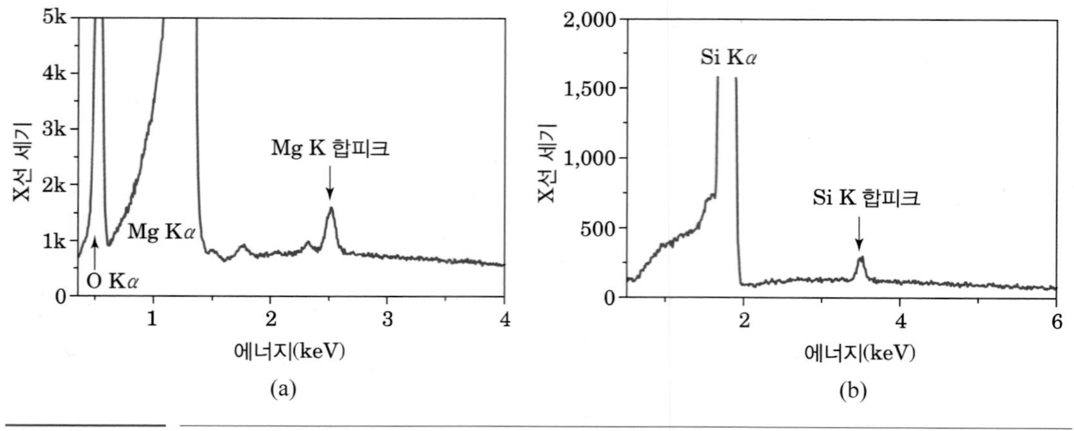

그림 7.16 (a) Mg 및 (b) Si의 EDS 스펙트럼에서 관찰되는 합피크

할 필요가 있다. 전자빔의 프로브 전류를 줄이거나 시료와 검출기 사이의 거리를 증가시켜 계수율을 감소시킴으로써 합피크의 생성 가능성을 낮출 수 있다. 그러나 정량분석의 오차를 최소화하기 위해서는 검출속도를 가능한 빠르게 설정해야 하는데, 시료조건이나 기계적인 한계로 인해 항상 제거가 가능하지는 않다. 현재 상품화된 EDS 시스템에는 두 개 혹은 세 개의 신호처리장치를 병행하여 사용함으로써 전자신호 처리과정에서 합피크를 감지하고 제거시킨다. 이런 기법으로 펄스의 중첩을 5%에서 0.05%까지 줄일 수 있으며, 이런 회로를 갖춘 시스템에서는 최적 시간상수의 선택이 중요하다.

2 EDS를 이용한 정성분석

정성분석은 시료에 존재하는 원소를 식별하는 과정이다. 정성분석으로 나타나지 않은 다른 원소가 만일 존재한다면 그것들은 측정한계 이하의 농도로 존재한다는 의미이다. 따라서 정성분석에서는 측정한계를 항상 고려하고 있어야 한다. 정성분석 과정은 스펙트럼에 나타난 X선 피크의 에너지를 이미 알고 있는 X선 에너지 차트와 비교함으로써 진행된다. 일반적으로 이러한 작업은 자동으로 수행할 수 있으며, 이 경우 자동 수행내용은 스펙트럼 피크의 위치와 차트 에너지 값과의 비교, 불일치에 대한 체크, 존재하는 원소의 목록 인쇄 등이다.

1) 분석조건 설정

(1) 작동거리 확인

전자 프로브 미세분석기에서 EDS를 사용할 때에는 광학현미경을 통해 초점을 맞춤으로써 최적의 작동거리를 확보할 수 있으나, 주사전자현미경에서 EDS 분석할 때에는 이미 영상 획득에 필요한 최적의 작동거리를 설정하고 있으므로 EDS 분석에 적합한 작동거리(장비별로 다름)로 바꾸어 사용하는 것이 필요하다. 주사전자현미경에서의 관찰시료는 대부분 표면이 평탄하지 않기 때문에 작동거리를 너무 짧게 조정하다보면 시료에 의해 렌즈를 손상시킬 수 있어 주의해야 한다.

가능한 많은 신호를 받기 위해서는 그림 7.17에서 보이는 바와 같이 수집각을 크게 해야 하므로 검출기를 시료 가까이 접근시켜야 한다. 이 경우에도 시료에 너무 가까이 접근하면 검출기가 손상될 수 있으므로 주의해야한다. 시료의 위치 및 검출기의 이동을 관찰할 수 있도록 가능하다면 시료실 내 카메라 설치를 추천한다.

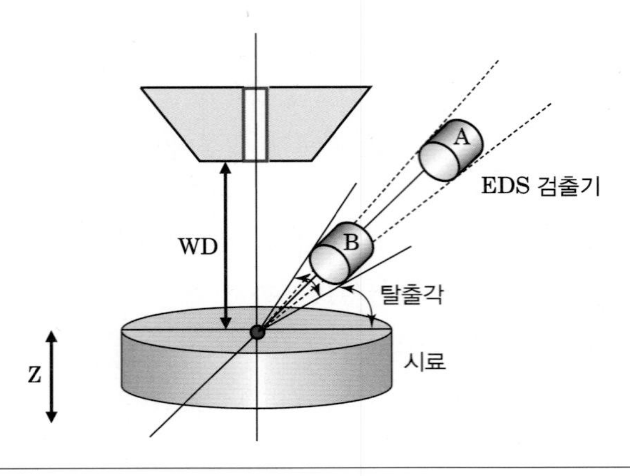

그림 7.17 작동거리(WD) 및 수집각의 모식도

(2) 가속전압

시료에 존재하는 원소를 이온화시켜 X선을 발생시키려면 가속전자의 에너지가 이온화 에너지보다 높아야 한다. 따라서 가속전압의 선택은 시료 내에 존재할 가능성이 있는 원소 중에서 가장 큰 이온화 에너지 값보다 커야 한다. 즉 최대 에너지 X선을 발생시킬 수 있는 임계 여기전압보다 커야 한다. 가속전압(E) 대비 여기전압(E_c)의 비를 과전압($U = E/E_c$)이라 하며, 과전압이 2~3배로 설정할 경우 해당 X선 발생 확률(내각전자 이온화 확률)이 높다(그림 3.31). 일반적으로 15~25 kV를 적용하면 분석에 필요한 대부분 원소의 K, L 또는 M선을 효과적으로 발생시킬 수 있지만, 시료의 손상 최소화, 경량소재 또는 박막 등의 분석 수요가 늘고 있어 저전압을 사용 빈도가 높아지고 있으므로 원소 분석 시에는 최대 여기전압을 고려하여야 한다.

상대적인 X선의 세기에 기초하여 정성분석을 할 때 가속전압의 영향이 고려되어야 한다. 10 kV와 20 kV의 가속전압으로 얻은 두 개의 철(Fe) 스펙트럼을 비교해보면(그림 7.18) 10 kV 가속전압의 스펙트럼에서는 6.4 keV에서의 Fe K선 피크보다 0.71 keV에서의 Fe L선 피크가 매우 크게 나타난다. 반면에 20 kV의 가속전압 스펙트럼에서는 6.4 ke에서의 K선 피크가 0.71 keV에서 나타나는 L선 피크보다 훨씬 크다. 이는 6.4 keV의 Fe K선을 효율적으로 생성시키는 데는 6.4 keV의 1.6배인 10 kV보다 3.1배인 20 kV의 가속전자가 더 효율적이기 때문이며 이는 과전압 효과의 전형적인 사례이다. 0.71 keV 인 Fe L선은 20 kV 가속전압에서 전자빔이 깊이 시료 속으로 들어가고 깊은 곳에서 발생된 X선의 에너지가 낮아 시료에 흡수되는 양이 많기 때문이다.

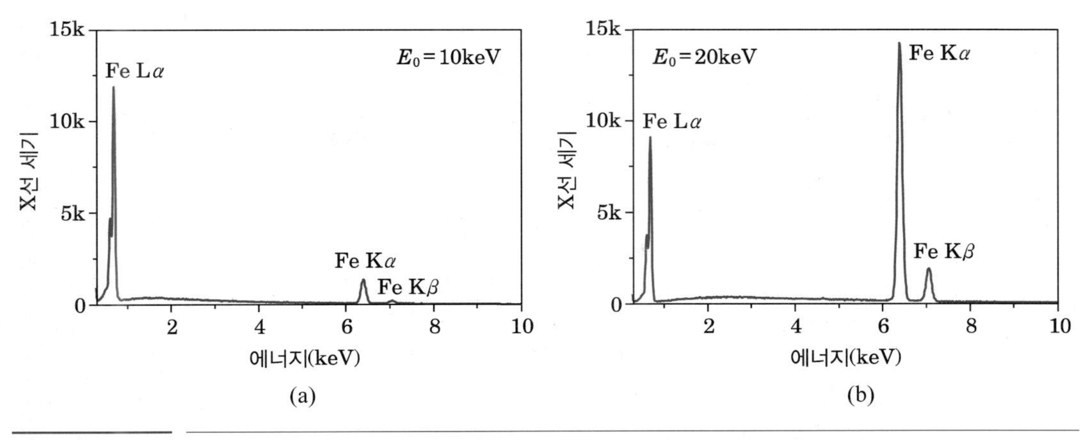

그림 7.18 (a) 10 kV와 (b) 20 kV의 가속전압 하에서 Fe의 EDS 스펙트럼

(3) 빔 전류 선택

정성분석에서 짧은 시간에 충분한 계수율을 확보하기 위해서는 충분한 빔 전류를 선택해야 한다. 특히 고배율의 영상관찰 시에는 프로브의 크기를 작게 만들기 위해 낮은 빔 전류를 사용하므로 분석 전에 불감응시간이 약 30% 내외가 되도록 충분히 큰 조리개를 선택하여 필요한 전류를 확보해야 한다.

(4) MCA 변수 설정

스크린에서 스펙트럼과 함께 나타나는 여러 가지 변수들을 스펙트럼의 상태에 따라 조절하는 것이 필요하다. 예를 들면 빔 전류, 입력 계수율, 불감응시간 및 처리시간 조절 등의 변수들은 스펙트럼의 계수율을 보면서 조절하여 정성분석에 필요한 충분한 양을 확보한다.

(5) 검출기 에너지 교정

EDS는 에너지 분해능이 낮아서 피크의 에너지 값에 오차가 있으면 다른 원소로 인식할 수도 있고 원하지 않는 결과를 초래할 수 있으므로 표준 물질을 이용하여 검출기에서 에너지 변위가 있는지 정기적으로 교정 작업을 해야 한다. 표준 물질로는 저에너지~고에너지 범위를 확인할 수 있는 물질이 필요하며, 석류석 안드라다이트(Andradite)를 추천한다(그림 7.19).

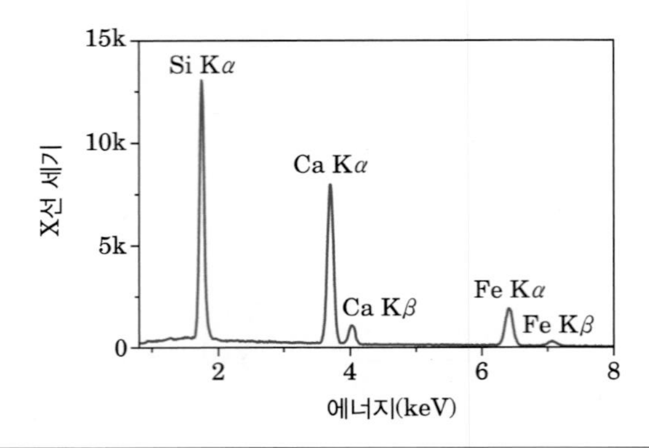

그림 7.19 석류석($Ca_3Fe_2Si_3O_{12}$)의 스펙트럼. Si Kα(1.74 keV), Ca Kα(3.69 keV) 및 Fe Kα(6.40 keV) 선을 이용해 10 keV 이하 전 범위 에너지 교정이 가능하다.

2) EDS 스펙트럼의 이해

(1) 전자 천이 및 주요 X선의 명칭

특성 X선은 입사 전자와의 충돌에 의해 시료 원자의 내각 전자가 빠져나가면 그 외곽에 있던 전자가 빈 자리를 채우는데 이를 전자 천이라고 하며, 전자 천이가 일어나는 전자각의 위치로 특성 X선의 명칭이 결정된다. 바로 위의 전자각으로부터 천이가 발생하면 α선이 되며, 하나 더 위의 전자각으로부터의 천이가 발생하면 β선이 된다. 따라서 K선에는 α선과 β선만 존재

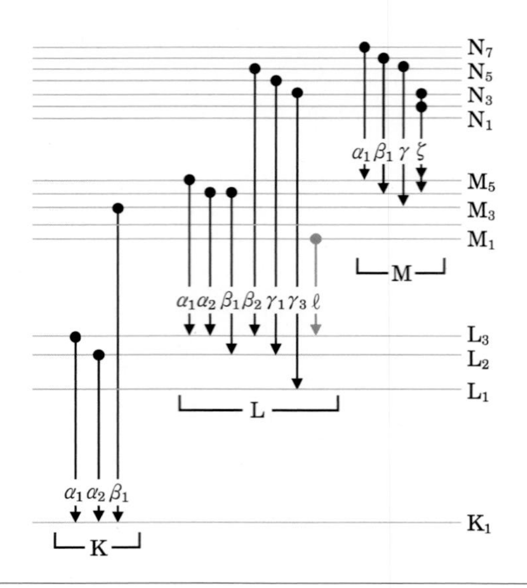

그림 7.20 주요 X선의 전자 천이 및 명칭

하며, L선에는 α선과 β선 외에 γ선이, M선에는 γ선과 ζ선이 나타난다. X선의 전자 천이 위치와 명칭은 그림 7.20에 도식화하였는 바, 정확한 화학정성분석을 위해서는 X선 족에 속하는 함께 나타나는 X선들의 특성을 이해하고 있어야 한다.

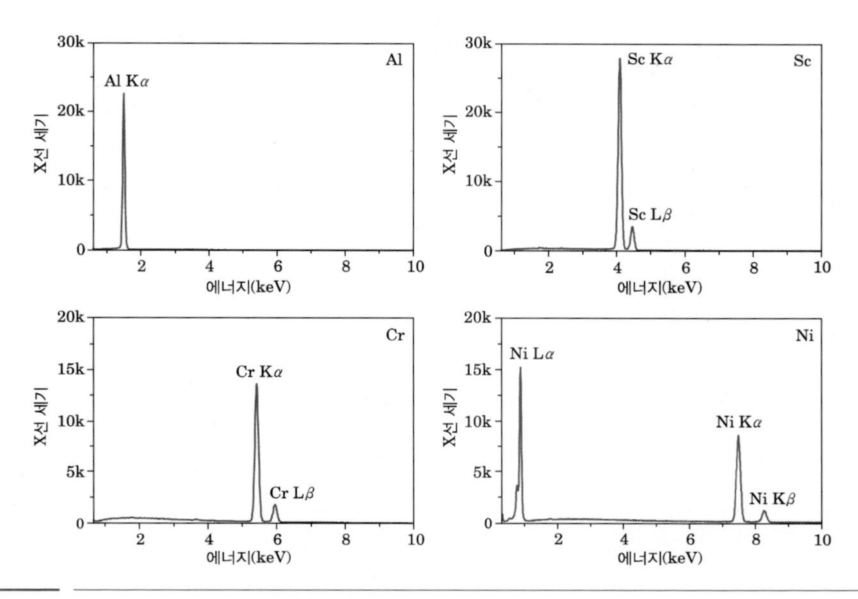

그림 7.21 Al, Sc, Cr 및 Ni K선족의 EDS 스펙트럼

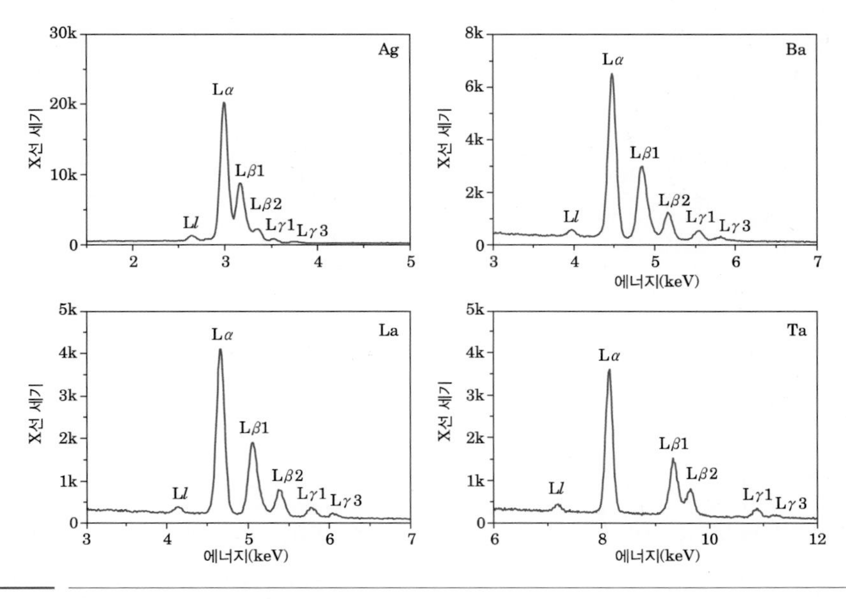

그림 7.22 Ag, Ba, La 및 Ta L선족의 EDS 스펙트럼

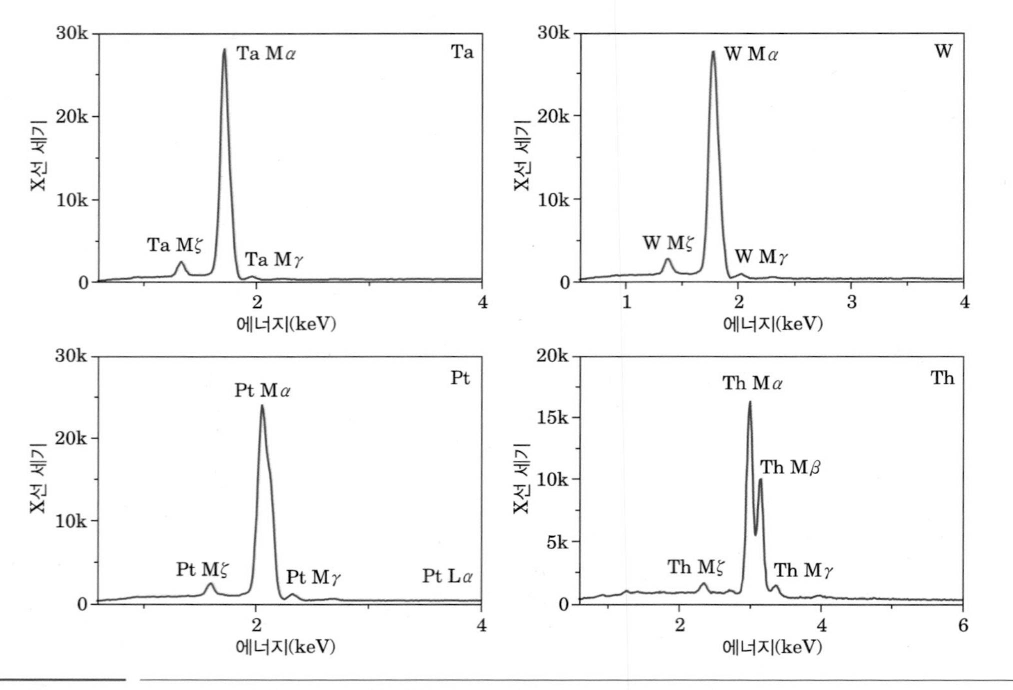

그림 7.23 Ta, W, Pt 및 Th M선족의 EDS 스펙트럼

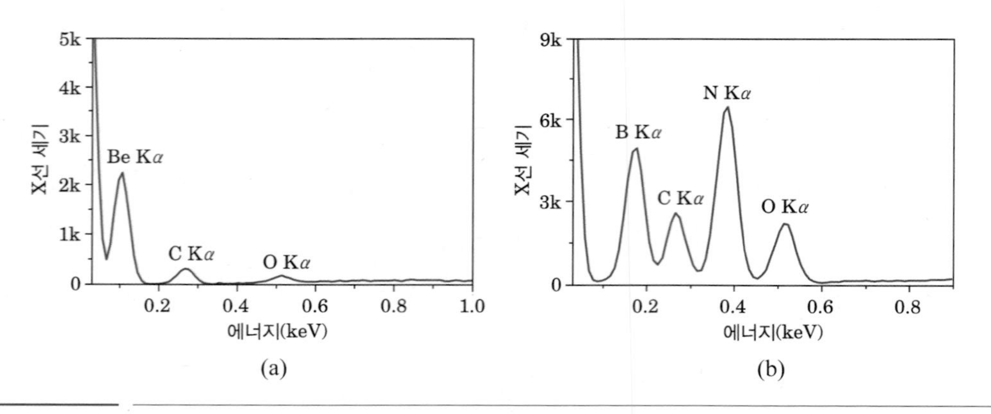

그림 7.24 경량원소 Be, B, C, N 및 O의 K선족 EDS 스펙트럼. (a) Be 금속, (b) 붕산유리

(2) X선 피크의 세기

한 원자각에서 발생하는 여러 X선 피크들 사이의 세기비는 일정하다. 이를 이용하면 중첩되어 있는 피크를 쉽게 찾을 수 있다. 즉 Kα와 Kβ의 세기비가 10 : 1 정도 되는데, Kβ의 크기가 Kα의 십분의 일보다 크다면 Kβ쪽에 다른 스펙트럼이 존재할 가능성이 있다는 말이다. 예

를 들어 Fe와 Co를 포함하는 스펙트럼에서 Fe Kβ 피크의 세기가 Fe Kα 피크 세기의 1/2 정도 된다면 Fe Kβ 피크 위치에 다른 원소의 피크가 존재함을 뜻하며, 이 경우 Co 피크가 존재할 가능성이 높은 것이다. 표 7.1에는 이론적으로 스펙트럼상에 존재하는 원소의 상대적인 피크 세기의 비를 나타냈다. 여기에는 각 X선 별로 제일 큰 피크(α선) 세기를 100으로 두었을 때의 상대적인 비율로 나타냈으며 K, L 및 M선족 사이의 상대적 세기는 고려하지 않았다. 그림 7.21, 그림 7.22, 그림 7.23에 각각 K선, L선, M선 스펙트럼의 모양과 크기를 예시하였다. 특히 그림 7.24에는 Be와 B를 포함하는 경량원소의 K선족 스펙트럼의 예를 제시하였다.

표 7.1 X선족의 상대적 세기

X선	상대적 세기
K	$K\alpha=100$, $K\beta=10$
L	$L\alpha=100$, $L\beta_1=70$, $L\beta_2=20$, $L\gamma_1=8$, $L\gamma_2=3$, $L\gamma_3=3$, $L_l=4$, $L\eta=1$
M	$M\alpha=100$, $M\beta=60$, $M\zeta=6$, $M\gamma=5$, $M_{II}N_{IV}=1$

(3) 피크의 중첩

정성분석에 있어 오차의 가장 큰 원인은 한 개 이상의 원소의 피크가 중첩되는 것이다. EDS에서는 에너지 분해능이 낮기 때문에 피크가 중첩될 가능성이 높으므로 주의해야 한다. EDS에서 관찰되는 피크 중첩에는 다음과 같은 유형들이 있다.

첫째, 원자번호 Z의 Kβ선과 다음 원자번호 Z+1의 Kα선이 중첩되는 경우로 Ti, V, Cr, Mn, Fe, Co, Ni 등 전이원소에서 나타난다.

둘째, Kα선과 Lα선이 중첩되는 경우로 S Kα선과 Mo Lα선 간의 중첩이 그 예이다.

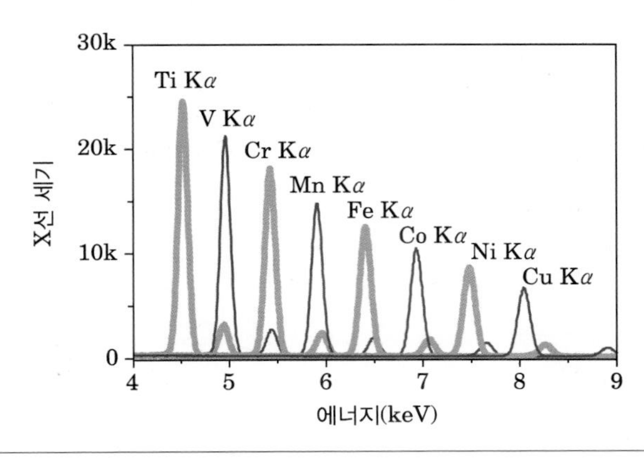

그림 7.25 전이원소(Ti~Ni)의 Kβ(Z)와 Kα(Z+1)의 피크 중첩을 나타내는 EDS 스펙트럼

셋째, Kα선과 Mα선이 중첩되는 경우로 Si Kα선과 W Lα선 간의 중첩을 들 수 있다.

넷째, Lα선과 Mα선이 중첩되는 경우로 Mo Lα선과 Pb Mα선을 들 수 있다.

정량분석 시에는 중첩이 되지 않는 X선 피크를 선택하여 이용해야 오차를 줄일 수 있다.

중첩의 예로 바륨과 티타늄 피크 사이의 중첩을 들 수 있다. Ti Kα 및 Kβ선은 4.5 및 4.9 keV에서 나타나고, 반면에 Ba Lα 및 Lβ선의 피크는 4.5 및 4.8 keV에 존재한다. 이러한 경우 분석자는 먼저 다중피크 유형에 기초하여 Ba의 존재를 확인해야 한다. 하지만 티타늄 피크가 맞는지 알기 위해서는 상대적 방출 세기에 관한 정보가 요구된다.

표 7.2 X선 간의 일반적 피크 중첩 관계

원소	간섭하는 X선(keV)	간섭 원소	간섭받는 X선(keV)	간섭 관계
K	Kβ (3.589)	Ca	Kα (3.692)	K－K
Ti	Kβ (4.931)	V	Kα (4.952)	
V	Kβ (5.427)	Cr	Kα (5.415)	
Cr	Kβ (5.946)	Mn	Kα (5.889)	
Mn	Kβ (6.490)	Fe	Kα (6.404)	
Fe	Kβ (7.057)	Co	Kα (6.930)	
Na	Kα (1.041)	Zn	Lα (1.012)	K－L
Ti	Kα (4.511)	Ba	Lα (4.466)	
Si	Kα (1.740)	W	Mα (1.775)	K－M
S	Kα (2.308)	Pb	Mα (2.346)	
Mo	Lα (2.293)	Pb	Mα (2.346)	L－M

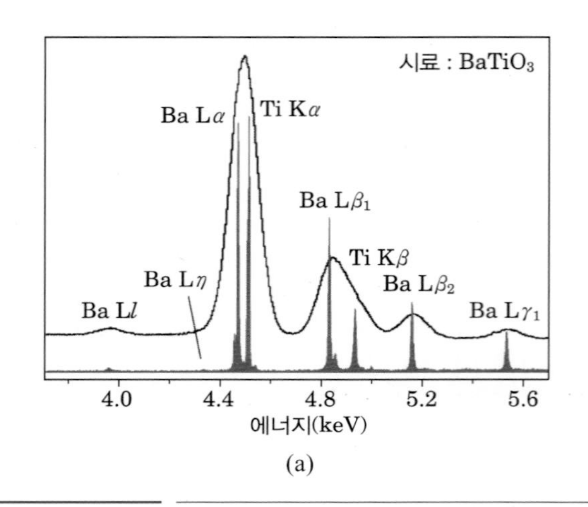

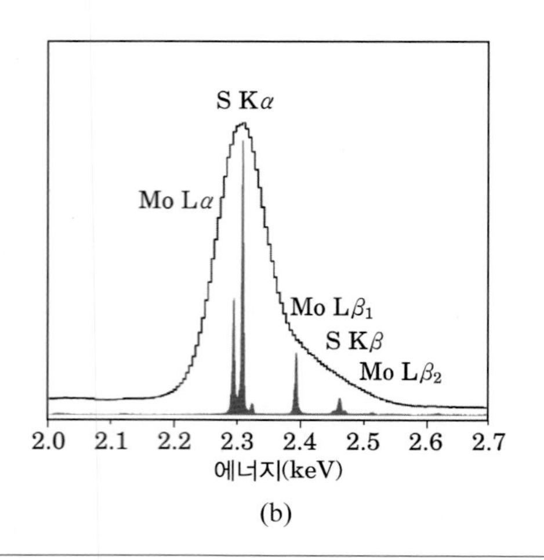

그림 7.26 (a) $BaTiO_3$와 (b) Mo의 EDS 스펙트럼(실선) 및 WDS 스펙트럼(회색 채움)

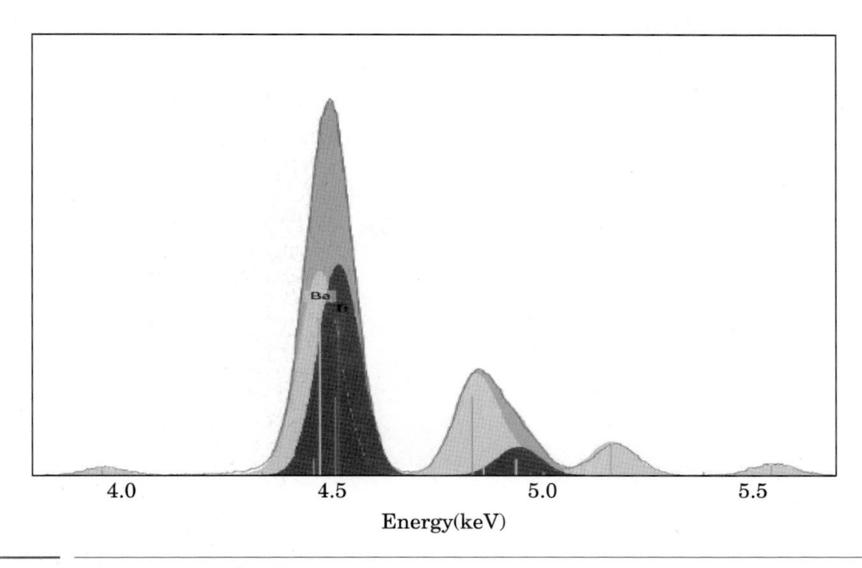

그림 7.27 $BaTiO_3$ EDS 스페트럼의 Ba 및 Ti 피크 분리

원소의 정확한 규명과 차후 정량분석을 진행하기 위해서는 앞에서 언급한 피크의 상대적인 세기비를 이용하여 주 피크에 기여도를 분석하여 피크를 분리(deconvolution)해야 한다.

(4) 이탈피크와 합피크의 제거

정성분석을 하기 전에 원래의 스펙트럼으로부터 이탈피크와 합피크를 제거하여야 한다. 모 피크의 세기, 모 피크의 에너지 및 시스템 기하에 기초하여 이들의 이론적 세기를 계산한다. 다음에 이것들을 제거하고, 모 피크에 제거된 계수를 보정해준다. 보정된 피크의 세기를 이용하여 각 X선족의 상대적 세기를 비교하여 중첩피크의 존재 여부를 판단하는 것이 정확한 정성분석을 위해 필요하다.

(5) 미량원소 피크의 인식

빠른 정성분석을 수행하기 위해 짧은 시간동안 계수하면 미량 원소의 피크 크기가 너무 작아져서 배경과 구분이 되지 않아 피크로 인식하지 못하는 오류를 범하기 쉽다. 특별히 고려해야 할 미량의 원소가 있는 경우 피크를 인식할 수 있을 정도로 계수시간을 충분히 증가시켜야 한다. 배경의 계수율에 비해 피크의 계수율이 높기 때문에 계수시간이 증가하면 피크/배경 비는 일정하지만 절대계수 차의 증가로 판별력이 증가하여 원하는 원소의 피크를 규명할 수 있다.

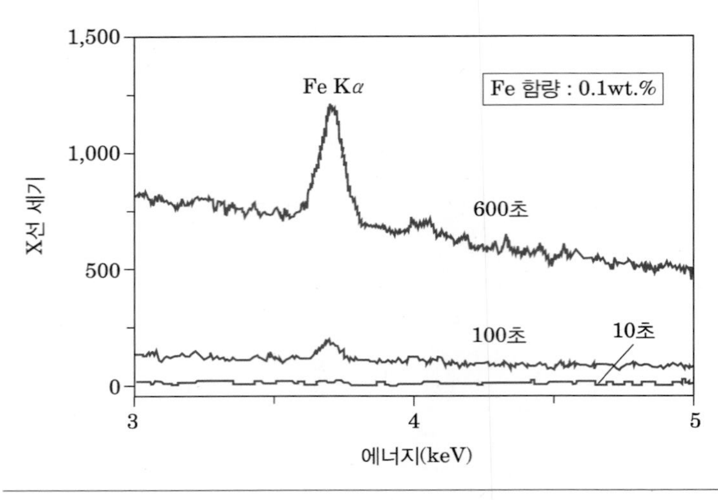

그림 7.28 측정시간에 따른 0.1 wt.% Fe 피크의 인식 판별

3) 정성분석

(1) 정성분석 기준

EDS에서의 정성분석은 얻어진 스펙트럼이 이론적 원소 스펙트럼과 얼마나 잘 일치하는가를 확인하는 과정이며, 다음 세 가지 유형으로 진행한다. 처리장치의 영점 및 게인이 정확히 설정되어 있어야 하고, 에너지 검정이 사전에 수행되어 있어야 한다. 피크의 중심이 이론적 에너지와 10 eV 이상 벗어나면 그 원소가 아닐 가능성이 높다.

① 원소의 X선족

X선족의 피크들이 나타나기 위해서는 다음 세 가지가 만족되어야 하는데, 첫째 가속전압이 원하는 원소의 X선을 발생시킬 수 있도록 충분하여야 하고, 둘째 처리장치와 프로그램 상에서 위의 X선이 나타날 수 있도록 에너지 범위가 설정되어야 하고, 셋째 발생한 X선이 검출기의 베릴륨 창을 통과할 수 있을 정도의 충분한 에너지를 가지고 있어야 한다.

스펙트럼 상에서는 여러 원소 피크들로 인해 피크중첩이 일어날 수 있다. 가장 확인이 어려운 것 중의 하나가 1.740 keV의 Si K선과 1.775 keV의 W M선이다. 이 경우 만일 10 keV 부근에 W L선이 존재한다면 1.74～1.78 keV 범위의 스펙트럼에는 W M선의 영향이 존재한다. 그러나 10 kV 이하의 저전압을 사용한다면 텅스텐의 L선을 얻는 것이 불가능하므로 구별 또한 불가능하다. 높은 전압을 사용했더라도 Si와 W가 동시에 존재할 때는 이들의 구분 역시 쉽지 않다.

② X선족 피크의 세기 비율

동일 전자각에서 발생한 X선들 사이에는 일정한 비율이 존재함을 앞 절에서 설명한 바 있다. K선, L선 및 M선에 속하는 X선은 상호 간에 일정한 세기 비율을 유지하고 있어야 하며, 어느 특정 피크가 주어진 비율보다 더 높다면 다른 원소의 X선이 중첩되어 있음을 인식해야 한다. 따라서 그 에너지 위치로부터 일정한 범위 내에 존재 가능한 다른 원소들을 찾아야 한다.

③ 피크의 모양

피크의 모양 역시 원소를 확인하는 데 중요한데, 정규분포를 하고 있지 않으면 다른 원소와의 중첩을 고려하여야 한다. 예를 들어 Ni Kα와 Co Kβ가 중첩된 피크의 모양은 정확한 정규분포를 하고 있지 않으며, 이때 피크가 중첩되어 있음을 예상할 수 있다.

(2) EDS 정성분석 순서

원소를 규명하기 위해 스펙트럼 상에서 높은 에너지 쪽의 큰 피크부터 규명한 다음 관련된 다른 X선족의 피크들을 찾아 각각의 위치에 X선의 명칭을 표시한다. 이 과정에서 만일 Kα선

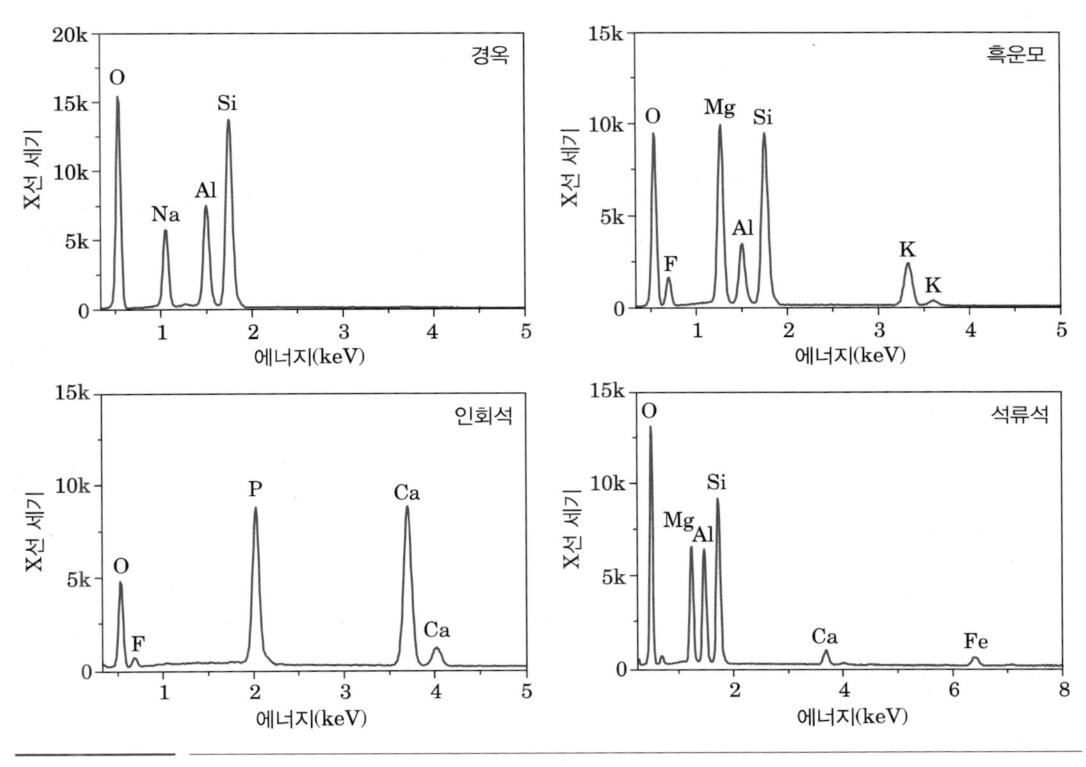

그림 7.29　광물(산화물)의 EDS 정성분석 사례

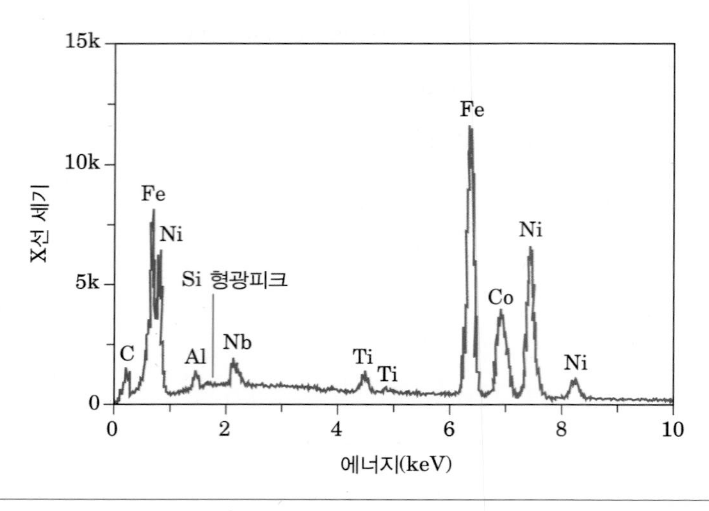

그림 7.30 금속화합물의 EDS 스펙트럼 및 원소 정성분석

이 있다면 반드시 상응하는 같은 족의 다른 X선(Kβ)이 존재함을 명심해야 한다. 또한 같은 X선족에 포함된 피크들의 상대적 세기를 고려하여 다른 원소의 피크와 중첩 여부를 판단한다. 표시된 에너지 범위 내에서 X선이 정확하게 규명되었다면 반드시 고에너지의 Kα/Kβ쌍이 존재한다.

관련된 모든 X선족의 피크들이 규명되었다면 남아 있는 피크 중에서 가장 큰 피크에 대한 분석을 앞에서 설명한 바와 같이 순서대로 규명한다. 피크 규명에는 각 X선족 내의 피크 비, 피크중첩, 이탈피크 등의 모든 착란효과들을 고려하여야 한다.

(3) 선 분석

인접해 있는 입자 또는 원소의 확산 등에 따른 원소함량 변화 등을 확인하기 위해 선 분석을 수행하는데, 특히 계면에서의 변화를 보기 위해서는 가속전압에 주의해야 한다. 계면이 1 μm 미만인 경우 가속전압이 15 kV보다 커지면 가속전자에 의한 반응범위가 1 μm보다 커지기 때문에 정확한 계면의 두께를 측정하기 어렵게 된다. 이 경우 변화를 관찰하고자 하는 원소를 여기시킬 수 있는 최소의 에너지를 선택할 필요가 있다.

그림 7.31은 매질과 게재물의 차이를 보여주는 원소가 Nb인 경우인데, Nb Kα가 16.62 keV인 데 비해 Nb Lα는 2.17 keV로 가속전압을 5 kV로 낮추어 선 분석을 하면 보다 정확한 경계면의 범위를 측정할 수 있음을 보여준다.

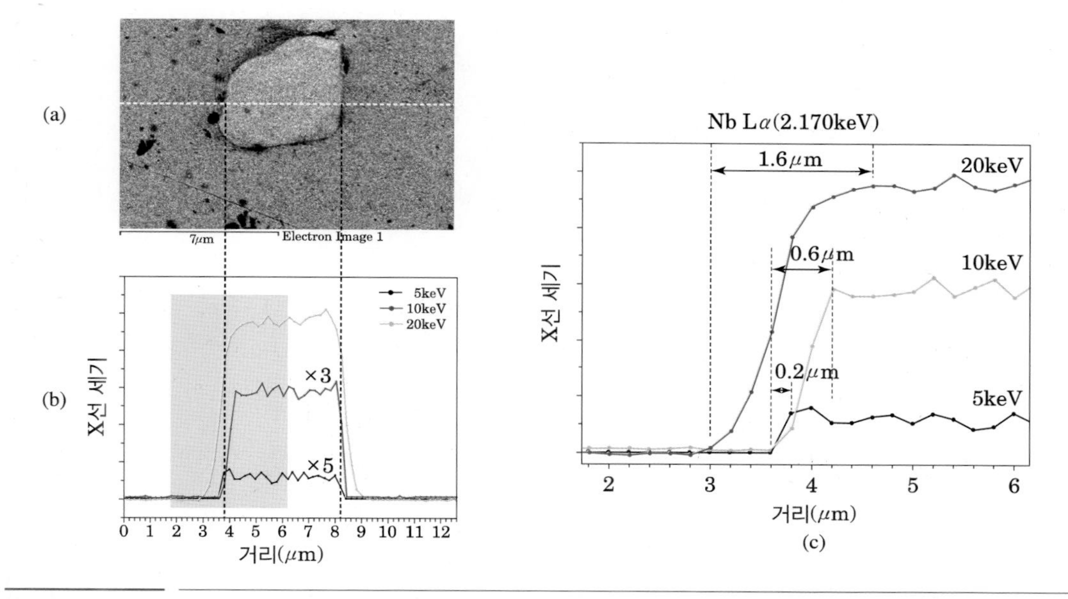

그림 7.31 금속게재물의 가속전압에 다른 선 분석. (a) 게재물의 SEM 이미지, (b) 가속전압에 따른 선 분석, (c) 가속전압에 따른 계면의 두께 차이

3 파장분산 X선 분광분석기

1) 구성 및 상호관계

파장분산 X선 분광분석기(WDS)는 시료에서 발생한 X선을 받아들이는 입사창, 입사 X선을 회절시켜 분석하는 분광결정(analyzing crystal), X선의 세기를 계수하는 검출기로 구성된다(그림 7.32). 시료 표면의 분석점, 분광결정, 그리고 검출기는 로울랜드원(Rowland circle)이라 불리는 동일원상에 위치해야 한다. 분광결정과 검출기는 로울랜드원 상에서 이동되도록 기계적으로 배열되어 있으며, 시료를 상하로 이동시켜 초점을 정확히 맞춤으로써 시료 표면 상의 분석점을 로울랜드원 상에 위치시킬 수 있다.

그림 7.32에서 L은 시료에서 분광결정까지의 거리, R은 로울랜드원의 반지름, θ는 분광결정으로 입사되는 X선의 입사각이며, 각각의 상호관계는 다음과 같이 성립된다.

$$\frac{L}{2R} = \sin\theta \tag{7.5}$$

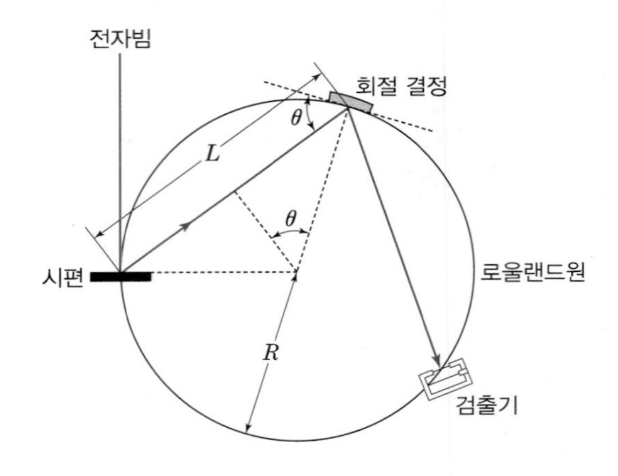

그림 7.32 파장분산 X선 분광분석기의 모식도

$$n\lambda = 2d\sin\theta = 2d\frac{L}{2R} \tag{7.6}$$

$n=1$일 때에는 다음 식 (7.7)과 같이 간단히 할 수 있고 L을 측정함으로써 X선의 파장을 구할 수 있다.

$$\lambda = \frac{d}{R}L \tag{7.7}$$

이 식을 이용하면 일정한 반지름의 로울랜드원에서 분광결정이 정해지면 L의 범위에 따라 분석 가능한 X선 파장의 범위를 구할 수 있다. 예를 들면 로울랜드원의 반지름 R이 140 mm이고, L의 이동 범위가 60.5~254 mm인 WDS에서 면간거리의 두 배($2d$) 값이 4.027 Å인 LiF 결정으로 분석 가능한 X선 파장의 범위는 식 (7.7)을 이용하여 다음과 같이 계산하면 0.87~3.65 Å임을 알 수 있다.

$$\lambda_{\min} = \frac{d}{R}L_{\min} = \frac{4.027}{2\times 140}\times 60.5 = 0.870\,\text{Å} \tag{7.8}$$

$$\lambda_{\max} = \frac{d}{R}L_{\max} = \frac{4.027}{2\times 140}\times 254 = 3.65\,\text{Å} \tag{7.9}$$

파장분산 X선 분광분석기는 특정한 단결정을 이용하여 브래그 회절에 따라 X선 파장을 분별하고, 파장의 함수로 특성 X선을 검출한다. 즉, 분석을 원하는 X선을 선택하여 그 세기를 측정하는 데 이용된다. 이러한 선택은 시료와 X선 검출기 사이에 위치한 분광결정으로부터 X선의 레일리 산란에 의해 이루어진다. 입사각이 바뀌면 분광결정은 다른 파장의 X선을 보강 회절시키고, 변경된 입사각을 따라 이동하는 X선 검출기에 의해 X선이 계수된다.

2) X선 회절(브래그 회절)

분광결정에 의한 X선의 회절 조건은 브래그 법칙으로 설명된다. 그림 7.33에서 보는 바와 같이 특정 입사각으로 결정에 입사한 특정 파장의 X선은 결정의 격자면에 위치한 원자에 의해 산란이 되고 회절이 일어난다. 브래그 법칙은 입사각(θ), 파장(λ), 그리고 결정의 면간거리(d) 사이의 관계를 설명하는 것으로 다음과 같이 나타낸다.

$$n\lambda = 2d\sin\theta \tag{7.10}$$

여기서, n은 회절 차수 또는 연속적인 층으로부터 산란된 X선의 경로차이에 따른 파장의 수를 의미한다.

결정에 입사한 X선은 결정면에서 산란한 후에 위상이 맞는 것들(경로차가 1λ, 2λ, 3λ, …)은 보강간섭을 일으키나, 위상이 맞지 않는 것들(경로차가 $4/3\lambda$, $3/2\lambda$, $5/2\lambda$ 등)은 소멸간섭을 일으킨다. $\lambda/2$, $\lambda/3$ 등의 파장 또한 보강 회절을 한다. 보강 회절이 일어나기 위해서는 n이 1보다 큰 숫자라야 하기 때문에 이러한 것들을 고차 파장이라 부른다.

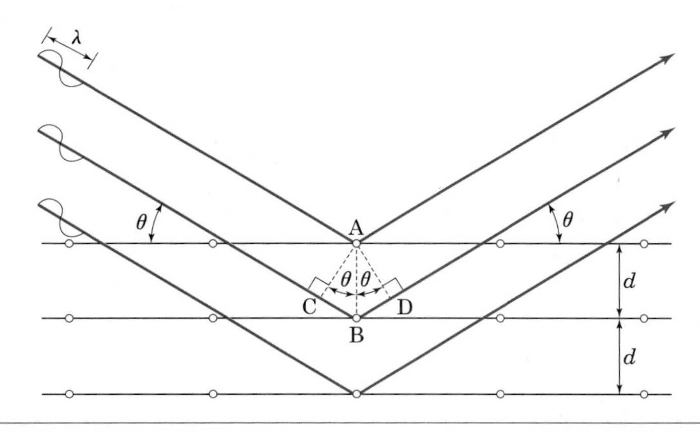

그림 7.33 X선의 브래그 회절에 대한 모식도

3) 분광기 광학

분광 결정은 X선 형광분석기(XRF)에서 회전 이동을 하는 것과는 달리 WDS 파장분산 분광분석기에서는 선형 이동을 한다. 시편, 결정과 검출기가 로울랜드원이라 불리는 한 개의 원 위에 놓여야 하며, 효율적으로 X선을 검출하기 위해서는 관심의 대상이 되는 모든 파장의 X선이 동일한 원 위에서 유지되어야 한다. 시편이 고정되어 있기 때문에 하나의 원이 유지되려면 파장의 크기에 따라 분광결정과 검출기가 동시에 이동하여야 한다. 적절한 기하학적 구조를 유지하기 위해서 고정된 시편을 기점으로 분광결정은 L값의 범위 내에서 선형이동을 하는 반면에 검출기는 시편 및 분광결정과 함께 로울랜드원을 형성하면서 이동한다. 이러한 배열은 기계적으로 복잡하지만 로울랜드원의 반지름과 탈출각은 변하지 않도록 설계되어 있다. 검출기의 이동은 내부 기어장치로 조절되며, 결정과 검출기의 이동은 전동기에 의해 작동된다. 만들어진 스펙트럼에서 나타나는 x축 상의 피크의 위치는 $\sin\theta$값 또는 시편과 결정 사이의 거리(L)로 나타낸다.

주어진 위치에서 피크를 분리하는 데는 로울랜드원의 반지름이 큰 것이 작은 것보다 효과적이다. 큰 반지름의 로울랜드원을 갖는 장비가 보다 좋은 피크 분해능을 제공하지만, 큰 반지름의 로울랜드원은 큰 분광기 틀을 필요로 하고, 더하여 진공유지 및 넓은 설치공간으로 인해 설치에 제약을 받는다. 매우 큰 로울랜드원은 더 좋은 피크 분해능을 제공할 수 있지만 앞에서 언급한 문제들 때문에 실용적이지 못하고 특수 목적으로 제작하여 사용하며, 일반적으로 사용되고 있는 파장분산 분광분석기의 로울랜드원의 반지름은 140～160 mm이다.

분광분석기는 시료에 수직방향 또는 경사지게 설치한다. 수직형 분광기는 초점변화에 매우 민감하지만 여러 개를 함께 설치할 수 있는 반면에 경사형 분광기(inclined spectrometer)는 시료상의 초점과 표면 거칠기에 덜 민감하지만 설치방향 때문에 전자 컬럼 주변에 단지 몇 개만 설치할 수 있다(6장 X선 분광분석학의 개요 참고).

4) 분광 결정

(1) 분광 결정의 유형

X선 분광기의 검출효율은 분광 결정의 설계와 결정의 휨 정도와 연마 정도에 의해 좌우되는데, 분광 결정에는 두 가지 유형이 있다[그림 7.34].

① 요한 광학

분광 결정이 로울랜드원의 지름에 해당하는 거리를 반지름으로 하는 원의 곡면을 따라 휘어져 있어 평면결정에 비해 초점 영역이 넓다[그림 7.34(a)]. 일반적 결정형태이다.

② 요한슨 광학

분광결정이 로울랜드원 반지름 크기의 곡률을 따라 연마되어 있어 결정에 입사되는 모든 X선에 대해 초점이 이루어진다[그림 7.34(b)]. 불행히도 모든 종류의 결정이 연마가 가능하지 않다. 즉, 파장이 긴 경량원소 X선의 회절에 필요한 긴 면간거리의 다층결정은 연마하기가 어렵다.

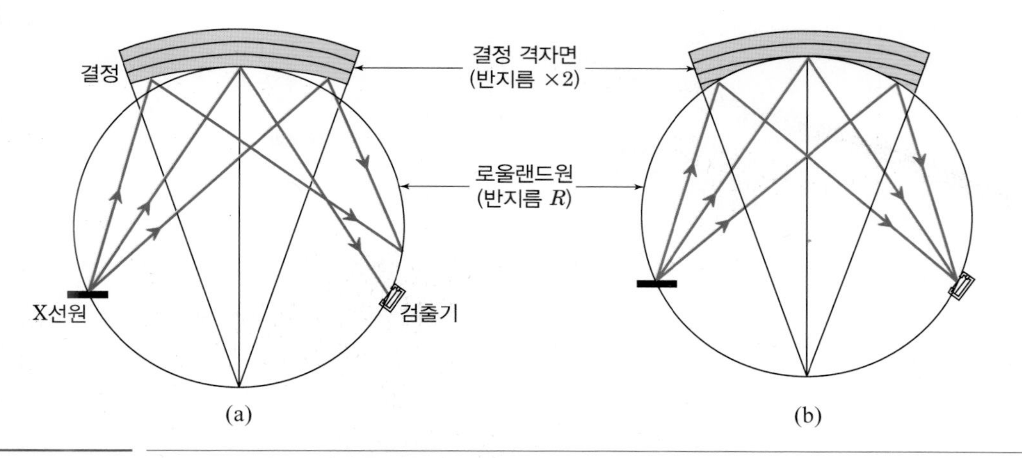

그림 7.34 WDS에 사용되는 분광결정의 유형과 초점. (a) 요한형 결정, (b) 요한슨형 결정

(2) 분광결정의 종류

설치공간이 한정되어 있기 때문에 분광기는 브래그 각도 범위에서 제약을 받는다. 따라서 2θ의 최대 범위는 25～130°이며, 분석하고자 하는 파장의 전 범위를 검출하기 위해서는 다른 면간거리를 가진 여러 개의 분광결정을 필요로 한다. 즉, 하나의 결정으로 관심 있는 전 범위의 파장을 회절시킬 수 없기 때문에 전 원소를 분석하기 위해서는 몇 개의 분광결정을 함께 이용해야 한다. 가장 흔하게 이용되는 결정은 다음과 같다. 여기에서 d는 결정의 면간거리이다.

- 불화리튬 200(lithium fluoride, LiF) $2d=4.027$ Å
- 펜타에리트리톨 002(pentaerythritol, PET) $2d=8.742$ Å
- 인산 이수소 암모늄 011(ammonium dihydrogen phosphate, ADP) $2d=10.648$ Å
- 탈륨산프탈레이트 1011(thallium acid pthalate, TAP) $2d=25.75$ Å
- 루비듐산프탈레이트(rubidium acid pthalate, RAP) $2d=26.12$ Å
- 칼륨산프탈레이트 1011(potassium acid pthalate, KAP) $2d=26.63$ Å
- 스테아르산납(Lead stearate) 또는 Lead octodecamoate(ODPB), $2d=100$ Å

LiF는 이온 상태의 고체이고, PET, TAP, RAP와 KAP는 유기물 결정이며, ODPB는 Pb원자가 지방산염과 호층을 이루며 한 방향으로만 반복적으로 쌓인 가상결정으로 면간거리가 일정한 규칙적인 면을 형성한다.

분석할 원소의 적정 범위는 분광기의 구조적인 제약에 지배를 받는다. 즉, 측정 가능한 $\sin\theta$의 범위는 0.2～0.8로 이에 따른 θ의 범위는 12～53°로 주어진다. 따라서 이것은 파장(λ)이 0.4～1.6d의 범위에 드는 결정을 선택해야 함을 의미한다. 예를 들어, 파장이 1.937 Å인 Fe−

표 7.3 결정의 종류와 분석 대상 원소의 범위

종류	면간거리 2d(Å)	측정 범위 λ(Å)	측정 범위(원소)		
			K	L	M
LiF	4.027	0.84～3.3	Sc－Sr	Te－U	－
QTZ	6.687	1.4～5.5	S－Zn	TC－Re	－
PET	8.742	1.8～7.2	Si－Fe	Sr－Ho	W－U
운모	19.84	4.1～16.3	Ne－Ar	Co－Ag	La－Th
TAP	25.75	5.4～21.1	F－P	Mn－Mo	La－Hg
RAP	26.12	5.4～21.4	F－P	Mn－Mo	La－Hg
KAP	26.63	5.5～21.8	F－P	Mn－Mo	La－Hg
PC0	45.0	9～37	N－Mg	Ca－As	La－Ho
LDE	59.8	12～48	N－Ne	Ca－Zn	La－Nd
PC1	60.6	12～49	C－Ne	Ca－Zn	La－Nd
PC2(NiC)	95.0	19～78	B－O	Ca－Mn	－
PB－STE	100.2	20～82	B－O	Ca－Cr	－
ODPB	100.7	20～82	B－O	Ca－Cr	－
OVH	149.8	30～122	Be－C	Ca－Sc	－
PC3(Mo/B_4C)	200.5	40～164	Be－C	－	－

Kα선은 2θ 위치가 LiF에서는 57.5°, PET에서는 25.6°, 그리고 TAP에서는 8.6°이다. 따라서 Fe－Kα의 X선은 기계적 한계(2θ 범위: 25～112)로 인해 PET와 TAP를 사용하여 분석할 수 없고, LiF로만 분석이 가능하다. 표 7.3에서 전 원소에 대해 사용 가능한 분석결정과 측정범위를 나타냈다.

(3) 분광결정의 특징

좋은 분광결정에는 여러 가지 특성이 요구되는데 중요한 특성을 열거하면 다음과 같다.

- 화학적으로 안정해야 한다. 예를 들면, NaCl은 유용한 $2d$ 간격을 갖고 있지만 습한 공기 중에서 잘 녹기 때문에 분광결정으로서의 활용은 적합하지 않다.
- 결정구조가 지나치게 완벽해서는 안 된다. 만들어지는 피크가 너무 날카로우면, 분광기를 시동하여 재현성 있게 피크 위치를 결정하기가 어렵다.
- 좋은 분산 효율(인접해 있는 스펙트럼선을 분해하는 능력)을 가져야 한다. 고차반사일수록, 결정의 $2d$값이 작을수록 분산효과가 좋아지기 때문에 고분해능이 요구되는 경우에는 X선 세기가 감소하더라도 높은 θ값 및 작은 $2d$값을 갖는 분광결정을 선택해야 한다. 티타

늄(Ti)을 함유한 물질에서 미량으로 들어있는 바나듐(V)을 분석할 때와 희토류 원소를 분석할 때 위 조건은 매우 유용하다.

- X선의 흡수가 적어야 한다. 분석을 하고 있는 동안 X선은 결정 내 원자와 충돌하고 일부는 흡수되어 2차 형광 X선으로 바뀌어 검출기로 들어간다.
- 높은 반사 효율을 가져야 한다. 반사효율은 결정을 구성하고 있는 원자의 궤도에 있는 전자의 수, 회절각, 그리고 입사된 X선의 파장에 좌우된다.
- 항상 가능한 것은 아닐지라도 온도 변화에 민감하지 않아야 한다. 열팽창효과는 큰 회절각에서 뚜렷하게 나타난다. PET 결정이 특히 민감하여, 2θ가 120° 근처에서 2θ값은 온도가 1°C 변할 때마다 0.025°씩 변위를 보인다. 따라서 파장분산분광분석기를 이용하는 실험실에서는 온도에 민감한 결정이 발생시키는 문제를 피하기 위해 항상 일정한 온도를 유지해야 한다.

(4) 분광결정의 초점 기하

분광결정은 여러 가지 파장의 X선을 효율적으로 회절시키기 위해 다양한 회절각을 갖도록 분광기 내에서 이동한다. 이때 고정된 시편을 한축으로 하여 검출기와 함께 로울랜드원을 유지하면서 직선상으로 이동한다. 그림 7.35에서 보이는 바와 같이 결정은 파장이 긴 X선의 경우 시편에서 멀어지는 쪽으로, 짧은 파장의 X선의 경우는 시편에 가까운 쪽으로 이동한다.

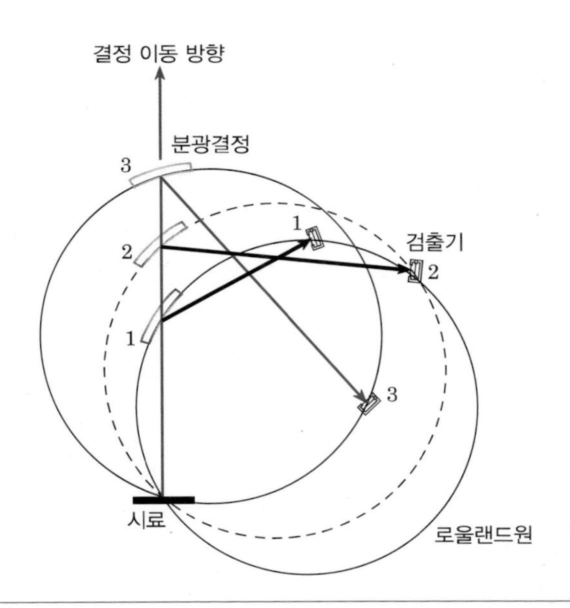

그림 7.35 분광기 내에서 X선의 파장과 L값에 따라 직선으로 이동하는 결정의 궤적. 검출기도 함께 움직여 항상 일정한 로울랜드원을 형성한다.

4 계수비례 검출기

파장분산 분광분석기(WDS)에 주로 이용되는 검출기는 가스유입형 비례계수기와 가스밀폐형 비례계수기가 있다. 이들 검출기는 EDS 검출기와 달리 에너지 판별력이 낮아 분광결정으로 미리 X선 에너지를 선별한 단색검출용으로 사용된다. 비례계수기에서 펄스의 크기는 그것을 만들어 내는 X선의 에너지에 비례하고, 단채널분석기(SCA)를 이용한 전압 판별을 통해 펄스의 높이분석을 가능하게 해준다. 단채널분석기는 미리 설정된 좁은 범위의 전압펄스만을 계수회로로 보내고, 설정한 범위를 벗어나는 나머지 모든 펄스를 차단시켜 원하지 않는 X선을 효과적으로 제거하는 것이 가능하다. X선 검출에 있어 모든 검출기는 물리적인 제한 때문에 불감응시간이 주어진다.

낮은 에너지의 X선은 입사창에서 흡수되고, 높은 에너지의 X선은 검출가스에 완전히 흡수되지 않기 때문에 가스비례계수기의 효율(광자효율)은 100% 이하로 감소된다. 1 Å(12.4 keV)의 X선 파장에서 아르곤-메탄 혼합(Ar-CH_4) 가스비례계수기의 광자효율은 거의 0인 반면에 크세논(Xe) 비례계수기는 20%의 효율을 갖는다. 가스비례검출기는 입사창이 충분히 얇아 낮은 에너지의 X선(6 keV까지)에 대해 최대 효율을 갖는다.

1) 계수비례 검출기 구성

가스비례 검출기는 가스유입형 비례검출기와 가스밀폐형 비례검출기 2종류가 있으며, 가스유입형은 검출가스가 일정량 줄어들면 다시 보충되는 반면에 가스밀폐형은 가스의 유출입 없이 일정한 상태로 유지된다는 것을 제외하면 같은 설계로 되어 있다. 두 검출기 모두 20~100 mm 지름의 음극관과 관의 중심에 설치된 텅스텐(W)선으로 구성되어 있으며, 1 kV의 전압이 선과 관 사이에 걸린다.

가스밀폐형 검출기는 1928년 가이거와 뮐러(H. Geiger & W. Müller)에 의해 처음 개발되었으며, 높은 신뢰도를 얻었다. 검출기의 관은 마일러(폴리에틸렌 테트라프탈레이트) 또는 폴리프로필렌 재질의 창을 갖고 있으며, 이 창은 분광결정으로부터 회절되어 들어오는 X선의 상당부분을 흡수한다. 예를 들어 5.5 μm의 마일러창은 Al, Mg, Na, F의 Kα선을 각각 50, 70, 85 및 98% 흡수한다. 폴리프로필렌은 마일러창에 비해 60% 덜 흡수하여 일반적으로 경량원소 검출기에 이용된다. 흔히 검출기는 높은 에너지의 X선이 통과하면서 검출기 자체로부터 2차 방사선을 만드는 것을 방지하기 위해 뒤쪽에 보다 두꺼운(25 μm) Be창이 설치되어 있다.

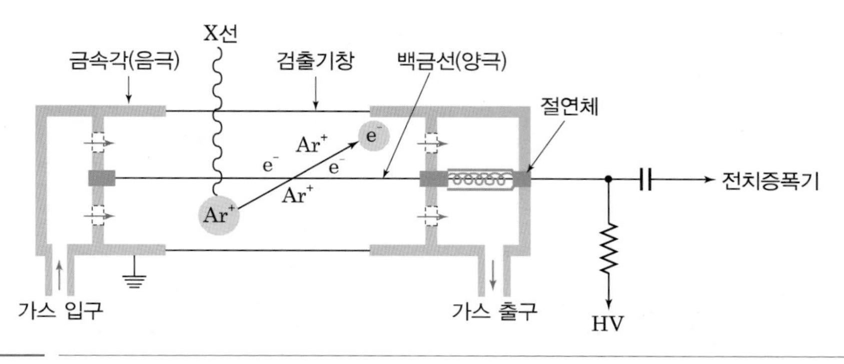

그림 7.36 가스비례검출기의 검출 모식도

가스유입형 검출기는 아르곤과 메탄이 90 : 10으로 혼합된 피텐(P-10) 가스를 검출기 관으로 유입시키며 작동한다. 창이 얇으면 가스의 일부가 빠져나가기 때문에 관 내부의 P-10 가스압을 일정하게 유지할 수 없다. 검출기 가스는 텅스텐선과의 반응과 검출기 감도의 손실을 피하기 위해 초순수한 것을 사용해야만 한다. O^{2-}와 CO^{-}와 같은 음이온 불순물은 특히 나쁘다. 가스유입형 검출기의 효율은 압력을 증가시킴으로써 개선될 수 있으며, 이것은 파장분산 분광분석기에서 고압형과 저압형 검출기가 존재하는 이유이다.

가스밀폐형 검출기는 크세논(Xe)이나 크립톤(Kr) 가스로 채워져 있고, 높은 에너지의 X선 검출에 이용되는데, 이들 가스는 높은 에너지의 X선 파장에 의해 Ar보다 훨씬 더 효율적으로 이온화하기 때문이다. 이 가스들은 보다 에너지가 큰 X선 검출에 이용되기 때문에 확산에 의한 가스의 손실을 막기 위해 창이 더 두껍다. 고에너지의 X선은 마일러나 폴리프로필렌 창을 서서히 파괴하기 때문에 일반적으로 25 μm 두께의 베릴륨 또는 알루미늄 창이 이용된다.

2) X선 검출 이론

검출기에 입사한 X선은 불활성 검출가스(Ar, Xe, Kr)를 이온화시켜 외곽전자를 떼어내어 전자－이온 쌍을 생성한다. 불활성 기체의 최초 이온화 전위는 작지만(25 eV 이하) 전자－이온 쌍을 만드는 데 요구되는 효과적인 이온화 전위는 이온화 작용을 유발하지 않고 입사 X선 에너지를 흡수하는 과정을 겪어야 하기 때문에 어느 정도 더 높다. 즉, 입사 X선에 의해 아르곤 원자가 Ar^{+}와 e^{-}로 전자－이온 쌍으로 분리하는 데 필요한 에너지는 28 eV이다. 따라서 X선에 의해 생성되는 전자－이온 쌍의 개수는 입사된 X선의 에너지를 이온화 에너지로 나누어준 값이다. 예를 들어 Mn Kα(5.895 keV)의 X선이 입사하였다면, Ar 검출 가스를 이용했을 때 5895/28＝210개의 일차 전자－이온 쌍이 만들어진다. 이 숫자의 전자－이온쌍은 너무 적어

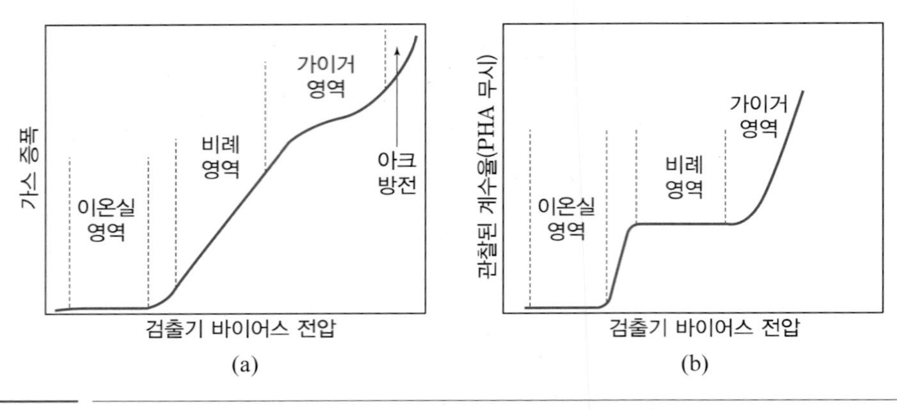

그림 7.37　검출기에 걸리는 바이어스 전압에 대한 가스증폭 및 계수율의 관계. (a) 가스증폭 영역, (b) 관찰된 계수율

검출되지 않지만, W선과 음극관 사이에 전압을 걸어주면 증폭된다. 즉, 유입된 X선에 의한 아르곤 원자의 이온화에 의하여 만들어진 전자는 검출기 전압에 의해 가속되고 또 다른 아르곤 원자를 이온화하여 전자－이온쌍을 만든다. 이러한 작용은 계속 확대 재생산되어 전자 사태(沙汰) 효과를 만들고 초기 신호의 증폭을 유도한다. 연쇄적인 이온화 작용은 신호를 만드는 검출기를 가로질러 순간적인 전압을 야기한다.

가스에 의해 만들어지는 증폭양은 검출기에 적용되는 전압의 크기에 좌우된다. 매우 낮은 전압(불포화 영역)에서 형성된 전자와 이온은 텅스텐선에 도달하기 전에 재결합이 이루어진다. 약간 높은 전압에서는(이온화실영역) X선에 의해 만들어진 전자－이온쌍의 수가 양극선에 도달하는 수와 같아 재결합을 계수하기에 충분하며, 이때 게인은 1이다. 검출기 전압이 더 증가하면 전자 사태 효과가 나타나고 충분한 게인을 얻는다. 비례계수영역의 전압에서 펄스의 높이는 입사 X선의 에너지에 비례한다. 전압이 너무 높아지면 검출기는 비례영역에서 벗어나 가이거 영역으로 들어간다[그림 7.37].

게인은 (양극선에 도달하는 전자의 수) / (생성된 전자의 수)로 정의된다. 검출기 게인은 보통 $10^4 \sim 10^5$ 정도이다. 10^4의 게인에서 Mn Kα선에 의해 형성된 210개의 전자－이온쌍은 2.1×10^6개의 전자를 만들어 양극선에 도달한다. 결과적으로 만들어진 펄스의 크기는 아래 식으로부터 계산될 수 있다.

$$\text{전압} = \frac{(2.1 \times 10^6) \times (1.6022 \times 19^{-19})}{10^{-10}} = 0.00336\text{V} = 3.36\text{mV} \tag{7.11}$$

신호전자 한 개당 전하는 1.6022×10^{-19} 쿨롱이고, 일반적인 검출기는 10^{-10} 패럿(farad)의 용량을 갖는다. 따라서 Mn Kα 광자는 전압을 발생시킬 것이다. 다시 상기해보면 게인이

10,000이라고 가정해도 펄스는 여전히 매우 작아서 더 많은 전자 증폭을 필요로 한다.

3) 단채널분석기와 파고분석기

가스유입형 검출기에서 펄스의 진폭은 입사된 X선 광자의 에너지에 비례한다. 이것은 전자 회로가 원하는 진폭 이외의 다른 것들을 차단시킴으로써 특정한 X선 광자만을 선택하게 한다. 단채널분석기(SCA; Single Channel Analyzer)는 원하는 펄스만 선택하여 계수회로에 적절한 펄스만을 출력시킨다. SCA는 어떤 문턱값 또는 기준선보다 작거나, 기준선(baseline)에 창값(window)을 더한 값보다 큰 펄스를 차단한다. 종종 이러한 판별값, 즉 허용 펄스 범위를 기준선과 창값으로 표현하는 대신 하한(lower limit)과 상한(upper limit)으로 나타내기도 한다.

원하는 펄스 에너지의 선택을 파고분석(PHA; pulse height analysis)이라 부르며, SCA를 일반적으로 파고분석기라 부른다. 두 가지 양식으로 설정이 가능하다.

첫째, 기준선과 창을 사용하는 구간신호 수집양식(differential mode)이 있다. 구간신호 수집양식은 브래그 법칙을 만족하지만 다른 원하지 않는 원소의 고차 피크로부터의 간섭을 제거하는 데 이용된다. 고차 피크는 분광결정이 2λ(2차 회절), 3λ 등을 회절시키고 에너지값이 2E, 3E 등을 갖는 가운데 에너지 창을 설정하여 높은 에너지의 고차 피크를 차단함으로써 적정한 X선만 계수되게 한다.

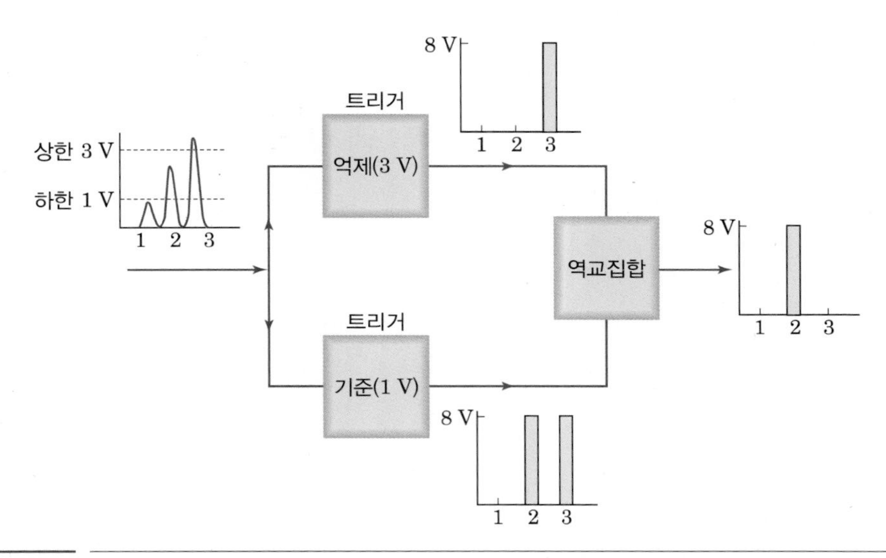

그림 7.38 파고분석기의 개념도. 입사된 3개의 펄스 중에서 문턱값(1 V) 이상, 그리고 문턱값(1 V) + 창값(2 V) = 3 V 사이에 존재하는 2번 펄스만 인식됨

둘째, 주어진 기준선보다 큰 모든 펄스를 받아들일 수 있게 창의 너비를 완전히 개방한 총신호 수집양식(integral mode)이 있다. 적분양식의 사용은 좁은 창을 사용함으로써 관련된 검출기 회로에서의 편차 문제와 P-10 가스 압력과 실내온도의 변화로 초래될 수 있는 문제를 고려하여 일반적으로 사용되고 있다. 고차 간섭의 심각성은 시료에서 간섭하는 원소가 얼마나 많은지, 그리고 그 원소의 X선 세기가 얼마나 큰 지에 좌우된다. 특히 미량원소분석에서 원하는 피크의 크기가 매우 작으므로 간섭에 대한 평가는 매우 세심하게 이루어져야 한다. 분석시에 다음 3가지 가능성을 고려해야 한다.

- 관심 있는 X선이 Ar의 여기에너지(2.96 keV)를 초과한 에너지를 갖는다면 이탈피크가 문제가 될 수 있는데, 다차 회절(multi-order diffraction)은 아니다. 예를 들어 Ca Kα 선의 Ar 이탈피크는 P Kα 선의 피크와 중첩되어 기준선 설정은 이탈피크를 제거하는데 이용되며, PHA는 총신호 수집양식에서 수행된다.
- X선 에너지가 Ar의 여기에너지보다는 작고 Ar의 이온화 전위의 30배(30×26.4 eV = 0.8 keV)보다 크다면 이탈피크도 없고, 고차 회절도 일어나지 않는다. 즉, 총신호 수집양식이 적절하다.
- X선 에너지가 0.8 keV보다 작다면 파장 변위가 있을 것이고 고차 피크는 심각한 간섭을 야기시킬 것이다. 이 경우 세심하게 기준선과 창을 선택한 구간신호 수집양식이 적절하다.

요약하면 펄스높이분석의 설정은 몇 개의 요구사항을 적정화하기 위해 선택되어야 한다. 즉, 신호 대 잡음비를 적정화하기 위해, 이탈피크를 피하기 위해, 전위의 편차문제를 최소화하기 위해 선택되어야 한다. 구간신호수집양식 및 총신호수집양식 모두에서 기준선은 증폭회로에서 전자진동에 의해 생성되는 잡음을 제거하기 위해 일차적으로 이용된다.

4) 검출기의 분해능

펄스를 형성하는 통계적 과정은 전압의 푸아송(Poisson) 분포를 만든다. 충분히 높은 계수율에서 푸아송 분포는 정규분포를 따르며 상대 표준편차는 다음과 같이 표현된다.

$$\frac{K}{\sqrt{E}} \tag{7.12}$$

K = 상수(Ar으로 채워진 검출기에선 16에 가까움), E = 입사 X선 에너지. 펄스높이 분포는 파장이 길수록(에너지가 낮을수록) 넓어진다. 예를 들어 표준편차는 Al Kα 선에 대하여 13.1%, Fe Kα 선에 대하여 6.3%이다. 분해능을 계산하는 더 세련된 방법은 다음과 같이 표현된다.

$$E_{FWHM} = 2.355\sqrt{Ee_1F} \quad (7.13)$$

E_{FWHM} =에너지분포의 반가폭(eV), E=입사 X선의 에너지(eV), e_1 =효율적인 이온화 전위(eV), 그리고 F=검출가스 종류에 좌우되는 파노 인자이다. 파노 인자는 결과로 초래된 변수가 예상되는 유일한 부분으로 알려져 있기 때문에 필요하다. 이러한 인자는 아르곤−메탄 혼합가스에서 0.5∼0.22이다. 식 (7.13)에서 상수 2.355는 펄스−높이 분포의 반가폭에 대해 1σ(표준편차)가 적용되기 때문이다. 예를 들어 F=0.22일 때, Ar Kα 선의 에너지 분포는 반가폭에서 218 eV(14.7%)이다.

X선 에너지의 퍼센트로 분해능을 표현하는 것이 보다 편리하다. 측정된 분해능은 피크의 중간 높이에서의 에너지 폭으로 정의되며, E_{FWHM}을 X선의 에너지(E)로 나누어 나타낸다.

$$R(\%) = 100\left(\frac{\Delta E_{FWHM}}{E}\right) \quad (7.14)$$

검출기의 분해능은 기준에너지에 대해서만 정의되어 있으며, 다른 에너지에서의 상대적인 분해능은 다음 식으로 계산된다.

$$R_2 = R_1\sqrt{\frac{E_1}{E_2}} \quad (7.15)$$

$R_1 = E_1$에서 관찰된 분해능, E_2 =대상 피크의 에너지, R_2 =대상 피크의 에너지에서의 분해능이다.

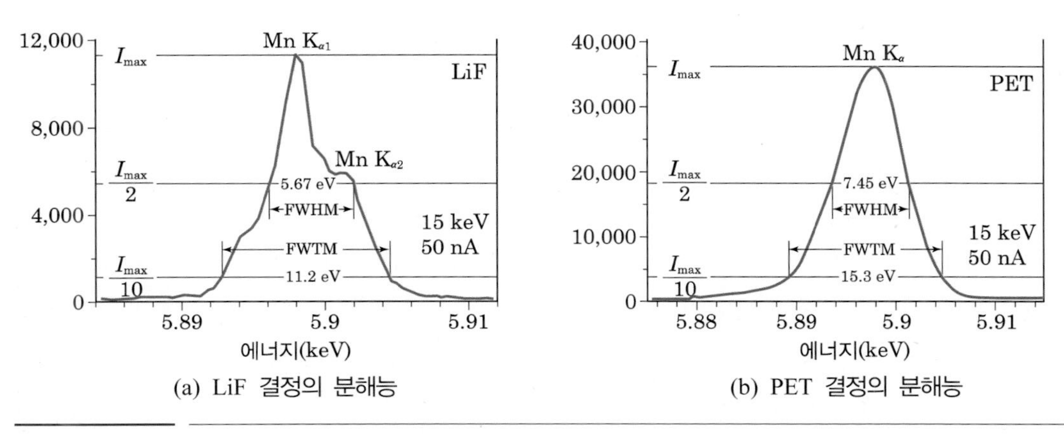

그림 7.39 결정의 종류에 따른 WDS 분해능. 면간거리가 작은 LiF(d=2.01 Å)에서는 분해능이 좋지만 계수율은 작고, 면간 거리가 큰 PET(d=2.37 Å)에서는 분해능이 떨어지는 대신 계수율은 크다.

5) 신호처리 변수

(1) 불감응시간

X선의 입사와 전자－이온 쌍의 전자 사태 생성 사이에 3×10^{-7}초 정도의 시간 간격이 있다. 전자 사태는 급격한 전압 감소를 초래하고, 상대적으로 느리게 10^{-4}초 정도 걸려 0으로 되돌아가 붕괴한다. 이러한 붕괴 과정에서 음극관으로 Ar 이온의 이동이 서서히 진행된다. 이러한 Ar이온의 느린 중성화작용은 또 다른 전자－이온쌍의 전자사태 생성을 막으며, 이 시간을 **불감응시간(dead time)**이라 부른다. 즉, 검출기가 작동하지 않아 검출기로 들어온 X선을 검출하지 못하는 시간간격이다.

불감응시간은 검출기 자체의 회복시간과 전자회로에서 펄스의 길이에 관계된다. P-10 검출기가스에서 메탄은 전자 주개(donor)이며, Ar이온에 전자를 억제(quench)함으로써 불감응시간을 감소시킨다. Ar이온의 중화반응은 Ar이온이 실제로 음극관에 도달하느냐에 좌우되는 것이 아니기 때문에 이러한 도움은 전자－이온쌍의 전자사태를 중지시킨다. 억제가스는 음극관이 스스로 보다 빨리 불감응시간을 줄이도록 재설정하게 한다. 더불어 전자회로는 흔히 약 10^{-6}초 후에 펄스를 인식하도록 설정된다. 불감응시간은 일반적으로 약 1～2 μs이며, 계수율이 3,000 cps를 초과한 경우만 심각한 영향을 준다.

(2) 이탈피크

Ar으로 채워진 계수기에서 Ar K각 흡수단의 에너지인 3.2 keV보다 큰 에너지를 가진 입사 X선은 그 90%가 Ar의 K각(다른 전자각과 구분됨)의 광전자 이온화 작용에 의해 흡수된다. Ar의 K각 형광수율은 0.12이므로 모든 이온화작용의 11%(0.9×0.12)가 Ar K 광자의 방출을 초래한다. 이것들은 이온화된 원자의 대부분에 의해 방출되는 오제전자보다 훨씬 더 침투력이 좋으며, Ar K 광자는 가스에 의한 흡수과정에서 이탈된다. 이 현상이 일어나면 검출기에 축적된 에너지는 입사 X선 에너지 －2.96 keV와 같고, 출력 펄스의 진폭은 감소된다. 이것은 펄스 높이 분포에서 주 피크의 위성피크를 발생시키며, 이탈피크로 정의된다.

모든 Ar K선이 이탈된다면 이탈피크는 기록된 모든 펄스의 약 11%가 되겠지만, 실제로 일부는 계수기 가스에 흡수되어 정상적인 출력 펄스로 나타난다. 전형적으로 이탈피크의 세기는 주 피크 세기의 약 5%이다. 3.2 keV 이하의 에너지를 갖는 X선은 이탈피크를 생성하지 않으며, Ar L 이탈피크를 생성하지만 무시할 수 있다. 크세논(Xe)의 K각 흡수단은 파장분산 분광기에서 이용하는 X선 에너지의 범위 밖에 있어 무시해도 되지만, L각 흡수단은 4.78～5.45 keV 범위에 있어 주의해야 한다. L 전자각의 형광수율은 0.08이지만 흡수의 약 50%만 L 전자각 이온화 작용에 기인하고, 이탈피크는 주 피크의 4%를 초과할 수 없다. 사실 Xe의 L선은 크세논에서 상대적으로 심하게 흡수되기 때문에 비율은 훨씬 낮다. 그러므로 Xe로 채워진 검출기에서 이탈 피크는 매우 작고, 보통 무시될 수 있다.

5 WDS를 이용한 정성분석

1) 분석원리

파장분산 X선 분광분석기(WDS)는 시료에서 나오는 X선을 회절결정에 일정 회절각 범위로 주사하고 측정한 X선 파장을 변수로 하는 스펙트럼에 피크를 기록함으로써 시료 안에 들어 있는 성분 원소를 분석한다. 컴퓨터가 제어하는 분광기에서 분광결정을 단계적으로 이동시키며 디지털 출력을 컴퓨터 메모리에 저장하였다가 스크린 상에 나타낸다.

전체 파장 범위의 X선을 분석하기 위해선 분광결정을 바꿔가며 측정하거나 복수 개의 다른 결정을 갖춘 여러 대의 분광기를 함께 구동시킨다. 여러 파장 범위의 X선을 동시에 측정할 수 있기 때문에 후자가 보다 효율적이다.

전체 파장 범위의 X선을 수집하는 데는 대부분의 시간을 바탕값 X선을 수집하는 데 사용하기 때문에 수집시간 효율이 낮다. 관심 있는 피크가 존재하는 스펙트럼 영역으로 범위를 제한함으로써 요구되는 측정 시간을 감소시킬 수 있지만, 많은 수의 원소를 조사하는 데는 여전히 많은 시간을 필요로 한다. 또한 시료에 없을 것으로 예상되는 원소를 제외하면 존재할 수 있는 다른 원소를 인식할 수 없게 된다. 이러한 관점에서 본다면 전체 스펙트럼을 동시에 수집하는 것이 정성분석에선 유리하다.

X선의 피크는 화이트와 존슨(White and Johnson, 1970)의 X선 파장 목록표(알려진 모든 피크가 파장의 크기 순서로 정리되어 있음)와 비교하여 식별한다. 전자 프로브 미세분석기에 설치된 컴퓨터에는 파장 목록이 저장되어 있으며 식별에 도움을 주고 있지만, 모든 미소 피크(특히 L선)가 포함되지 않을 수도 있다. 따라서 정성분석 시에 스펙트럼의 복잡성을 더하는 고차반사를 억제하기 위해선 펄스높이분석 기능을 이용하는 것이 바람직하다. 파장분산 스펙트럼에선 인식되는 피크의 범위가 적다고해서 피크의 식별이 애매해지는 경우는 거의 없다. 의심이 들면 관련 원소의 다른 피크(β, γ 등)를 확인함으로써 항상 올바른 식별이 이루어진다.

파장분산 스펙트럼을 이용한 정성분석에선 피크 분해능이 좋아 EDS 스펙트럼에서 중첩되는 거의 모든 피크가 분리되며, 피크/배경 비율이 높아 미량 원소의 규명 및 검출이 용이하고, 측정한계가 낮아 작은 원자번호의 원소 측정에 유리하다. 반면에 미지시료의 경우 전체 스펙트럼을 수집해야 하기 때문에 시간이 많이 소요되고, 높은 전자빔 전류를 사용함으로 인해 열에 약한 시료에는 부적절할 수 있다.

2) 사전 장비점검

분석에 들어가기 전에 분석기기가 적절하게 설정되었는지를 주의해서 확인해야 한다. 특히 전자빔의 안정도, 전자빔의 정렬, 빔 전류와 가속전압, 시료 표면 상태, 작동거리, 분광분석기 결정과 검출기 배열의 적정상태, 신호 세기와 스펙트럼 모양 등을 확인해야 한다. 즉, 피크 위치, 상대적 피크 높이, 피크 분해능, 반가폭 등과 같은 변수들이 기기마다 약간씩 다르고, 시료에 따라서도 다르다는 것을 인식해야 한다. 이것들은 X선 표와 적절한 실험실 표준물질로부터의 자료를 주기적으로 비교함으로써 확인할 수 있다. 시료의 표면이 평평하지 않거나 연마되어 있지 않아 분석점이 빔에 수직이 아닌 경우 위치별 탈출각의 실제값에 주의해야 하고, 이런 종류의 시료를 적절히 분석할 수 있는 분광분석기의 성능을 인지하고 있어야 한다.

3) 분석조건의 설정

(1) 일차 전자빔

일차 전자빔 에너지는 분석하려는 원소의 X선 여기에너지보다 더 높아야 하지만, 한편 시료 손상과 오염이 최소화되도록 충분히 낮아야 한다. 내각전자 이온화 단면(ionization cross-section)은 과전압이 2.7인 경우 최대가 된다. 일차전자의 에너지 손실을 고려할 때 적정한 이온화 작용은 2.7보다 약간 높은 비율에서 일어난다. 하지만 초경량 원소나 다른 원소로부터 낮은 에너지의 X선(저에너지 L선 및 M선)의 경우 표면층에서의 흡수가 적정 과전압에 심각한 영향을 줄 수 있으므로 실제로는 2.7보다 높다.

(2) X선 분광분석기

① 분광결정의 선택

선택된 분광결정은 예상하는 원소의 X선을 범위 내에서 회절시켜 검출기에 보낼 수 있어야 한다. 피크 대 배경 비율과 피크 분해능의 최대화, 시료에 있는 다른 원소의 피크로부터 간섭을 최소화하도록 설정한다. 동시에 이들 모든 변수를 적정화시키는 것이 항상 가능한 것은 아니므로 특정한 분석 요구에 대해 최상의 타협안을 제공할 분광결정을 선택한다.

② 주사속도

주사속도는 예상되는 농도에서 예상되는 원소의 검출이 가능하도록 선택되어야 한다.

③ 파고분석기

WDS 스펙트럼에선 시료 내 다른 원소로부터 발생한 X선의 고차반사 피크가 나타날 수 있으며, 이러한 고차반사가 다른 원소의 X선 피크와 중첩할 경우 그 원소의 존재에 대해 불확실성이 일어날 수 있다. 이런 경우, 고차반사는 파고분석기의 판별을 통해 제거할 수 있다. 피크세기의 불필요한 손상을 피하기 위해 적절한 판별창 크기와 기준선을 주의해서 선택하여야 한다. 파고판별과 상관없이 피크 높이 및 모양을 비교하고, 적절한 표준물질을 분석함으로써 적당한 투과율을 결정해야 한다.

4) 정성분석 과정

X선 스펙트럼은 시료 표면 위의 분석하고자하는 점에 전자빔을 조사하고 X선 분광분석기를 가동시킴으로써 얻어진다. 정성분석은 결과로 나온 X선 스펙트럼에서 각 피크를 규명하여 수행한다. 규명한 피크가 다른 원소의 피크와 간섭이 있는지 확인하고, 특히 다른 원소의 고차반사 피크에 주의한다.

(1) 피크인식

피크인식은 피크의 폭과 높이를 참고자료와 비교함으로써 이루어진다. 스펙트럼에서 피크의 반가폭은 X선 파장 목록에 있는 동일 피크의 반가폭 또는 실험실 표준물질로부터 측정된 동일 피크와 거의 같아야 한다. 보다 좁은 피크는 잡피크로서 보통 무시되며, 피크의 크기는 피크 높이에서 배경 높이를 뺀 차이로 결정된다.

(2) 검출된 피크의 식별

얻어진 X선 스펙트럼 분석에서 신뢰할 수 있거나 기원을 알고 있는 X선 파장 목록 또는 실험실 표준물질로부터의 스펙트럼이 이용된다. 파장분산 스펙트럼에 있어 원소의 식별은 다음과 같은 과정을 따라 수행하는 것이 바람직하다.

- 파장이 가장 짧은 분광결정(LiF)으로 수집한 스펙트럼부터 시작한다.
- 세기가 큰 피크를 먼저 감정한다. 이는 시료를 구성하는 주원소의 일차 피크이며, X선 표를 이용하여 같은 족의 작은 피크들을 식별한다.
- 원소의 식별은 전 X선 스펙트럼을 대상으로 실시하되, 얻어진 모든 피크의 위치, 상대적 세기 및 반가폭이 X선 표의 그것들과 일치하여야 한다. 측정 피크가 X선 표상의 값과 일치하지 않는다면 다른 원소로부터 기원된 피크인지 조사해야 한다.

• X선족 중 일차 그룹의 위치를 먼저 결정한 다음 일차 피크와 관련된 고차 피크 위치를 확인한다.
• 스펙트럼에 존재하는 모든 피크가 정의될 때까지 남아 있는 피크 중 가장 세기가 크고 파장이 짧은 피크를 대상으로 위와 같은 과정을 반복한다.

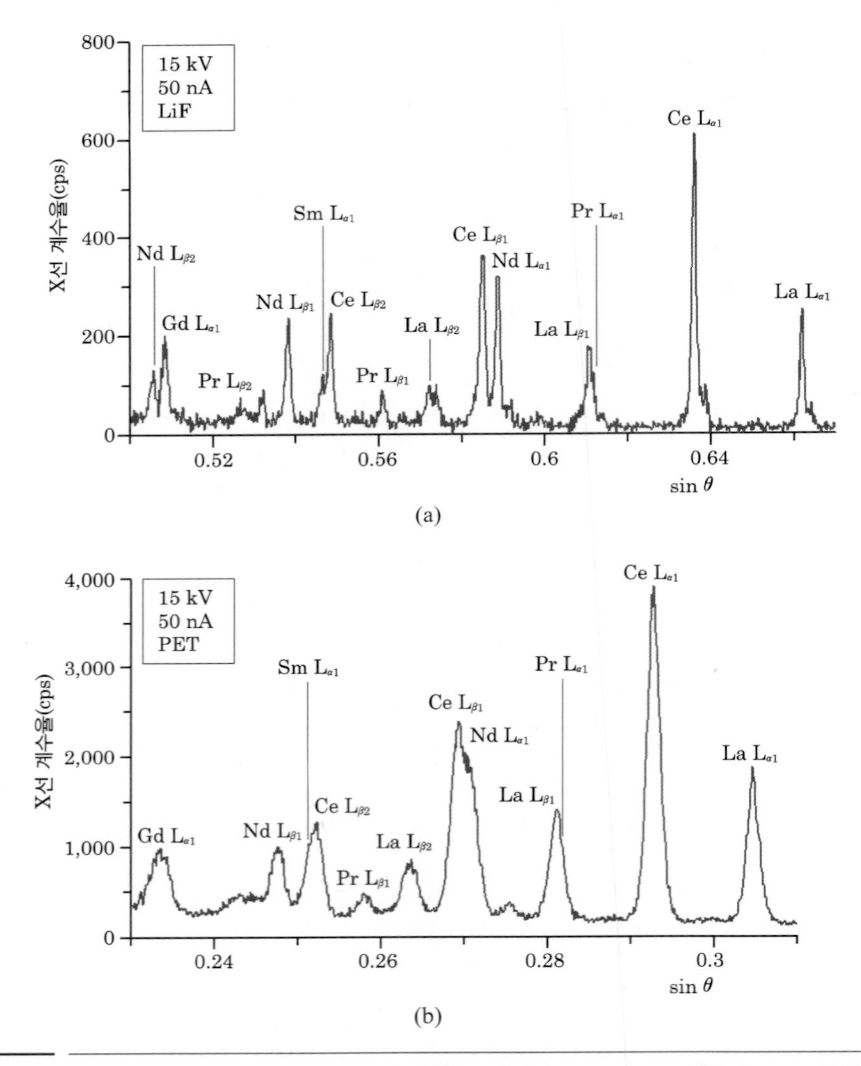

그림 7.40 (a) LiF와 (b) PET 분광결정으로 분석한 모나자이트(monazite) 광물의 WDS 정성분석 결과. LiF의 경우 분해능이 좋지만 계수율이 작은 반면에 PET의 경우는 계수율은 크지만 분해능이 떨어진다. 피크의 분리를 위해서는 LiF를, 미량원소 측정을 위해서는 PET를 선택하는 것이 좋다.

소량 및 미량 성분인 경우 어떤 원소에 대한 단지 한 개의 피크만 존재할 수 있기 때문에 X선족에 의한 피크 확인은 어려울 것이다. 그림 7.40에서 보이는 바와 같이 같은 원소들의 피크가 다른 결정에 의한 스펙트럼에서 나타나지만 면간거리가 작은 결정에서 분해능이 높고 피크 세기가 작은 반면에 면간거리가 큰 결정의 스펙트럼은 분해능은 떨어지지만 피크 세기가 크다. 따라서 분해능이 필요한 경우에는 면간거리가 작은 결정으로, 미량분석을 위하여 피크 세기가 필요한 경우에는 면간거리가 큰 결정으로 분석한다.

(3) 검출한계

주어진 원소가 시료의 정성분석에서 검출되지 않는 경우에도 그 원소가 시료에 존재하지 않는다고 쉽게 결론지어서는 안 된다. 그 원소 물질의 농도가 전자 프로브 미세분석에서 검출한계보다 작은 경우일 수 있기 때문이다.

6 원소분포 분석

1) 선 프로필

선 프로필(line profile)은 어느 선분상의 원소 변화를 조사할 때 사용하는 분석기술이다. 동일 선분에 대하여 장착되어 있는 여러 개의 분광기를 이용하면 1회 수행에 분광기의 수만큼 여러 원소의 변화를 동시에 관찰할 수 있으며, 반복 수행으로 더 많은 원소의 변화를 관찰할 수 있다. 선 분석법은 시료와 빔, 둘 중 어느 것을 움직이느냐에 따라서 두 가지 방법으로 구별된다.

(1) 시료이동 선분석

빔은 고정되어 있고 스테이지 위에 장착된 시료를 일정한 간격으로 이동시켜 선상의 원소 변화를 관찰하는 방법이다. 시편의 전체 균질도 조사와 같이 주로 긴 거리에서 원소 변화를 관찰할 때 사용한다(그림 7.41). 최소 50 μm 이상의 거리에 대하여 최소 1 μm 간격으로 분석이 가능하며, 최대 거리는 스테이지가 이동 가능한 전체 길이까지 분석할 수 있다. 측정시간 등의 한계로 간격을 구분하는 채널 수는 최대 1,024개로 한정되어 있다. 따라서 길이가 지나치게 길 경우 분석 간격을 넓게 설정하거나 빔 크기를 증가시켜야 하기 때문에 원하는 경계면을 놓칠 가능성이 있어 거리와 간격이 사전에 고려되어야 한다.

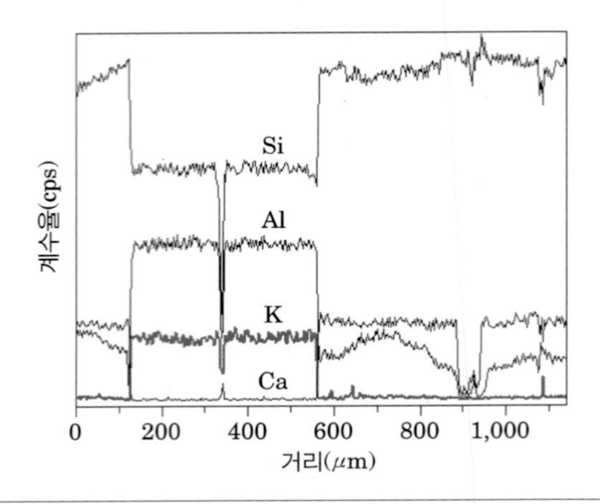

그림 7.41 WDS를 이용한 시료이동 선분석 결과(15 kV, 20 nA). 1,150 μm의 거리에 3개의 상이 존재하고 있으며, 두 곳에 결함이 있다.

(2) 빔이동 선분석

수직형 분광분석기의 경우 수평 방향으로 초점 영역이 넓은 기능을 활용한 방법으로 시료를 분석선분의 중앙에 고정시켜두고 전자빔을 이동시키면서 선상의 원소 변화를 관찰하는 기술이다[그림 7.42]. 이 방법에 TAP결정을 사용할 경우 최대 허용거리는 30 μm 이내이고, PET와 LiF 결정을 이용할 경우 60 μm까지 확장이 가능하다. 보다 긴 거리에서, 즉 초점 영역을 벗어난 경우 발생하는 X선 세기가 감소함으로 분광기 및 결정에 대한 최대 허용거리를 사전에 숙지

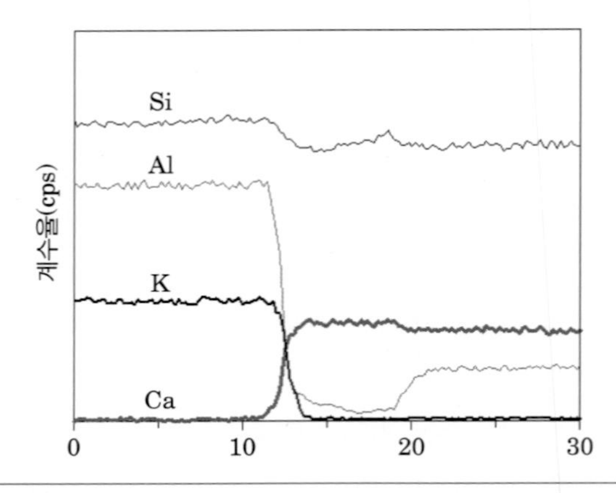

그림 7.42 WDS를 이용한 빔이동 선분석 결과(15 kV, 20 nA). 30 μm의 거리에 3개의 상이 존재하고 있음을 나타내고 있다.

하고 있어야 한다. 빔의 크기가 일정하므로 짧은 거리에서 채널수를 늘리면 주사 전자빔의 중복이 심하여 정확한 경계면을 찾기가 곤란하다. 일반적으로 최소간격 0.2 μm 내외가 적당하다.

(3) 조건 설정 및 실행방법

① 분석 대상 거리에 따라 시료이동법과 빔이동법 중 하나를 선택한다.
② 가속전압은 원하는 원소의 X선을 충분히 발생시킬 수 있는 에너지를 선택하고, 빔 전류는 전자빔의 크기와 발생 X선의 세기를 고려하여 적정한 값을 선택한다.
③ 측정하고자 하는 위치 및 거리를 결정해야 한다. 일반적으로 스테이지 이동법에서는 광학영상에서, 빔 이동법에서는 주사전자영상 또는 후방산란전자영상에서 분석 대상 위치를 선정하고 거리를 계산한다.
④ 거리에 따라 가장 효율적인 간격을 결정한다.
⑤ 빔의 크기는 가능한 최소 크기를 유지하는 것이 공간분해능을 향상시킬 수 있어 계면분석이 효율적이다. 그러나 시료이동 선분석에서 긴 거리를 측정할 때 채널 수에 제한이 있으므로 전체 분석 길이에서 원소의 변화를 볼 수 있도록 간격 크기만큼 전자빔의 지름을 증가시키거나 주사 영역을 넓혀 사용한다.
⑥ 거리와 간격이 정해지면 각 채널별 측정시간을 결정한다. 일반적으로 주원소의 경우 채널당 수십~수백 ms를 설정하고, 미량원소의 경우 수백 ms~수 sec까지 시간 설정을 한다. 이때 전체 분석시간이 계산된다.
⑦ 모든 조건이 설정되면 분석을 시작한다.

2) X선 매핑

X선 매핑(X-ray mapping)은 공간적으로 원소의 분포를 관찰하고자 할 경우에 사용하는 분석기술이다. 분석방법은 선분석법에서 실시하는 것과 동일하며, Y축 방향으로 반복 실행하여 원소의 공간적인 분포를 알 수 있다. 선분석과 달리 많은 시간을 요하는 작업이기 때문에 가능한 짧은 거리에서 적은 수의 채널로 짧은 시간동안 진행하는 것이 필요하다. 즉, 256×256 채널인 경우 채널당 시간을 50 ms로 설정할 경우 스테이지 이동 시간을 합치면 1시간 이상이 소요된다. 단순히 채널수를 늘려 512×512 채널인 경우 4시간 이상 소요됨을 알 수 있다. 측정 결과는 X선의 세기로 나타나며, 최소 최대 세기를 256개의 콘트라스트(0~255 단계)로 구분하여 나타낸다. 보다 선명하게 표현하기 위해서 RGB 혼성비율을 통한 칼라 규격으로 나타낼 수 있다. 최종 결과 해석에 있어 좁은 범위의 X선 세기 차이도 256단계로 구분할 수 있으므로 절댓값의 X선 세기를 확인해서 원소의 분포 상태를 판단해야 한다.

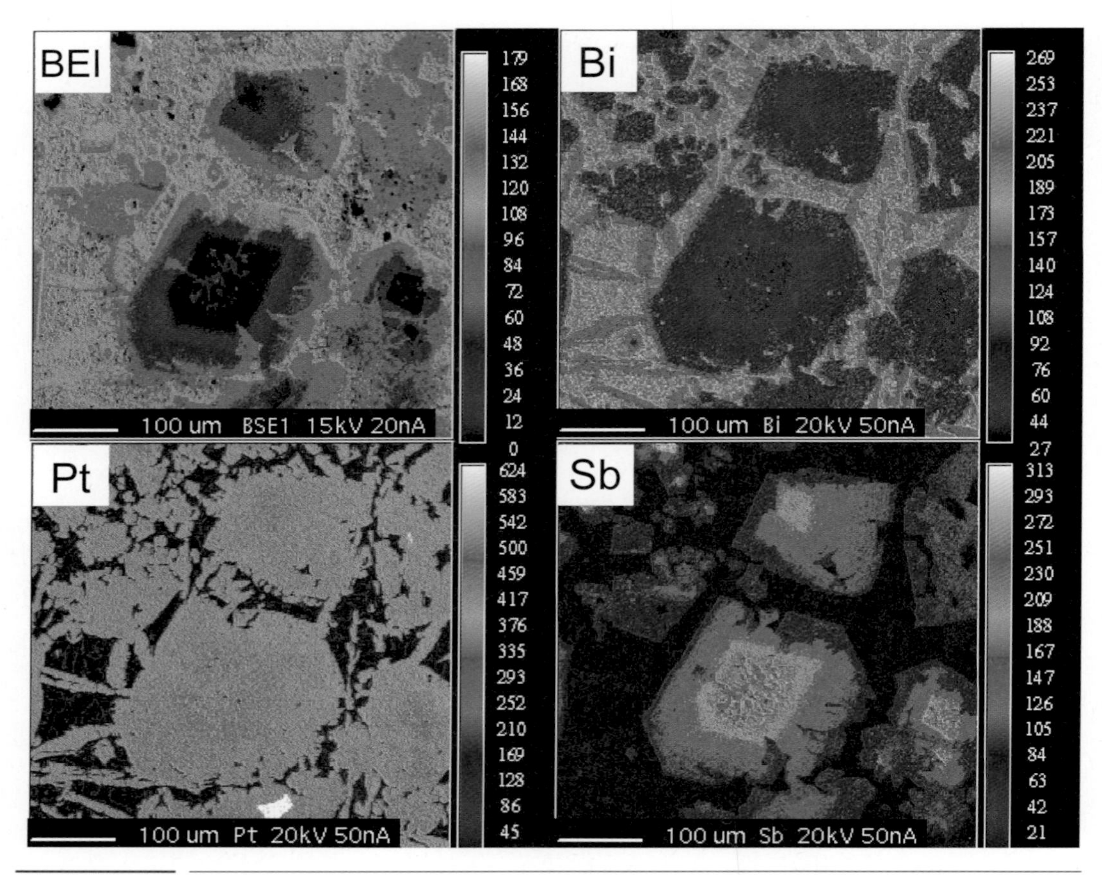

그림 7.43 스테이지 이동 X선 매핑분석 결과(20 kV, 50 nA). 좌상부터 시계 방향으로 후방산란전자(BSE) 영상, 비스무스 X선 맵, 안티몬 X선 맵, 백금 X선 맵을 보인다. 비스무스(Bi)는 결정의 외곽에 주로 분포하고, 백금(Pt)는 결정에 존재하지만 내부로 가면서 증가하는 경향을 보이고, 안티몬(Sb)은 결정에만 존재하고 내부로 가면서 급격하게 증가하는 것에 주목한다.

X선 세기를 일정한 단위로 구분하여 영역별 모달 분석을 통해 구분된 각 상의 분포비를 구할 수 있다. 또한 측정된 X선의 세기를 몇 개의 점에서 정량분석을 통해 구한 검정곡선에 대비시켜 X선 매핑 결과를 원소의 농도(%)로 나타낼 수 있다. X선 매핑 분석 결과는 시료 내에서 원소의 공간적인 분포를 나타냄으로 특정한 상의 분포, 함량, 밀도 등을 알 수 있어 결함 연구나 다형 규명에 많이 활용된다.

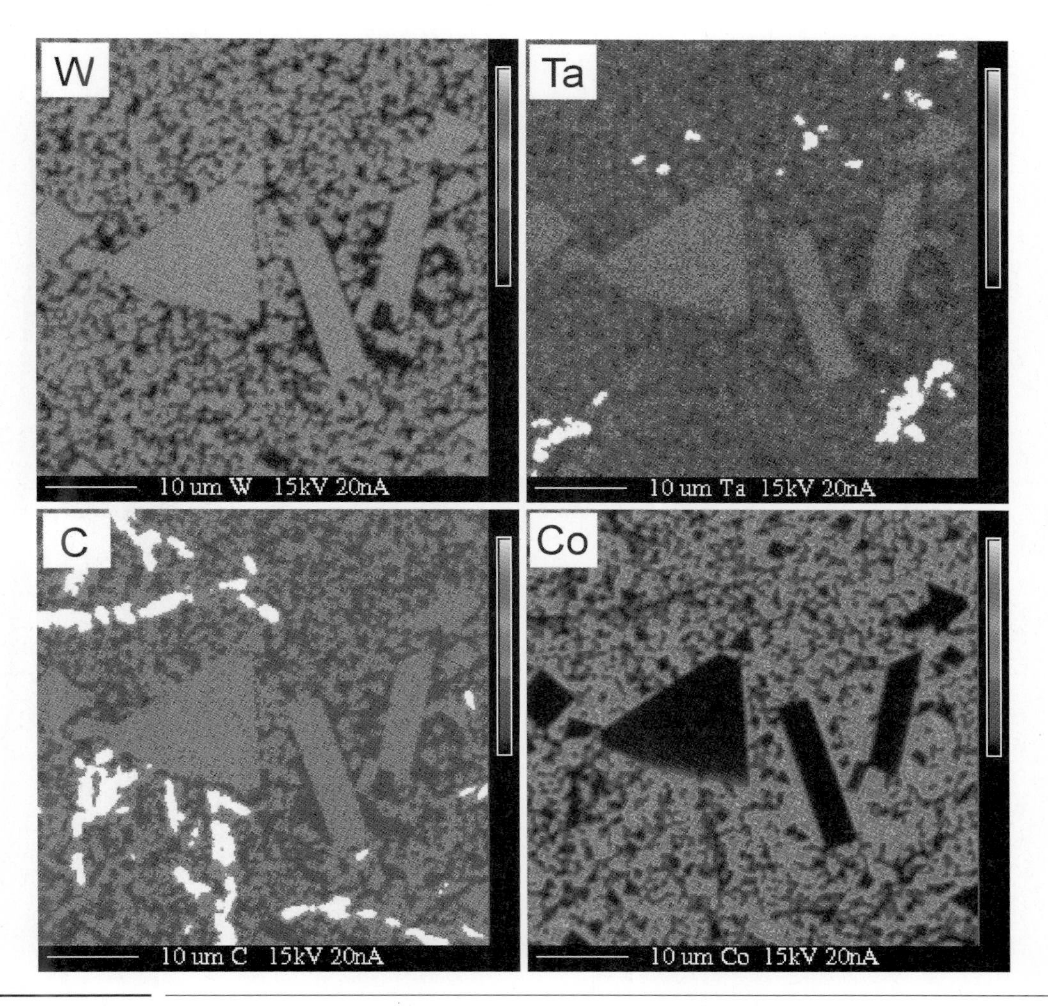

그림 7.44 빔이동 X선 매핑분석 결과(15 kV, 20 nA). 텅스텐(W)은 결정의 주 구성원소로, 코발트(Co)는 매질의 주 구성원소로, 탄탈륨(Ta)과 탄소(C)는 결정의 구성원소이면서 매질 속에 순수원소로 존재하는 것에 주목한다.

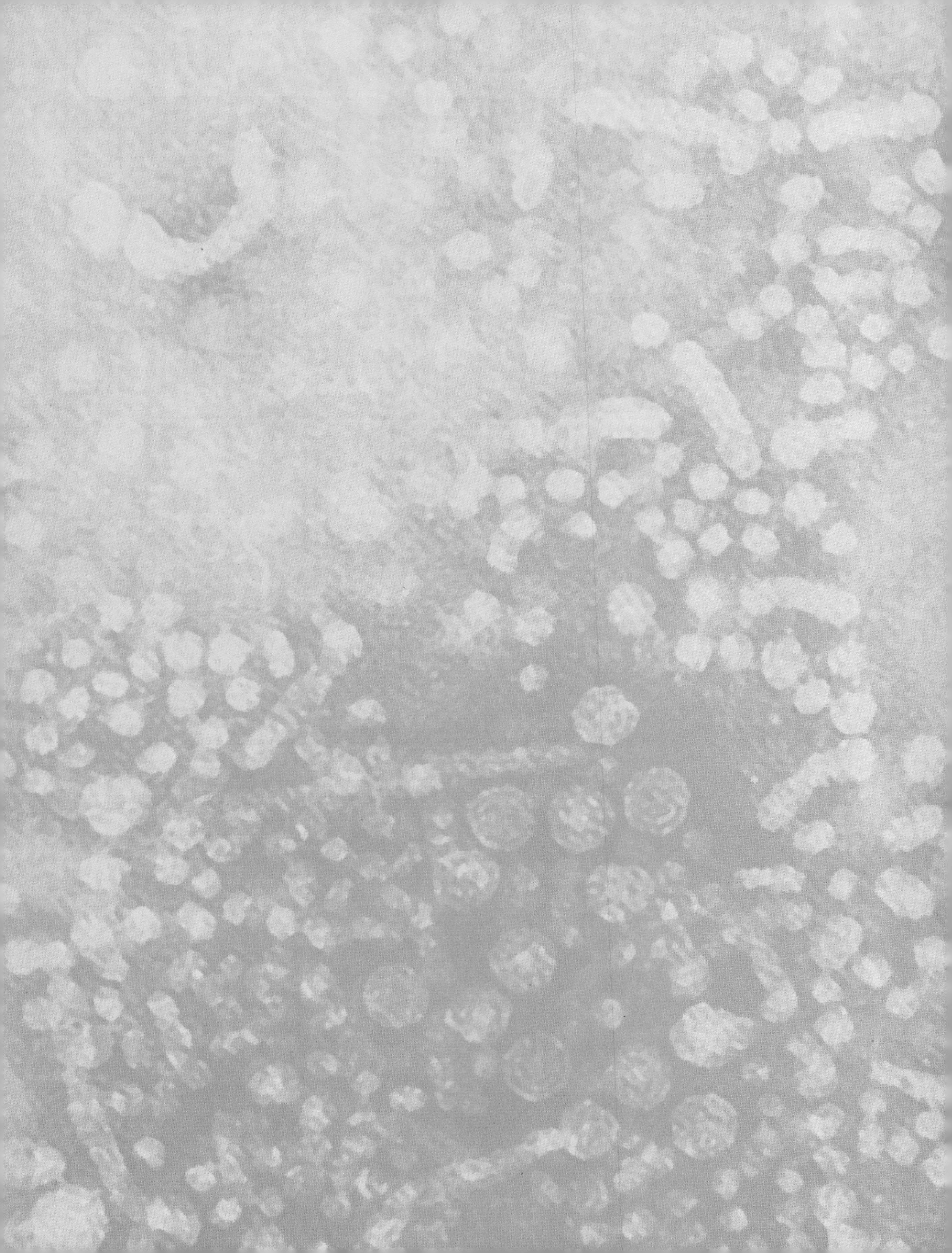

Scanning
Electron
Microscope

8장

X선 분광 정량분석 이론 및 응용

1. WDS를 이용한 원소의 정량분석
2. 매질보정 방법
3. 표준시편을 이용한 원소의 정량분석
4. 분석통계

Scanning Electron Microscope

1 WDS를 이용한 원소의 정량분석

1) 정량분석의 기초

(1) 분석 원리

일정한 가속전압 및 프로브 전류하에서 전자빔과 시편의 상호반응에 의해 방출된 특성 X선의 세기는 원소의 함량에 좌우된다. 따라서 특성 X선의 세기를 측정함으로써 시편을 구성하고 있는 원소의 함량을 구할 수 있다. 정량분석은 동일한 조건하에서 함량을 알고 있는 표준물질과 함량을 모르는 미지시료의 특성 X선 세기를 측정, 비교함으로써 이루어진다. 시편으로부터 방출된 X선의 세기와 함량 사이의 관계는 넓은 함량 범위에서 직선으로 주어지지는 않는다. 따라서 미지시료와 표준시편 둘 다에 대한 보정계산이 필요하다. 그러나 정량분석을 위한 원소의 함량이 미량이고 매질이 같을 때, 특성 X선의 세기와 농도 사이에는 선형의 관계식이 성립된다.

정량분석의 정확도는 표준시료의 선택, 시편준비와 그 과정, 측정조건 및 방법, 장비의 안정도 및 조정상태, 그리고 정량분석을 위한 보정방법 등에 영향을 받는다.

(2) 적용 범위

신뢰할만한 정량분석 자료를 얻기 위해 표준시료와 미지시료는 다음과 같은 조건들을 필요로 한다.

- 고체 상태로 전자빔과 진공 속에서 안정해야 한다.
- 전자빔에 수직이 되도록 시료 표면은 수평이 되어야 한다.

- 분석하고자 하는 입자의 부피와 크기는 상호작용 부피보다 커야 한다.
- 일정한 방향으로 자성이 없어야 한다.
- 전기 전도성을 가져야 하고, 적절한 시편준비가 되어 있어야 한다.

현재 원자번호 4번(Be) 이상의 원소에 대해 정량분석이 가능하다. 정량분석에 대한 측정한계는 선택된 X선, 매질 및 측정조건(빔 세기, 가속전압, 계수변수)과 같은 많은 변수에 영향을 받으며, 수 ppm에서 수백 ppm까지 다양하다. 예상되는 정밀도 및 정확도는 원소의 함량, 측정조건, 보정방법 등에 따라 달라질 수 있다. 습식분석의 상대적인 정밀도 및 정확도와 각각 비교해볼 때 이러한 정밀도 및 정확도는 수 퍼센트 수준으로, 전자 프로브 미세분석에 있어 주원소에 대한 상대적인 정밀도 및 정확도 각각은 1∼2%보다 좋아질 수 있다.

(3) 시편 제작

표준시편 및 미지시편은 깨끗하게 세척되어 먼지가 없어야 한다. 분석하는 동안에 시료 표면은 평평하고, 전자빔에 수직으로 놓이는 것이 중요하다. 필요하다면 시편을 수지로 고정시켜 표면을 잘 연마해야 한다. 시료는 좋은 전도성을 필요로 한다. 전도성이 없는 시료는 전자빔 조사에 따른 대전현상을 피할 수 있도록 매우 얇은 전도체 막으로 코팅해야 한다. 코팅물질로는 탄소가 일반적으로 사용되지만 특별한 경우(경량원소 분석 등) 전도성이 좋은 다른 물질(금, 알루미늄 등)을 이용하기도 한다. 표준시편과 미지시편 둘 다 같은 물질 및 같은 두께로 코팅해야 한다.

2) 장비 사전 점검

(1) 가속전압

가속전압이 설정값과의 차이가 있거나, 안정도가 좋지 않으면 정량분석 보정계산 과정에서 오차가 발생한다. 이러한 문제를 피하기 위해 반드시 가속전압을 완벽하게 교정시켜야 하고 또한 안정화시켜야 한다.

(2) 전자빔

빔 전류값을 정확하게 알 수 없거나, 분석하는 동안 충분한 안정도가 확보되지 않는다면 정량분석 과정에 오차가 발생한다. 따라서 사전에 빔 전류값을 완벽하게 교정하여야 하고 안정화되어 있어야 한다. 분석하는 동안 빔의 세기가 변하면 안정기 또는 수조작을 통해 조정하거나 X선 세기를 보정해주는 것이 필요하다.

(3) X선 분광분석기

측정 이전에 X선 분광분석기의 정확한 조정을 확인하는 것이 필요하다. 이러한 확인은 모든 분광분석기와 결정에 대해 이루어져야 한다. 그러나 같은 결정에서 한 원소 이상을 측정할 때 그 결정에서 모든 원소를 확인할 필요는 없다. 사전조정은 각 제조회사에서 제공한 표준 조정 방법과 조정 표준을 따른다. 가스비례검출기의 비례율 또한 반드시 검사되어야 한다.

(4) 불감응시간

정량분석을 위한 측정을 수행할 때 불감응시간으로 인해 발생되는 X선 계수의 손실을 보정하는 것이 필요하다. 구체적인 보정방법은 다음 장에서 설명한다.

3) 정량분석 조건

(1) 가속전압

전자 프로브 미세분석에 사용되는 가속전압은 일반적으로 10～25 keV의 범위 내에서 다음 각 요소들을 고려하여 적정한 것을 선택한다. 첫째, 가속전압은 시료 내 원소의 X선의 임계 여기전압을 초과해야 한다. 둘째, 분석 대상이 되는 부피는 X선 여기 상호작용 부피보다 커야 한다. 특히, 수직 방향으로 시편의 두께는 X선 발생 깊이보다 충분히 두꺼워야 한다. 그러나 지나치게 높은 가속전압은 열적 및 정전기적 손상을 유도하고, 보정변수의 값을 증가시켜 오차를 확대시킬 수 있음으로 가능한 한 낮추는 것이 좋다.

(2) 프로브 전류

프로브 전류는 다음에서 열거한 요소들을 고려하여 적절하게 선택되어야 한다. 첫째, 충분한 X선 세기를 얻을 수 있어야 한다. 그러나 X선 세기가 계수기를 포화시킬 정도로 높게 해서는 안 된다. 둘째, 열적 및 정전기적 손상과 오염이 가능한 최소화되도록 설정해야 한다. 셋째, 분석 대상 영역에 비해 충분히 작은 프로브가 이용되어야 한다.

(3) 분석 위치

분석 위치는 광학현미경 시야의 중심에 위치해야 하고, 광학현미경상에서 초점 조정이 이루어져야 한다. 또한 분석 전에 프로브 위치의 재현성을 확인해야 한다.

(4) 프로브 크기

정확한 결과를 얻기 위해서는 프로브 크기를 가능한 한 작게 만들 필요가 있다. 그러나 필요하다면 시편의 손상을 막고 오염을 줄일 목적으로 프로브 크기를 키울 수도 있다. 프로브 크기를 증가시키면 시료 표면의 단위 면적당 전자밀도가 감소해 시료의 손상을 줄일 수 있다. 전자빔으로 넓은 영역을 주사하는 것은 프로브 크기를 증가시키는 것과 함께 시료의 손상을 줄이는 선택적인 해결책이 될 수 있지만 X선 세기의 감도에 영향을 주지 않는다는 확인이 필요하다. 가능한 표준시편 및 미지시편 측정에 같은 프로브 크기가 적용되어야 한다.

(5) 시편의 표면

정량 미세분석에서 시료의 표면은 반드시 수평이 되어야 하며, 전자빔의 광학축에 수직이 되어야 한다. 수직 관계가 아니면 보정이 필요하다. 경사진 시료에 대한 보정방법이 주어지고, 경사각을 정확히 알 수 있다면 경사진 시편에 대한 정량분석을 수행하는 것도 가능하다.

(6) X선 피크의 선택

분석을 위한 X선 피크는 다음 요소들을 고려하여 선택될 수 있다. 세기가 가장 크고 피크-배경 비율이 큰 피크를 선택한다. 배경의 세기 측정이 가능한 피크를 선택한다. 시편 내 다른 원소들의 피크와 중복되지 않는 피크를 선택해야 한다.

시료 내에 공존하는 원소와의 중복을 피할 수 없을 때에는 일차 X선과 중복된 경우는 피크 분리 프로그램을 이용하고, 고차 X선과 중복된 경우는 PHA를 이용하여 고차 신호를 제거하여 분석에 이용한다.

(7) 분광분석기

분광분석기, 분광결정, 그리고 검출기는 분석 대상이 되는 원소와 특성 X선에 따라 선택할 수 있다. 여러 개의 원소를 분석할 경우 분광분석기별 원소 배열은 전체 분석시간이 최소가 되도록 한다.

(8) X선 피크 세기 측정 방법

① 파장 위치

각 원소의 X선 세기 측정에 있어 파장의 위치는 표준물질에서 측정된 피크의 세기가 가장 큰 위치에 있어야 한다. 일반적으로 파장 위치는 각 원소에 대해 단지 한 번의 피크 찾기를 수행함으로써 결정될 수 있다. 저에너지(<1 keV) 피크를 분석할 경우 피크의 위치와 모양이

표준시편과 미지시편에서 달라질 수 있기 때문에 피크 높이를 측정하는 대신 피크의 면적을 측정하는 것이 바람직하다.

② 계수시간

피크 및 배경 위치에서 계수시간은 요구되는 민감도와 정량 정밀도에 의해 결정된다. 이론적으로 민감도와 정밀도는 계수시간을 증가시킴으로써 개선될 수 있지만 빔 손상과 빔이 조사되는 위치에서 원소의 표류로 인해 시간이 제한된다. 미량 원소 분석 시의 계수시간은 주원소 분석 시의 시간보다 더 길게 할 필요가 있다. 이 경우에 피크와 배경 위치에서의 계수시간이 비슷해야 한다.

③ X선 피크 세기의 측정 순서

표준 및 미지 시편에서 측정 시간 간격은 가능한 짧아야 한다. 측정 순서는 측정하는 동안 X선 세기가 변화할 가능성이 있는 원소부터 시작한다. 예를 들면, 유리 시편에서 빔 손상에 의해 쉽게 영향을 받는 알칼리 원소부터, 그리고 오염에 의해 쉽게 영향을 받는 탄소 원소부터 분석하는 것이 좋다.

④ 표준물질의 선택

표준물질은 미지시료와 유사한 조성의 물질을 선택하는 것이 이상적이나 모든 종류의 물질

표 8.1 일반적으로 많이 사용하는 산화물의 대표적인 표준물질

원소	표준물질	
	이름	화학식
Na	경옥(자데아이트, Jadeite)	$NaAlSi_2O_6$
Mg	페리클레이스(Periclase)	MgO
Al	강옥(코런덤, Corundum)	Al_2O_3
Si	규회석(월라스토나이트, Wollastonite)	$CaSiO_3$
P	인회석(아파타이트, Apatite)	$Ca_5P_3O_{12}F$
S	황철석(파이라이트, Pyrite)	FeS_2
Cl	암염(할라이트, Halite)	$NaCl$
K	정장석(오소클레이스, Orthoclase)	$KAlSi_3O_8$
Ca	규회석(월라스토나이트, Wollastonite)	$CaSiO_3$
Ti	금홍석(루타일, Rutile)	TiO_2
Cr	아크롬산염(크로마이트, Chromite)	$FeCr_2O_4$
Mn	장미휘석(로도나이트, Rhodonite)	$MnSiO_3$
Fe	적철석(헤마타이트, Hematite)	Fe_2O_3

을 표준물질로 구비할 수 없으므로 같은 상태의 표준물질을 선택하는 것이 바람직하다. 즉, 금속은 순수한 금속으로, 산화물은 단순한 조성의 산화물을 표준물질로 선택해야 한다. 대표적인 산화물의 표준물질을 표 8.1에 나타냈다. 시편 준비는 시료와 같으며, 코팅 역시 시료와 같은 조건에서 이루어져야 한다.

4) 정량분석 이론

시료로부터 검출되는 특성 X선의 세기 I_i와 시료 내 원소 i의 농도 C_i 사이에는 아래와 같은 비례식이 성립한다. 즉,

$$I_i = k_i \times C_i \tag{8.1}$$

비례상수 k_i는 시료의 조성에 따라 달라지며, 이것을 매질효과(matrix effect)라 한다. 분광분석에서 원소의 농도를 계산하는 방법에는 매질보정을 적용한 k비와 기본적인 변수를 이용하는 검정곡선 2가지 방법이 주로 활용된다.

(1) 케이(k)비

순수한 원소(표준시편)의 X선 세기 I(i)에 대해 시료 내의 원소 i의 X선 세기 I_i의 상대적 비율을 케이(k)비(k ratio)라 하며 X선 세기의 비율로서 아래와 같이 주어진다.

$$k_i = \frac{I_i}{I_{(i)}} \cong \frac{C_i}{C_{(i)}} \tag{8.2}$$

k비는 농도의 근삿값을 결정하는 데 이용된다. 미지시료에 대해 I_i =상수× C_i인 반면에 순수한 원소에 대해서는 $I_{(i)}$ =상수×1(농도는 100 wt.%)로 표현된다. 이 식은 상수가 참값의 상수가 아니기 때문에 단지 근삿값이라는 사실을 인식해야 한다.

식 (8.2)를 이용해 얻은 철강시편에 대한 근사농도는 E_0 = 30 keV, 탈출각 = 52.5°일 때 표 8.2와 같이 주어진다. 여기에서 보는 바와 같이 분석 대상이 된 철강시편의 매질이 순수한 철

표 8.2 철강시편의 참농도와 근사농도의 비교

원소	참농도(%)	$k_i \times 100$(%)	% 차이
C	0.82	0.17	−80
Cr	4.18	5.18	24
V	1.88	2.09	11
Mn	0.26	0.25	−3
Fe	81.8	80.8	−1

과 매우 유사하기 때문에 철에 대한 근삿값은 매우 좋은 편이지만 계산된 탄소의 농도는 순수한 탄소매질이 철강 내에 소량 들어 있는 탄소와는 아주 다르기 때문에 정확도가 매우 낮다.

상대 세기 비율인 k_i가 시험시편에서 원소의 유사한 농도를 제공하지만, 일치하지 않는 것은 전자빔과 시편의 상호반응 과정에서 여러 가지 물리적인 효과가 발생하기 때문이다. 따라서 참농도를 결정하기 위해서는 물리적인 이론에 기초한 보정계산법이 수행되어야만 한다. 즉, 측정된 세기는 매질효과에 대하여 보정계수에 의해 수정되어야 한다. 여기서 ZAF_i와 $ZAF_{(i)}$는 미지시료 및 표준시편에 대한 각각의 보정계수를 나타낸다. X선 세기에 대한 보정은 구성원소의 종류와 함량에 따라 X선 발생에 미치는 매질효과가 각각 달라지기 때문이다.

$$k_i = \frac{C_i}{C_{(i)}} \times \frac{ZAF_i}{ZAF_{(i)}} \tag{8.3}$$

그림 8.1에서 Ni과 Fe의 합금에서 Ni의 함량을 증가시키면서 X선 세기를 측정한 결과 예상되는 세기(점선)보다 낮게 나타나는 반면 Fe의 세기는 높게 나타난다. 즉, 방출되는 X선이 원소의 함량에 직접 비례하지는 않는다는 것을 알 수 있다. 이것은 X선이 발생되어 시료를 통과하는 과정에 다른 영향이 있음을 시사한다. Ni의 X선은 방출되는 과정에 일부가 시료에 흡수(흡수영향)되어 실제 발생한 숫자보다 감소된 것이고, Fe의 X선은 흡수된 Ni K선에 의해 추가로 Fe K선이 발생되어(형광영향) 전자빔에 의해 발생한 숫자보다 더 증가한 결과이다. 따라서

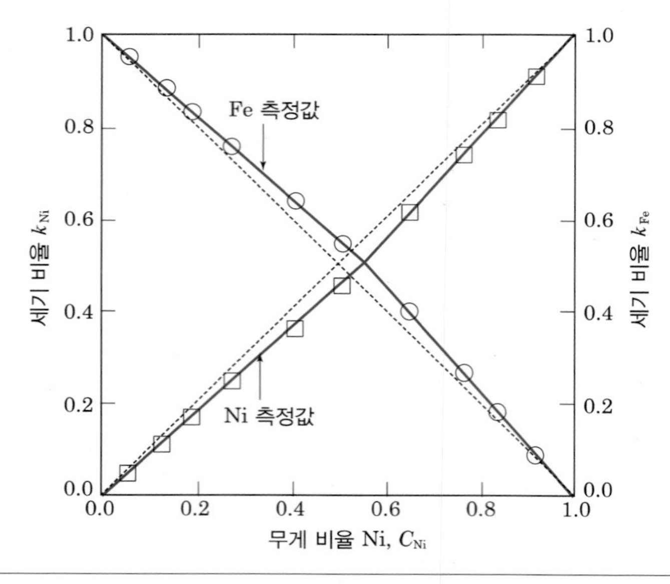

그림 8.1 Ni의 무게 비율에 대한 Fe 및 Ni의 측정값과 k비. 직선(점선)은 이상적인 k비이며, 곡선(실선)은 측정에 의한 k비(원자번호 영향 및 흡수 영향이 반영됨)를 나타낸다.

분석에 있어서는 감소한 양을 보충해주고 증가한 양을 빼주는 보정이 필요하다. 이러한 보정방법에는 ZAF 방법, 파이로지(Phi-Ro-Z)방법, 벤스앨비 방법(Bence and Albee) 등이 있다. 같은 상대 세기 k_i가 이용되었을지라도, 선택된 모델 또는 프로그램에 따라 다른 물리적 상수와 공식이 이용되기 때문에 보정된 농도가 항상 같은 결과를 나타내지는 않는다. 일반적으로 현재 개발되어 있는 모델의 실제 정확도는 2% 이내이며, 넓은 범위의 X선 에너지(100 eV～15 keV)와 빔 에너지(1～40 keV)에 적용된다.

(2) 보정방법

원소 i로부터 측정된 k비인 k_i는 매질효과를 설명하기 위해 계산되는 3가지 보정변수에 의해 원소농도 C_i와 관련되며, 매질효과 보정은 원자번호영향(Z), 흡수영향(A), 형광영향(F) 3가지 변수에 의해 계산된다.

① 자프(ZAF) 방법

자프(ZAF) 방법은 앞의 3가지 물리적인 영향의 보정계수를 각각 독립적으로 계산하여 모든 보정인자를 곱하여 앞 식에 적용하고, 반복과정을 통해 측정된 k비로부터 농도를 제공한다. 이론적으로 표준시편과 시험시편은 금속, 세라믹과 폴리머 등과 관계없이 다루어질 수 있다. 이것은 일반적으로 널리 이용되는 것들이다.

② 파이로지[$\phi(\rho z)$] 방법

파이로지 방법은 표적물에서 발생된 X선 세기의 깊이분포, 즉 $\phi(\rho z)$ 함수를 원자번호와 흡수영향의 결합을 통해 결정하는 보정기술이다. $\phi(\rho z)$의 모양은 두 개의 포물선(Pouchou and Pichoir), 가우스 곡선(Brown, Bastin), 이중 가우스 곡선(Merlet) 등과 같이 일반적으로 단순한 분석함수에 의해 접근된다(그림 8.2). 이러한 다른 분석함수의 변수들(바스틴 모델에 이용된 가우스함수 $\gamma \cdot \exp(-\alpha_2 \cdot \rho z^2)$에 대한 변수 γ, α는 표면 이온화값 $\phi(0)$와 마찬가지로 원자번호 Z를 구성하는 물리적 변수에 좌우된다(그림 8.3). $\phi(\rho z)$ 함수를 재정립한 모양은 추적실험으로부터 유도된 실험적 자료와 몬테카를로 모의실험으로부터 유도된 이론적인 자료의 모델을 비교함으로써 얻어지며, 발생함수(깊이 방향의 이온화 분포)의 정확도를 향상시킬 수 있다.

매질 보정법으로 사용되는 ZAF와는 달리 파이로지 보정은 X선의 세기를 계산하는 일반적인 모델이다. 즉, 파이로지 보정은 흡수효과를 더 잘 결정할 수 있으며, 실험적으로 결정된 X선의 분포를 더 세밀하게 적용시킨 $\phi(\rho z)$ 공식을 이용하여 시료로부터 방출되는 방사선의 세기를 표면 이온화 작용, 이온화 작용이 일어나는 최고의 깊이, 최대분포가 있는 깊이 및 생성되

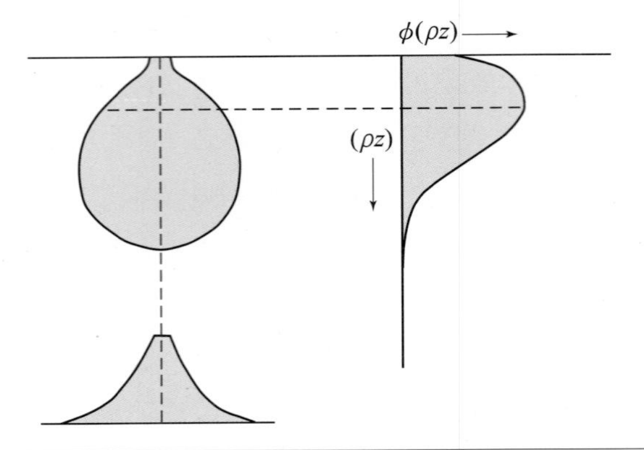

그림 8.2　깊이 방향 및 측면에서에 본 X선 세기 함수 $\phi(\rho z)$와 발생 부피 모양. 수직 방향은 시편 아래 깊이를 질량 깊이(ρz)로 나타낸 것이고, 수평 방향은 전자빔축으로부터의 거리를 나타낸 것이다. 이 함수는 대부분의 X선이 상호작용 부피 내에서 상대적으로 얕은 깊이에서 발생됨을 나타낸다.

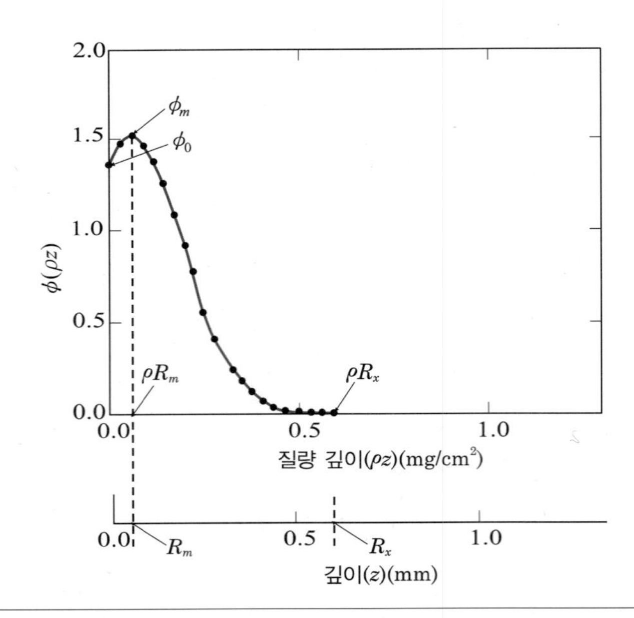

그림 8.3　$\phi(\rho z)$ 곡선을 유도하기 위해 길이 및 질량 깊이(ρz)에 대한 X선 세기의 측정(15 kV). $\rho z=0$일 때, $\phi(0)$가 1보다 큰 것은 후방산란 전자에 기인한 것이고, $\rho z=\rho R_x$ 일 때 최댓값을 가지며, 그 이후 감소하다가 $\rho z=\rho R_x$에 이르면 더 이상의 X선은 발생하지 않는다. 따라서 $\phi(\rho z)$ 곡선의 모양은 가속 전압, 시편의 원자번호, 시편의 기울기에 따라 달라진다.

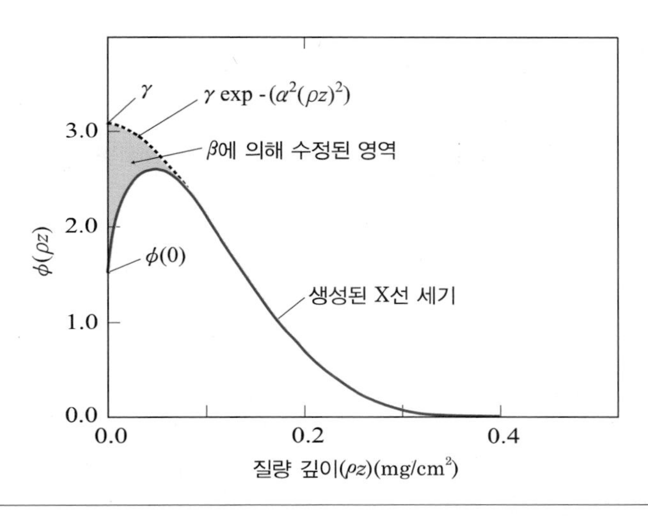

그림 8.4 $\phi(\rho z)$ 계산식에 적용되는 4개의 가우스 변수[α, β, γ, $\phi(0)$]의 함수 거동을 나타낸 $\phi(\rho z)$ 곡선

는 세기를 나타내는 분포의 적분 등 4개의 물리적 변수를 고려하여 계산하는 모델이다. 파이로지 보정은 계산하는 데 있어 ZAF보다 약간 더 걸리지만 훨씬 더 효과적이다. 이것은 넓은 범위의 X선 에너지(100 eV~10 keV 이상)와 가속전압(1~40 keV)에 대해 이용될 수 있다.

ZAF 이상의 개선점이라면 원자번호(Z) 효과에 대해 보다 유용한 표현들(후방산란인자, 전자의 방사성, 효과적인 이온화단면)을 사용한 결과이다. ZAF 방법에 비해 포함된 물리적 현상에 보다 더 적절한 접근법으로 알려져 있다. 파이로지법에서 기억해야 할 요점은 원자번호와 흡수인자를 더 이상 구분하지 않는다는 것이다. 일반적인 금속시편에 있어, ZAF 방법과 파이로지 방법의 결과에서 심각한 차이는 인지되지 않지만 보다 큰 원자번호 차이가 있는 시편 또는 경량원소를 포함하는 시편의 정량적인 정밀도를 향상시키는 데 매우 유용하다.

③ 벤스앨비 방법

벤스앨비 방법은 원래 규산염 광물의 산화물 분석을 위해 제안되었다. 단순한 쌍곡선 관계가 형광영향이 무시되는 2원계 산화물에 대한 질량농도와 k비 사이에 존재한다는 가정을 기초로 한다. 보정인자는 α 인자라 한다. 계산이 단순하고, 산소의 정량값이 불필요한 경우 이용된다. 3원계 또는 그 이상의 복잡한 산화물에서는 질량농도와 k비 사이의 관계는 α 인자의 선형 결합에 의해 결정될 수 있다. α 인자는 잘 정의된 규산염 및 산화물 표준시편의 분석을 통해 실험적으로 또는 ZAF나 파이로지로부터 이론적으로 계산에 의해 얻어진다. 한정된 종류의 규산염 광물에서 실험적으로 얻어진 α 인자를 이용하면 보다 정밀한 결과를 얻을 수 있으며, ZAF 및 파이로지를 능가할 수 있다.

(3) 검량선

검량선은 농도에 대해 원소의 X선 세기(또는 k 비)를 도표로 그려 만들어진다. 이 기법을 이용하면 매우 정확한 결과를 얻을 수 있다. 검량선의 선상으로부터 편차를 관찰하면 매질보정의 크기를 알 수 있다. 검정곡선을 이용하는 방법은 미량원소 분석에 매우 유용하다.

① 검량선의 원리

이 방법은 주어진 매질에서 미량원소를 분석하기 위해 일반적으로 이용된다. 농도는 검량선을 통해 분석원소로부터 방출된 특성 X선 세기에 의해 직접 유도된다. 검량선은 분석하고자 하는 원소의 다양한 농도 범위를 가진 일련의 표준시편으로부터 만들어진다. 이들 표준시편 각각으로부터 얻어진 특성 X선 세기와 원소농도 사이의 관계를 나타내는 특징적인 곡선이 결정된다. 이 방법에는 매질보정계산이나 배경값 보정을 수행할 필요가 없다.

② 표준시편의 선택

표준물질의 주요조성이 미지시료 중의 하나와 유사해야 한다. 또한 분석하고자 하는 농도범위를 포함하는 일련의 표준물질이 요구된다. 따라서 검량선 작성을 위해 각 원소별로 적어도 3가지 이상의 다른 농도를 가진 표준시편이 준비되어야 한다.

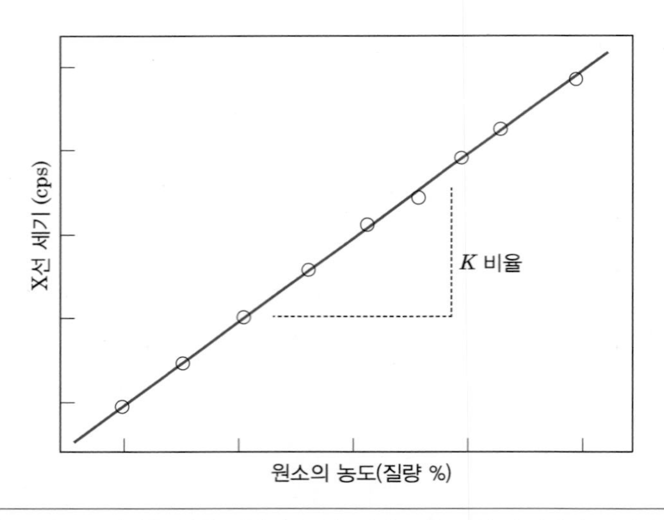

그림 8.5 원소의 농도 결정을 위한 검량선. X선 세기는 총 X선 세기에서 배경값을 뺀 순수 X선 세기로 나타낸 것이다.

③ 진행과정

특성 X선 세기 측정에는 일정 시간 동안 누적계수를 측정하는 방법과 특성 X선의 계수가 일정한 누적계수가 될 때까지 측정하는 방법의 두 가지가 있다. 일반적으로 시간을 정해놓고 그 동안의 누적계수를 측정하는 방법이 이용되며, 이 경우 입사빔 전류가 일정하게 유지되어야만 한다. 각각의 표준시편에 대해 선택된 계수시간은 좋은 통계 정밀도가 얻어지도록 설정되어야한다. 검량선은 실험적인 자료 도시에서 직선 또는 저차 다항식 분석함수를 설정하여 얻어지며, 이때 회귀선의 R^2값은 1에 가까워야 한다. R^2값이 낮은 경우는 적절한 표준시편이 부족하거나 X선 세기 측정에 있어 통계적인 오차가 고려될 수 있다. 검량선을 이용하여 분석시편으로부터의 특성 X선 세기를 질량농도로 변환할 수 있다.

5) 미지시료에 대한 농도계산

실제농도가 75% Fe−25% Ni인 시료를 대상으로 탈출각이 40°인 분광기에서 가속전압 25 keV에서 X선 분석을 실시하였을 때 실제 농도를 계산하는 과정은 다음과 같다.

(1) 초깃값

- 실험조건: $E_0 = 25$ keV, $\Psi = 40°$
- 실험적으로 계산된 k비: $k_{Fe} = 0.775$, $k_{Ni} = 0.221$
- 농도의 초기 예상값($C_i = k_i$): $C_{Fe} = 0.775$

  $C_{Ni} = 0.221$

(2) 계산반복 #1

- 초기 C_i에 기초한 ZAF 보정: (ZAF)Fe = 0.972, (ZAF)Ni = 1.133
- 새로 계산된 농도, $C_i = k_i(ZAF)$i: $C_{Fe} = 0.775 \times 0.972 = 0.7531$

  $C_{Ni} = 0.221 \times 1.133 = 0.2505$

(3) 계산반복 #2

- 수정된 C_i를 기초로한 ZAF 보정: (ZAF)Fe = 0.968, (ZAF)Ni = 1.130
- 새로 계산된 농도: $C_{Fe} = 0.775 \times 0.968 = 0.7499$

  $C_{Ni} = 0.221 \times 1.130 = 0.2498$

(4) 계산반복 #3

- 수정된 C_i를 기초로한 ZAF 보정: (ZAF)Fe=0.968, (ZAF)Ni=1.129
- 새로 계산된 농도: $C_{Fe}=0.775\times0.968=0.7499$

  $C_{Ni}=0.221\times1.129=0.2496$

계산과정을 3번 반복한 결과 Fe 74.99%, Ni 24.96%로 최종 분석되어 초깃값보다 실제 값에 더 근접한 것을 알 수 있다.

2 매질보정 방법

1) 물리적인 영향

(1) 원자번호영향

원자번호영향(Z)은 두 개의 인자, 즉 저지력인자 S와 후방산란인자 R로 구분된다. 저지력은 전자빔이 시편 속으로 침투 및 확산하는 과정에서 비탄성산란에 따른 에너지 손실률과 시편의 조성차이로 인한 특성 X선의 이온화 단면의 변화를 나타낸다. 저지력 인자 S는 베테(Bethe) 이론에서 유도된다. 후방산란전자효과는 입사된 전자의 상당부분이 탄성산란(후방산란)에 의해 시편으로부터 사전에 손실되는 영향으로 이온화 손실률이 시료의 조성에 따라 달라진다. 후방산란인자 R은 시편에서 실제 생성되는 광자의 총수를 후방산란전자가 없는 경우 생성되는 광자의 총수로 나누어준 값으로 나타내며 후방산란전자계수 η로 표현한다.

(2) 흡수영향

시편 속으로 입사된 전자에 의해 발생된 특성 X선은 시편 밖으로 방출되는 과정에서 시편을 구성하고 있는 다른 원소에 의해 X선의 흡수가 일어나 그 수가 감쇄될 수 있다. 이러한 흡수영향은 시편의 조성에 좌우된다. X선이 통과하는 물질에 의한 광자의 흡수량을 보정하는 것으로 질량흡수계수(μ/ρ)가 이용된다. 흡수보정은 X선이 시료에서 밖으로 나올 때 X선의 흡수에 있어서 차이를 보정하는 것으로 깊이 방향으로 평균 이온화 수의 분포(발생함수)가 고려될 필요가 있다. 일반적으로 발생함수는 $\phi(\rho z)$로, 질량깊이는 ρz로 표현된다.

(3) 형광영향

입사전자에 의한 직접 여기(일차 X선) 이외에 매질 내 다른 원소의 특성 X선 또는 연속 X선에 의해 유도되는 형광에 의해 발생되는 X선(이차 X선)이 생성될 수 있다. 이론적으로 이러한 현상은 흡수되는 일차 X선의 에너지와 2차 형광 X선 에너지의 차이가 1～1.25일 때 중요하다. 예를 들면, 철강시편에서 Fe와 Ni의 특성 X선에 의해 Cr－Kα의 이차 X선이 그것이다. 이 영향의 보정 정도는 수 % 정도이다. 연속 X선 역시 이차형광 방출을 유도하지만 연속 X선에 의해 발생된 이차 X선의 세기는 약해 일반적으로 무시된다.

2) 원자번호보정 Z_i

원자번호의 영향은 두 가지 현상, 즉 후방산란(R)과 전자저지력(S)으로부터 초래되며 시료의 평균원자번호에 좌우된다. 시편의 평균원자번호 사이의 차이는 표준물질의 평균 원자번호의 차이에 대비하여 원자번호 보정이 요구된다. 원소 i에 대한 원자번호보정 Z_i의 계산식은 던컴(Duncumb)과 리드(Reed, 1968)에 의해 다음과 같이 제안되었다.

$$Z_i = \frac{R_i \int_{E_c}^{E_0} \frac{Q}{S} dE}{R_i^* \int_{E_c}^{E_0} \frac{Q}{S^*} dE} = \frac{R_i}{R_i^*} \cdot \frac{S_i^*}{S_i} \tag{8.4}$$

R_i와 R_i^*는 표준물질과 미지시편에 대한 원소 i의 후방산란보정 인자들로 다음과 같이 표현된다.

$$R_i = \frac{\text{시료에서 실제로 발생되는 광자의 수}}{\text{후방산란전자가 없는 경우 생성되는 광자의 수}} \tag{8.5}$$

매질 내에 있는 원소에 대한 R_i는 다음 식에서 계산된다.

$$R_i = \sum_j C_j R_{ij} \tag{8.6}$$

R_{ij}는 원소 i가 원소 j의 영향으로 발생된 보정인자로, 야코위츠[Yakowitz, 1973] 등에 의해 다음과 같이 제안되었다. 과전압 $U = E_0/E_{c,i}$로 주어진다.

$$R_{ij} = R_1 - R_2 \ln(R_3 Z_j + 25) \tag{8.7}$$

$$R_1' = 8.73 \times 10^{-3} U^3 - 0.1669 U^2 + 0.9662 U + 0.4523 \tag{8.8}$$

$$R_2' = 2.703 \times 10^{-3} U^3 - 5.182 \times 10^{-2} U^2 + 0.302 U - 0.1836 \tag{8.9}$$

$$R_3' = (0.887 U^3 - 3.44 U^2 + 9.33 U - 6.43) / U^3 \tag{8.10}$$

Q는 이온화 단면으로 상수이며, 시료 내 원자의 특정 내각전자의 이온화 작용을 유도하는, 주어진 에너지를 갖는 전자의 단위경로 길이당 확률로 정의된다. S는 전자의 저지력으로 베테(Bethe, 1930)에 의해 다음과 같이 제안되었다.

$$S_i = const \times \frac{Z}{A} \frac{1}{E} \ln\left(\frac{1.166E}{J}\right) \tag{8.11}$$

저지력은 이것이 영향이 작은 E의 함수이기 때문에, 평균에너지의 값을 취하는 것이 좋다.

$$\overline{E} = \frac{E_0 + E_{c,i}}{2} \quad \text{Thomas (1964)} \tag{8.12}$$

J는 평균이온화전위로서 직접 측정되는 것이 아니며, 실험을 통해 유도되는데 현재 사용되는 평균이온화전위는 버거(Berger)와 셀처(Seltzer, 1964)에 의해 다음과 같이 주어졌다.

$$J_j = 9.76 Z_j + 58.8 Z_j^{-0.19} \, (\text{eV}) \tag{8.13}$$

따라서 위 식을 다시 정리하면 다음과 같다.

$$S_{ij} = \frac{Z_j}{A_j (E_0 + E_c)} ln\left[\frac{583(E_0 + E_{c,i})}{J_j}\right] \tag{8.14}$$

위 공식은 '던컴리드(Duncumb and Reed, 1968)' 보정에 이용된다. 주된 영향은 표준물질과 미지시료 사이의 평균 원자번호의 차이로부터 발생된다.

경량원소로 이루어진 매질에서 중량원소에 대한 원자번호 보정은 1보다 크다. 중량원소로 구성된 매질에서 경량원소에 대한 원자번호 보정값은 1보다 작다. 보정계수는 과전압이 증가함에 따라 감소한다.

원자번호보정의 예

E_0 =25 kV에서 Cu−Al 합금 중 Cu 분석에 대한 원자번호보정을 계산해본다. Z_{Al} =13, A_{Al} =26.98 g/mol, $E_{c,Al}$ = 1.56 keV, Z_{Cu} =29, A_{Cu} =63.55 g/mol, $E_{c,Cu}$ =8.98 keV를 이용하여 위 공식에 적용하면

Cu와 Al의 순수시료 :

$$J_{Cu} = 9.76 \times 29 + 58.8 \times 29^{-0.19} = 314.0$$

$$J_{Al} = 9.76 \times 13 + 58.8 \times 13^{-0.19} = 163.0$$

$$S_{CuCu} = \frac{29}{63.55(25+8.98)} \ln\left[\frac{583(25+8.98)}{314}\right] = 0.0557$$

$$S_{CuAl} = \frac{13}{26.98(25+8.98)} \ln\left[\frac{583(25+8.98)}{163}\right] = 0.0681$$

$$R_{CuCu} = 0.870 \qquad R_{CuAl} = 0.947$$

2% Cu-98% Al 조성의 시료

$$S^*_{Cu} = 0.98 \times 0.0681 + 0.02 \times 0.0557 = 0.0678$$

$$R^*_{Cu} = 0.98 \times 0.947 + 0.02 \times 0.870 = 0.9455$$

따라서 Cu 원자번호보정인자는 다음과 같다.

$$Z_{Cu} = \frac{R_{Cu}}{R^*_{Cu}} \cdot \frac{S^*_{Cu}}{S_{Cu}} = \frac{0.870}{0.946} \times \frac{0.0687}{0.0557} = 0.920 \times 1.233 = 1.134$$

3) 흡수보정 A_i

시료 표면 아래 주어진 깊이에서 발생되는 X선은 검출기에 도달하기 전에 시편을 통해 어느 정도의 거리를 이동해야만 한다. X선이 흡수되는 경로를 따라 지나감으로써 X선 세기의 감소를 초래하게 되어 흡수보정인자에 의해 보정된다.

표면 아래로 깊이 z에서 하나의 층 dz로부터 발생되는 X선의 세기는

$$dI = \phi(\rho z) d(\rho z) \tag{8.15}$$

로 주어지며, X선 흡수가 일어나지 않았다면 발생된 전체 세기는 아래와 같다.

$$I_{NOABS} = \int_0^\infty \phi(\rho z) d(\rho z) \tag{8.16}$$

가 된다. 흡수 때문에 dz로부터 관찰된 X선의 세기는 발생된 X선의 세기보다 적다[베르(Beer)의 법칙].

$$dI = \phi(\rho z) \exp(-\mu z \csc\Psi) d(\rho z) \tag{8.17}$$

모든 층으로부터 관찰된 X선 세기는 다음과 같다.

$$I_{ABS} = \int_0^{\infty} \phi(\rho z)\exp(-\mu z \csc\Psi) d(\rho z) \tag{8.18}$$

가 되고 따라서 흡수보정인자 A_i는 다음과 같이 나타낸다.

$$A_i = \frac{f(\chi)_{std}}{f(\chi)_{spec}} = \frac{f(\chi)}{f(\chi)^*} \tag{8.19}$$

필리버트(Philibert, 1963)는 $f(\chi)$에 대한 표현을 다음과 같이 정의하였다.

$$\frac{1}{f(\chi)} = \left(1 + \frac{\chi}{\sigma}\right)\left(1 + \frac{h}{1+h}\frac{\chi}{\sigma}\right) \tag{8.20}$$

여기서 에너지 E_i에 의한 원소 i의 방출 X선에 대해

$$\sigma = \frac{4.5 \times 10^5}{E_0^{1.65} - E_{c,i}^{1.65}} \tag{8.21}$$

$$h = 1.2 \sum_j C_j \frac{A_j}{Z_j^2} \tag{8.22}$$

$$\chi = \sum_j C_j \mu_j (E_i) \csc\Psi \tag{8.23}$$

이 모델에서 $\phi(0)$는 표면(깊이 0)에서 X선 발생에 대한 값이다. 이 모델은 일차빔과 표면을 통해 재투과되는 후방산란전자에 의해 여기되는 표면 이온화작용은 무시한다.

이 공식은 낮은 원자번호의 원소 분석(표면이온화작용이 중요함)에서 나타나는 강한 흡수인 경우 실패하지만 보정 프로그램으로 종종 이용된다.

실험적인 변수가 흡수보정(90%Fe−10%Ni에 대해)의 크기에 영향을 주는 정도는 다음 표 8.3에 나타나 있다.

흡수보정은 주어진 화학조성에 대해 가속전압 E_0(실제로는 과전압 U)와 탈출각에 영향을 받는다. 보정값은 낮은 과전압과 큰 탈출각에서 최소가 된다.

표 8.3 가속전압과 탈출각이 흡수보정에 영향을 주는 정도

가속 전압 E_0(kV)	탈출각(Ψ)	흡수보정 ANi	비고
25	40	1.17	깊은 발생, 짧은 경로
25	10	1.61	깊은 발생, 긴 경로
12.5	40	1.03	표면 가까이에서 발생, 짧은 경로
12.5	10	1.15	표면 가까이에서 발생, 긴 경로

흡수보정의 예

입사전자빔 에너지 E_0 =25 keV이고, 탈출각 Ψ=40°일 때, Fe−Ni 합금에서 Ni Kα 방출에 대한 흡수보정요소는 다음 표에서 주어진 변수의 값을 이용하여 계산될 수 있다.

흡수보정에 필요한 Fe−Ni의 변수

factor	unit	Fe	Ni
$\mu(E_{NiK\alpha})$	cm^2/g	370.2	60.0
Z		26	28
E_c	keV	7.111	8.332
A	g/mol	55.85	58.71
C	wt%	90.0	10.0

단면은

$$\sigma = \frac{4.5\times10^5}{25^{1.65} - 8.332^{1.65}} = 2,654$$

표준물질로 순수한 니켈을 선택한다면

$$\chi = 1.0\times60.0\times\csc(40°) = 93.3$$
$$h = 1.2\left(1.0\times\frac{58.71}{28^2}\right) = 0.090$$

여기서,

$$\frac{1}{f(\chi)} = \left(1+\frac{93.3}{2654}\right)\left(1+\frac{0.0899}{1+0.0899}\frac{93.3}{2654}\right) = 1.038$$
$$f(\chi) = 0.963$$

90%Fe−10%Ni 합금 시료에 대해

$$\chi = (0.9\times370 + 0.1\times60.0)\csc(40) = 527.7$$
$$h = 1.2\left(0.9\times\frac{58.71}{28^2} + 0.1\times\frac{55.85}{26^2}\right) = 0.091$$
$$\frac{1}{f(\chi)^*} = \left(1+\frac{527.7}{2654}\right)\left(1+\frac{0.091}{1+0.091}\frac{527.7}{2654}\right) = 1.219$$

흡수보정 인자 A_{Ni}는

$$A_{Ni} = \frac{f(\chi)}{f(\chi)^*} = \frac{0.963}{0.820} = 1.174$$

4) 형광보정 F_i

원소 j의 특성 X선의 에너지(E_j)가 원소 i의 여기에너지($E_{c,i}$)보다 더 크다면, 즉 $E_j > E_{c,i}$ 원소 j의 특성 X선은 원소 i를 여기시킬 수 있다. 따라서 원소 i의 X선은 전자 여기 그 자체에 의한 것보다 더 많이 생성된다. 형광보정인자는 형광이 일어났을 때의 세기에 대해 형광이 일어나지 않아 세기에 영향을 주지 않을 때의 X선 세기의 비율이다.

$$F_i = \frac{I_{NOFLUOR}}{I_{FLUOR}} = \frac{I_i}{I_i + I^f} = \frac{1}{1 + (I^f / I_i)} \tag{8.24}$$

원소 j의 X선 일부가 원소 i의 X선 생성에 기여할 수 있기 때문에 보정이 필요하다.

$$F_i = \frac{\left(1 + \sum_j \frac{I_{ij}^f}{I_i}\right)}{\left(1 + \sum_j \frac{I_{ij}^f}{I_j}\right)^*} = \frac{1}{\left(1 + \sum_j \frac{I_{ij}^f}{I_i}\right)^*} \tag{8.25}$$

순수한 원소가 이용되었다면, 원소 i에 대한 X선은 다른 X선을 여기시킬 수 없기 때문에 $F_i = 1$이 되고 형광보정은 식 (8.25)의 오른쪽과 같이 표현된다.

보정인자 I_{ij}^f / I_j는 원소 j로부터 형광에 기인하여 생성된 원소 i의 X선 세기와 관련되고, 리드(Reed, 1965)에 의해 다음과 같이 제안되었다.

$$I_{ij}^f / I_i = C_j Y_0 Y_1 Y_2 Y_3 P_{ij} \tag{8.26}$$

여기에서 각 인자들은 다음과 같이 나타낼 수 있다.

$$Y_0 = 0.5 \frac{r_i - 1}{r_i} \omega_i \frac{A_i}{A_j} \tag{8.27}$$

$$Y_1 = [(U_j - 1)/(U_i - 1)]^{1.67} \tag{8.28}$$

$$Y_2 = (\mu/\rho)_i^j / (\mu/\rho)_{spec}^j \tag{8.29}$$

$$Y_3 = \frac{\ln(1+u)}{u} + \frac{\ln(1+v)}{v} \tag{8.30}$$

$$u = \frac{(\mu/\rho)_{spec}^i}{(\mu/\rho)_{spec}^j} \cdot \csc\Psi \tag{8.31}$$

$$v = \frac{3.3 \times 10^5}{(E_0^{1.65} - E_{c,i}^{1.65})(\mu/\rho)_{spec}^j} \tag{8.32}$$

이 공식에서 나타나는 변수 r_i는 원소 i의 흡수점프비율로서 K선에 대해선 $(r_i - 1)/r_i =$ 0.88, L선에 대해선 $(r_i - 1)/r_i$=0.75, ω_i는 형광수율, $U_j = E_0/E_{cj}$, $U_i = E_0/E_{ci}$, $(\mu/\rho)_i^j$는 원소 j의 X선에 대한 원소 i의 질량흡수계수, $(\mu/\rho)_{spec}^j$는 원소 j의 X선에 대한 시편의 질량흡수계수이다. P_{ij}의 전형적인 값은 다음과 같다.

P_{ij} =1.00 원소 i의 K선을 여기시키는 원소 j의 K선에 대해

P_{ij} =1.00 원소 i의 L선을 여기시키는 원소 j의 L선에 대해

P_{ij} =4.76 원소 i의 K선을 여기시키는 원소 j의 L선에 대해

P_{ij} =0.24 원소 i의 L선을 여기시키는 원소 j의 K선에 대해

형광보정은 Cr, Fe, Ni와 같은 전이원소의 합금에 대해서만 중요하다. 형광보정은 낮은 가속전압과 작은 탈출각에서 최소이며, 형광을 유도하는 원소의 농도가 클수록 증가한다(표 8.4). 모든 특성 X선이 다른 원소의 형광을 유도할 수 없기 때문에 형광영향에 대하여 미리 고려할 필요가 있다.

- Z=12~30인 원소에 대해 형광영향은 거의 무시된다.
- Z+1, Z+2로부터의 X선에 의해 형광효율이 가장 좋다.
- >Z+10인 경우 형광영향은 무시해도 좋다.

표 8.4 농도, 탈출각, 가속전압이 형광효과에 미치는 영향

C_{Ni} wt%	$\Psi°$	E_0	$I^f_{Fe,Ni}/I_{Fe}$	F_{Fe}
90	40	12.5	0.185	0.844
90	10	12.5	0.108	0.902
90	40	25.0	0.292	0.774
90	10	25.0	0.187	0.843
50	10	12.5	0.042	0.960

형광보정의 예

가속전압 25 keV, 탈출각 40°에서 Fe−Ni 합금으로부터 Ni에 의한 Fe의 형광은 다음 표에서 주어진 변수를 이용하여 계산할 수 있다.

Fe−Ni 합금의 형광보정에 필요한 변수

		Fe	Ni
(μ/ρ)Fe Kα	cm^2/g	71.1	92.3
(μ/ρ)Ni Kα	cm^2/g	370.2	60.0
ω		−	0.37
A	g/mol	55.85	58.71
E_c	keV	7.111	8.332
C	wt%	0.10	0.90

(계속)

$E_{NiK\alpha}$ =7.478>$E_{c,Fe}$ =7.111이기 때문에 Ni−K만이 Fe를 여기시킬 수 있다.
Fe=i이고, Ni=j일 때

$$\sum_j \frac{I_{ij}^f}{I_i} = \frac{I_{Fe,Ni}^f}{I_{Fe}} = C_{Ni}\, Y_0\, Y_1\, Y_2\, Y_3 \times 1$$

$$\sum_j \frac{I_{ij}^f}{I_i} = \frac{I_{Fe,Ni}^f}{I_{Fe}} = C_{Ni}\, Y_0\, Y_1\, Y_2\, Y_3 \times 1$$

$$Y_0 = 0.5 \times 0.88 \times 0.37 \times \frac{55.85}{58.71} = 0.155$$

$$Y_1 = \left(\frac{\frac{25.0}{8.332} - 1}{\frac{25.0}{7.111} - 1} \right)^{1.67} = 0.682$$

시편의 매질에 대한 질량흡수계수는 다음과 같이 주어진다.

$$(\mu/\rho)_{spec} = C_{Fe}\,(\mu/\rho)_{spec}^{Fe} + C_{Ni}\,(\mu/\rho)_{spec}^{Ni}$$

그러므로

$$(\mu/\rho)_{spec}^{Fe} = 0.1 \times 7.1 + 0.9 \times 92.3 = 90.18$$

$$(\mu/\rho)_{spec}^{Ni} = 0.1 \times 370.2 + 0.9 \times 60.0 = 91.02$$

$$Y_2 = \frac{(\mu/\rho)\mathrm{FeK}\alpha}{(\mu/\rho)_{spec}^{Ni}} = \frac{370.2}{91.02} = 4.07$$

$$u = \frac{(\mu/\rho)_{spec}^{Fe}}{(\mu/\rho)_{spec}^{Ni}} \cdot \csc(40) = \frac{90.18}{91.02} \times 1.56 = 1.54$$

$$v = \frac{3.3 \times 10^5}{(25^{1.65} - 7.110^{1.65})} \frac{1}{(\mu/\rho)_{spec}^{Ni}} = 20.47$$

$$Y_3 = \frac{\ln(1+1.54)}{1.54} + \frac{\ln(1+20.47)}{20.47} = 0.755$$

따라서

$$\frac{I_{Fe,Ni}^f}{I_{Fe}} = 0.9 \times 0.155 \times 0.682 \times 0.755 = 0.292$$

Fe의 형광보정인자는 다음과 같이 계산되었으며

$$F_{Fe} = \frac{1}{1 + 0.292} = 0.774$$

Fe X선 세기의 29%가 형광에 기인한 것으로 해석된다.

3 표준시편을 이용한 원소의 정량분석

1) 시료준비

EDS 미세분석의 가장 큰 장점 중 하나가 시료준비과정이 간단하다는 것이지만 정확한 정량분석을 위해서는 규격화된 시편준비가 필요하다. 표준시료를 이용한 신뢰성 있는 정량분석을 위해 다음과 같은 조건을 만족시켜야 한다.

(1) 시료의 조건

대상 시료는 고체여야 하며, 처리과정에서 변형을 일으킬 수 있으므로 적당한 크기로 줄일 수 있어야 하고, 진공 상태와 전자빔에 안정해야 한다. 회수된 시료는 간단한 세척 후 다시 사용할 수 있어야 한다. 표면에 묻은 잔해 파편들을 제거하기 위해 실험을 하기 전에 가능한 초음파 기술을 이용한다.

(2) 연마

불규칙한 모양의 시료는 전도성 물질로 된 보조핀에 끼워 넣고, 진공 내에서 안정한 수지로 채워 굳힌다. 전도성 물질은 시료 표면을 더럽히게 할 수 있거나, 분석할 성분 물질에 변형을 줄 수 있는 것은 피해야 한다. 연마는 시료의 굴곡에 영향을 주지 않는 1/4 마이크론 정도로 하는 것이 바람직하다. 모든 홈을 완전히 제거하는 것만으로는 분석 영역의 굴곡을 제거하고 청결하게 했다고 할 수는 없다.

(3) 시료 표면 상태

신뢰할만한 정량분석을 위해서는 시료의 표면이 마이크론 크기로 평탄해야 하고 표면이 매끄러워야 한다. 이런 사항은 표준물질을 이용하는 실험에서 항상 요구된다. 거친 표면은 X선 경로길이 계산의 유효성을 떨어뜨린다. 분석할 부분은 몇 마이크론 지름의 전자빔 주변 영역에서 균질해야 한다. 흡수 및 형광의 모든 계산은 X선이 통과하는 경로에 존재하는 물질이 X선 발생점의 물질과 같다는 가정에 기초한다.

(4) 전도성 물질의 코팅

비전도성 시료는 약 20 nm 두께의 탄소 코팅이나, 탄소가 없을 경우에는 유사한 두께의 알루미늄 코팅을 하여 전도성을 부여한다. 시료를 시료대에 고정시킬 때 은, 탄소 페인트, 혹은 전도성 장비로 접지와 연결해야 한다. 분석할 때는 전자빔이 분산되므로, 비전도성 물질은 전도성 물질로 덮여있어야 한다.

2) 사전점검

분석 이전에 측정 자료의 재현성 및 신뢰성 확보를 위해 몇 가지 점검이 필요하다. 첫째, 적당한 진공과 빔 상태하에서 빔과 검출기 안정도가 점검되어야 한다. 검출기 분해능과 에너지 측정에 의해 안정도를 알 수 있다. 둘째, 일정한 시간 간격으로 또는 피크 위치에 의심이 들 때 검출기의 에너지 규격이 점검되어야 한다. 모든 측정 자료와 측정으로부터 나온 사항들이 기록되어야 한다. 적절한 개개의 표준물질을 이 목적으로 사용한다. 즉, 저에너지 쪽에선 Al $K\alpha$선을, 고에너지 쪽에선 Cu $K\alpha$선을 이용하거나 좀더 정밀하게 검사하기 위해 다원소 표준물질인 석류석(garnet)의 Si $K\alpha$, Ca $K\alpha$ 및 Fe $K\alpha$선을 이용한다. 셋째, 검출기의 분해능이 점검되어야 한다. 피크의 반가폭 측정을 위해 Mn $K\alpha$선(5.895 keV)을 이용하며, 허용한계는 ±10% 이내이어야 한다. 한계를 벗어나면 시스템 재점검을 통해 확인해야 한다. 넷째, 일정한 간격으로 검출기 효율이 측정되고 기록되어야 한다. Cu $K\alpha$와 Cu $L\alpha$선의 세기 비율을 이용하여 검출기 효율을 점검한다. 검출기 효율이 10% 이하로 떨어지면 시스템 확인이 필요하다.

3) 분석절차

(1) 가속전압 설정

필라멘트 안정화를 위해 충분한 시간을 두고 포화시켜야 하며, 10~25 kV의 가속전압을 선택해야 한다. 충분한 여기와 좋은 피크 세기를 얻기 위해서는 1.8 이상의 과전압이 필요하다. 8~10 keV의 높은 에너지의 X선을 분석할 때에는 최소 20 kV의 가속전압이 필요하다. 1~3 keV의 낮은 에너지의 X선을 분석할 때에는 흡수보정의 크기를 최소화하여, 이로 인한 오차를 최소화하는 것이 바람직하다. 이 경우 10 kV의 낮은 가속전압으로 원하는 X선을 충분히 여기시킬 수 있다.

(2) 빔 전류 선택

빔 전류는 모든 스펙트럼에 대해 적당한 계수율을 얻을 수 있을 정도로 커야 한다. 표준시료로부터 원소의 스펙트럼을 선별할 때, 초과 불감응시간 또는 누적효과 없이 2,500 cps의 계수율이 얻어져야 한다. 30% 이하의 불감응시간이 바람직하다. 시스템의 계수율 능력은 가장 높은 계수율로 얻은 스펙트럼과 낮은 계수율로 얻은 스펙트럼의 비교로 점검된다. 분석되는 동안 1% 이하의 시료 이동이 바람직하지만, 좋은 분석 공간분해능을 얻기 위해선 빔 전류를 제한하는 것이 필요하다. 표준물질과 시편 측정시의 빔 전류 변화가 점검되어야 하며, 명확하게 측정되지 않았다면 분석 시작과 끝에 하나의 표준물질을 측정하여 확인해야 한다.

(3) 시편의 위치 조정

시편은 전자빔하의 올바른 위치에 놓여야 한다. 전자프로브 미세분석기에서는 광학현미경의 초점을 맞추고, 빔에 대하여 수직으로 시료면이 놓이도록 해야 한다. 위치의 오차나 경사는 분석의 정확도를 떨어뜨린다. 주사전자현미경에서 작동거리는 EDS 분석에 적당하도록 제작사에서 정해 놓은 거리를 사용한다. 시편의 경사는 0이 되도록 한다. 시편의 분석 위치는 광학영상 또는 주사전자 영상으로 선택하며, 선택한 부분의 균질성은 시편에서 하나 이상의 원소로부터 나온 X선 세기를 영역 주사 또는 일차선을 통해 점검한다.

(4) 수집시간

수집시간은 원하는 피크의 X선 개수가 충분하도록 설정해야 하는데, 요구되는 정밀도에 따라 다르다. 정확성이 요구되는 분석에는 스펙트럼의 총 계수가 250,000개 이상이어야 한다. 정밀도를 확보하기 위해서 분석은 반복되어야 하고, 결과에서의 재현성이 입증되어야 한다.

(5) 기타 고려 사항

관련된 모든 측정 요소들(탈출각, 시편 경사, 빔 전류 등)은 기록되어야 한다. 기준선의 이동, 게인의 편차, 분해능과 같은 시스템 요소들과 빔 안정도를 확인하기 위해 동일 분석조건으로 분석 시작과 끝에 적어도 하나 이상의 표준물질에 대한 스펙트럼이 얻어져야 한다.

4) 자료의 분석

(1) 일반

X선 스펙트럼은 시편 분석 부피 속에 존재하는 원소들의 특성 X선의 피크로 구성되어 있다. 피크의 세기가 시편 속의 원소 함량과 관련이 있지만, 원소들의 상대적 세기가 반드시 원소의 상대적 농도를 나타내지는 않는다.

(2) 피크 식별

스펙트럼 내 모든 피크의 식별 시에 7장에서 설명한 바와 같이 피크의 중첩 가능성을 유념하여야 한다. 적당한 피크는 각각이 존재 원소의 양을 결정하기 위해 선택된다. 피크의 감정은 7장을 참고한다. 스펙트럼에서 부정확한 세기 비율, 혹은 불규칙적인 피크 모양은 다른 원소들의 간섭이 있음을 지시함으로 반드시 검증되어야 한다. 스펙트럼에서 감정된 모든 피크는 이탈피크 및 합피크가 나타날 가능성을 고려하여 계수되어야 한다. 적당한 피크는 각각 존재하는 원소들의 농도에 따라 적당히 선택되어야 한다. 예를 들어 20 kV의 빔 전압으로 Z=11～28의 K선, Z=29～71의 L선, Z=72～92의 M선이 적당하다.

(3) 피크 세기의 측정

피크의 세기를 계산하기 위해 배경값을 차감할 필요가 있다. 차감은 모든 스펙트럼에서 이루어져야 하고 모델링, 디지털 필터링, 혹은 피크의 양쪽 점들 사이의 선상보간법(linear interpolation)으로 할 수 있다. 넓은 에너지 범위에서 배경 차감이 이루어진다면 정밀성이 떨어질 것이다. 방법은 분석할 피크들의 용이성에 따라 선택한다. 중첩선이 발생할 때에는 단순한 방법을 선택하거나 다양한 선들의 상대 세기를 이용하여 수동으로 측정된다.

5) 표준시편의 스펙트럼을 이용한 EDS 정량분석

(1) 정량분석과정

그림 8.6에서와 같이 정량분석을 위해서는 먼저 스펙트럼을 얻고, 스펙트럼 상에 나타나는 원소를 규명한 다음 1차적으로 연속스펙트럼을 고려한 크레이머 법칙(Kramer's Law)에 따라 배경값을 설정한다. 2차적으로 피크의 에지 등을 고려한 개별 피크별로 배경값을 설정한 후 배경값을 제거한 다음 피크의 세기를 측정하여 장비 소프트웨어에 집적되어 있는 표준시편 스펙트럼을 이용하여 k비를 구하고, ZAF 보정 후 정량값을 구한다. 이어서 총량이 100%가 되도록 정량값을 재조정한다. 분석결과를 보면 금속화합물의 경우 매우 의미 있는 결과가 생산되었음을 알 수 있다[그림 8.6(f)].

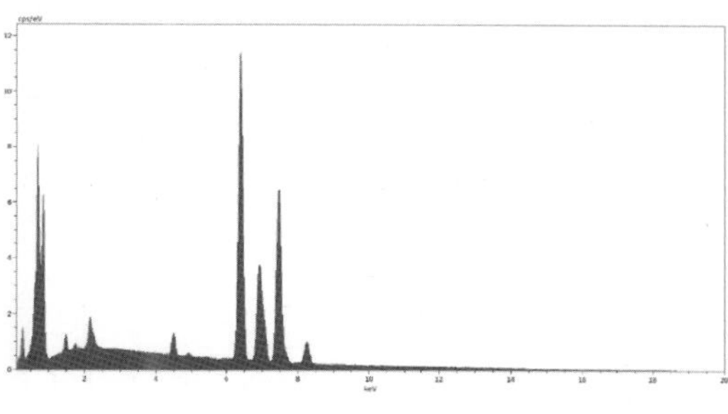

(a) 스펙트럼 획득

(b) 스펙트럼 피크 분석(원소규명)

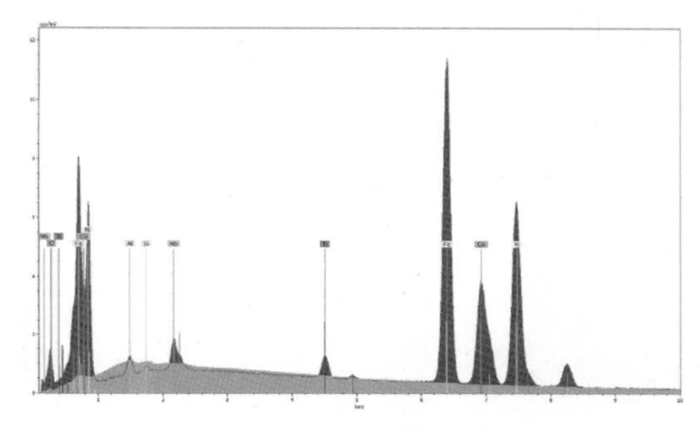

(c) 배경값 설정

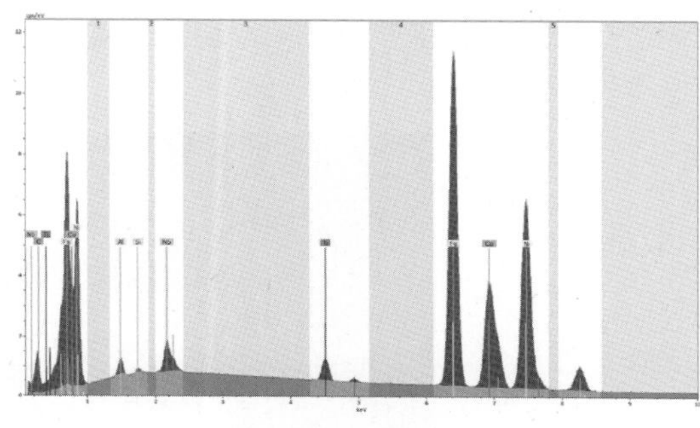

(d) 배경값 재설정 및 제거

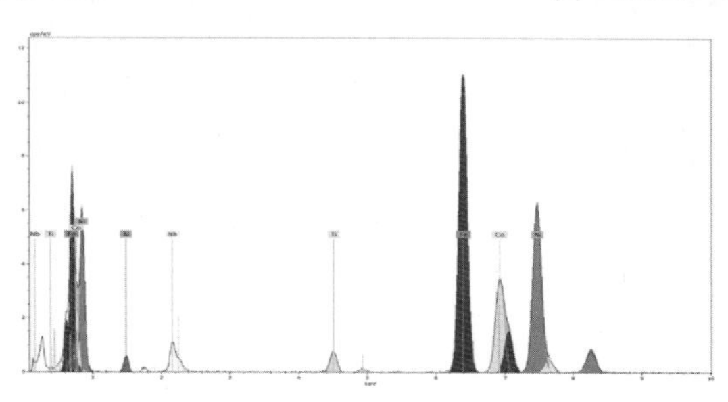

(e) 피크계수 측정

원소	계열	[wt.%]	[norm. wt.%]	[norm. at.%]	Error in wt.% (3 Sigma)	Ref.
Al	K	0.74	0.97	2.05	0.186	0.99
Ti	K	1.40	1.83	2.19	0.196	1.48
Fe	K	31.55	41.13	42.23	2.584	40.5
Co	K	12.69	16.55	16.10	1.089	16.1
Ni	K	27.78	36.21	35.38	2.293	37.78
Nb	L	2.55	3.33	2.06	0.361	2.99
합		76.72	100.00	100.00		99.84

(f) ZAF 보정 및 분석결과 도출

그림 8.6 EDS 스펙트럼에 대한 정량분석 과정

(2) EDS 정량분석 사례

자연산 광물(산화물)에 대한 분석[그림 8.7, 그림 8.8, 그림 8.9]은 전체적으로 좋은 결과를 보여주어 표준시편의 스펙트럼을 이용한 정량분석이 상당히 신뢰할 정도의 정량분석값을 나타내줌을 알 수 있다. 흑운모와 같은 함수광물의 경우 다소 오차가 발생하고 있으며, $BaTiO_3$인 경우[그림 8.10] 피크 분리를 통해 전자에 비해 다소 오차가 있지만 신뢰할 수 있는 데이터를 제공한다. 다만 오차요인이 있는 함수광물 또는 피크 중복이 있는 경우 상대적으로 오차가 커진다. 또한 X선 에너지의 크기에 따라 다소 차이는 있지만 0.3 wt.% 이하의 원소들의 정량은 거의 이루어지지 않아 오차 발생의 요인이 된다.

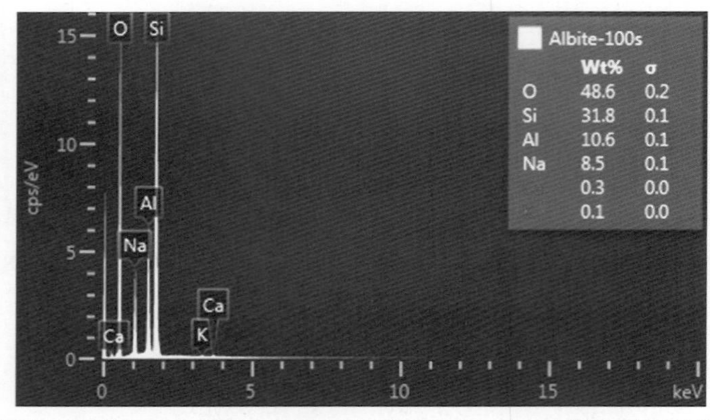

원소	계열	k 비	[norm. wt.%]	[norm. at.%]	Error in wt.% (3 Sigma)	Ref.
O	K	0.74	48.59	61.41	0.17	48.61
Na	K	1.40	8.50	7.47	0.09	8.52
Al	K	31.55	10.63	7.97	0.09	10.11
Si	K	12.69	31.84	22.92	0.14	32.00
K	K	27.78	0.14	0.07	0.04	0.18
Ca	L	2.55	0.31	0.16	0.04	0.23
Total		76.72	100.00	100.00		99.65

그림 8.7 알바이트 장석의 EDS 스펙트럼과 정량분석 결과

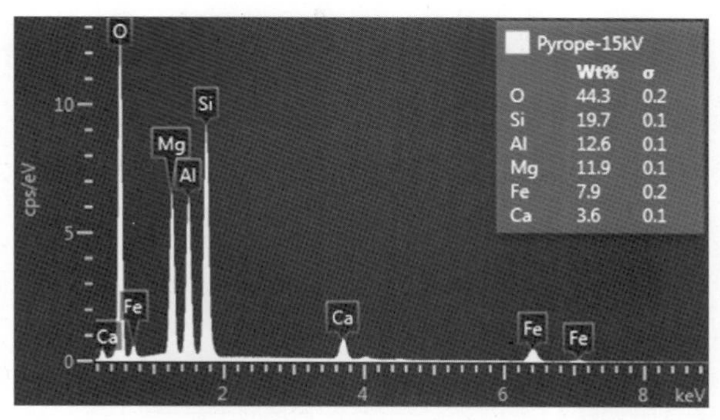

Element	series	k Ratio	[norm. wt.%]	[norm. at.%]	Error in wt.% (3 Sigma)	Ref.
O	K-series	0.33006	44.30	59.44	0.19	44.70
Mg	K-series	0.12975	11.88	10.49	0.09	11.16
Al	K-series	0.13954	12.65	10.06	0.10	12.56
Si	K-series	0.23029	19.71	15.07	0.12	19.38
Ca	K-series	0.05542	3.55	1.90	0.07	3.70
Fe	L-series	0.11551	7.91	3.04	0.16	8.30
Total		76.72	100.00	100.00		99.80

그림 8.8 파이로프 석류석의 EDS 스펙트럼과 정량분석 결과

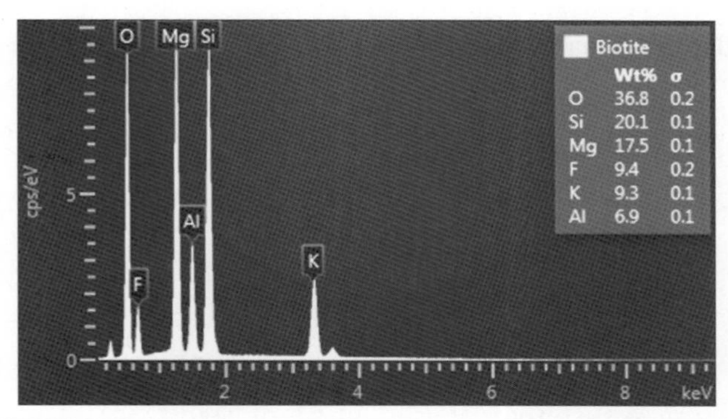

Element	series	k Ratio	[norm. wt.%]	[norm. at.%]	Error in wt.% (3 Sigma)	Ref.
O	K-series	0.23948	36.83	48.73	0.20	41.54
F	K-series	0.03989	9.35	10.42	0.18	6.02
Mg	K-series	0.20334	17.50	15.24	0.11	16.96
Al	K-series	0.07475	6.93	5.44	0.08	6.40
Si	K-series	0.24353	20.07	15.13	0.12	20.00
K	L-series	0.13935	9.32	5.05	0.10	9.28
Total			100.00	100.00		100.20

그림 8.9 흑운모의 EDS 스펙트럼과 정량분석 결과

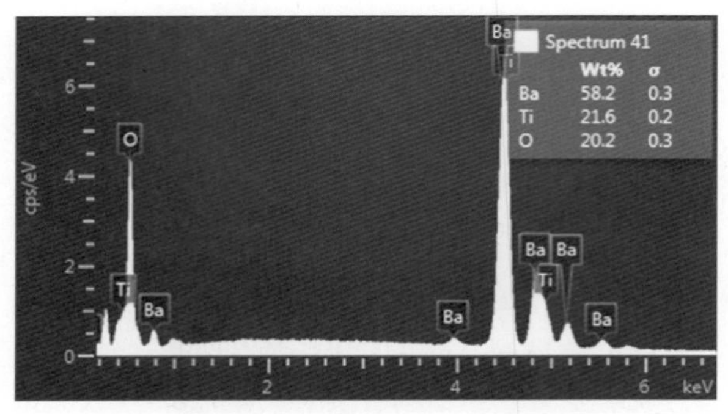

Element	series	k Ratio	[norm. wt.%]	[norm. at.%]	Error in wt.% (3 Sigma)	Ref.
O	K-series	0.11554	20.16	59.02	0.25	20.54
Ti	K-series	0.38199	21.61	21.13	0.25	20.47
Ba	L-series	0.87344	58.22	19.85	0.32	58.75
Total			100.00	100.00		99.76

그림 8.10 $BaTiO_3$의 EDS 스펙트럼과 정량분석 결과

6) 무표준 분석

무표준 분석(standardless analysis)은 해당 원소의 표준물질이 없거나 참고물질이 용이하지 않을 때 사용하는데, 부정확한 상대 피크를 이용해 얻은 결과보다 더 정확한 농도값을 제공한다. 무표준 분석방법은 모든 여기 조건과 넓은 범위의 X선 세기에 대한 보정을 제공하지만, 적용된 분석조건이 무표준 분석 소프트웨어를 최적화하기 위해 사용되어야 하는 조건과 다르면 오차가 발생하며, 적어도 ±20%의 불확실성이 예상된다. 특히 낮은 농도의 특정 원소에서는 보다 큰 오차가 관찰된다.

일반적으로 EDS에서 무표준 분석은 피크의 세기가 그 원소의 몰농도에 비례하기 때문에, 먼저 피크의 세기 비율로 총합이 100%가 되게 원소들의 몰%를 계산한 다음 이 값을 기준으로 각 원소들의 원자량을 이용하여 각각의 농도 값(wt%)을 계산하는데, 이때 원소의 농도 합은 항상 100.00%가 된다.

무표준 분석은 편리하고 빠른 결과를 얻을 수 있지만 오차가 크기 때문에 해석이나 활용에 주의해야 한다. 해석과정에서 흔히 범할 수 있는 오류 몇 가지는 다음과 같다.

- 총 농도 합이 항상 100%가 되기 때문에 분석원소들이 제외되거나, 잘못된 원소들이 측정되어도 그럴싸한 결과를 내기도 한다. 만약 적당한 X선이 없어서 어떤 원소들이 분석되지 않았다면 큰 오차가 피크 세기 결정에 포함되고, 이것은 결과가 되어 나타난다. 왜냐하면

무표준 분석에 의한 상대 농도계산은 다른 원소들의 X선 세기 보정에서 제외된 원소들의 효과를 포함하고 있지 않기 때문이다.

- 기공이 있는 시료에서 일정한 영역의 면적을 분석하는 경우, 기공이 피크 세기에 반영되지 않았음에도 농도 합이 100%로 나온다. 따라서 분석된 결과는 실제 농도보다 높은 값이며, 기공이 많을수록 오차는 더 커진다.
- 무표준 분석 시에 적정 조건에서 개별 원소별로 미리 구축된 데이터베이스를 활용하는데, 피크의 중첩 등이 일어나는 경우 피크분리 프로그램 운영 한계 및 매질보정의 한계 등으로 인해 분석오차가 발생한다.

4 분석통계

통계에 대한 이해는 X선 분석의 한계와 결과를 해석하는 데 필요하다. 다음에서 설명하는 내용들은 적절한 용어 선택과 통계방법에 대한 매우 기초적인 개요이며, 모든 분석자료 이해 및 해석에 이용 가능하다.

1) 정확도 및 정밀도

정확도는 측정값이 참값에 얼마나 근접해 있느냐로 정의된다. 참값을 설정하는 것이 종종 어렵지만 분석의 정확도는 참값에 기초한다. 정확도는 표준물질의 조성이 잘 알려져 있는지에 영향을 받지만 정밀도는 그렇지 않다. 표준물질의 조성은 종종 습식분석으로 결정되지만 이 과정 또한 표준물질 내에 참값 설정을 불가능하게 하는 아주 작은 포획물까지 분석되어야 한다. 표준조성이 갖는 전하문제를 피하는 방법은 단일원소(합성) 표준물질을 이용하는 것이다. 이 물질들과 함께 불순물을 찾아야 하며, 그것들의 함량이 특별하지 않고 중요하지도 않다는 확신을 해야만 한다.

반면에 그림 8.11에 보이는 바와 같이 정밀도는 절대적인 용어로 결과가 올바른가와 상관없이 일련의 결과가 얼마나 서로 근접해 있는가를 나타낸다. 반복 측정 시 그 결과들이 균질한지를 나타내는 것으로 실험의 재현성에 영향을 준다. 따라서 분석값이 매우 정밀하게 결정될 수 있어도 부정확할 수도 있으며, 반대로 정밀하지 않은 많은 자료들의 평균값이 참값에 매우 근접할 수도 있다. 정밀도는 반복성과 재현성에 의해 검증된다. 측정의 반복성이란 비교적 짧은 시간 간격 동안 동일한 분석자가 동일한 기종의 기기를 이용하여 동일한 조건하에서 동일 시

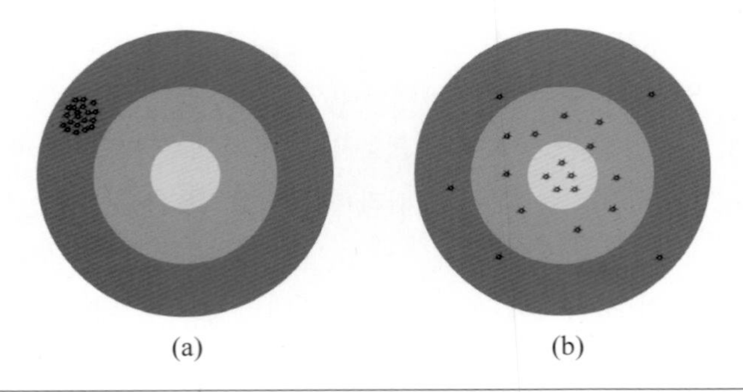

그림 8.11　　정밀도와 정확도를 나타낸 모식도. (a) 정밀하지만 정확하지는 않다. (b) 정확하지만 정밀하지는 않다.

료의 동일 영역을 분석하는 것이다. 측정의 재현성이란 약간의 간격을 두고 반복성을 측정하는 것이다. 이것은 다른 분석자가 다른 시료영역을 분석하는 경우도 포함한다. 정밀도는 X선 분석을 다룰 때 계수통계에 의해 매우 효과적으로 제한될 수 있다.

정확도 및 정밀도는 분석 시 발생하는 오차에 기인하여 영향을 받는데, 우연오차(random error)와 계통오차(systematic error)가 바로 그것이다. 첫째, 우연오차는 개별 분석결과가 평균값의 양쪽에 위치하며, 실험결과의 정밀도 또는 재현성에 영향을 준다. 우연오차는 결코 제거될 수 없으며 세심한 주의를 통해서 최소화시킬 수는 있다. 계통오차는 모든 결과가 같은 의미(분석결과들이 너무 높다거나 너무 낮다)로 오차가 발생되는 것이며, 정확도에 영향을 준다. 계통오차는 실험방법이나 장비에 대해 세심한 검토를 통해 많은 경우 제거될 수 있다.

예를 들면, 균질도를 결정할 목적으로 운석 내의 감람석 입자에서 Fe와 Mg를 측정하는 데 있어 매우 높은 정밀도가 필요하며 정확도는 그다음으로 중요하다. 반면에 측정된 감람석의 조성이 발간된 문헌에 나타난 감람석의 조성과 비교하기 위해서는 새로이 측정한 결과와 문헌상의 자료 둘 다에 대해 정확도에 대한 이해는 기본이다. 분석 결과에 대한 정확도 및 정밀도는 표 8.5에 나타나 있다.

X선을 이용한 원소분석에 있어 정확도 및 정밀도에 영향을 줄 수 있는 많은 인자들이 있으며, 그들 중 많은 것들이 분석의 통제를 벗어나 있는데 일반적인 것을 요약하면 다음과 같다.

- 부정확한 표준값은 계통오차를 초래한다(표준물질의 조성이 실제보다 높다면 높은 값을, 낮다면 더 낮은 값을 나타낸다). 이것은 정확도에 영향을 준다.
- 초점문제는 심각한 우연오차를 초래할 수 있으며, 정밀도 및 정확도에 손실을 초래한다. 시료 위에 전자빔의 초점이 정확하지 않으며, 불완전한 분광기 배열을 초래하고 계수율을 낮춘다. 이것은 분석 시 항상 일정하게 초점 범위를 설정하지 않으면 우연오차를 만든다.
- 시료의 기울어짐은 탈출각을 변화시켜 계통오차를 초래한다.

표 8.5 우연오차와 계통오차에 의한 정확도 및 정밀도 해석

실험자	결과(참값=10.00)	해석
가	10.08 10.11 10.09 10.10 10.12	평균 = 10.10 $1\sigma = 0.016$ 부정확, 정밀
나	9.88 10.14 10.02 9.80 10.21	평균 = 10.01 $1\sigma = 0.172$ 정확, 비정밀
다	10.19 9.79 9.69 10.05 9.78	평균 = 9.90 $1\sigma = 0.210$ 부정확, 비정밀
라	10.01 9.97 10.02 9.96 9.99	평균 = 9.99 $1\sigma = 0.025$ 정확, 정밀

- 시료 표면의 불규칙성은 연마하는 과정에서 만들어질 수 있으며, 연마에도 불구하고 우연오차를 초래한다.
- 매질보정 인자에서의 오차는 심각하게 정확도를 감소시키며, 특히 보정계수가 잘 알려지지 않은 경우 더 심하다. 불소(F)는 이것의 좋은 예이다. 인회석(apatite) 내의 불소는 형광인회석(fluorapatite) 표준물질을 이용하여 결정되어야 하며, 운모류에서 불소의 측정은 불소가 많은 운모를 표준물질로 선택해야 한다. 매질보정계수에서 오차는 자료를 환산하는 동안 계통오차를 만들 것이다.
- 탄소 코팅 두께의 차이는 일차적으로 정확도에 영향을 주며, 장파장 X선의 흡수를 초래한다. 일반적인 분석에서 가장 큰 관심사는 Na $K\alpha$선에 대한 코팅 두께의 영향이다. 이 문제는 표준물질과 미지시료의 탄소 코팅 두께가 매우 다르면 심각해질 수 있으며, 계통오차를 초래할 것이다.
- 배경값의 부정확한 위치선정은 표준물질과 미지시료에서 큰 불감응시간과 피크변위를 초래할 수 있어 정확도에 크게 영향을 준다.
- 가속전압에서 오차는 계통오차를 초래한다. 전자총의 가속전압은 어떠한 X선(4.964 keV에서 Ti $-K\alpha$와 15.200 keV에서 Rb $-K\alpha$)의 여기반응을 이용해 검사될 수 있다.

• 전자기판의 불안정성은 일차적으로 정밀도를 떨어뜨린다.

2) 적정계수시간

가장 효과적으로 계수시간을 이용하기 위해, 그리고 계수통계로 인한 불확도를 최소한으로 하기 위해 피크와 배경 위치에서 측정에 사용되는 시간은 다음 비율을 만족해야 한다. T를 총 계수시간, R을 계수율, 그리고 p와 b를 피크와 배경이라고 하면 적정시간에 대한 수식은 아래와 같다.

$$\frac{T_p}{T_b} = \sqrt{\frac{R_p}{R_b}} \tag{8.33}$$

만약 피크계수가 배경계수보다 훨씬 크다면 배경계수 측정은 거의 문제가 되지 않는다. 어쨌든 피크계수가 배경계수와 비슷하다면(미량원소인 경우) 피크에서 계수하는 시간만큼 배경계수 시간을 사용하는 것이 필요하다. 매우 긴 시간 동안 배경 위치에서 계수하는 것이 요구되지 않도록 분석하고자 하는 원소의 농도가 높은 표준물질을 선택하는 것이 더 좋다. 원소의 농도가 낮은 시료를 분석할 때 배경계수는 피크의 양쪽에서 실행되어야 한다. 극단적인 경우, 분석하고자 하는 원소를 포함하지 않은 표준물질에서 배경값을 측정하는 것이 필요할 수도 있다.

3) 분석민감도

분석민감도는 같은 두 농도(C, C') 사이에서 주어진 원소에 대한 농도 차이를 구별할 수 있는 능력이다. 두 농도에 대한 X선 계수는 유사한 통계적 분산도를 보이겠지만, 각각에 대해 같은 시간 간격으로 n번 반복 측정하였다면 어느 신뢰수준에선 전혀 다른 값으로 해석될 수 있다.

$$\Delta C = C - C' \geq \frac{\sqrt{2}\,(t_{n-1}^{1-\alpha})S_c}{\sqrt{n}} \cdot \frac{C}{(N - N_B)} \tag{8.34}$$

C는 시료 내의 한 원소의 농도, N과 N_B는 시료의 원소에 대한 피크 및 배경 위치에서 평균 X선 계수, n은 측정회수이다. 표준편차 S_c는 일반적으로 분산 σ_c보다 2배 이상 크고, 피크계수(N)가 배경계수(N_B)보다 충분히 크다면, 95% 신뢰수준에서 분석민감도를 다시 계산하면 다음과 같다.

$$\left(\frac{\Delta C}{C}\right)(\%) = \frac{2.33 \times 100}{\sqrt{nN}} \tag{8.35}$$

1%의 분석민감도를 확보하기 위해서는 앞의 식에 따라 계산하면 누적계수 $nN \geq 54{,}290$임을 알 수 있다. 이것은 원소의 농도가 20%인 경우, 0.2%(ΔC)까지, 원소의 농도가 5%인 경우 0.05%(ΔC)까지 분별이 된다는 것을 의미한다. 비록 분석민감도가 낮은 농도에서 향상될 수 있을 지라도, X선 세기는 낮아진 농도에 비례해서 감소됨으로 1% 민감도 수준을 유지하기 위해서는 측정 시간이 길어져야 한다는 것에 주의해야 한다.

특히 식 (8.35)는 분석에 있어 요구되는 민감도를 얻기 위해 필요한 누적계수 또는 측정시간을 예상하는 데 매우 유용하다. 시료 내 일정한 구간에서 농도 변화를 확인할 때 얼마나 많은 분석점을 선택해야 할지, 각 점에서 얼마나 많은 X선 계수를 얻어야 하는지를 예상하는 데 매우 중요하다. 예를 들어 25 μm 거리에서 원소의 농도가 5 wt%에서 4 wt%로 변화된다면, 1 μm 간격으로 25개의 분석점을 선택하여 분석할 경우 각 점의 농도 변화는 0.04 wt%이다. 따라서 95% 신뢰수준에서 분석민감도는 ≤ 0.04 wt%이어야 한다. 따라서 다음 식으로 계산하면 각 분석점에서 X선의 누적계수는 84,827 이상이 되어야 한다.

$$\left(\frac{0.04}{5}\right) \times 100 = \frac{2.33 \times 100}{\sqrt{nN}} \tag{8.36}$$

같은 시료에서 2.5 μm 간격으로 10개의 분석 위치를 선택한다면, 각 점에서의 농도 변화는 0.1 wt%이고, 같은 방법으로 계산하면 피크 위치에서 X선 누적계수는 13,572 이상이면 된다.

4) 측정한계

측정한계(detection limit)는 어떤 유의수준에서 주어진 원소에 대해 측정된 신호가 배경신호와 구별될 수 있는 능력으로 정의된다. 미량원소의 농도를 보고할 때 측정한계를 결정하는 것은 중요하다. 측정한계를 나타내는 방법에는 여러 가지가 있지만, 측정한계 근처에서 피크계수율과 배경계수율이 거의 같아 아래와 같이 단순화시켜 나타낸다.

$$C_{DL} = \frac{z\sqrt{2B}}{K\sqrt{\tau_B}} \tag{8.37}$$

여기서, C_{DL} : 측정한계

B : 배경 위치에서의 계수율

τ_B : 배경 위치에서의 측정시간

K : 단위농도당 단위시간별 계수(K에 대한 보다 용이한 표현은 cps/wt% 원소와 cps/wt% 산화물)

배경비율은 미지시료와 표준물질에서 K로 결정된다. 99% 및 95% 신뢰수준에서 z는 2.3과 1.6이다. 배경에서 측정시간을 4배 늘리면 측정한계를 반으로 낮출 수 있음을 보여준다.

계수라는 용어로 측정한계를 정의해왔지만 진짜 관심사는 그것이 나타내는 절대농도에 있다. 분석하고자 하는 원소의 농도는 그것들에 적용된 보정이 무시될 정도로 매우 적기 때문에 어떠한 매질보정을 필요로 하지는 않는다. 표준물질에서의 피크계수와 미지시료에서 배경계수의 함수로 나타내면 다음과 같다.

$$C_{DL} = \frac{3\sqrt{2} \cdot \sqrt{\tau \cdot B}}{\tau \cdot P} \times C \tag{8.38}$$

여기서, τ : 측정시간

P : 피크위치에서의 계수율

B : 배경위치에서의 계수율

C : 원소의 농도

C_{DL} : 99% 유의수준(3σ)에서 측정한계

예를 들면, 철강재료에 0.5%의 농도를 가진 Cr의 피크 계수율이 5,000 cps이고, 배경 위치의 계수율이 1,000cps일 때 400초간 측정했을 경우 측정한계는 6.7 ppm이다.

분석값이 측정한계를 초과한다고 해서 그 원소가 진짜로 존재한다고 가정해서는 안 된다. 좋은 측정한계는 배경에 대한 정확한 정의에 좌우된다. 따라서 배경이 직선이 아니라면(경사 혹은 곡선), 원소의 미량농도 분석은 매우 어렵다. 배경이 결정되어야 하는 위치가 분석 대상 원소 혹은 다른 원소의 피크로부터 스펙트럼 중복되지 않아야 한다. 또한 배경 계수율을 계산하기 위해 이용되는 배경 위치는 흡수단에 걸쳐 있지 않아야 한다.

5) 기본적인 통계 방법

(1) 평균값(x)

x_i가 개별 측정값이고 n번의 측정이 이루어졌다면 측정값의 평균값은 아래와 같이 주어진다.

$$\overline{x} = \sum_{i=1}^{n} \frac{x_i}{n} \tag{8.39}$$

(2) 표준편차(σ)

이러한 측정으로부터 표준편차(σ)는 다음과 같이 정의된다.

$$\sigma = \sqrt{\sum_{i=1}^{n} \frac{(\bar{x} - x_i)^2}{n-1}} \tag{8.40}$$

정상분포 또는 가우스분포를 갖는 측정의 모집단은 1σ 내에서 모집단의 68.3%를, 2σ 내에서 95.4%를, 3σ 내에서 99.7%를, 그리고 4σ 내에서 99.9%를 가진다.

계수나 측정값이 푸아송(Poisson) 분포를 할 경우 σ는 단순히 아래와 같이 주어진다.

$$\sigma = (N)^{1/2} \tag{8.41}$$

N이 20을 초과하면 푸아송 분포는 정규분포와 매우 유사해진다. 이것은 이상적인 광자 또는 입자 측정 시스템의 거동을 예측하는 데 있어 매우 중요하다. 예를 들어 평균계수가 100일 때 표준편차는 ±10이고, 상대표준편차($100 \times \sigma / N$)도 ±10이지만, 평균계수가 10,000일 때 표준편차는 ±100으로 증가하지만, 상대표준편차는 ±1로 감소함을 알 수 있다.

측정의 분산은 σ^2으로 정의되고, 분산계수(소위 상대오차 또는 상대표준오차)는 다음과 같이 주어진다.

$$\varepsilon = \frac{\sigma}{\bar{x}} \tag{8.42}$$

상대오차는 종종 평균값의 퍼센트로 표현된다.

(3) 평균의 표준오차

평균값과 관련된 오차는 개별측정치의 오차보다 적다. 이것을 평균의 표준오차라 하고, 다음과 같이 정의된다.

$$\sigma_{\bar{x}} = \frac{\sigma}{(N)^{1/2}} \tag{8.43}$$

X선의 생성 및 측정은 통계패턴을 따르며, 푸아송 분포를 갖는다. 충분히 높은 계수율에서 이것은 정상분포와 동일하다. 관찰된 값을 이론적인 값으로 나눈 값을 '시그마비'라 하고 표준물질에서 계수를 결정한 후 미세분석기 소프트웨어는 시그마비를 보고한다. 1.0보다 큰 값은 실질적으로 불균질한 것임을 나타낼지라도 표준물질에서 3.0까지의 비율은 받아들일 만한 값으로 고려된다. 이러한 불균질성은 표준물질 자체에 기인되지 않으며, 높은 시그마비는 장비의 불안정성이나 일관성이 없는 사용상의 문제점임을 나타낸다.

(4) 오차 합산

관련된 오차 몇 개가 연산관계에 있을 때 이들의 총 오차를 결정하기 위해서는 수학적인 계산을 통해 오차를 합산해야 한다.

덧셈과 뺄셈 수식관계에 있는 관계식에서 오차의 합산은 각각 표준편차 제곱의 제곱근으로 계산한다.

$$\sigma_C = \sqrt{\sigma_A^2 + \sigma_B^2} \tag{8.44}$$

σ_A : A의 표준편차, σ_B : B의 표준편차, σ_C : (A+B)의 합산오차

곱셈과 나눗셈 수식관계에 있는 관계식에서 오차의 합산은 각각 상대표준오차 제곱의 제곱근으로 계산한다.

$$\varepsilon_C = \sqrt{\varepsilon_A^2 + \varepsilon_B^2} \tag{8.45}$$

ε_A : A의 상대표준오차, ε_B : B의 상대표준오차, ε_C : (A×/÷B)의 합산오차

따라서 (A+B)/C 수식관계에서 총 오차를 결정하기 위해서는 먼저 식 (8.44)를 이용해 (A+B)의 합산오차를 구하고, 그 결과를 이용해 상대표준오차를 계산한 다음 식 (8.45)에 대입하여 계산한다.

오차합산의 예

다음과 같은 관계식이 성립하는 분석결과 자료에서 수식의 평균값 및 총 오차를 계산하려면

$$\frac{(15 \pm 0.5) + (1200 \pm 10)}{(26 \pm 2)}$$

첫째, 식 (8.44)를 적용하여 (15+1,200)에 대한 합산오차를 결정한다.

$$\sigma_{15+1200} = \sqrt{0.5^2 + 10^2} = 10.125$$

둘째, 나눗셈 관계의 오차를 결정하기 위해 먼저 (15+1,200) ± 10.125 및 26 ± 2에 대한 상대표준오차를 계산한다.

$$\varepsilon = \frac{10.0125}{15 + 1,200} = 0.0082$$

그리고

$$\varepsilon = \frac{2}{26} = 0.0769$$

셋째, 식 (8.45)를 적용하여 나눗셈 관계의 상대표준오차를 계산한다.

$$\varepsilon = \sqrt{0.082^2 + 0.0769^2} = 0.07734$$

마지막으로 상대표준오차를 절댓값으로 바꿔야 하기 때문에, 오차를 무시한 채 위의 주어진 수식에 따라 평균값을 구하면 (15+1,200)/26=46.73되고, 총 오차를 계산하면 σ=0.07734×46.73=3.61이 된다. 따라서 최종 결과는 46.73 ± 3.61이다.

Scanning
Electron
Microscope

9장

시편 제작 및 진공 장치

1. 서론
2. 시편 제작
3. 시편 코팅
4. 진공 시스템

Scanning Electron Microscope

1 서론

시편을 전자현미경으로 관찰하려면 크기, 건조 상태, 전기 전도도, 등 일정한 조건을 만족하여야 하며 이를 위하여 특별한 준비 과정이 필요하다. 투과전자현미경 시편은 두께가 매우 얇아야 하므로 시편 제작 과정이 어렵고 복잡하지만 주사전자현미경 시편은 상대적으로 쉽고 간단하다. 그렇다 하더라도 높은 공간분해능과 고도의 기술이 요구되는 미세분석 작업에는 고진공 조건, 정밀한 검출 기술, 영상형성 기술 등이 사용되므로 이에 대응하여 시편 제작도 세심한 주의가 요구된다.

주사전자현미경에서 시편 관찰 시 발생할 수 있는 여러 가지 문제점 중 대전효과, 시편의 오염, 시편의 손상 등 세 가지 현상을 방지하도록 시편을 제작하는 것이 중요하다. 대전효과는 전기전도도가 낮은 세라믹이나 생물 시편 등에 전자빔을 쪼이면 과다한 음전하가 공급·축적되고 시편이 전기적으로 중성 상태에서 음의 상태로 변경되면서 일어난다. 이를 피하기 위하여 시편에 전도성막 코팅을 실시하여야 한다. 코팅을 하면 시편 표면에 새로운 층이 형성되면서 영상과 성분 분석에 영향을 미치므로 이를 최소화할 수 있는 증착 방법에 대한 고려가 필요하다. 시편이 오염되면 전자빔을 쪼일 때 오염물의 주성분인 탄소화합물이 분해되어 탄소가 생성되고 이것이 시편 표면에 증착되어 영상을 나쁘게 만든다. 이를 막기 위해서는 적절한 세척과 건조 과정이 필요하며 전자현미경 내 진공 장치에 대한 이해가 필요하다. 특히, 유기물, 동식물 및 이의 가공품, 수분함유 물질 등은 전자현미경 진공 조건하에서 수분증발 등 여러 문제를 일으키므로 별도의 시편 준비법이 필요하다.

본 장에서는 금속, 반도체, 세라믹 등의 무기재료 시편과 유기물, 생물 시편에 대한 제작 방법을 설명하고 주사전자현미경에 부착하여 사용하는 진공 장비에 대하여 기술하고자 한다.

2 시편 제작

주사전자현미경 분석은 금속이나 세라믹 등 무기질 시편의 경우와 생물 등 유기질 시료의 경우 시편 제작 방법이 크게 다르다.

먼저 무기질 시편의 경우 일반적인 시편 전처리 과정은 정형, 연마, 에칭, 세척, 건조로 구성된다. 표면 기복 분석과 미세 성분 분석의 두 가지 경우로 나눌 수 있는데 전자는 시편의 표면 형태를 유지하며 관찰하여야 하므로 표면의 오염물질 제거가 중요하며, 후자는 정성분석의 경우 일반적 시편 제작 방법으로 충분하나 정량 분석이나 전자 채널링 패턴과 같은 미세한 콘트라스트를 이용하는 특수 분석의 경우에는 신호의 특성을 이해하고 분석시 발생할 수 있는 오류를 최소화할 수 있도록 해야 한다.

생물체 시료의 경우에는 세척, 고정, 탈수, 치환, 건조, 코팅 등이 필요한데 구체적인 방법은 다음에 기술하였다.

1) 무기질 시편

(1) 표면 기복 분석용 시편

표면 기복 분석용 시편 제작은 시료의 형상이 덩어리 또는 박막인 경우와 분말인 경우의 두 가지로 나누어 고려할 필요가 있다.

① 덩어리 시편

전자현미경 관찰을 위하여 시편은 시료대에 장착된다. 시료대는 전자현미경 제조회사의 규격에 따라 다른데 일반적으로 지름 10~100 mm, 높이 5~15 mm의 크기를 갖고 있다. 그림 9.1은 여러 가지 종류의 시료대를 보여주고 있다. 시료대는 전기적 전도성을 갖고 있으면서 자성을 갖지 않는 비자성체를 사용하여야 하므로 알루미늄, 구리, 황동 등의 금속재료가 사용된다.

시편의 크기를 시료대 안에 들어갈 수 있도록 적절하게 줄이는 과정을 정형이라고 한다. 정형은 절단, 파쇄, 파단, 벽개파괴 등 다양한 방법을 사용할 수 있으나 중요한 점은 시료의 표면 손상이나 오염을 피해야 한다는 것이다. 반도체 및 세라믹 시편의 경우에는 스스로 벽개하는 특성을 활용한 파단법이 활용된다. 시료의 크기에서 높이가 중요하며 시료대 홀더의 깊이보다 작아야 한다. 이는 시료실 안에서 시료를 회전 또는 이동시킬 때 검출기나 폴피스와의 충돌이 일어나지 않도록 시료 표면과 홀더 윗면을 일치시켜야 하기 때문이다. 특히 고배율 관찰 시 짧은 작동거리를 사용할 경우 충돌 위험성이 커지므로 더욱 세심한 주의가 필요하다.

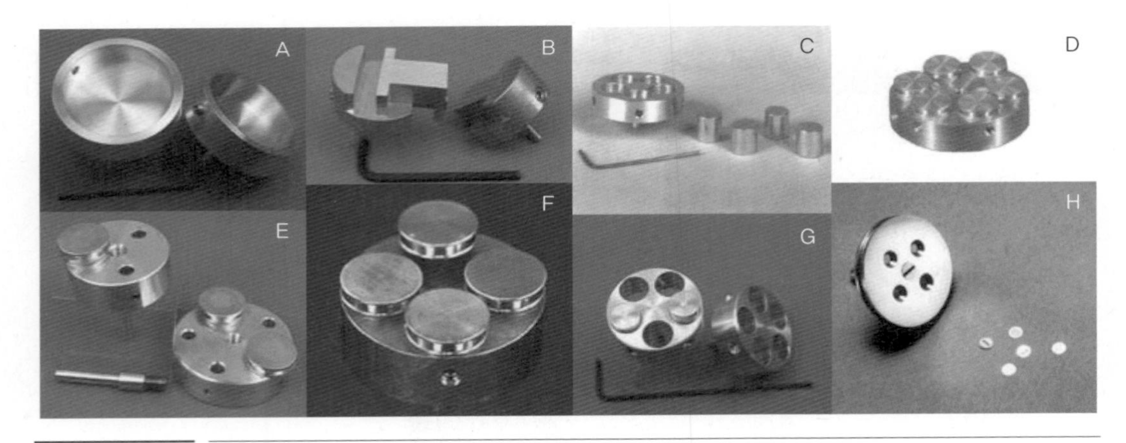

그림 9.1 각종 시료대

여러 시편을 동시에 시료대에 장착할 경우 일렉트론 컴파운드로 시료의 높이를 조절할 수 있다.

고배율 관찰시에는 시료 표면에 단지 수십 나노미터 크기의 오염물이 존재하기만 하면 표면의 형상이 아닌 오염물 형상을 관찰하게 되므로 고배율 관찰 시에는 특히 오염 물 제거가 중요하다. 대기 중에 장시간 두면 표면에 먼지, 유기물, 산화물 등에 의한 오염이 가능하므로 가능한 한 대기 중의 노출을 최소화하는 것이 좋다. 일반적으로 표면이 양호한 시편의 경우에도 유기물의 존재는 피할 수 없으므로 일반적으로 아세톤 등의 유기 용제를 사용하여 유기물과 먼지를 제거하여야 한다. 유기 용제는 금속이나 세라믹 재료와 반응하지 않고 유기물 오염 물질을 녹여 낼 수 있기 때문이다. 시편이 초음파 진동에 의하여 파손되지 않을 정도로 강하다면 초음파 세척을 이용한 유기물의 제거가 보다 효과적이다. 유기 용제 사용 후에는 반드시 메탄올 등의 알코올 계통의 세척제를 이용하여 최종 세척 처리하여야 한다. 이는 아세톤 유기용매는 표면에서 제거하기 어렵기 때문이다.

최종 세척된 시편은 시료대에 장착하여 건조시킨다. 에폭시 수지 마운팅 시편을 홀더내에 나사로 체결하는 경우에는 시편과 나사 사이에 전도성 페이스트 등을 사용하여 전기가 흐를 수 있는 길을 만들어 주어야 한다. 작은 시편을 시료대에 장착할 경우에는 전도성을 갖는 접착제나 양면테이프를 사용하고, 비전도성 접착제를 사용할 경우에는 전도성 도료(은 페이스트 또는 탄소 페이스트)로 홀더와 시편 간에 전기적으로 연결시켜주어야 한다. 양면테이프는 고진공 상태에서 가스의 방출이 많으므로 시료실 장입전 건조가 필요하다. 건조는 깨끗한 오븐에서 75°C 이상의 온도에서 2시간 이상 실시하는 것이 바람직하다. 시료에 수분이 많을 경우에는 200°C 정도의 고온에서 장시간 건조하여야 한다. 이 경우 시료가 고온에서 안정해야 함은 물론이다.

② 분말 시편

분말 형태의 시편은 일반적으로 전기적으로 비전도성이다. 세라믹 분말은 말할 것도 없고 금속 분말도 공기 중에 노출되면 산화에 의해 표면에 산화물층이 형성되기 때문이다. 분말 시료는 전자빔 하에서 대전되며 일단 대전되면 입자 사이에 정전기력이 존재하여 매우 불안정해질 수 있다. 1 마이크론 이하 크기의 작은 분말의 경우에는 전자빔이 분말을 투과하여 시료대까지 닿으면 영상 콘트라스트가 낮아지거나 시료대 신호가 섞일 가능성이 있으므로 시료 준비과정에 세심한 주의를 요구한다.

그림 9.2는 분말 및 박막 시편을 시료대에 부착하는 방법으로 분말의 크기에 따라 다른 방법을 사용한다. 수 마이크론 이하의 미분말일 경우에는 용매를 이용한 분산법을, 그 이상 크기의 분말일 경우에는 건조 분산법을 이용한다. 용매를 이용하여 분산시킬 때에는 미분말 입자 간의 응집을 최소화하기 위하여 초음파를 이용하여 분산시키며 계면활성제를 첨가하기도 한다. 분산된 용매를 피펫을 이용하여 유리판 또는 탄소 그리드와 같은 기판 위에 떨어뜨려 분산하거나 반대로 기판을 용매에 담구어 미분을 흡착시킬 수도 있다. 그다음 건조 과정을 거쳐 용매를 증발시킨다. 부도체의 경우에는 도전성 코팅을 실시하여야 한다. 화학적 분산 시 손상이 가는 시편이거나 크기가 큰 분말 시편의 경우에는 건조 분산법을 이용한다. 그림 9.2와 같이 분말을

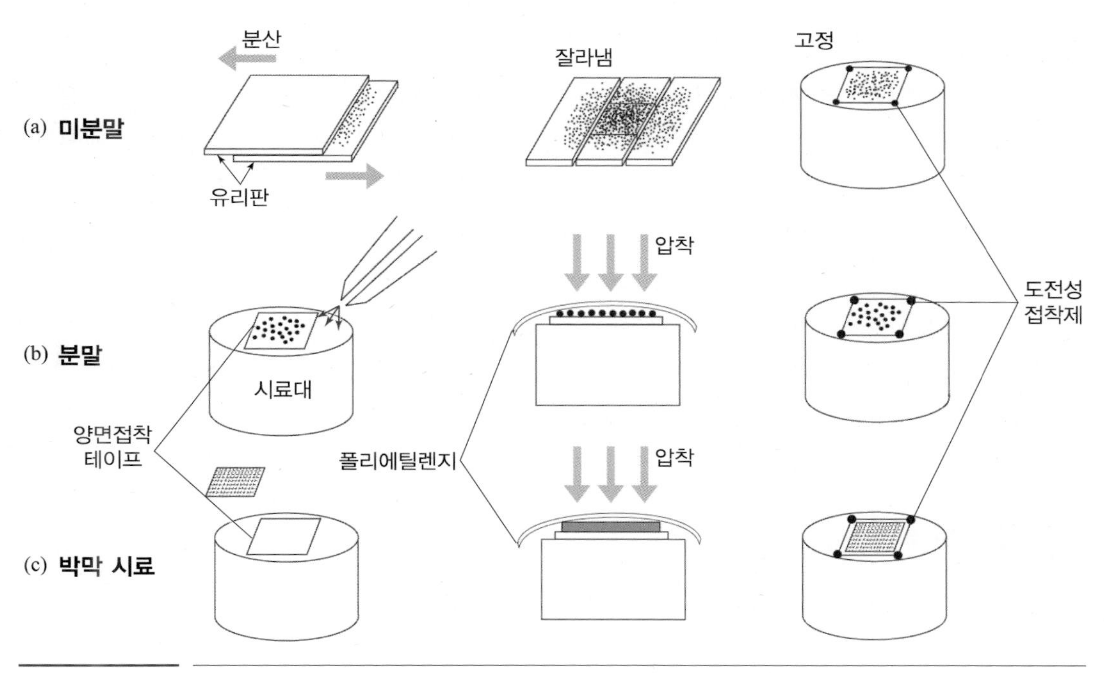

그림 9.2 (a) 미분말, (b) 분말 및 (c) 박막 시료를 시료대에 부착하는 방법

접착제가 붙어 있는 시료대에 뿌려 붙이고, 붙지 않고 남은 분말은 홀더를 흔들거나 불어서 날려버려야 한다. 그 후 건조 및 정형 공정을 실시하여 전처리 공정을 완료한다.

(2) 미세분석용 시편

미세분석에는 X선을 이용한 성분분석과 EBSD 등을 이용한 구조분석이 있다. 미세분석용 시편에도 표면 기복 관찰용 시편이나 광학현미경용 시편을 그대로 사용할 수도 있지만 정확한 성분 분석과 상 분포 분석을 위해서는 분석 오류를 최소화하도록 특별히 고려할 사항들이 있다.

우선 시료 표면에 존재하는 오염 물질이나 표면 산화층을 제거해야 하고 절단 등의 앞 과정에서 발생하는 표면 손상의 제거가 필요하다. 절단 시에는 표면 손상 깊이를 최소화할 수 있도록 다이아몬드 저속 절단기의 이용을 권장하며 절단 후 연마를 통한 손상 부위 제거가 필요하다. 연마는 재료의 특성에 부합되는 적당한 연마제를 선택하며, 최종 연마는 서브 마이크론 크기의 알루미나나 다이아몬드 연마제로 한다. 특히, 세라믹 소재의 경우 경도가 낮은 연마제로는 연마가 불가능하므로 고경도 연마제를 선택하여야 한다. 최종 연마가 끝난 후 시료의 평활도를 유지하여야 하며 스크래치 등 인위적 결함 발생을 최대한 억제하는 것이 좋은 분석 결과를 얻을 수 있다는 것을 명심하여야 한다.

시료에 잔류 응력이 존재하는 경우와 연마 도중 연마제 분말이 삽입될 가능성이 높은 연질 재료의 경우에는 전해연마가 필요하다. 잔류 응력은 EBSD 분석 시 분석의 정확도에 큰 영향을 미치므로 각별한 주의가 요구된다. 연마만으로도 후방산란전자 성분 콘트라스트를 얻을 수 있겠지만 100 nm 이하 크기의 입자에 대한 성분 콘트라스트를 위해서는 에칭을 하는 것이 좋다. 이 경우 광학현미경 관찰시보다 약간 과하게 에칭을 하는 것이 효과적이다.

X선 정량 분석과 EBSD 분석의 경우 시편의 평활도가 중요하다. 특히 시편의 에칭 등에 인한 표면 요철은 피해야 하며, 가능한 한 코팅은 피하는 것이 좋다. 대형 구조물을 파괴하지 않고 분석하거나 시료 속 입자만을 분석하고 싶은 경우에는 레플리카(replica)방법을 사용한다. 레플리카 방법은 접착 필름으로 시편 표면 형상을 떠내는 방법으로 투과전자현미경에서 주로 사용하며 투과전자현미경 교재를 참조하길 바란다.

2) 생물 시료

생물 시료에는 동물, 식물, 미생물의 다양한 종류가 있으나 본 장에서는 세포와 생체 조직을 중심으로 시료 제작 방법을 설명하고자 한다. 일반적으로 생물 시료는 조직 채취, 세척, 화학적 고정, 탈수, 및 건조 과정을 거쳐 시료대에 장착하고 그 표면을 도전막으로 코팅하여 제작한다.

(1) 조직 채취 및 세척

조직 채취 및 세척은 시료 제작의 최초 단계로 다음 단계인 고정만큼이나 중요하다. 생물 시료는 고정이 허용되는 범위 안에서 시료대에 부착할 수 있는 크기로 채취한다. 적출한 시료 또는 자연 상태의 시료는 표면에 크고 작은 이물질이 부착되어 있다. 특히 세포의 경우는 단백질 혹은 다당체 함유 물질로 덮여 있다. 이러한 이물질들을 적절히 세척하여 제거하지 않으면 표면 구조를 관찰하기는 사실상 불가능하다. 세척액은 생리적 식염수 혹은 완충액 등의 등장액(pH 7.2～7.4)을 이용한다. 세척 시에는 정상 환경에서 생물 시료가 살아 있을 때의 체온과 동일한 온도를 유지하는 것이 효과적이며 가급적 빠른 시간에 끝내는 것이 좋다. 특히 세척 과정이 고정에 앞서 수행되기 때문에 시료의 표면에 손상을 줄만한 강한 자극은 피하는 것이 좋다. 실제로 생리 식염수의 경우 배양 세포의 모양에 변화를 초래할 수도 있다. 세척이 어려운 경우 아밀라아제, 파파인 혹은 트립신과 같은 다양한 소화 효소들과 EDTA 등을 이용하기도 한다. 혈관이나 기관의 내부를 관찰하는 경우라면 생리 식염수 등으로 관류 세척(perfusion)을 철저히 하는 것이 좋다. 건조한 표면을 가진 시료(잎, 뼈, 나무껍질 등)의 경우 공기나 가스 등을 이용할 수 있다. 압축 공기는 혀와 같은 복잡한 유두성 구조물로부터 점액성 물질이나 오염 물질을 제거하는 데 매우 효과적이다.

(2) 고정

일반적으로 조직과 세포는 적출 후 혹은 세척 후 즉시 고정 처리하여야 한다. 이는 시료가 모체로부터 분리되는 순간부터 자기 분해가 급속도로 이루어지기 때문이다. 시간이 지체될 경우 조직의 미세구조는 치명적 변형 혹은 손상을 입게 된다. 고정이란 생물체 혹은 분리된 생체 조직의 자기 분해를 억제하면서 구성 성분을 응고시킴으로써 시료의 상태를 최대한 자연의 모습과 가깝게 보전하여주는 과정이다. 고정 처리는 생물 시료 연구 시 필수적이며 고정시간, 온도, 산도(pH) 등의 조건을 잘 맞추어야 목적을 달성할 수 있다. 고정은 생체 구조를 보전하고 영상 콘트라스트를 높이는 장점을 갖기도 하지만 반대로 세포를 죽이거나 거대분자의 교차결합을 일으키며 인공오염물을 발생시키는 등의 단점도 가지고 있다. 고정은 시료의 내외부에 걸쳐 전반적으로 이루어져야 한다. 투과전자현미경의 경우 고정액의 침투 효율을 좌우하는 조직의 크기가 매우 중요한 요소로 작용하지만 주사전자현미경의 경우 관찰 범위가 표면에 국한되어 상대적으로 큰 조직도 표면만을 고정하여 사용할 수 있다.

고정은 화학물질을 이용하는 화학 고정과 극저온으로 얼려서 처리하는 동결 고정으로 나뉜다. 동결 고정이 화학 고정보다 구조적 보전성이 뛰어나지만 그럼에도 불구하고 화학고정이 일반적으로 이용되는 이유는 고가의 장비가 필요치 않아 경제적이고 동결 고정과는 달리 시료

표 9.1 여러 PH를 갖는 0.1M 인산 완충용액의 조성. 아래 비율의 혼합액을 100 ml의 증류수와 혼합하여 제조한다.

pH(at 25°C)	0.2 M Na_2HPO_4(mL)	0.2 M NaH_2PO_4(mL)
5.8	4.0	46.0
6.0	6.15	43.85
6.2	9.25	40.75
6.4	13.25	36.75
6.6	18.75	31.25
7.0	30.5	19.5
7.2	36.0	14.0
7.4	40.5	9.5
7.6	43.5	6.5
7.8	45.75	4.25

의 크기에 제한이 없기 때문이다. 동결 고정은 시료의 두께가 200~300 μm 정도여야 하고 고압동결 고정장치(high pressure freezer)와 같은 고가 장비를 쓰지 않을 경우 안정된 급속 동결이 어려워 구조적 변형 혹은 손상을 초래할 수 있다.

고정액으로는 몇 가지 고정용 화합물과 완충액을 복합적으로 사용하며 기본적으로 투과전자현미경의 경우와 동일하게 사용할 수 있다. 우선 고정액과 혼합하여 사용하는 완충액은 인산 완충용액과 카코딜레이트 완충액이 있으며 시료에 따라 적합한 농도와 pH를 맞추어 사용한다 [표 9.1]. 다만 카코딜레이트 완충액의 경우 비소를 함유하고 있어 사용 시 주의가 필요하다.

일반적으로 고정은 전고정과 후고정의 두 단계로 실시한다. 전고정은 1960년대로부터 널리 사용하고 있는 글루타알데하이드(glutaraldehyde)와 포름알데하이드(formaldehyde)의 두 가지 고정액으로 실시한다. 두 가지 고정액은 서로 다른 성상을 지니고 있는데 글루타알데하이드는 상대적으로 시료에 대한 침투가 느린 반면 안정된 구조의 보전 능력을 지니며 포름알데하이드는 상대적으로 빠른 침투력을 보이나 구조 보전 측면에서는 불안정하다. 이 밖에도 아크롤라인(acrylic aldehyde)의 경우 강력한 반응성과 빠른 침투력을 가지고 있다. 모든 경우 단백질과 교차결합을 유발하여 구조에 영향을 미치므로 실험 목적 및 시료 특성에 따라 적절한 고정액을 선택하여야 한다.

조직의 미세구조 보전성과 콘트라스트를 더욱 높이기 위하여 전고정을 마친 후 바로 후고정을 실시한다[표 9.2]. 이때 주로 이용되는 대표적인 고정액은 오스뮴산(OsO_4)으로 1~2% 범위로 완충액에 희석하여 사용한다. 후고정을 위한 완충액도 여러 가지가 있지만 전고정 경우와 마찬가지로 인산 완충 용액과 카코딜레이트 완충 용액이 널리 사용된다. 오스뮴산의 경우 불포화 지질과 일부 단백질 그리고 페놀 복합체 등과 교차결합을 일으킨다.

표 9.2 고정액 제조 및 고정 방법

전고정	후고정
• 전 과정에 걸쳐 4°C 이하를 유지한다. • 1% 글루타알데하이드, 1% 파라포름알데하이드, 5% 슈크로스, 혹은 2.5% 글루타알데하이드를 포함하는 0.1 M 카코딜레이트 완충 용액(혹은 인산 완충 용액) pH 7.3에서 2~4시간 고정 처리한다. • 10분간 2회(0.1 M 완충 용액) 세척한다.	• 1% 완충 오스뮴산에서 약 1시간(4°C) 후고정 처리한다. • 보관 용액 조제법(2% 오스뮴산)은 1g 오스뮴산 크리스탈을 50 mL 증류수에 24시간 동안 용해시켜 완전히 밀폐된 암갈색 병에 담아 냉장 보관하며, 실험 용액 조제법은 0.2 M 보관용 완충 용액(pH 7.3)과 보관용 오스뮴산 용액을 1 : 1로 혼합하여 조제한다. • 고정액은 인체에 치명적인 위험 물질로, 특히 오스뮴산의 경우 절대 주의를 요하며 반드시 안전 장구를 갖추고 후드에서 수행해야 한다.

(3) 탈수 및 치환

첫 단계는 탈수 단계로 생체 물질의 대부분을 차지하고 있는 수분을 표면장력이 낮은 유기 용매로 서서히 대체하여 치환함으로써 다음 단계인 건조 시 발생할 수 있는 조직의 변형 및 파손을 예방한다. 탈수를 위한 유기 용매로는 에탄올 혹은 아세톤을 주로 사용하며 탈수 시간과 온도는 시료의 특성에 따라 적절히 선택한다. 에탄올과 아세톤은 액체 이산화탄소와 섞이지 않으므로 에탄올과 아세톤으로 탈수한 후에 아밀아세테이트로 에탄올과 아세톤을 치환하여야 한다. 표 9.3에 탈수 및 치환 단계의 예를 들어놓았다.

표 9.3 탈수 및 치환 과정

단계	용액	시간
세척	완충 용액(×2)	15분
	증류수(×2)	15분
탈수	30% 아세톤(또는 알코올)	15분
	40% 아세톤(또는 알코올)	15분
	50% 아세톤(또는 알코올)	15분
	60% 아세톤(또는 알코올)	15분
	70% 아세톤(또는 알코올)	15분 혹은 12시간 보관 가능
	80% 아세톤(또는 알코올)	15분
	90% 아세톤(또는 알코올)	15분
	95% 아세톤(또는 알코올)	15분
	100% 아세톤(또는 알코올)	15분
	100% 아세톤(또는 알코올)	15분
치환	아밀아세테이트 : 아세톤 25 : 75	15분
	아밀아세테이트 : 아세톤 50 : 50	15분
	아밀아세테이트 : 아세톤 75 : 25	15분
	100% 아밀아세테이트	15분 2회

(4) 건조

탈수와 치환이 끝나면 유기용매를 건조하여 제거하여야 한다. 건조 방법으로는 자연 건조, 임계점 건조, 동결 건조 등의 방법이 있다. 세 가지 방식 외에도 조직의 상태에 따라 헥사메틸디실라잔(HMDS; hexametyl disilazane) 또는 테트라메틸실란(TMS; tetrametylsilane) 등을 이용할 경우 비교적 간단하게 건조시킬 수도 있다.

① 자연 건조

자연 건조는 가장 쉽고 빠른 방법이지만 생물 조직으로부터 수분이 증발할 때 표면장력에 의하여 심각한 구조적 변형이 일어날 수 있으므로 가능하면 피하는 것이 좋다. 그림 9.3과 같이 수분 함량이 낮은 조직이나 생물을 관찰할 경우에 활용할 수 있는데, 예를 들어 세포질 함량이 적은 경골어류의 정자는 자연건조를 통하여 시료를 제작할 수 있다. 자연 건조가 불가피할 경우에는 표면장력의 피해를 줄이기 위하여 수분을 알코올이나 아밀아세테이트 등의 액체로 치환한 후 건조하는 것이 좋다.

② 임계점 건조

주사전자현미경용 시료 제작중 강제적인 수분 제거 과정에서 구조적 변형이나 손상이 발생할 수 있다. 이러한 손상의 주요 원인은 시료가 포함하고 있는 물에 의한 표면장력 때문이다. 따라서 효과적으로 표면장력을 낮추거나 없애는 시료 건조기술이 필요하다. 임계점 건조는 동결 건조와 함께 자연 건조에서 발생하는 구조적 변형을 피할 수 있는 최선의 방법이다. 임계점 건조는 생물 시료를 표면 장력이 작용하지 않는 임계점에서 건조시킴으로써 변형이 일어나지

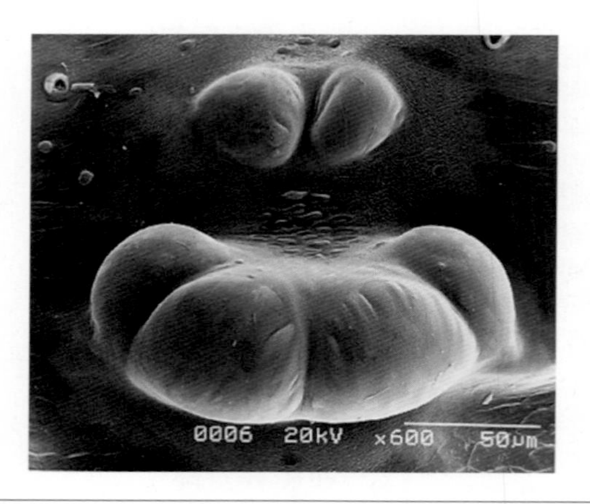

그림 9.3 동굴성 거미류의 시각기를 자연 건조 및 코팅 처리 후 얻은 주사전자현미경 영상(사진제공: 권중균)

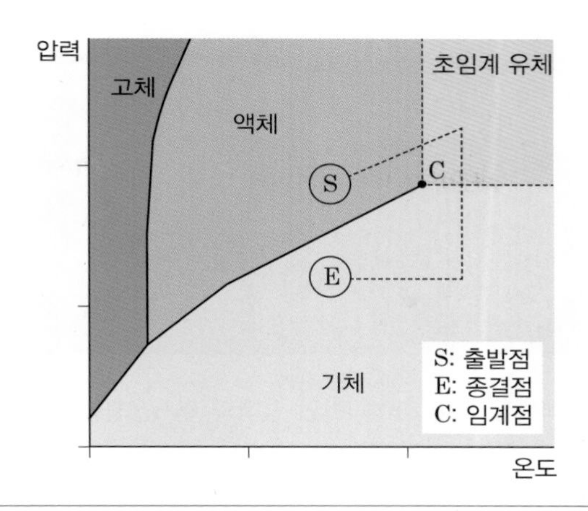

그림 9.4 이산화탄소의 온도와 압력 변화에 따른 상태 변화

않도록 하는 방법이다. 일반적으로 기체는 압력을 가하면 액체로 변화하지만 임계점 이상의 온도에서는 기체와 액체의 구분이 없기 때문에 액화되지 않는다[그림 9.4]. 액체와 기체 사이의 구분이 사라지는 임계점에서의 압력과 온도를 임계 압력과 임계 온도라고 한다(CO_2 : 31°C, 74기압; H_2O : 374°C, 221기압). 임계점 이상에서는 표면 장력이 존재하지 않고 따라서 시료의 변형이 일어나지 않으므로 수분을 많이 포함한 생물 시료일지라도 건조 과정 중에 구조적 변형 없이 효과적으로 건조시킬 수 있다.

임계점 건조 방법은 다음 순서로 진행한다. 시료를 아세트산아밀로 치환 후 임계점 건조기의 내압 밀폐용기에 넣고 액화 이산화탄소를 주입한다. 온도를 약 40°C로 올려 경계 상태로 하고, 기화된 이산화탄소를 서서히 배출하여 건조시킨다[그림 9.5]. 이산화탄소는 프레온으로 대체할 수도 있으며 유연하고 수분을 많이 포함하는 생물 시료에 대하여 효과적으로 사용할 수 있다[그림 9.6].

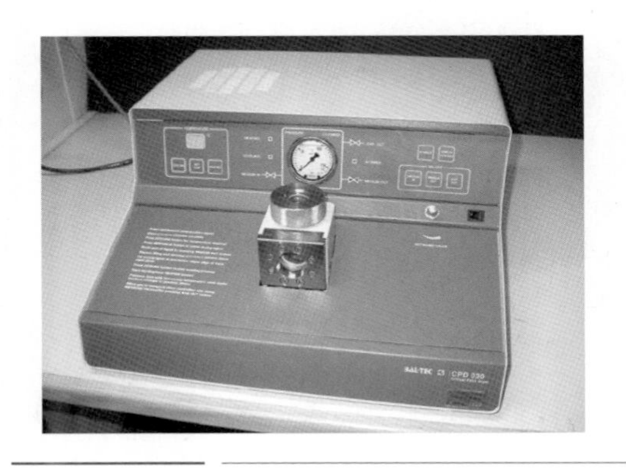

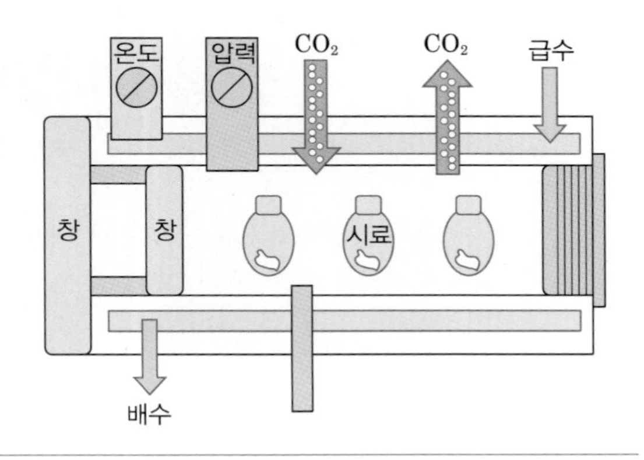

그림 9.5 임계점 건조기의 외관 사진과 구조에 대한 모식도

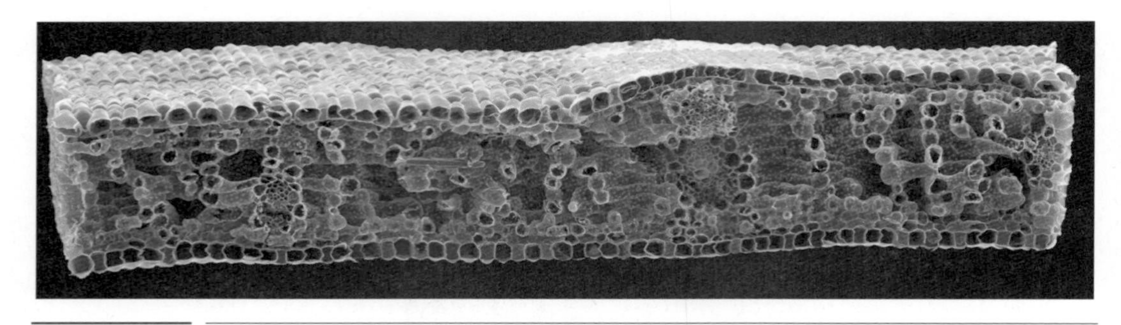

그림 9.6　임계점 건조기로 건조한 아이리스잎 단면의 주사전자현미경 영상(사진제공: 권오경)

③ 동결 건조

동결 건조는 시료의 변형 없이 건조시키고 시료의 내부 외부 구조를 보전할 수 있으며[그림 9.7] 고정 및 탈수 등의 단계에서 노출되는 화학 물질로부터 시료의 손상을 최소화할 수 있다는 장점이 있다. 또한 시료가 수분을 함유한 상태에서 건조되므로 구조의 수축 변형이 임계점 건조법에 비하여 상대적으로 작다.

동결 건조는 수분 함량이 많은 유연한 생물시료에 적용하며 화학 고정 없이 동결시켜 얼음으로 만든 후 감압하며 순차적으로 얼음 결정을 승화시켜 수분을 제거한다. 동결 시 얼음 결정에 의한 구조적 손상이 예상될 경우에는 화학 고정 후 동결 건조를 실시하기도 한다. 여러 가

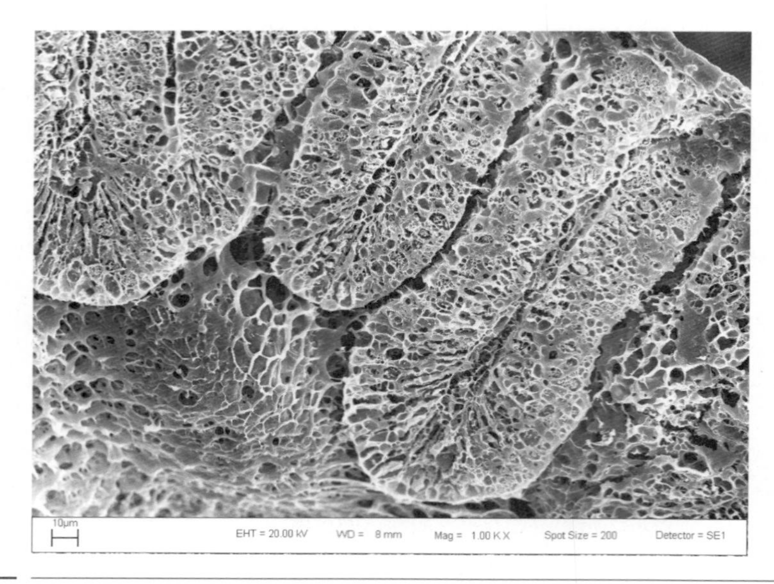

그림 9.7　급속 냉동 및 동결 건조로 제작한 생쥐 소장 단면의 주사전자현미경 영상(사진제공: 권희석)

지 장점에도 불구하고 동결 시의 얼음 결정에 의한 시료의 손상을 피할 수 없으므로 다양한 동결 보호제를 활용한다. 최근에는 고속 동결 방법과 고압 동결 장치를 이용하여 얼음 결정의 생성을 막아 동결 시 구조적 손상을 최소화하고 있다.

동결건조의 실제 과정은 다음과 같다. 생물 시료를 커버 슬립 조각 위에 올려 −174℃ 극저온 환경의 프레온(Freon 12R)에 담아 동결건조 장치로 이동시키고 온도를 −80℃부터 −40℃로 올려주면서 낮은 진공에서 점진적인 승화를 시킨 후 데시케이터에 보관한다. 이후 일반적인 시료 제작법과 동일하게 코팅한다.

(5) 부착 및 코팅

건조하여 수분이 완전히 제거된 시료는 재수화(rehydration)를 막기 위하여 시편의 표면을 적절히 처리하여야 한다. 먼저 은 또는 탄소 성분의 접착제 혹은 양면테이프 등을 이용하여 시료대 위에 시료를 부착한다. 생물 시료는 대부분 전기적으로 부도체이므로 대전 효과와 열 손상으로부터 시료를 보호하고자 시료 표면을 10∼20 nm 두께의 도전성 금속이나 탄소로 코팅하여야 한다.

이상의 전처리 과정을 거쳐 생물 시료의 제작을 마치면 주사전자현미경 분석을 실시할 수 있다. 시료의 전처리 과정에서 다양한 유독성 화학약품들을 다루게 되는데 실험실 안전에 각별한 주의를 기울여야 한다. 관찰 후 시료는 항온 항습 전용 보관함에 보관하는 것이 바람직하다.

3 시편 코팅

주사전자현미경 내에서 전자빔을 시편에 조사할 때 전자빔은 시편에 전자를 공급하고 공급된 전자 중 일부는 후방산란전자, 이차전자, 오제전자 등으로 방출되지만 나머지는 시편에 남는다. 만약 시편이 전기 전도체이면 공급된 전자는 접지를 따라 방출되므로 전기적으로 중성을 유지할 수 있다. 하지만 시편이 부도체라면 전자가 시편에 남아 대전 현상이 발생하게 된다. 이 문제는 시료 표면에 얇은 도체 박막을 코팅함으로써 해결할 수 있다. 시편을 코팅하면 표면의 화학적 조성이 바뀌어 이차전자 계수, 신호 강도, X선의 발생 등에서 변화가 일어나므로 전자−시편 상호작용, 영상 형성 기구 등에 대한 고려 후에 코팅 재료와 두께를 결정하여야 한다.

현재 가장 널리 쓰이는 방법은 진공 증착법과 스퍼터링법의 두 가지로 아래에 자세히 서술한다. 코팅은 시편의 표면 요철을 따라 균질하고 얇게 덮여야 하고 코팅막에 의한 신호의 왜곡이나 다른 신호 발생이 없어야 하는데 적절한 코팅 재료, 두께, 방법에 대하여 설명한다.

1) 진공 증착

증착하고자 하는 물질(일반적으로 탄소, 금, 백금, 팔라듐, 크롬)을 진공 속에서 가열하여 증발시켜 시편 표면에 증착시키는 방법이 진공증착법이다. 그림 9.8에 진공증착기의 모식도를 실었다. 탄소, 금속 등은 진공 속에서 가열되어 증기압이 대략 1 Pa 정도가 되면 단원자 상태로 방출된다. 가열은 일반적으로 저항식, 아크, 전자빔/이온빔 가열의 세 가지 방법을 사용한다. 저항식 가열은 텅스텐 도선을 저항 가열하고 그것으로 코팅재를 가열하여 증착하는 방법이며, 아크 가열은 탄소와 같은 코팅재를 음극과 양극 사이에 좁은 간극을 두고 큰 전류를 흘려 방전 가열하는 방법이다. 전자빔을 이용한 가열은 양극에 코팅재를 놓고 음극과 사이에 2,000~3,000 V의 전압을 가하여 전자빔을 만들어 가열하는 방법으로 코팅막 입자 크기가 매우 작고 균질한 코팅을 얻을 수 있다는 장점이 있으나 고가의 장비가 필요하여 널리 이용되고 있지는 않다.

전술한 바와 같이 1 Pa 정도의 진공에서도 증착이 이루어지지만 일반적으로 증착은 밀리 파스칼(mPa) 수준의 높은 진공에서 이루어진다. 진공도가 나쁠 경우 공기 분자와의 산란으로 증착 코팅면이 거칠게 되어 전자현미경의 관찰에 적합하지 않기 때문이다. 증발된 입자가 시편 표면에 코팅될 때 시편의 요철에 의한 그림자 현상이 나타날 수 있다. 이를 방지하기 위해서는 시편을 360° 연속적으로 회전시키고 증발원의 각도를 조절한다. 또한 탄소와 금속을 동시에 증착할 수 있는 두 가지의 증발원이 있으면 보다 효과적인 코팅을 얻을 수 있다.

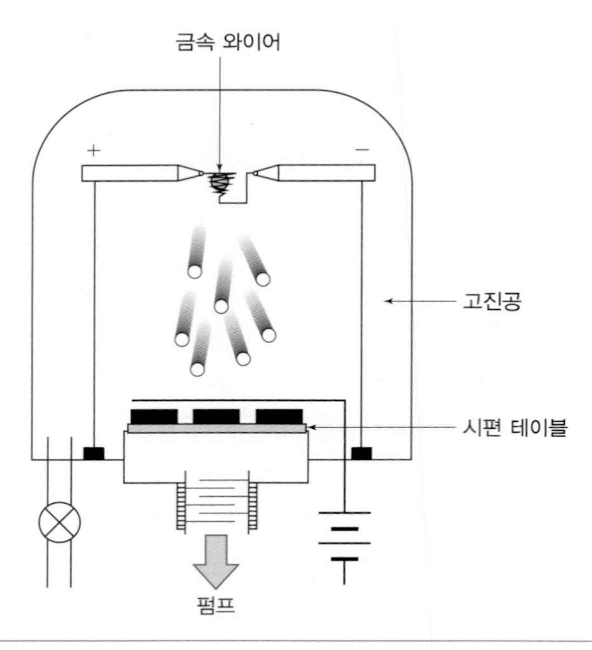

그림 9.8 진공증착기의 모식도

진공 증착법의 경우 코팅재를 가열하기 때문에 증발원과 시편과의 충분한 거리를 확보하지 못하면 열에 의한 시편의 변형과 손상이 일어날 수 있다. 무기물 시편의 경우에는 열적 영향이 별로 없으나 유기물 시편의 경우에는 8~10 cm 이상의 거리를 유지하여야 한다. 충분히 예열한 후 증착하기 위하여 시료 앞에 셔터를 설치할 수 있다. 증발된 코팅재는 시편 표면에서 원자 흡착, 확산, 핵생성, 성장의 과정으로 증착된다. 원자 이동 속도가 빠른 은과 같은 코팅재의 경우 큰 결정을 형성하므로 연속적인 막을 얻기 위해서는 대략 5 nm 정도의 두께가 요구되나 원자 이동 속도가 낮은 백금의 경우 그보다 얇은 두께에서 균질한 박막을 얻을 수 있다. 실제적인 박막 증착의 경우 여러 가지 요인, 예를 들어 코팅재의 용융온도, 순도, 화학적 반응성, 운동에너지, 증발속도, 그리고 모재의 결정 방향, 온도 등에 의하여 박막의 성장과정이 복합적으로 영향을 받기 때문에 고분해능 영상 또는 미량원소의 정확한 정량분석을 위해서는 예비 실험을 통하여 적절한 균질도 및 박막의 두께 조절을 하여야 한다.

일반적으로 널리 사용되는 코팅재는 탄소, 금, 등의 순수 물질과 금-팔라듐, 백금-탄소 등의 합금 물질이다. 탄소 코팅막은 X선 성분 분석이나 후방산란전자 영상 등 금속 코팅막을 사용할 수 없는 경우에 사용되지만 또한 금속 코팅할 때 균질한 막을 위하여 미리 기초 코팅하는 데 이용되기도 한다. 탄소는 비정질이며 얇고 좋은 전도체이지만 이차전자 발생률이 낮아 일반적 용도로의 사용은 제한적이다. 또한 탄소 증착은 3,000 K 이상의 높은 온도가 필요하므로 시편 변형과 손상을 초래할 수 있다는 단점이 있다. 탄소는 금속과 동시에 증착하여 금속 결정의 크기를 작게 만드는 역할을 하며 그 대표적인 예가 백금-탄소의 증착이지만 전기전도도가 낮다는 단점이 있다. 최근에 백금-탄소 코팅재에 이리듐을 혼합할 경우 고분해능 관찰에 적합하다는 연구 결과가 발표되었다[Wepf, 1991].

범용적 코팅재인 금은 높은 이차전자 계수와 화학적 안정성을 갖고 있어 표면 변화 없이 효과적으로 증착막을 형성할 수 있으나 결정 크기가 크고 응집 현상이 발생하며 얇은 막 형성이 제한되어 고분해능 용도로의 응용은 어렵다. 이와 같은 단점을 보완한 것이 6 : 4의 비율로 혼합된 금-팔라듐 합금이지만 이 또한 열원인 텅스텐과 반응하여 합금을 형성한다는 단점이 있다. 따라서 여러 가지 코팅재의 장점과 단점을 인식하고 사용 목적에 적합한 것을 선택하여 사용하여야 한다. 자세한 코팅재의 특성은 참고문헌을 참조하길 바란다[Goldstein, 1992].

증착 과정 중 탄소나 금속 모두 가열 초기에 셔터를 이용하여 불순물이 증착되지 않도록 충분한 시간적 여유를 주는 것이 필요하다. 또한 코팅막의 두께는 중요한 변수로 이에 대한 실시간 측정은 중요하다. 가장 널리 사용되는 손쉬운 방법은 육안으로 관찰하는 것으로 흰색 종이나 슬라이드 글라스를 시편의 옆에 함께 놓고 코팅의 진행에 따른 색의 변화를 관찰하여 두께를 측정한다. 탄소의 경우 연고동색, 금 및 알루미늄은 각각 연녹색과 청색을 나타낼 때 일반적으로 균질한 박막을 형성한다. 코팅 시간에 따른 색변화와 코팅 두께와의 관계를 미리 조사하여 표준 차트를 갖고 있으면 편리하다. 정확한 두께 측정은 뒤에서 언급하기로 한다.

2) 스퍼터링

(1) DC 스퍼터링

스퍼터링법은 가장 널리 사용된다. 진공 증착법은 방출된 입자가 직진성을 가지므로 탄소를 미리 증착하여야 하는 번거로움이 있으나, 스퍼터링법은 백금과 같은 고융점 금속도 비교적 간단하게 증착할 수 있으며 가려져 있거나 요철이 심한 시편에도 균질한 박막을 얻을 수 있고, 상대적으로 낮은 진공도에서 증착이 시작되기 때문에 진공 중 원자들의 이동 방향이 진공 증착법에 비하여 불규칙하기 때문이다. 스퍼터링법으로는 가속된 이온을 충돌시켜 타깃 원자를 진공 중으로 띄우므로 고융점의 금속이라도 쉽게 증발시킬 수 있다. 그림 9.9는 DC(직류) 스퍼터링 장치와 원자의 이동을 모식도로 나타낸 것이다. DC 스퍼터링 장치는 여러 스퍼터링 장치 중 가장 단순한 형태를 갖고 있다. 진공 상태의 챔버에 아르곤과 같은 불활성 가스를 주입하고 타깃과 시편 사이에 전압을 가하면 음극에서 전자가 방출되고 방출된 전자가 양극으로 날아가다가 중간에서 아르곤 가스 원자를 때려 이온화시킨다. 양으로 대전된 아르곤 원자가 전압에 의하여 가속되어 타깃과 충돌하면서 타깃 원자를 진공 중으로 증발시키고 이것이 시편에 도달하여 시편 표면에 증착막을 형성한다. 보다 자세한 스퍼터링 과정은 참고문헌에 기술되어 있다[Chapman, 1980].

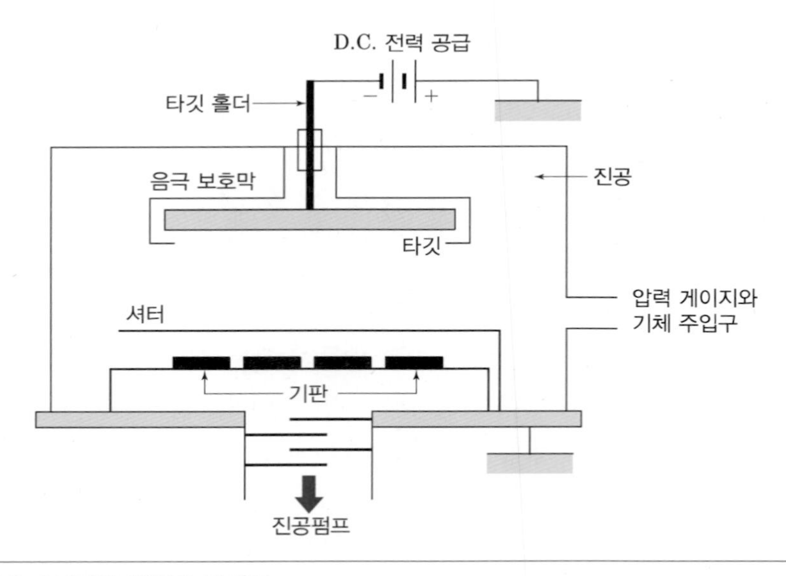

그림 9.9 DC 스퍼터링 장치의 모식도

(2) 마그네트론 스퍼터링

스퍼터링에는 DC 스퍼터링 외에도 마그네트론 스퍼터링, 이온빔 스퍼터링, 페닝(Penning) 스퍼터링 등이 있다. DC 스퍼터링은 시편이 양극 역할을 하면서 전자에 의한 충돌로 손상이 많고 온도가 상승하므로 시편을 냉각하거나 증착속도를 낮추어야 하는 단점이 있었는데 이를 극복하기 위하여 마그네트론 스퍼터링이 고안되었다(그림 9.10).

마그네트론 스퍼터링은 타깃 위에 자석을 설치하여 자장을 형성함으로써 전자 이동 궤적을 직선에서 곡선으로 바꾸고 시편에 전자가 충돌하지 않도록 한 것이다. 또한 전자의 이동거리가 증가하여 가스 원자와의 충돌 확률도 높고 스퍼터링 효율도 높다. 마그네트론 스퍼터링법은 전압이 0.1～1 kV로 DC 스퍼터링법의 1～3 kV보다 낮고, 진공도도 0.05 Pa로 DC 스퍼터링법의 2～4 Pa 보다 낮다. 코팅 입자의 크기가 1～2 nm로 작고 코팅막도 얇고 치밀하며 불순물 혼입도 작아서 현재 이온빔 스퍼터링 장비와 함께 널리 사용되고 있다.

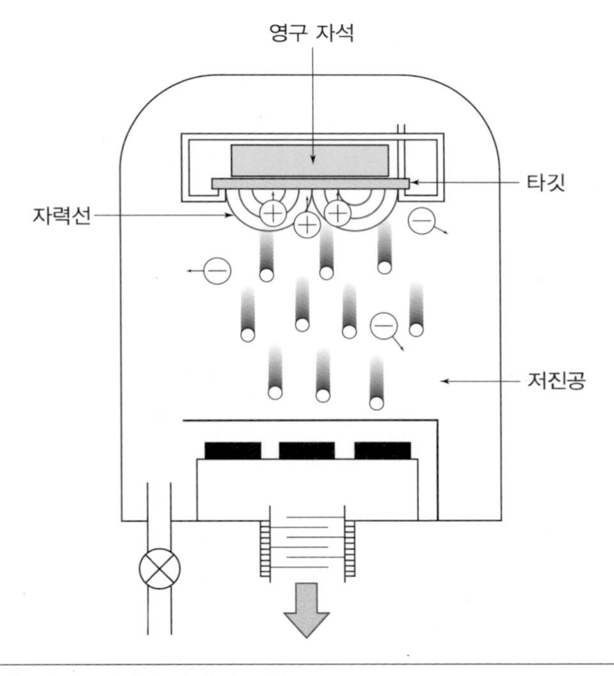

그림 9.10 마그네트론 스퍼터링 장치의 모식도

(3) 이온빔 스퍼터링

이온빔 스퍼터링은 이온건에서 아르곤 이온을 5～10 keV로 가속하고 300～500 μA의 전류량을 갖는 집속된 이온빔으로 만들어 타깃에 쏘아 스퍼터링하는 장비로 그림 9.11에 모식도를 실었다. 이온과의 충돌에 의하여 진공 중으로 튀어 나온 타깃 원자는 0～100 eV의 에너지를 갖고 직진하여 시편에 도달하여 시편 표면에 증착된다. 증착 중에는 시편을 계속 360° 회전시키고 경사도를 조절하여야 한다. 이온빔 스퍼터링의 장점은 DC 스퍼터링이나 마그네트론 스퍼터링과는 달리 타깃과 시편 사이에 전기장이 존재하지 않아서 음이온과 전자가 시편을 향하여 가속되지 않기 때문에 손상이나 온도 상승과 같은 문제가 없다는 것이다. 또한 전술한 두 개의 스퍼터링 장비에 비하여 고진공(2～30 mPa)으로 인하여 불순물 효과가 작고 스퍼터링 원자의 에너지가 낮고 증착 속도가 느려서 균질하고 작은 입자 크기의 증착막이 형성된다. 고분해능 주사전자현미경용 시편 제작에 널리 이용되고 있다. 입자 크기가 1～2 nm인 백금막을 코팅막 두께와 관계없이 효과적으로 얻을 수 있다는 보고가 있다[Inoue, 1977].

이외에도 효과적으로 시편 두께를 제어하기 위하여 타깃을 이온 건 내에 장착한 페닝 스퍼터링 장치도 있다[Goldstein, 1992, Peters, 1980]. 스퍼터링법을 이용하여 박막을 증착할 때에는 오염을 최소화하기 위하여 시료의 세척과 건조가 중요하다. 특히, 유기 용매는 반드시 제거

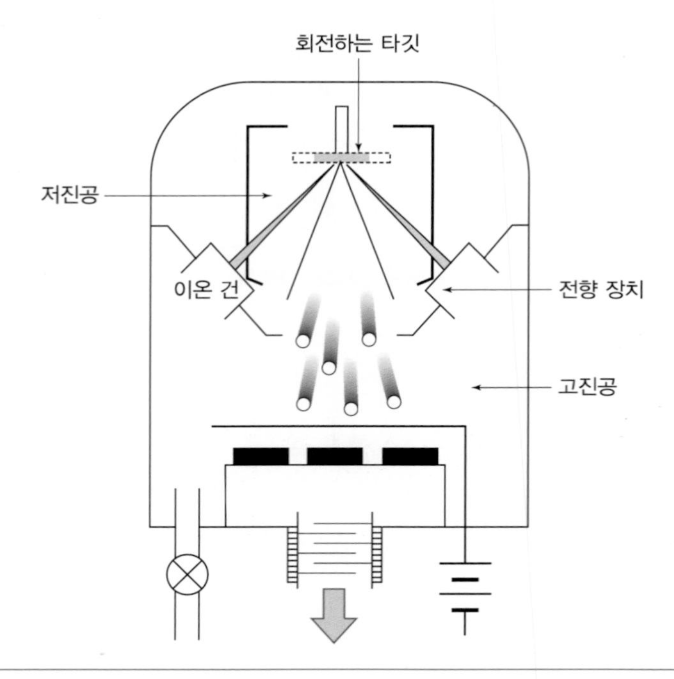

그림 9.11 이온빔 스퍼터링 모식도

하여야 하며, 진공도를 충분히 낮추어 시료손상을 최소화하여야 한다. 진공증착법에 비하여 열적 손상은 작으나 정밀한 이온 전압 및 전류의 조절이 필요하다. 그렇지 않으면 이온에 의한 표면 에칭의 현상도 일어날 수 있다.

(4) 플라즈마 화학증착(plasma CVD)

스퍼터링을 이용한 시편 코팅의 경우 이온의 직진성으로 인하여 복잡한 형상의 코팅 시 그림 9.12에 나타낸 바와 같이 그림자 효과에 의한 균질한 코팅층의 두께를 확보하는 데 어려움이 있다. 이를 극복하기 위해서 이온의 시편에서의 이동도를 높이기 위하여 높은 에너지를 사용하면 시편 온도 상승이 일어나 손상을 초래할 수 있으므로 유기물이나 생물 시편에의 적용은 제한적이다. 최근 10만 배 이상의 높은 배율이나, 섬유 생물 시편의 고분해능에 대한 요구가 증가함에 따라 플라즈마 화학증착법(CVD)이 대안으로 제시되고 있다. 그림 9.12에 나타낸 바와 같이 증착하고자 하는 원소를 포함한 물질이 기체 상태로 공급되고 분해하여 증착하므로 시료의 형상에 의한 제약이 적고 특히 화학적 분해를 저온에서 실시할 경우 시료가 받는 손상을 줄일 수 있다.

현재 전자현미경 시편 제작용 오스뮴 코터가 대표적으로 이 방법을 사용하고 있다. 오스뮴 코터는 오스뮴산(OsO_4)을 이용하며 플라즈마 환경에서 이온화된 오스뮴 이온을 증착에 이용한다. 오스뮴산은 매우 독성이 높은 물질로 사용에 주의가 필요하다. 오스뮴은 상온 증착이 가능하여 시료에 가하는 손상이 적으며 스퍼터링된 금 입자가 5 nm 정도임에 비하여, 오스뮴은 표면에 비정질 상을 형성하여 매우 균질한 코팅층을 형성한다는 장점이 있다. 또한 오스뮴은 우수한 기계적 강도, 내산화 특성, 높은 융점과 큰 원자 번호를 갖고 있어서 전기적 손상에

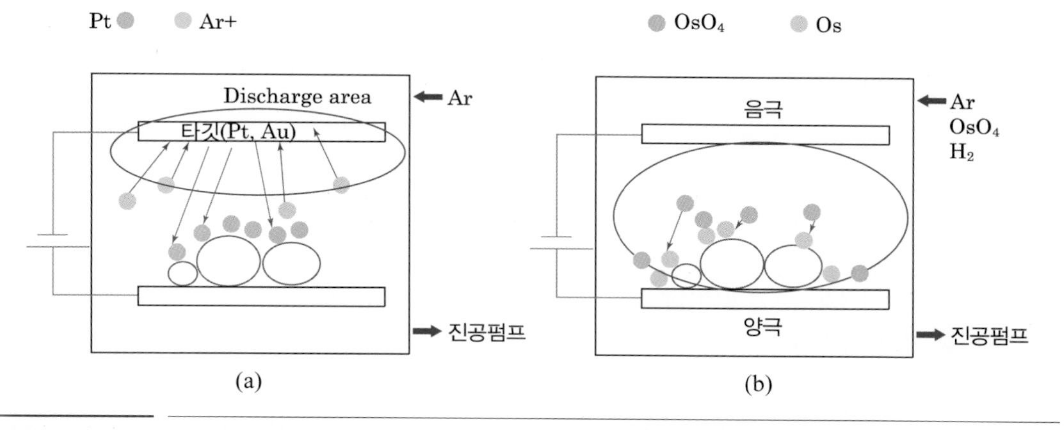

그림 9.12 (a) 스퍼터링과 (b) 화학증착법에 의한 증착 표면 형성 과정

매우 강하며 이차전자 생성이 높다. 이와 같은 장점은 복잡한 형상 시편 제작 외에도 높은 분해능을 요구하는 시료 제작에 많은 도움이 될 것이다.

3) 시편 두께 측정

코팅막의 두께가 너무 얇으면 전기 전도도가 낮아서 대전현상이 일어날 수 있고 너무 두꺼우면 시편 표면의 요철 정보가 없어져 토포그래프 콘트라스트가 감소한다. 그러므로 코팅막은 최소한의 두께로 증착하여야 하지만 시편의 요철이 심한 경우에는 평평한 시편에 비하여 약 10배 정도의 두께가 요구된다. 요구되는 코팅막의 두께는 분석하고자 하는 시편의 상태와 정보에 따라서 달라지므로 정확한 분석 기준을 설정하여야 하며 또한 두께 측정이 필요하다.

코팅막의 두께는 간단한 이론으로 예측할 수 있다. 진공증착의 경우 증발된 입자가 선호하는 방향이 없고 가스 입자와의 충돌도 없다고 가정하면 증착되는 박막의 두께는 다음과 같이 표현된다.

$$t(\mathrm{nm}) = \frac{kM}{4\pi l^2 \rho}\cos\theta \times 10^7 \tag{9.1}$$

여기서, k : 증착상수(일반적으로 0.75보다 작다)
M : 타깃의 무게(g)
ρ : 비중(g/cm^3)
l : 시편과 타깃 간의 거리(cm)

스퍼터링의 경우는 다음과 같이 표현된다.

$$t(\mathrm{nm}) = \mathrm{kIVT} \tag{9.2}$$

여기서, k : 사용된 가스 및 물질에 대한 상수
I : 이온빔 전류(mA)
V : 가속전압(kV)
T : 증착시간(분)

위의 두 이론식으로 구한 코팅막 두께는 오차가 ±50% 정도로 높아서 실제 측정이 필요하며 증착 후 직접 시편의 두께를 측정하거나 투과전자현미경으로 단면을 관찰하거나 광학적 간섭 현상을 이용하여 측정하기도 하며 연속 X선을 이용하여 산란도를 측정하여 표면의 요철도 관찰할 수 있다[Broers, 1980]. 그러나 이러한 방법은 모두 코팅이 끝난 뒤 사후 측정을 하는 것이므로 증착 도중 막 두께 조절에는 도움이 되지 않는다. 진공증착법에서는 육안으로 증착막의 색 변화를 관찰할 수 있지만 스퍼터링법의 경우에는 구조적으로 제한이 많으며 판단상의 오차도 높다. 더 일반적이고 효과적인 측정법은 수정발진법이다. 이는 시료 옆에 놓아둔 수정 발진자가 증착되며 무게가 증가하고 발진 주파수가 변화할 때 그 변화량을 측정하는 것으로 두께를 정밀하게 측정할 수 있다. 예를 들어, 1헤르츠의 발진주파수 변화는 탄소막의 경우 0.1 nm, 금막의 경우 0.9 nm에 해당한다. 이 측정법은 참고문헌에 잘 기술되어 있다[Flood, 1980].

4) 정밀분석을 위한 시편 코팅법

2만 배 이상의 높은 배율로 고분해능 영상을 관찰하거나 정량분석하는 경우에는 코팅막의 두께가 중요하다. 일반적으로 주사전자현미경의 분해능은 1~3 nm이므로 코팅막 입자 크기는 이보다 작아야 한다. 코팅막 입자 크기는 코팅재로 융점이 높은 금속을 사용할수록, 증착 온도를 낮출수록 작아진다. 고분해능 시편용 코팅재는 마그네트론 스퍼터링을 이용하여 제작할 경우 크롬, 금-팔라듐, 백금 등은 나노미터 크기의 입자를 얻을 수 있으며, 탄소, 백금-탄소, 오스뮴, 텅스텐 등은 투과전자현미경으로 확인한 결과 입자 상이 존재하지 않는 것으로 알려져 있다. 코팅은 또 다른 중요한 요소인 연결성과 시편의 요철을 따라서 변화하는 특징을 동시에 만족시켜야 하는데 백금이나 금-팔라듐의 경우 두께 5 nm 정도에서 균질한 막을 형성하여 5만 배 영상 관찰에 문제가 없는 것으로 알려져 있다. 보다 향상된 분해능을 위하여 다양한 시료에 다양한 코팅을 실시한 실험적인 예제는 참고문헌을 참조하길 바란다[Goldstein, 1992].

정량 분석을 수행할 경우 코팅재는 신중하게 선택해야 한다. 고분해능 분석을 위하여 가장 널리 사용되고 있는 오스뮴, 백금, 금-팔라듐은 이차 전자의 발생 효율이 높고, 전기 전도도 및 열전도도가 우수하다. 그러나 이들 원소의 L선과 M선은 경량 원소의 K선과 중첩되는 에너지를 갖고 있으며 또한 입사 전자의 흡수와 산란, 그리고 X선의 발생 및 흡수에도 큰 영향을 미친다. 또한 X선 정량분석 시 시편의 연속 X선 강도를 변화시킴으로써 오차를 일으킨다. 따라서 정량분석에 중금속 코팅막은 가능하면 사용하지 않는 것이 바람직하고 탄소, 알루미늄, 베릴륨, 크롬 등 경량 원소를 두께 5~10 nm 정도로 코팅하여 사용하는 것이 좋다. 널리 쓰이는 탄소는 X선에 미치는 영향이 작아서 좋지만 상대적으로 전기전도도 및 열전도도가 낮으며, 특히 코팅 시 온도 상승이 크므로 유기물 및 생물체의 증착에는 많은 주의를 요구한다.

4 진공 시스템

전자는 공기 분자와 충돌하여 산란하므로 주사전자현미경 컬럼 내부는 높은 진공도를 유지하여야 한다. 진공도 단위 간의 상호 관계는 표 9.4에 정리하였다.

진공도는 저진공(>10^{-3} torr), 고진공(10^{-3}~10^{-7} torr), 초고진공(<10^{-8} torr)으로 분류한다. 저진공은 기체상태의 분자수가 진공 용기 내에 흡착되어 있는 분자수보다 많은 상태로서 건조, 플라즈마 공정, 네온사인 등에 이용되는 진공도이며 로터리 펌프(rotary vane pump, >10^{-3} Torr)로 얻을 수 있다. 고진공은 공기 분자의 평균자유행로가 진공 용기의 너비보다 길어서 공기 분자 간의 충돌보다는 진공 용기 벽과의 충돌이 많은 상태로 진공관, 이온 주입, 증착, 전자현미경 등에서 사용되는 진공이다. 초고진공은 공기의 밀도가 낮아서 진공 용기 내부 표면에 흡착 원자의 단일층을 형성할 수 있는 충분한 시간적 여유가 있는 상태로 오제 분석기, ALD(atomic layer deposition), 가속기 등에 사용되는 진공이다.

진공 펌프에는 저진공용, 고진공용, 초고진공용 펌프가 각각 따로 있다. 고진공용 펌프에는 오일 확산 펌프[9], 터보 분자 펌프[10] 등이 있다. 초고진공용 펌프로는 이온 펌프[11], 티타늄 승화 펌프[12] 등이 사용된다. 고진공 이상의 진공도를 얻기 위해서는 우선 저진공 펌프로 용기 내의 공기를 뽑고 나서 고진공 펌프를 이용하여 진공도를 높여야 한다.

진공도는 압력 변화에 따른 액체의 높이차나 고체의 탄성변형을 이용하여 측정할 수 있고 대표적 진공 게이지로 맥로이드(McLeod) 게이지(1~10^{-6} Torr)가 있다. 또 다른 방법으로는 기체가 가진 열 또는 전기적 특성의 변화를 측정하여 이를 압력의 변화로 환산하는 방법으로 측정 민감도가 매우 우수하다. 전자현미경에서 이용되는 피라니(Pirrani) 게이지는 진공도에 따

표 9.4 진공 및 압력 단위 간의 상호 관계

std atm(기압)	psi(lb/in^2) 피에스아이	torr(토르)	Pa(N/m^2) (파스칼)	mb(밀리바)	kgf/cm^2
1	14.7	760	101.3	1013	1.035
0.068	1	51.7	6.89	68.9	0.07
0.0013	0.019	1	133.3	1.33	0.0014
9.87×10^{-6}	1.45×10^{-4}	0.0075	1	0.01	1.02×10^{-5}
9.87×10^{-4}	0.015	0.75	100	1	1.02×10^{-3}
0.966	1.42	734.14	97.85	978.52	1

9 ODP; oil diffusion pump, 10^{-3}~10^{-8} Torr
10 TMP; turbomolecular pump, 1^{0-2}~10^{-8} Torr
11 IP; ion pump, 10^{-5}~10^{-12} Torr
12 titanium sublimation pump, 10^{-5}~10^{-12} Torr

른 열전도도의 변화를 측정하는 것으로 저진공 측정에 적당하고, 페닝(Penning) 게이지는 전기장으로 방전을 발생시켜 진공도에 따른 전기전도도를 측정하는 것으로 $10^{-2} \sim 10^{-6}$ Torr의 진공도 측정에 적당하다. 이온 게이지는 열전자를 이용하여 기체를 이온화하여 진공도에 따른 전류량을 측정하는 것으로 $10^{-4} \sim 10^{-8}$ Torr의 높은 진공도를 측정하는 데 적당하다.

그림 9.13은 주사전자현미경의 대표적인 진공 시스템의 모식도이다. 시료실과 경통 사이에 밸브가 있어서 두 부분을 분리하고 있으며 시편 교체 시에도 경통 내부의 진공도를 유지하도록 하고 있다. 전계방사형 전자현미경에서는 전자총과 경통 사이에도 밸브가 있어서 두 부분을 분리하며 높은 진공도를 얻기 위하여 이온 펌프가 장착되어 있다. 이 그림에는 시료 교환 시의 빠른 배기를 위하여 로터리 펌프를 추가로 장착하고 있으나 제작 회사에 따라 한 개의 로터리 펌프를 사용하기도 한다.

배기 과정은 초기에 이온 펌프나 확산 펌프로 연결되는 밸브를 닫고, 로터리 펌프로 배기하여 흡입구 쪽 압력을 저진공으로 만들고, 유확산 펌프를 작동하여 고진공을 만들고 나서, 최후에 이온 펌프를 작동하여 초고진공을 달성한다. 각 과정에서 진공 게이지를 사용하여 진공도를

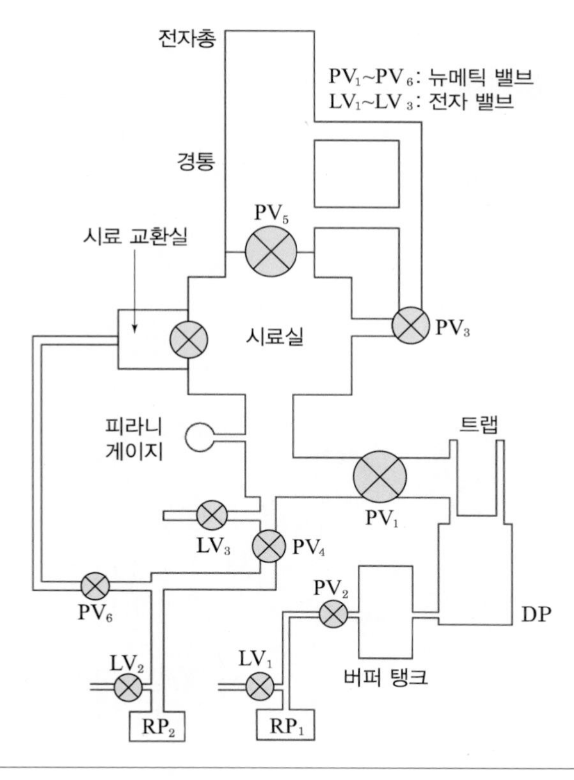

그림 9.13 주사 전자현미경 내의 진공 시스템

측정하여 자동으로 밸브를 열고 닫아 진공도를 높여간다. 현대의 전자현미경은 이러한 일련의 과정이 모두 자동화되어 있으나 운용자에 의한 전자현미경 상태 확인은 중요하므로 진공 시스템에 대한 충분한 이해가 요구된다.

저진공 상태에서의 생물 시편 관찰 수요의 증가와 전계방사형 전자총에서 탄화물이 없는 진공 상태에 대한 요구가 강해지고 있어 오일-프리 진공 펌프를 활용한 진공 시스템이 점차 확산되고 있다.

다음으로는 각 진공펌프의 구조 및 동작원리를 간략히 설명하고자 한다.

1) 로터리 펌프

대표적인 저진공 펌프로 전술한 바와 같이 상압으로부터 약 10^{-3} Torr까지의 진공 범위를 얻을 때 사용한다. 로터리 펌프는 크게 두 가지 종류, 즉 산업 현장에서 많이 사용되는 로터리 피스톤 펌프(rotary piston pump)와 실험실 규모 또는 전자현미경에서 많이 사용되는 로터리 (베인) 펌프(rotary vane pump)가 있다. 로터리 (베인) 펌프가 도달할 수 있는 진공도가 로터리 피스톤 펌프(10^{-2} Torr)보다 높고 효율적이다. 본문에서는 로터리 베인 펌프(이하 로터리 펌프라 명명)의 구조 및 특성에 대하여 설명하고자 한다.

그림 9.14는 로터리 펌프의 모식도이다. 그림에서 나타낸 바와 같이 회전자의 기계적 회전을 이용하여 진공을 얻는 장비로 회전자가 정지자의 중심에서 편심되어 있으며, 날개(vane)가 중

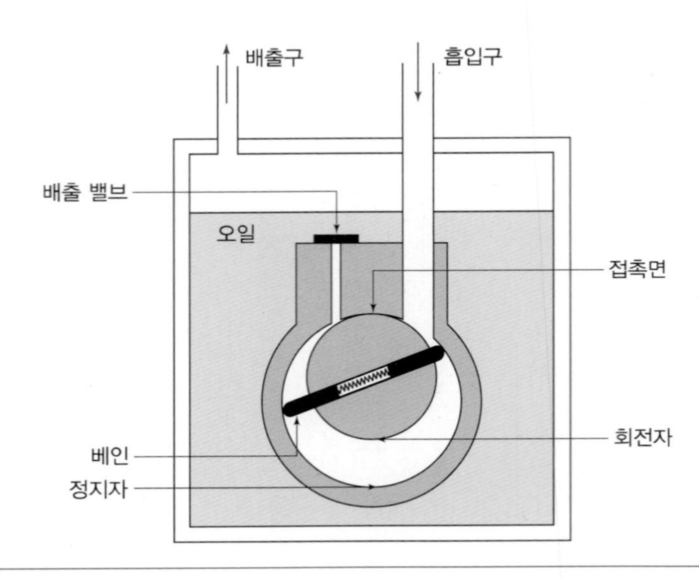

그림 9.14 로터리 펌프 모식도

앙의 용수철로 인하여 강하게 양쪽으로 정지자에 연결되어 밀착된 구조를 갖고 있다. 이와 같은 구조를 이용하여 흡입구로부터 확산에 의한 흡입, 압축, 그리고 배기구로의 배기의 과정을 반복하게 된다. 보다 효과적으로 최저 압력을 낮추기 위하여 두 개의 펌핑 단위를 묶어서 사용한다. 날개가 정지자와 접촉하여 회전하기 때문에 많은 열이 발생할 가능성이 있으므로 오일은 단순한 윤활제의 역할 이외에도 냉각제의 역할도 담당하고 있다. 또한 사용하는 오일은 증기압이 낮은 것을 사용하여야 오일의 역류를 방지하고 진공도를 높일 수 있다. 역류를 방지하고 온도 상승과 오일의 증기압 상승에 의한 진공 장비의 오염을 낮추기 위하여 트랩(trap)이나 역류 방지판을 설치하기도 한다. 트랩은 다공질 물질이나 액체 질소를 이용한 콜드 트랩을 사용한다. 배출구에서 오일이 함께 발생하며 오일 증기는 인체에 유해하므로 사용 시 건물 외부로 배출구를 연결하여 사용하는 것이 안전한 사용 방법이다.

오일 프리의 진공 시스템의 사용 증가에 따라서, 현재 널리 사용되고 있는 오일 로터리 펌프는 드라이 펌프로 점차 대체되고 있다. 일반적으로 드라이 펌프라는 용어는 오일에 반대되어 사용되고 있으며, 부스터 펌프, 흡착 펌프도 오일 프리한 장비이나 일반적으로 드라이 펌프는 로터리 펌프를 대신하며, 오일을 사용하지 않을 경우를 의미한다. 기본적인 구조는 로터리 펌프와 비슷하나, 오일을 사용하지 않으며 효율적인 배기를 위하여 다양한 형태의 회전자를 이용하고 있다. 대표적인 기계식 드라이 펌프는 두 개의 복잡 형상의 로부가 회전하는 부스터(또는 루츠) 펌프와 두 개의 스크류를 활용한 스크류 펌프가 대표적이다.

2) 유확산 펌프

유확산 펌프는 설치비가 매우 저렴하며, 안정적이라서 가장 널리 사용되고 있는 대표적인 고진공 펌프($10^{-3} \sim 10^{-8}$ Torr)이다. 일반적으로 확산 펌프(디퓨전 펌프diffusion pump)라는 용어로 사용되며, 진공을 얻기 위해 분자량이 큰 기름(오일)을 사용하고 있다. 확산 펌프의 원리는 기름을 가열하여 가속된 증기를 만들고, 만들어진 증기로 기체를 포집하고, 증기를 응축하며 기체를 제거하는 것이다. 그림 9.15는 확산 펌프의 모식도이다. 그림에서 관찰되는 것과 같이 히터에 의하여 가열된 증기가 노즐을 통하여 초음속으로 분출되고, 기체를 포집한 후, 차가운 벽면에 부딪치며 응축하여 아래로 흘러내리고, 그 과정에서 포집된 기체가 다시 기화되어 보조 펌프를 이용하여 바깥쪽으로 방출하게 된다. 펌프의 몸체는 수냉식으로 냉각되어 기름의 응축과 기화를 촉진하며, 펌프의 바닥에는 히터가 있어서 기름은 가열되어 순환 과정을 반복하게 된다. 또한 아래쪽에 콜드 트랩의 일종인 역류 방지판을 이용하여 진공 용기쪽으로의 기름 증기의 발생을 억제하는 구조를 갖고 있다.

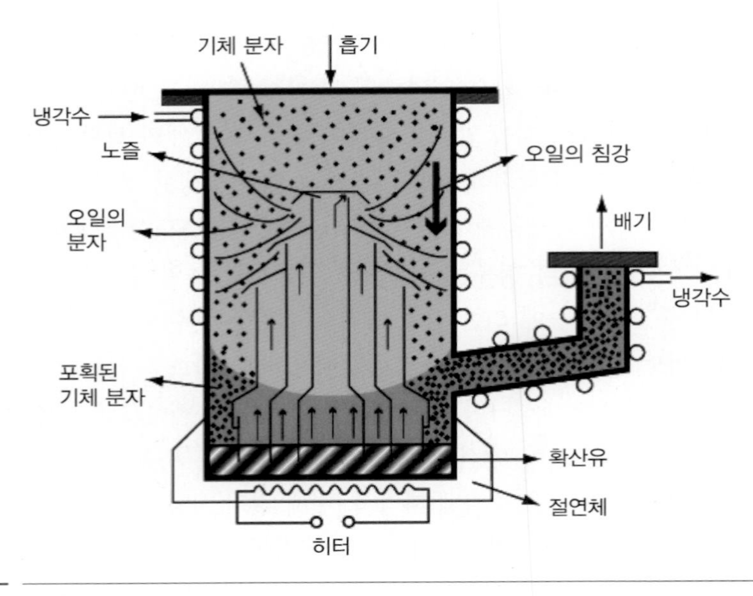

그림 9.15　유확산 펌프 모식도

로터리 펌프와 유확산 펌프는 함께 사용하여야 하는데, 유확산 펌프가 10^{-3} Torr 이하의 낮은 진공도에서는 과부하가 발생하기 때문이다. 작동 순서는 고진공의 달성과 함께 오일에 의한 시편실 오염과 같은 문제 발생할 가능성이 높으므로 현재는 점차 고진공 달성을 위하여 다음에 설명할 터보 분자 펌프로 대체되고 있는 상황이다. 그러나 유확산 펌프의 작동 과정에 대한 이해는 오일에 의한 오염 최소화와 진공 시스템의 작동 원리 이해에 매우 중요하므로 그림 9.13과 함께 그 과정을 기술하고자 한다.

- 모든 밸브를 닫고, 저진공 펌프(RP_2)를 작동시킨다.
- PV_4, PV_5를 열어 경통의 압력을 수 m Torr로 낮춘다.
- 저진공 펌프(RP_1)를 작동시키고, 안정화한 후, PV_2를 연다(장비에 따라서 하나의 저진공 펌프만을 이용할 경우 PV_4를 먼저 닫고, PV_2를 연다).
- 확산 펌프의 온도가 충분히 높은지 냉각수의 흐름을 확인하고, PV_4를 닫고, PV_1을 열어 경통의 고진공을 얻는다.
- 게이지를 이용하여 진공을 확인한다.
- 이온 게이지와 같은 추가적인 진공 펌프가 있는 경우 고진공 획득을 확인 후 연결 밸브를 열어 진공도를 향상시킨다.

3) 터보 분자 펌프

터보 펌프라고 일반적으로 호칭되는 터보 분자 펌프(TMP; turbo molecular pump)는 확산 펌프와는 달리 오일을 사용하지 않으며, 진공의 범위가 상대적으로 넓다(10^{-2}~10^{-8} Torr). 오일의 역류 현상에 의한 오염이 없고 수 m Torr 영역에서의 배기 속도가 크고 안정적이라 현재 공업적으로 널리 사용되고 있다. 조작이 간단하고, 측면 설치도 가능하며, 작동시간이 적게 걸리므로 장비값은 비싸지만 응용 범위가 넓다. 그러나 전자현미경에 장착하는 경우는 터보 펌프의 회전에 의한 진동으로 인한 문제점과 전자현미경의 특성상 장시간 안정적인 작동의 제약이 있어서 과거에는 제한적으로 이용되었으나 현재에는 오일 프리한 특성과 자기 부상과 같은 기술 도입으로 인하여 그 사용이 급속도로 확산되고 있다. 또한 저진공 주사 전자현미경에서 요구되는 1~10^{-2} Torr 범위에서도 부스터 펌프와 결합하여 효율적으로 진공을 유지할 수 있어서 그 활용도가 더욱 증대되고 있다.

그림 9.16은 터보 펌프의 작동 모식도이다. 그림에서 보이는 바와 같이 터보 펌프는 회전자와 고정자로 구성되어 있다. 팬과 같이 생긴 회전자가 분당 수천 내지 수만번(rpm)의 고속 회전을 하며 내부로 들어오는 분자를 배출구 방향으로 뽑아내는 방법으로 기체를 제거한다. 가벼운 분자는 열운동이 크므로 상대적으로 제거에 어려움이 있다. 회전자는 흡입구에서 배기구로 갈수록 날개의 각도가 보다 수평으로 기우는데, 이는 흡입구의 압력차에 의한 역류를 최소화하기 위한 설계이며, 일반적으로 회전자는 자기부상의 원리를 이용한 자기 베어링을 사용하여 소음 및 오일의 사용을 억제하고 있다.

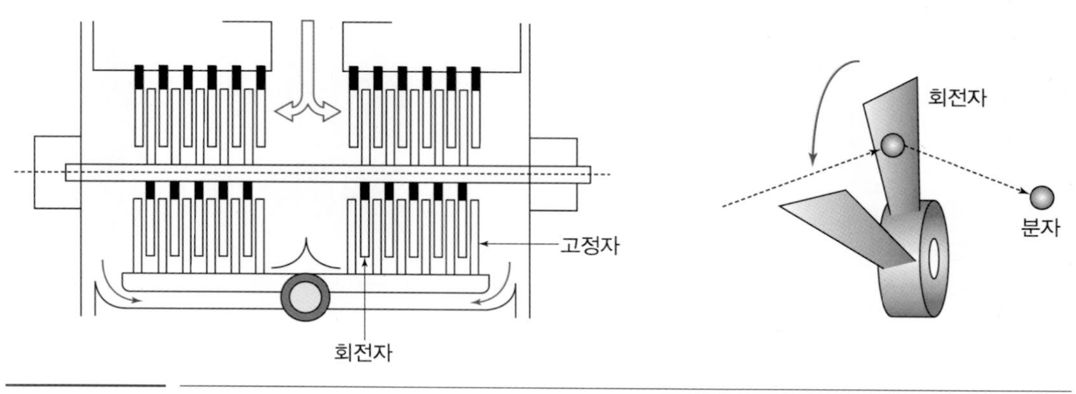

그림 9.16 터보 펌프의 작동 모식도

4) 이온 펌프

전계 방사형 전자현미경은 초고진공을 요구하고 있다. 일반적으로 초고진공에 사용 가능한 진공 펌프는 이온 펌프와 승화 펌프가 있다. 승화 펌프는 타이타늄과 같이 수소, 질소, 산소 등과 같은 모든 활성 가스에 대한 커다란 화학 반응성을 이용하여 초고진공 상태에서 효율적으로 진공을 달성할 수 있다. 또한 이온 펌프는 분자들을 이온화하여 두 전극 사이에서 제거하는 방법으로 일반적으로 $10^{-5} \sim 10^{-12}$ Torr 범위에서 작동한다. 이온 펌프의 동작 원리는 두 전극 사이에 수천 볼트의 전압을 가하여 음극으로부터 전자를 발생시키고, 발생된 전자가 기체 분자를 이온화하고, 이온화한 기체 분자를 양극에 충돌시키고, 이를 흡착하여 제거한다. 이온 펌프의 외부에 영구 자석을 부착하여 자장을 발생하여 전자의 회전 운동을 일으켜 전자가 분자와의 충돌 확률을 증가시켜 효율을 향상사고 있다. 현재 전자현미경에서 이용되는 이온 펌프는 양극제로 티타늄을 이용하여 스퍼터링된 티타늄의 표면을 통한 분자의 흡착을 이용한다. 이와 같은 활성 기체의 흡착 기구를 활용한 게터 펌프의 역할을 추가하여 이용되고 있어, 이를 이온 게터 펌프라고 한다. 이온 게터 펌프는 추가적인 기계적 장비가 없고 소음이나 오일에 의한 오염이 없어서 현재 여러 초고진공 펌프 중 전자현미경에 가장 많이 이용되고 있다. 그림 9.17은 이온 펌프의 설치 모식도이다.

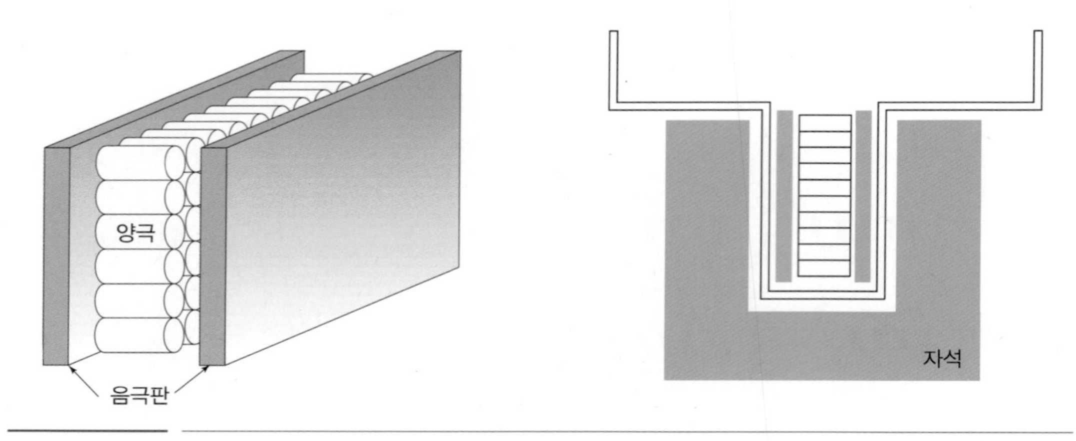

그림 9.17 이온펌프의 모식도

참고문헌

Arnal F., Verdier P., P−D Vincincini, C. R. Acad. Sci. Paris, p. 268, 1526, 1969.

Beiser A., Concept of Modern Physics, 6th ed., McGraw Hill, Boston, 2003.

Berger M. J. and Seltzer S. M., Nat. Acad. Sci./Nat. Res. Council Publ. 1133, Washington, USA, 1966.

Bethe H. A., In handbook of Physics, vol. 24, Springer, Berlin, Germany, 1933.

Birks L. S., Electron Probe Micro Analysis, 2nd ed., Robert E. Krieger Publishing Co. New York, 1979.

Bogner A., Jouneau P.-H., Thollet G., Basset D., and Gauthier C., A history of scanning electron microscopy developments: Towards "wet-STEM" imaging, Micron, 38, pp. 390∼401, 2007.

Bonger A., Joumeau P.−H., Thollet G., Basset D., Gautheir C., Micron 38, pp. 390∼401, 2007.

Broers A. N. and Spiller E., SEM, 1, p. 201, 1980.

Bruining H., Physics and Applications of the Secondary Electron Process, Pergamon, London, UK, 1954.

Chapman B., Glow Discharge Processes, John Wieley & Sons Inc., NY, p. 77, 1980.

Considine D. M., Van Nostrand's Scientific Encyclopedia, 5th ed. Van Nostrand, New York, USA, 1976.

Duncumb P. and Reed S. J. B., In Quantitative Electron Probe Microanalysis, Ed. by K. F. J. Heinrich, National Bureau of Standards Spec. Pub. Vol. 298, p. 133, 1968.

Feynman R. P., The Feynman Lectures on Physics, Vol. 2, Addison−Wesley Publishing Co., Massachusetts, 1964.

Fitzgerald A. F., Storey B. E. and Fabian D., Quantitative Microbeam Analysis, The Scottish University Summer School in Physics, London, 1993.

Flood P.R., SEM, 1, p. 183, 1980.

Gabriel B. L., SEM: A User's Manual for Materials Science, Amer. Soc. Metals, USA, 1985.

Gasiorowicz S., Quantum Physics, 2nd ed., John Wiley & Sons, Inc, New York, 1996.

Goldstein J. I., Lyman C. E., Newbury D. E., Lifshin E., Echlin P., Sawyer L., Joy D. C., and Michael J. R., Scanning Electron Microscopy and X−Ray Microanalysis, 3rd ed. Kluwer Academic/Plenum Publishers, USA, 2003.

Goldstein J. I., Newbury D. E., Echlin P., Joy D. C., Romig A. D., Jr., Lyman C. E., Fiori C. and Lifshin E., Scanning Electron Microscopy and X−Ray Microanalysis (Plenum Press, N.Y.), 1992.

Hayat M. A., Principles and Technology of Electron Microscopy: Biological Applications, 4th ed., Cambridge University Press, London, 2000.

Hayat M.A., Introduction to Biological Scanning Electron Microscope, University Park Press, Baltimore, 1978.

Heinrich K. F. J. and Newbury D. E. (eds), Electron Probe Quantitation(Plenum, New York), 1991.

Henoc J. and Maurice F, In Use of Monte Carlo Calculations in Electron Probe Microanalysis and Scanning Electron Microscopy Ed by K. F. J. Heinrich, D. E. Newbery and H. Yakowitz, National Bureau of Standards Special Publication Vol. 460, p. 61, 1976.

Inoue T., SEM, 1, p. 227, 1977.

Kanaya K., and Okayama S., J. Phys. D : Appl. Phys. 5, p. 43, 1972.

Kerrick D. M., Eminhizer L. B. and Villaume J. F., The Role of Carbon Film Thickness in Electron Microprobe Analysis, American Mineralogist, p. 58, pp. 920～925, 1973.

Kittel C., Introduction to Solid State Physics, 7th ed., Wiley, New York, 1996.

Kramers H. A., Philos. Mag. 46, p. 836, 1923.

Lee R. E., Scanning electron Microscopy and X－Ray Microanalysis, PTR Prentice－Hall, Inc., USA, 1993.

Newbury D. E. and Heinrich K. F. J., Electron Probe Quantification, 1st, Plenum Press, New York and London, 1991.

Newbury D. E., Electron Beam－Specimen Interactions in the Analytical Electron Microscope, in Principles of Analytical Electron Microscopy, ed. By D. C. Joy et. al, Plenum Press, New York, 1986.

Newbury D. E., Joy D. C., Echlin P., Fiori C. E. and Goldstein J. I., Advanced Scanning Electron Microscopy and X－ray Microanalysis, Plenum Press, New York, 1986.

Park Y. B., and Kim I. G., Coatings, 8, 2018.

Park Y. B., Kim I. G., Kim S. G., Kim W. T., Kim T. C., Oh M. S., and Kim J. S., Metall. Mater. Trans. A, 48, p. 1013, 2017.

Peters K. R., SEM, 1, p. 143, 1980.

Picard Y. N., Liu M., Lammatao J., Kamaladasa R., and De Graef M., Theory of dynamical electron channeling contrast images of near-surface crystal defects, Ultramicroscopy 146, pp. 71～78, 2014.

Plies E., Advances in Optical and Electron Microscopy, 13, p. 226, 1994.

Potts P. J., A Handbook of Silicate Rock Analysis, 1st ed., Chapman and Hall Press, New York, 1987.

Potts P. J., Bowles K. F. W., Reed S. J. B. and Cave M. R., Microbe Techniques in the Earth Science, 1st, Chapman & Hall, London, 1995.

Probst C., Gauvin R., Drew R. A. L., Micron 38, pp. 402～408, 2007.

Reed S. J. B., Electron Microprobe Analysis at Low Operating Voltage: Disscusion. American Mineralogist, p. 57, pp. 1550～1551, 1972.

Reed S. J. B., Electron Microprobe Analysis, 2nd ed., Cambridge University Press, London, 1993.

Reimer L., Scanning electron Microscopy, 2nd ed., Springer－Verlag, Germany, 1998.

Reimer L., Transmission Electron Microscopy, 3rd ed., Springer－Verlag Berlin, 1993.

Reuter W. Proc. 6th Int. Cong. on X－ray Optics and Microanalysis(Univ. Tokyo Press, Tokyo), p. 121, 1972.

Rosenkranz R., Failure localization with active and passive voltage contrast in FIB and SEM, J. Mater Sci: Mater Electron, 22, pp. 1523～1535, 2011.

Seiler H., J. Appl. Phys., 54, R1, 1983.

Seiler H., Z. Angew. Phys., 22, p. 249, 1967.

Shimizu R., Y. Kataoka, T. Ikuta, T. Koshikawa and H. Hashimoto, J. Phys. D, 9, p. 101, 1976.

Sweatman T. R. and Long J. V. P., Quantitative Electron Probe Microanalysis of Rock Forming Minerals. Journal of Petrology, p. 10, pp. 332～379, 1969.

Wepf R., Amrein M., Burkli U. and Gross H., J. Microsc. 163, p. 51, 1991.

Williams D. B. and Carter C. B., Transmission Electron Microscopy, Plenum Press, New York, 1996.

Zaefferer S. and Elhami N., Theory and application of electron channelling contrast imaging under controlled diffraction conditions, Acta Mater., 75, pp. 20～50, 2014.

박창현, 염미정, 엄창섭, “돋보기에서 FE까지 현미경의 변천사”, 한국 전자현미경학회지, 제33권 제2호, pp. 93～104, 2003.

황인옥, 김재천 공역, 일본 전자현미경학회 관동지부 편저, 주사전자현미경의 기초, 반도출판사, 서울, 1994.

영문용어 – 한글용어 대조목록

aberration 수차
absorption correction 흡수보정
absorption edge 흡수단
accelerating voltage 가속 전압
accuracy 정확도
ADC 아날로그 디지털 변환기
AES 오제전자 분광분석
AirSEM 에어에스이엠, 에어SEM
Alam 알람
analyzing crystal 분광결정
anode 양극
aperture 조리개
artifact 착란 효과
astigmatism 비점수차
atmospheric SEM 비진공 주사전자현미경
atomic number correction 원자번호 보정
Auger electron 오제전자
background x-ray 배경 X선
backscattered kikuchi diffraction(BKD) 후방산란 키쿠치 회절
Barkla 바클라
Beer's law 베르의 법칙
Bence-Albee procedure 벤스앨비법
Berger 버거
Bethe range 베테 범위
bias voltage 바이어스 전압
Borovskii 보로브스키
Bragg diffraction 브래그 회절
Bragg W. L. 브래그
Bragg’s law 브래그 법칙
brightness 휘도
BSE(Back Scattered Electron) 후방산란 전자
bulk 덩어리
calibration curve 검정 곡선
Cambridge Instrument Co. 케임브리지 인스트루먼트사
carbon grid 탄소 그리드
Castaing R. 카스텡
cathodoluminescence 음극 냉광
characteristic x-ray 특성 X선
charge collection microscopy 전하수집 영상법
charging effect 대전 효과
chemical fixation 화학적 고정
chromatic aberration 색수차
coherency 결맞음
cold field emitter(CFE) 상온형 전계방사형 전자총
cold stage 냉각 스테이지
cold trap 냉각 트랩
Color key 방위지표
column 컬럼
compo mode 콤포 모드
compositional contrast 조성 콘트라스트
Compton scattering 콤프턴 산란
condenser lens 집속렌즈
conduction band 전도대, 전도띠
conductive coating 전도 코팅
connical lens 원뿔형 렌즈
constant 상수
continuous x-ray 연속 X선
convergence angle 수렴각
coordinate system 좌표계
cracking 크래킹
crossover 교차점(크로스오버점)

cryo SEM 크라이오 주사전자현미경
crystal coordinate system 결정좌표계
damage 손상
dead layer 불감응층
dead time 불감응 시간
deflection coil 편향 코일
defocusing 비초점화
demagnification 반확대
depletion layer 공핍층
depth of field 피사계 심도
depth of focus 초점 심도
detection limit 검출한계
detector 검출기
difference mode 차감 모드
differential mode 구간수집양식
differential pump 차동펌프
diffraction crystal 분광결정
diffusion pump 유확산 펌프
discriminator 판별기
Duncumb 던컴
dwell time 머무름 시간
E(Environmental)－SEM 환경 주사전자현미경
EBSD map 방위 지도
elastic scattering 탄성산란
electromagnetic lens 전자기 렌즈
electron back-scattered diffraction(EBSD) 전자 후방산란 회절
electron back-scattering pattern(EBSP) 전자 후방산란 패턴
electron beam induced current(EBIC) 전자빔 유도 전류
electron channeling pattern(ECP) 전자 채널링 패턴
electron gun 전자총
electron-hole pair 전자－정공쌍
electron mirror 전자 거울
electron optics 전자 광학
emulsion 에멀전
energy dispersive X－ray spectroscopy(EDS) 에너지분산 X선 분광분석
energy resolution 에너지 분해능
energy spread 에너지분산도
EPMA 전자 프로브 미세분석
error 오차
error distribution 오차분포
ESCA 전자 분광분석
escape peak 이탈피크
etching 에칭
Euler angle 오일러각
Everhart 에버하트
Everhart-Thornley detector E-T 검출기
false peak 가짜 피크
Faraday cage 패러데이망
FEG → field emission gun
FET → field effect transistor
field contrast 전장 콘트라스트
field effect transistor 전계효과 트랜지스터
field emission gun 전계방사형 전자총
filament 필라멘트
fluorescence correction 형광보정
fluorescence yield 형광수율
frame scan 화면 주사
Friedrich 프리드리히
full width at half maximum 반가폭
FWHM 반가폭
gas flow detector 가스유입형 검출기
gas multiplication 가스 증폭
gas sealed detector 가스밀폐형 검출기
gaseous secondary electron detector 가스이차 전자 검출기
Geiger, Hans (한스) 가이거
Hevesy 헤베시
high order reflection 고차 반사
high pressure freezer 고압 동결 고정 장치

high resolution 고분해능
Hiller 힐러
hollow magnification 공확대
hydrocarbon 탄화수소
immersion type lens 잠김형 렌즈
in focus 정초점
incomplete charge collection 불완전 전하수집
inelastic scattering 비탄성산란
integral mode 전량수집양식
interaction volume 상호작용 부피
Inverse pole figure 역극점도
ion beam sputtering 이온빔 스퍼터링
ion getter pump 이온 펌프
ionization 이온화
ionization cross section 이온화 단면
IQ map 상질도
Johan optics 요한 광학
Johansson optics 요한슨 광학
K line K선
k ratio k비
Kanaya-Okayama range 카나야－오카야마 범위
Kaye 케이
Kikuchi 키쿠치
Kikuchi band 키쿠치 띠, 키쿠치 밴드
Kikuchi pattern 키쿠치 도형
Knipping 니핑
Knoll 크놀
Kossel cone 코셀콘
L line L선
Laue M. von 라우에, 폰라우에
light guide pipe 광도파관
line profile 선프로필
line scan 선형 주사
line scan → scan
local field effect 국부 전기장 효과
low energy tail 저에너지 꼬리
LV(Low Vacuum)－SEM 저진공 SEM

M line M선
macrotextur 거시 집합조직
magnetron sputtering 마그네트론 스퍼터링
magnification 배율
Marsden, Ernest 어네스트 마덴
mass-depth distance 질량 깊이 거리
Massey 매시
matrix correction 매질보정
matrix effect 매질효과
Mc Mullan 맥멀란
MCA 다채널 분석기
mean free path 평균 자유 경로
microtexture 미시 집합조직
Miller's index 밀러지수
Monte Carlo simulation 몬테카를로 전산모사
Moseley H. G. J 모즐리
Mott 모트
Müller 뮬러
multichannel analyzer 다채널 분석기
multichannel-plate BSE detector 다중채널판형 후방산란 전자 검출기
multiple pressure-limiting aperture 다중압력제한 조리개
multiple scattering 다중 산란
noise 잡음
Oatley 오우틀리
objective lens 대물렌즈
octupole 옥터폴
oil diffusion pump 유확산 펌프
optical microscope 광학현미경
orientation 방위
orientation distribution function 방위분포함수
orientation map 방위 지도
osmium coater 오스뮴 코터
over focus 과초점
overvoltage 과전압
Pauli 파울리

peak broadening 피크의 퍼짐
peak-to-background ratio 피크-배경 비율
Peltier 펠티어
Penning gauge 페닝 게이지
perturbation 건드림
Philibert 필리버트
phi-rho-Z correction 파이로지 보정
phonon 포논, 음자
photomultiplier 광증폭기
photon 광자, 포톤
pinhole lens 핀홀 렌즈
Pirani gauge 피라니 게이지
pixel 화소
plasma chemical vapor deposition 플라즈마 화학증착
plasmon loss 플라스몬 손실
point analysis 점분석
pole figure 극점도
preamplifier 전치 증폭기
precision 정밀도
probe diameter 프로브 지름
probe size 프로브 크기
proportional counter 비례검출기
pulse height analysis(PHA) 파고분석
pulse pile-up 펄스 중첩
pulse pile-up rejection 펄스누적저지
qualitative analysis 정성분석
quantitative analysis 정량분석
radiation 내비침
random error 우연오차
random number 난수
random walk method 난보법
Rayleigh's criterion 레일리 한계
Reed 리드
reflector 반사면
relative error 상대오차
replica 레플리카
resolution 분해능
retarding field 감압 전기장
Richardson 리처드슨
rising time 상승 시간
Robinson type detector 로빈슨형 검출기
Roentgen 뢴트겐
Rose 로즈
rotary pump 로터리 펌프
Rowland circle 로울랜드원
Ruska 루스카
Rutherford 러더퍼드
Rutherford scattering 러더퍼드 산란
Sadler 새들러
sample coordinate system 시편좌표계
sample preparation 시편 제작
saturation 포화
SCA 단채널 분석기
scan, scanning 주사
scattering 산란
scattering cross section 산란 단면
Schottky field emitter(SFE) 쇼트키형 전계방사형 전자총
scintillator 신틸레이터
screening 차단 효과
secondary electron 이차전자
Seltzer 셀처
Si(Li) detector 실리콘리튬 검출기
signal processor 신호처리 장치
signal-to-background ratio 신호 잡음비
silicon drift detector 실리콘 드리프트 검출기
silicon internal fluorescence peak 실리콘 내부 형광피크
SIMS 이차이온 질량분석
single-channel analyzer 단채널 분석기
Smith 스미스
snokel lens 스노클 렌즈
Snyder 스나이더

solid state detector 반도체 검출기
spatial resolution 공간 분해능
specimen current 시편 전류
specimen holder 시료대
spectrum 스펙트럼
spherical aberration 구면수차
sputtering 스퍼터링
standard 표준물질
standardless analysis 무표준 분석
stigmator 스티그메이터
stopping power 저지력
sum mode 합모드
sum peak 합피크
surface roughness 표면 거칠기
system peak 시스템 피크
systematic error 계통오차
take-off angle 탈출각
target 표적, 표적물
Tescan 테스칸
texture 집합조직
thermal field emitter(TFE) 고온형 전계방사형 전자총
thermionic electron gun 열방사형 전자총
Thermoscientific 서모사이언티픽
Thornley 톤리
threshold current 임계 전류값
time constant 시간상수
tolerance angle 경계각
Topcon 탑콘
topo mode 토포 모드
topography 표면 기복, 토포그래피
turbo molecular pump 터보 분자 펌프
under focus 아초점
UTW(Ultra Thin Window) 초박막창
vacuum evaporation 진공 증착
valence band 가전자대, 원자가띠
van der Waals 반데르발스
Venables 베나블스
voltage contrast 전압 콘트라스트
wavelength dispersive x-ray spectro-scopy(WDS) 파장분산 엑스선 분광분석
weak contrast 미약한 콘트라스트
Wehnelt cylinder 웨넬트 실린더
Wells 웰스
Wentzel 웬첼
window 입사창
windowless 윈도우리스, 무창
work function 일함수
working distance 작동거리
XPS X선 광전자 분광분석
x-ray X선
x-ray counting X선 계수
x-ray generation X선 발생
x-ray intensity X선 세기
x-ray mapping X선 매핑
XRF X선 형광분석
ZAF correction 자프(ZAF) 보정
Zeiss 자이스
zone axis 정대축
Zworykin 즈워리킨

ㄱ

ㄴ

ㄷ

ㄹ

ㅁ

ㅂ

ㅅ

ㅇ

ㅈ

ㅊ

ㅋ

ㅌ

ㅍ

ㅎ

저자 소개

윤존도

경남대학교 나노신소재공학과 교수
공학박사, 전자현미경 분석학
서울대 학사, 서울대 대학원 석사
미국 리하이대학교 대학원 박사(재료과학공학)

양철웅

성균관대학교 신소재공학부 교수
공학박사, 전자현미경 분석학
서울대 학사, 서울대 대학원 석사
미국 리하이대학교 대학원 박사(재료과학공학)

김종렬

한양대학교 재료공학과 교수
공학박사, 전자현미경 분석학
서울대 학사, 서울대 대학원 석사
미국 일리노이대학교(어바나샴페인) 대학원 박사(금속공학)

이석훈

한국기초과학지원연구원 책임연구원
전자현미경 분석과학 명장
이학박사, 엑스선 미세분석학
서울대 학사, 서울대 대학원 석사 · 박사(지질과학)

박용범

순천대학교 미래전략신소재공학과 교수
공학박사, 재료결정학
서울대 학사, 서울대 대학원 석사 · 박사(금속공학)

권희석

한국기초과학지원연구원 연구장비운영부 책임연구원
이학박사, 생물학, 세포미세구조학
한양대 학사, 한양대 대학원 석사 · 박사(세포생물학)

3판

주사전자현미경 분석과 X선 미세분석

2005년 8월 10일 초판 발행
2015년 3월 1일 개정판 발행
2021년 2월 26일 3판 발행

지은이 윤존도 · 양철웅 · 김종렬 · 이석훈 · 박용범 · 권희석
펴낸이 류원식
펴낸곳 **교문사**
편집팀장 모은영
책임진행 이정화
표지디자인 신나리
본문편집 · 디자인 디자인이투이

주소 (10881) 경기도 파주시 문발로 116
전화 031 – 955 – 6111
팩스 031 – 955 – 0955
홈페이지 www.gyomoon.com
E – mail genie@gyomoon.com
등록번호 1960. 10. 28. 제406 – 2006 – 000035호
ISBN 978 – 89 – 363 – 2075 – 1 (93500)
값 22,000원